城市与区域空间研究前沿丛书

"十四五"国家重点研发计划课题(2023YFC3804801)

保障房居民的日常活动时空特征与出行机理研究

——以南京市大型保障性住区为例

何彦 吴晓 著

东南大学出版社
SOUTHEAST UNIVERSITY PRESS

·南京·

内 容 提 要

本书以南京市大型保障性住区为实证案例,基于四大层次叠合的日常活动和出行选择的理论诠释框架,从"时间＋空间＋家庭"三要素交互视角出发,对大型保障性住区居民日常活动的时空特征、时空集聚模式、出行路径、出行机理方面进行了验证,并对其做出理论上的修正、推导和提炼,进而提出了"理想生活圈"建构的合理路径。

本书还对南京市大型保障性住区优化策略进行了探讨,按照"理想生活圈"操作路径,分别对大型保障性住区"生活圈"进行识别和评估,在总结该类住区"生活圈"所面临的问题和制约因素的基础上,从政策、经济、文化、空间等层面提出综合性的优化策略。

本书的研究在建设和谐社会、提升人民生活质量、完善住房保障体系方面具有一定的实践意义和理论价值,可为新型城镇化背景下宜居、韧性、智慧城市建设提供学术思考与启示。

图书在版编目(CIP)数据

保障房居民的日常活动时空特征与出行机理研究:
以南京市大型保障性住区为例/何彦,吴晓著.—南京:
东南大学出版社,2023.9
(城市与区域空间研究前沿丛书)
ISBN 978-7-5766-0877-9

Ⅰ.①保…　Ⅱ.①何…②吴…　Ⅲ.①城市-居住区
-空间规划-研究-南京　Ⅳ.①TU984.11

中国国家版本馆 CIP 数据核字(2023)第 176997 号

责任编辑:宋华莉　　责任校对:子雪莲　　封面设计:余武莉　　责任印制:周荣虎

保障房居民的日常活动时空特征与出行机理研究
——以南京市大型保障性住区为例
Baozhangfang Jumin De Richang Huodong Shikong Tezheng Yu Chuxing Jili Yanjiu
—— Yi Nanjing Shi Daxing Baozhangxing Zhuqu Wei Li

著　　者	何 彦 吴 晓
责任编辑	宋华莉
编辑邮箱	52145104@qq.com
出版发行	东南大学出版社
出 版 人	白云飞
社　　址	南京市四牌楼 2 号(邮编:210096)
网　　址	http://www.seupress.com
电子邮箱	press@seupress.com
印　　刷	南京玉河印刷厂
开　　本	787 mm×1092 mm　1/16
印　　张	21
字　　数	491 千字
版 印 次	2023 年 9 月第 1 版第 1 次印刷
书　　号	ISBN 978-7-5766-0877-9
定　　价	98.00 元
经　　销	全国各地新华书店
发行热线	025-83790519　83791830

(本社图书若有印装质量问题,请直接与营销部联系。电话:025-83791830)

前　言

习近平总书记在党的二十大报告中明确提出:"健全覆盖全民、统筹城乡、公平统一、安全规范、可持续的多层次社会保障体系。"其中,推进和完善住房保障和供应体系建设,加快建立多主体供给、多渠道保障、租购并举的住房制度,实现全体人民的住有所居、居安其屋,无疑是最基本可见、也备受广大百姓关注的民生民心工程,是"以人民为中心"这一新时代中国特色社会主义思想在城市建设领域和新型城镇化进程中的重要体现。

自 20 世纪 80 年代推行住房制度改革以来,保障房作为我国一类带有福利色彩的政策性房源,已经在解决中低收入群体的居住问题、分担城市居住压力、稳定社会秩序等方面发挥了不可替代的重要作用;但另一方面,保障房居民在内外因素的共同作用下,不但在日常生活中面临着多重制约,还形成了自身独特却不尽为人所知的日常活动和出行规律。

在此背景下,关注以保障房居民为代表的弱势群体利益和诉求、探索中低收入家庭独特的日常生活实态和时空间行为规律,为我国住房保障和供应体系的建设建言献策,便成为城市规划工作中提升民众福祉(获得感、幸福感)、促进社会公平正义、保证人民群众共享改革发展成果的重点领域和战略方向之一。

本项目即是上述重点领域和课题组长期坚守方向(弱势群体空间)在"家庭决策"视角下的新结合,其实是以一个新视角来解析多学科领域交叉的一个共性问题,并试图回答这么一个关键问题:"家庭决策"和居民生活实态之间究竟存在着什么样的关联?

本书共设 10 章,以"家庭决策"视角切入南京市大型保障性住区居民的时空间行为,主要从社区层面展开理论与实证、定量与定性相结合的跨学科研究:一方面基于家庭综合福利和劳动分工的内生逻辑,构建了大型保障性住区居民"活动—出行"的理论诠释体系,并经由实证校核和理论推导、提炼,充实和修正该框架而形成体系化的理论认知和诠释模型;而另一方面,则是以多元数字技术的改进和集成为依托,对大型保障性住区居民在"家庭"变量影响下的活动时空特征、活动时空集聚、出行路径、出行机理等展开实证分析;继而从"不同群体—不同活动—不同出行"改善的目标出发,通过"理想生活圈"的构建来反思和探索我国保障房的规划建设策略。

此外需要一提的是,书稿的最终成型是以课题组多年来累积的数据成果和阶段进展为依托,是以本人指导博士生何彦完成的博士学位论文为基础,经梳理和充实而成。这一工作也得到了"十四五"国家重点研发计划课题(2023YFC3804801)的大力支持与资助。

撰于东南大学建筑学院

2022 年 11 月

目　　录

1 绪 论

1.1 研究背景

（1）保障房已成为我国住房制度改革下解决中低收入家庭居住的主要路径

改革开放以来，快速的城市化进程和迅速增加的城市人口（尤其是亿万进城的农村剩余劳动力）开始不断激活和释放人们对于城市住房供给的巨大需求，而 1978 年的住房制度改革恰好在终结多年住房福利供给制度的同时，打开了住房资源市场化配置的闸门，不但快速响应和满足了城市住房广阔的市场需求和人们改善居住条件的普遍意愿，还直接推动了各地房地产市场的竞相繁荣，并使住宅产业一跃而成为中国新的经济增长点和支柱型产业。据统计，在过去十年间全国房地产业的固定资产投资呈上升趋势，不但投资额度在 2015 年达到了峰值 2 000 亿元，住宅房屋施工面积也达到了 669 297.10 万平方米[①]。但随着商品化房价的一路上涨，越来越多的中低收入家庭却不得不面临着有限住房支付能力与高企房价之间的巨大落差（见图 1-1、图 1-2），而导致大批弱势群体的住房问题愈发尖锐和普遍化。

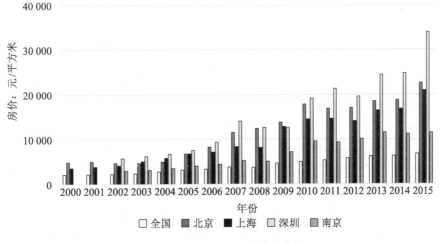

图 1-1 2000—2015 年房价走势

资料来源：国家统计局. http://data. stats. gov. cn/search. htm? s=％E6％88％BF％E4％BB％B7

---

① 国家统计局. http://data. stats. gov. cn/search. htm? s=％E6％88％BF％E4％BB％B7.

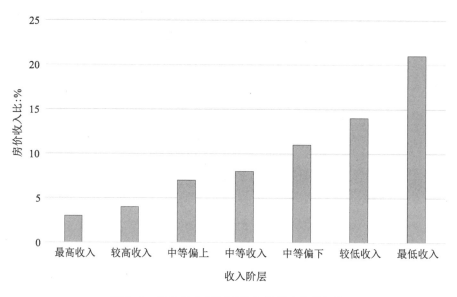

图 1-2　2012 年全国不同收入阶层房价收入比

资料来源：国家统计局. http://data. stats. gov. cn/search. htm? s＝%E6%94%B6%E5%85%A5

在此背景下，中国保障性住房制度伴随着住房制度改革不断深化和走向完善，并因供应形式和供应重点的不同而经历了三大发展阶段①②③：起步阶段（1978—1997 年），以1995 年《国家安居工程实施方案》的出台为标志，"安居工程"在我国全面起步，其直接以成本价向中低收入家庭出售，并优先出售给无房户、危房户和住房困难户等群体。探索阶段（1998—2009 年），从《关于进一步深化城镇住房制度改革加快住房建设的通知》到《关于解决城市低收入家庭住房困难的若干意见》，一系列政策的颁布在全面推进经济适用房和廉租住房建设的同时，也加强了住房保障体系的建设力度，旨在满足包括拆迁安置、失地农民、双困户和部分新就业大学生等在内的中低收入群体居住需求。据统计，1999—2001 年的经济适用房建设投资均占到商品住宅总投资的 15%左右，截至 2003 年底其竣工面积甚至达到 4.77 亿平方米，解决了城镇 600 多万家庭的居住问题。完善阶段（2010 年至今），2010 年国务院出台的《关于加快发展公共租赁住房的指导意见》又提出大力发展公共租赁住房的倡议，并将其纳入 2010—2012 年保障性住房建设规划和"十二五"住房保障规划。而南京市继 2010—2012 年建成岱山、上坊、花岗、丁家庄四大保障房片区之后，又于 2018 年启动了百水、孟北、绿洲新三大片区的保障房建设，并计划到 2020 年底前新开工保障房 600 万平方米、竣工 170 万平方米④。很明显，保障房建设正在成为当代中国安置中低收入群体的主导性渠道和政策性选择。

（2）保障房居民在时空约束下形成了自身独特的日常活动和出行规律

从积极的一面看，大规模保障房建设确实为城市中低收入家庭提供了必要的居所或者

---

① 李军. 我国保障房建设对商品房市场影响机制研究[D]. 重庆：重庆大学，2013.
② 郑云峰. 中国城镇保障性住房制度研究[D]. 福州：福建师范大学，2014.
③ 张波. 大型保障性住区基本公共服务满意度评价研究[D]. 南京：东南大学，2016.
④ 郭菂. 与城市化共生：可持续的保障性住房规划与设计策略[M]. 南京：东南大学出版社，2017：81-82.

就业环境,分担了城市居住压力和稳定了社会秩序;与此同时,保障房开发建设所带来的消费人群、劳动力资源和城市化配套又势必会拉升保障房周边的土地价值,进而吸引房地产及其他产业的源源不断注入,并推动当地经济新一轮的增长。从消极的一面看,社会经济的转型和土地的有偿使用,使城市用地表现出较为明显的"距离衰减"规律,即距离城市中心越远,则土地价值越低,而耗费在通勤上的成本越高。在其影响下,以政府投资和土地行政为主的保障房不但建设投入和整体品质有限,而且选址也多为地价低廉的城市边缘地带和城郊接合部①。这一方面会加剧低收入群体的空间集聚现象,并强化社会不同阶层在城市空间上的分化②(见图1-3);另一方面则会因为远离就业岗位更集中、公共服务水平更优越、教育资源更丰裕的中心城区,而让保障房居民不得不在日常承受更长时间的各类出行,进而在客观上形塑其居民独特的日常活动和出行规律。

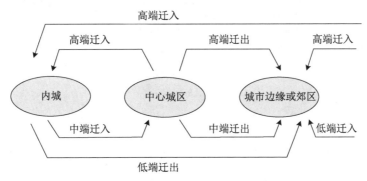

图1-3 城市高、中、低收入人群迁移分析

资料来源:郭菂.与城市化共生:可持续的保障性住房规划与设计策略[M].南京:东南大学出版社,2017:81-82.

在日常活动方面,保障房群体主要以拆迁安置家庭、双困户和进城务工人员为主,这类群体通常从事低技术含量和低声望的职业,工作时间较长,购物和休闲的活动时间有限,总体上呈现出活动贫乏单调和空间封闭隔离的特点③④⑤。在日常出行方面,这类群体则往往面临着多方面严重的时空作用:普遍化的职住分离状况增加了居民的长距离通勤⑥⑦⑧⑨,

① 郭璨.南京市保障房社区社会融合度研究[D].南京:南京大学,2016:30-32.

② 张越.城市化背景下的住宅空间分异研究:以南京市为例[D].南京:南京大学,2004:16-17.

③ 塔娜,柴彦威.基于收入群体差异的北京典型郊区低收入居民的行为空间困境[J].地理学报,2017,72(10):1776-1786.

④ Naess P. Urban form and travel behavior:Experience from a Nordic context[J]. The Journal of Transport and Land Use, 2012, 5(2):21-45.

⑤ Patterson Z, Farber S. Potential path areas and activity spaces in application:A review[J]. Transport Reviews, 2015, 35(6):679-700.

⑥ 马雯蕊,柴彦威.就业郊区化背景下郊区就业者日常活动时空特征研究:以北京上地地区为例[J].地域研究与开发,2017,36(1):66-71.

⑦ Cho-yam L J. Spatial mismatch and the affordability of public transport for the poor in Singapore's new towns[J]. Cities, 2011, 28(3):230-237.

⑧ 侯学英,吴巩胜.低收入住区居民通勤行为特征及影响因素:昆明市案例分析[J].城市规划,2019,43(3):104-111.

⑨ Kain J F. Housing segregation, Negro employment, and metropolitan decentralization[J]. The Quarterly Journal of Economics, 1968, 82(2):175-197.

密度有限、门类不全的公共服务网络也抑制了居民购物出行和休闲出行的丰富度和可达性[1]，分布失衡的教育资源则催生了学龄儿童住—教失衡、通学出行的高成本现象[2]……因各类约束和障碍而造就的上述特点（从某种意义上看也是问题），无疑会对保障房居民的日常生活造成消极而全方位的困扰（见图1-4），并加重其生活负担和影响其生活品质。

（a）通勤出行 （b）通学出行 （c）购物活动

图 1-4 保障房居民的日常活动和出行场景

资料来源：笔者根据相关资料整理

（3）保障房居民日常活动和出行背后的机理同样需要进一步的发掘和诠释

除了居民日常活动和出行的规律探究之外，我们还需进一步关注的是：在其规律背后，究竟还存在着怎样的影响因素和机理。关于这一点，目前已有不少城市规划和交通领域的学者，分别从外部环境和内部因素（如个体、家庭等因素）方面入手展开了研究[3][4][5][6][7][8][9][10][11]。与之相比，聚焦于某一特殊群体——保障房居民的日常活动和出行机理研究，虽然也借鉴相

---

① 李玲，王钰，李郇，等. 解析安居解困居住区公建设施规划建设和运营：以广州三大安居解困居住区调研为例[J]. 城市规划，2008，32(5)：51-54.

② 王侠，陈晓键，焦健. 基于家庭出行的城市小学可达性分析研究：以西安市为例[J]. 城市规划，2015，39(12)：64-72.

③ Schwanen T，Dieleman F M，Dijst M. The impact of metropolitan structure on commute behavior in the Netherlands：A multilevel approach[J]. Growth and Change，2004，35(3)：304-333.

④ Larsen J，Urry J，Axhausen K W. Networks and tourism[J]. Annals of Tourism Research，2007，34(1)：244-262.

⑤ 刘志林，王茂军. 北京市职住空间错位对居民通勤行为的影响分析：基于就业可达性与通勤时间的讨论[J]. 地理学报，2011，66(4)：457-467.

⑥ 何芳，李晓丽. 保障性社区公共服务设施供需特征及满意度因子的实证研究：以上海市宝山区顾村镇"四高小区"为例[J]. 城市规划学刊，2010(4)：83-90.

⑦ 刘玉亭，何微丹. 广州市保障房住区公共服务设施的供需特征及其成因机制[J]. 现代城市研究，2016，31(6)：2-10.

⑧ Woods L，Ferguson N. The influence of urban form on car travel following residential relocation：A current and retrospective study in Scottish urban areas[J]. Journal of Transport and Land Use，2014，7(1)：95.

⑨ 潘海啸，王晓博，Day J. 动迁居民的出行特征及其对社会分异和宜居水平的影响[J]. 城市规划学刊，2010(6)：61-67.

⑩ 鲜于建川，隽志才. 通勤者非工作活动选择行为研究[J]. 交通运输系统工程与信息，2014，14(2)：220-225.

⑪ 何保红，刘阳，何民. 通勤制约度对儿童陪伴出行决策过程的影响[J]. 交通运输系统工程与信息，2014，14(6)：223-230.

关理论方法积累了一定的特色成果①②③④⑤⑥⑦,但同样存在一定的不足:比如说既有研究往往只是针对保障房某一类群体、某一类活动和出行的影响因素而展开,而缺乏对不同群体各类活动和出行机理的比较和综合分析;而且,其影响因素分析多以建成环境、制度等外部因素的阐述为主,而相对缺少居民个体、家庭属性等内部因素的剖析等等。

那么人们可能会问:同一般居民相比,保障房居民日常活动和出行的影响因素是否会有所不同?其中,内部因素的影响除了个体属性(性别、年龄、职业)外,是否还要考虑群体属性和家庭要素(家庭结构、家庭收入、家庭分工等)?其中家庭要素的探讨除了家庭结构和家庭收入的影响之外,不同的家庭分工类型又是否会和怎样对保障房居民的日常活动和出行产生影响?……可以说,关于保障房居民日常活动和出行的选择机理,仍待大家做出进一步的探究和诠释。

因此,本研究将以南京市大型保障性住区作为研究样本,从时间、空间、家庭等要素入手来实证分析和理论诠释其多类居民(以中低收入阶层为主)在多类日常活动(如通学活动、购物活动和休闲活动、家务活动)和日常出行(如通勤出行、休闲出行)中所呈现的时空特征、群体分异及其动因机理。当然,本研究之所以聚焦于大型保障性住区,理由有二:其一,建成于不同阶段的不同类型的保障性住区,其在发展模式、建设规模、运营机制和保障对象等方面均存在着较大差异,难以通过某一项研究而涵盖不同住区、不同居民复杂的活动—出行规律。其二,大型保障性住区落成于国内保障房建设的稳定成熟阶段,并具备一系列不同于其他住宅社区的现实特点,比如说居住用地规模偏大、周边产业用地和就业岗位供给相对不足(接近于"睡城")、相关设施配套不尽健全、内部居民构成多样化(聚居了失地农民、拆迁安置户、双困户等),并在日常活动和出行方面表现出不同于其他群体的种种特征和规律……因此,以大型保障性住区居民作为日常活动和出行研究的典型样本和特定代表,有助于本研究在对象上的聚焦和操作上的可行性。

1.2　研究意义

(1)城市空间改善方面

一方面,大型保障性住区居民日常活动和出行的时空特征同城市其他群体存在着明显

---

①　何芳,李晓丽.保障性社区公共服务设施供需特征及满意度因子的实证研究:以上海市宝山区顾村镇"四高小区"为例[J].城市规划学刊,2010(4):83-90.

②　刘玉亭,何微丹.广州市保障房住区公共服务设施的供需特征及其成因机制[J].现代城市研究,2016,31(6):2-10.

③　刘玉亭,何深静,李志刚.南京城市贫困群体的日常活动时空结构分析[J].中国人口科学,2005(S1):85-93.

④　郝新华,周素红,彭伊侬,等.广州市低收入群体户外活动的时空排斥及其影响机制[J].人文地理,2018,33(3):97-103.

⑤　周素红,程璐萍,吴志东.广州市保障性住房社区居民的居住—就业选择与空间匹配性[J].地理研究,2010,29(10):1735-1745.

⑥　张艳,柴彦威.北京城市中低收入者日常活动时空特征分析[J].地理科学,2011,29(9):1056-1064.

⑦　塔娜,柴彦威.基于收入群体差异的北京典型郊区低收入居民的行为空间困境[J].地理学报,2017,72(10):1776-1786.

差异,这种差异不仅仅体现在工作活动和出行上,还表现在购物、休闲等多类活动及其相关各类出行上,尤其是居民构成多且杂的大型保障性住区,其各类活动和出行行为往往还会体现在内部群体的分异上;而另一方面,大型保障性住区居民的日常活动和出行又不时会面临各类问题与现实约束,除了个体或家庭的原因外,城市空间结构和各类要素布局的影响往往也是广泛而不可忽视的(比如说大型保障性住区布局的边缘化、公共基础设施的配套和服务供给相对不足等)。因此,本研究通过探析大型保障性住区居民各类日常活动和日常出行的时空规律和群体分异,来审视和反思大型保障性住区不同群体相比于自身需求的时空落差和现实不足,以此来寻求城市空间结构优化的有效途径,可以为新型城镇化背景下和谐社会、幸福社区的建设提供理论支持和参照。

(2)日常生活提升方面

居民迁入保障房的初衷是通过安居乐业,真正地共享和融入城市生活,然而现实生活中"被动迁入+中低收入"的双重身份和大型保障性住区空间资源配置的固有差距,往往会使其居民的日常活动和出行面临前述的各类时空约束,进而生发出对重构紧凑、完整、便捷的"生活圈"的强烈诉求。因此,本研究从大型保障性住区居民的时空间行为出发,综合考虑外部空间环境、个体/家庭属性、居民多类日常活动和日常出行之间的交互关系,通过挖掘居民日常活动和出行行为的时空规律和决策机制,可以为大型保障性住区居民的"理想生活圈"构建提供必要的引导和理论依据,进而有效提升这一群体的日常生活质量。

(3)政策制度引导方面

针对大型保障性住区居民日常活动和出行行为所呈现的种种特征和现实问题,本研究还尝试从政策制度层面来探讨应该如何改善大型保障性住区居民的日常生活和出行状况:一方面,通过解析大型保障性住区居民的行为响应及其内部分异规律,为大型保障性住区居民的生活福祉政策制定提供建议;另一方面,则是通过探讨居住区位、公共服务设施配置等城市空间要素对居民日常活动和出行的影响效用,为改善保障房选址策略和提高保障房建设标准提供一定的专业参照。

1.3 国内外相关研究进展

1.3.1 研究方法与工具

信息技术的发展和计算机处理能力的增强,为浩如烟海的文献数据信息的提炼和可视化分析处理提供了可能和机遇。其中 CiteSpace 即是一个用于科学文献发展趋势和研究动态的可视化分析工具,它以强大的文献共被引分析而知名,已被广泛应用在管理学、计算机科学以及医学等 60 多个领域[①]。因此,下文将尝试应用 CiteSpace 软件对保障房研究的相关文献进行可视化分析。

---

① 何尹杰,吴大放,刘艳艳.城市轨道交通对土地利用的影响研究综述:基于 CiteSpace 的计量分析[J].地球科学进展,2018,33(12):1259-1271.

本研究所关注的"保障房群体日常活动特征和出行行为",实质上属于"弱势群体时空间行为"探讨的大方向。下文将围绕"保障房"一词,同时结合"廉租房""经济适用房""公共租赁住房"等主要的细分类关键词,以"日常活动""出行行为""行为空间""活动空间"为对象关键词进行交叉检索,最终借助 CiteSpace 工具将"国内外保障房与居民时空间行为"研究领域的热点、关联、研究内容等挖掘出来。但需要一提的是,该软件作为一种技术工具,只能机械地测算出文献之间的关系、综合评述、热点词汇和研究主题,具体的文献细节和优劣评判,仍需要人工结合文献内容进行深入解读。

1.3.2 国内保障房居民日常活动和出行相关研究

文献来源于中国期刊网全文数据库(CNKI)和万方数据库收录的论文,并依据以下检索条件选择研究文献:①检索跨度为 1994—2018 年;②检索主题为"保障房"并含"活动—出行行为",并且包括与保障房相关的词汇以及与活动—出行行为相关的分类词汇。按上述条件应用两个数据库来检索论文,共搜集到期刊论文 198 篇,其中核心期刊 94 篇,硕士、博士论文分别 28 篇;考虑到研究的权威性、创新性、可靠性及深度,再从中二次检索核心期刊论文和硕士、博士论文共计 115 篇纳入本研究中;最终,把检索数据导入 CiteSpace 软件进行分析,并对 115 篇文献的标题、摘要及关键词进行重点分析。

1. 分析结果

根据确定的上述文献数据样本,绘制文献共引网络聚类图,探析国内"保障房居民日常时空间行为"的相关研究动态。具体设置为:1994—2018 年,时间跨度不长而切割设置为 1年;主题词来源为共同选择标题、摘要、检索词和标识符;节点类型选择的是 Term 和 Keyword,使用修剪切片网络方法。然后运行 CiteSpace 软件,获得国内保障房相关研究的热点主题(见图 1-5),继而通过网络聚类调整,得到研究的主题聚类图谱(见图 1-6)。下文将据此结合研究热点主题,进一步解析国内保障房的相关研究进展和趋势。

2. 各研究方向分析

1)研究理论梳理

在梳理和归纳国内相关研究进展之前,对国内学者借鉴相关理论的学术动态和脉络(活动—出行行为决策)进行大体了解是必要的,主要如下:

伴随着"新型城镇化的核心——人的城镇化"理念的出现,一般居民的活动—出行需求作为城市可持续发展过程中的一个重点,也成为学术界的热点话题之一,尤其是受到地理学、社会学等学科领域越来越多的关注,其常见的做法是通过引介国际学界的权威理论,对居民日常活动—出行行为展开大量的实证分析。其中的典型者即是以柴彦威、周素红等为代表的一批国内学者,其研究内容主要集中于居民日常活动—出行行为的决策机制研究,研究对象从"就业者"逐渐扩展到"特殊弱势群体",研究视角也从"个体"逐渐拓展到"家庭";此外,还有一批学者(以隽志才、周钱为代表)以时空间行为研究中最具代表性的基础理论——效用最大化理论为依托,通过离散选择模型来研究居民活动日常安排与出行选择的关系(见表 1-1)。

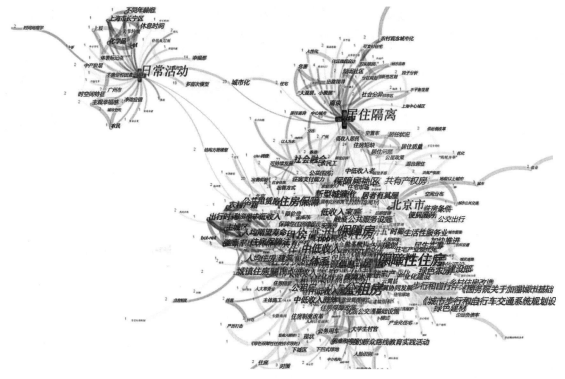

图 1-5　国内保障房研究的热点主题

资料来源：笔者自绘.

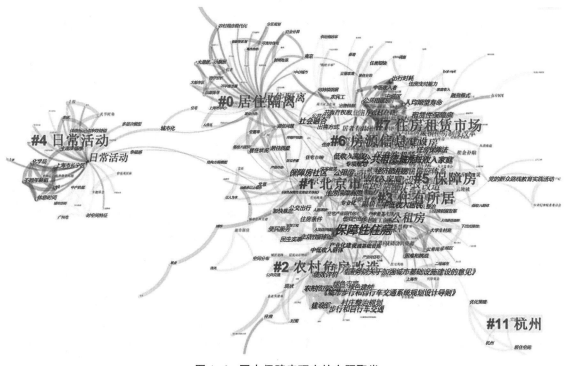

图 1-6　国内保障房研究的主题聚类

资料来源：笔者自绘.

表 1-1 居民活动—出行行为决策理论研究

学科领域	理论基础	研究特点	国外代表学者	国内借鉴代表学者
地理学	时间地理学	强调客观环境对个体决策的影响,将时间和空间要素在微观个体层面结合起来考虑	Hägerstrand[①]	柴彦威[③]
	活动理论	研究"活动与出行"这一对需求与衍生需求之间的关系,即:活动是出行需求分析的根本,活动引发了出行,并对出行时刻、出行方式、目的地选择等要素产生影响	Chapin[②]	柴彦威[③④]、周素红[⑤]
经济学	随机效用理论	决策者在面临多个选择时,总是选择"效用"最大的方案	尼古拉斯·伯努利	隽志才[⑥]、周钱[⑦]、曹新宇[⑧]、鲜于建川[⑨]
社会学	生命历程理论	强调历史的时间和地点,强调生活转折点或者事件对于个人的影响程度及其同时间的关系,重视相互联系的生命,关注个人能动性	Ryder[⑩]	柴彦威[⑪]
心理学	计划行为理论	认为个体行为决策过程会受到行为态度、主观规范、感知行为控制三个因素的决定或影响	Ajzen[⑫]	景鹏[⑬]、隽志才[⑭]

资料来源:笔者根据相关资料整理

2) 研究成果分析

根据上述 CiteSpace 软件的运行结果,保障房相关的研究主题大体涉及九个方面。但由于关联和接近"保障房"和"时空间行为"两个主题词相关的词汇较多,这不但导致多个主题之间多有重复,还衍生出不少同本研究主题关联性并不强的外延内容。因此,经过进一步的归并梳理、筛除枝节和主题聚焦,可将国内强相关的研究成果划分为"保障房的实践、保障房居民日常活动和出行行为"两大类和六大主题。评述内容具体如下:

(1) 保障房的实践

主题 1 保障房的规划建设 此类研究主要聚焦于保障房的宏观布局和微观设计两方

---

① Hägerstrand T. What about People in Regional Science? [J]. Regional Science, 1970, 24(2): 7-21.

② Chapin F S. Human activity patterns in the city: things people do in time and in space[M]. New York: Wiley, 1974.

③ 柴彦威,申悦,塔娜. 基于时空间行为研究的智慧出行应用[J]. 城市规划,2014,38(3):85-91.

④ Chai Y W. Space-time behavior research in China: Recent development and future prospect [J]. Annals of the Association of American Geographers, 2013,103(5): 1093-1099.

⑤ 齐兰兰,周素红. 邻里建成环境对居民外出型休闲活动时空差异的影响:以广州市为例[J]. 地理科学,2018,38(1):31-40.

⑥ 吴文静,隽志才. 通勤者下班后非工作活动时间选择决策行为[J]. 中国公路学报,2010,23(6):92-95.

⑦ 周钱. 基于家庭决策的交通行为和需求预测研究[D]. 北京:清华大学,2008.

⑧ Cao X Y, Chai Y W. Genderrole-based differences in time allocation[J]. Transportation Research Record: Journal of the Transportation Research Board, 2007, 2014(1): 58-66.

⑨ 鲜于建川,隽志才. 家庭成员活动—出行选择行为的相互影响[J]. 系统管理学报,2012,21(2):252-257.

⑩ Ryder N B. The cohort as a concept in the study of social change[J]. American Sociological Review, 1965, 30(6): 843-861.

⑪ 柴彦威,塔娜,张艳. 融入生命历程理论、面向长期空间行为的时间地理学再思考[J]. 人文地理,2013,28(2):1-6.

⑫ Ajzen I. The Theory of planned behavior[J]. Organizational Behavior and Human Decision Processes, 1991,50(2): 179-211.

⑬ 景鹏. 基于计划行为理论的区域出行方式选择行为研究[D]. 上海:上海交通大学,2013.

⑭ 景鹏,隽志才. 计划行为理论框架下城际出行方式选择分析[J]. 中国科技论文,2013,8(11):1088-1094.

面。前者主要实证探讨北京、上海、广州、深圳、南京等市保障房的选址和空间布局,并剖析其存在的问题和相应治理途径(周素红等①;宋伟轩等②;石浩等③)。其中,关于保障房选址方面的文献尤为丰富,研究视角也很广泛。有的学者以南京市为实证,从土地成本和居住品质两个方面出发,提出了五个选址策略以应对保障性住房的选址不当问题(杨靖等④);还有的学者基于 TOD 理念,建议将城市保障房建设与公共交通联系起来考虑(杨靖等④;吕艳等⑤;汪冬宁等⑥)。后者按研究内容大致可归为两类:一类是通过总结国内具体的保障房建设项目,从中吸取可供借鉴的规划经验和启示(李健等⑦;郭菂⑧;汤林浩⑨);另一类则是通过学习国外保障房的建设成果和规划经验,用以指导国内实践,像王承慧⑩即是通过学习美国可支付住宅的实践经验的学习,总结了对我国经济适用房开发和设计有启示的做法,武文霞⑪则通过探讨新加坡租屋的发展历程、租屋建设与管理经验,为我国的保障房建设提供了有益的思路。

主题 1 总体评述 "保障房规划建设"类文献最为丰富,就研究内容而言,主要是围绕着国内外保障房建设的宏观布局和微观设计而展开,其中,前者偏重于探讨国内保障房规划建设的空间效应,后者则是通过学习国外保障房的建设实践经验,为我国保障房的开发建设提供参考和理论依据。

主题 2 保障房政策管理 此类研究成果较多,同样可以分为两大类:一类研究是通过国内外保障房政策的系统比较,探寻出符合我国国情的住房保障政策。例如王晓涵和王欢探析的就是美国、英国、日本、德国等国家的公共住房政策和制度;黄潇仪⑫则基于贫困疏解视角对美国保障房的租房政策和售房政策进行了评估,以期为我国低收入群体的住房保障政策提供可借鉴的思路。另一类研究则是系统梳理国内城市的保障房政策制度及其实践效应。例如严雪峰通过对北京经济适用房政策的经济分析,指出我国公共住房模式的发展应充分完善多层次的住房市场结构,保持公共住房保障的层次性;钱瑛瑛⑬则提出我国住房保障政策的实施策略是以货币补贴为主,以实物补贴为辅,控制经济适用房、扩大廉租

① 周素红,刘玉兰.转型期广州城市居民居住与就业地区位选择的空间关系及其变迁[J].地理学报,2010,65(2):191-201.

② 宋伟轩.大城市保障性住房空间布局的社会问题与治理途径[J].城市发展研究,2011,18(8):103-108.

③ 石浩,孟卫军.基于社会公平的城市保障性住房空间布局策略研究[J].重庆交通大学学报(自然科学版),2013,32(1):173-176.

④ 杨靖,张嵩,汪冬宁.保障性住房的选址策略研究[J].城市规划,2009,33(12):53-58.

⑤ 吕艳,崖文秀.保障性住房建设方式及选址问题研究[J].西安财经学院学报,2010,23(5):35-39.

⑥ 汪冬宁,金晓斌,王静,等.保障性住宅用地选址与评价方法研究:以南京都市区为例[J].城市规划,2012,36(3):85-89.

⑦ 李健,兰莹.新加坡社会保障制度[M].上海:上海人民出版社,2011.

⑧ 郭菂.与城市化共生:可持续的保障房规划与设计策略[M].南京:东南大学出版社,2017.

⑨ 汤林浩.南京市保障性住区的公共服务设施供给初探:基于城市层面公共服务设施的实证[D].南京:东南大学,2016.

⑩ 王承慧.美国可支付住宅实践经验及其对我国经济适用住房开发与设计的启示[J].国外城市规划,2004,19(6):14-18.

⑪ 武文霞.宁夏固原市朝阳欣居保障性住房工程设计浅析[J].江西建材,2015(2):27.

⑫ 黄潇仪,吴晓.基于贫困疏解视角的美国保障性住房政策审视[J].现代城市研究,2012,27(11):71-79.

⑬ 钱瑛瑛.中国住房保障政策研究:经济适用房与廉租住房[J].中国房地产,2003(8):57-60.

房建设。

主题 2 总体评述　"保障房政策管理"类文献从研究内容来看,主要集中于国内外对比研究和国内住房政策的系统研究。其中,前者更多是探寻适合中国实际的政策体系,后者则侧重于探讨政府对保障房宏观调控的作用和影响,目前的研究成果相对完善却也存在一些盲区,比如说在政策制度对保障房群体的实践效应方面就探讨不足。

（2）保障房居民日常活动和出行行为的相关研究

主题 1 家庭日常活动—出行行为决策　此类研究是在 1974 年 Chapin 的活动理论影响下逐渐发展起来的,其强调了家庭因素对于活动和出行的影响①,同时期 Hägerstrand 在其所创建的时间地理学中也强调了日常活动—出行不仅会受到时间和空间的约束,还会受到家庭责任和任务分配的影响②。之后,国内也有部分学者开始关注家庭视角下居民日常活动和出行行为的决策研究,初期成果大多数是将家庭属性作为模型的解释变量来分析家庭中单个出行者的活动—出行行为,发现家庭结构、家庭人数、家庭月收入等均是影响家庭活动—出行行为的重要因素③④⑤;随后,研究学者们逐渐关注到家庭成员之间活动—出行的互动关系,例如张文佳就验证了男女家长间存在着明显的活动—出行联系,并且在非工作活动上存在着联合参与行为⑥,柴彦威、周钱、李丹等学者则利用国内城市居民的活动—出行数据,初步分析了成员在家庭任务分配、时间利用以及出行行为间的相互关联性⑦⑧⑨。

主题 1 总体评述　"家庭日常活动—出行行为决策"类研究起步相对较晚,虽已取得一定成果却在整体上缺乏融入家庭视角的精细化分析,不但缺少基于家庭日常活动—出行决策理论的诠释框架构建,更缺少针对特殊群体家庭（如保障房家庭、低收入家庭、被动迁居家庭）日常活动—出行行为的专项式研究。

主题 2 保障房居民日常活动　此类研究是在西方时间地理学与活动分析法的理论支撑下逐步发展起来的。当前,国内研究正在逐渐从宏观走向微观、从描述走向解释,不但研究方法更加多元化,研究议题也更加广泛和深入⑩⑪。尤其是在社会制度转型及城市空间重组的大背景下,中低收入阶层的日常活动可达性和移动性等新问题备受关注,比如说城市

---

①　Chapin F S. Human Activity Patterns in the City: Things People Do in Time and in Space[J]. Population, 1976, 31(2): 507.

②　Hägerstrand T. What about People in Regional Science? [J]. Urban Planning International, 1986, 24(1): 143-158.

③　张政,毛保华,刘明君,等. 北京老年人出行行为特征分析[J]. 交通运输系统工程与信息,2007,7(6): 11-20.

④　杨敏,王炜,陈学武,等. 工作者通勤出行活动模式的选择行为[J]. 西南交通大学学报,2009,44(2): 274-279.

⑤　鲜于建川. 通勤者活动—出行选择行为研究[D]. 上海: 上海交通大学,2009.

⑥　张文佳,柴彦威. 基于家庭的城市居民出行需求理论与验证模型[J]. 地理学报,2008,63(12): 1246-1256.

⑦　周钱. 基于家庭决策的交通行为和需求预测研究[D]. 北京: 清华大学,2008.

⑧　李丹,杨敏. 基于家庭的活动时耗和出行时耗关联性研究[J]. 武汉理工大学学报(交通科学与工程版),2014,38(3): 589-593.

⑨　张雪,柴彦威. 西宁城市居民家内外活动时间分配及影响因素: 基于结构方程模型的分析[J]. 地域研究与开发,2017(5): 161-165.

⑩　柴彦威. 行为地理学研究的方法论问题[J]. 地域研究与开发,2005,24(2): 1-5.

⑪　关美宝,申悦,赵莹,等. 时间地理学研究中的 GIS 方法: 人类行为模式的地理计算与地理可视化[J]. 国际城市规划,2010,25(6): 18-26.

空间对弱势群体行为的影响、城市空间与居民日常活动间的互动关系、城市弱势群体(就业、休闲娱乐等)活动的决策机制等①。其中,又以保障房居民的就业活动最受关注(张艳等②;李小广等③;干迪等④;夏永久等⑤)。宏观层面的研究多基于人口普查和经济普查数据,像周素红等⑥学者即是从职—住区位决策的视角出发,探究了保障房居民的职—住选择特征、空间匹配程度的群体差异和影响机制;而微观层面的研究多基于个体活动日志的一手调查资料,如易成栋等⑦就是从个体和家庭两个层面分析了经济适用房的就业可达性及其影响因素;李梦玄等⑧则通过比较保障房居民迁居前后通勤时间的变化,发现迁居后居民存在着职住空间失配严重、综合福利损失显著的问题。

随着居民对购物、休闲娱乐等非工作活动的需求增加,这类群体的非工作活动规律也受到了越来越多的关注,如张艳等⑨、刘玉亭等⑩就通过对比中低收入者和其他阶层非工作活动的时空分布规律,指出活动时间破碎化、活动空间显著收缩是中低收入者典型的活动模式;在此基础上,周素红等⑪和邹思聪等⑫又进一步探析了低收入人群日常活动时空分异的影响因素,指出城市社会空间格局、个人能力及时空可达性为其主要影响因素。

主题2总体评述 "保障房居民日常活动"类文献从借鉴西方经典理论、研究框架与研究方法到立足于我国国情,逐步形成了具有中国特色的时空间行为研究体系。但是目前对于保障房居民日常活动的研究,主要局限于某一类活动的时空特征和影响因素,而缺乏对更多类活动及其交互作用关系和时空差异的系统性讨论;此外,对于居民日常活动的研究也多偏重于其空间特征而非时间规律,更缺乏二者耦合之下的时空特征解析。

主题3保障房居民日常出行 此类研究源起于活动分析法的核心思想"出行需求即源于社会活动需要"(即基于活动的出行行为分析框架),据此对某个城市或者特定地区的居民出行行为展开研究。近些年,随着保障房居民的日常出行陷入可达性困境,其日常出行

① 李志刚,任艳敏,李丽.保障房社区居民的日常生活实践研究:以广州金沙洲社区为例[J].建筑学报,2014(2):12-16.

② 张艳,刘志林.市场转型背景下北京市中低收入居民的住房机会与职住分离研究[J].地理科学,2018,38(1):11-19.

③ 李小广,邱道持,李凤,等.重庆市公共租赁住房社区居民的职住空间匹配[J].地理研究,2013,32(8):1457-1466.

④ 干迪,王德,朱玮.上海市近郊大型社区居民的通勤特征:以宝山区顾村为例[J].地理研究,2015,34(8):1481-1491.

⑤ 夏永久,朱喜钢.被动迁居后城市低收入原住民就业变动的成因及影响因素:以南京为例[J].人文地理,2015,30(1):78-83.

⑥ 周素红,程璐萍,吴志东.广州市保障性住房社区居民的居住—就业选择与空间匹配性[J].地理研究,2010,29(10):1735-1745.

⑦ 易成栋,高萌,张纯.基于项目、家庭和个体视角的经济适用住房的就业可达性:以北京市为例[J].城市发展研究,2015,22(12):31-37.

⑧ 李梦玄,周义,胡培.保障房社区居民居住—就业空间失配福利损失研究[J].城市发展研究,2013,20(10):63-68.

⑨ 张艳,柴彦威.北京城市中低收入者日常活动时空间特征分析[J].地理科学,2011,31(9):1056-1064.

⑩ 刘玉亭,何深静,李志刚.南京城市贫困群体的日常活动时空结构分析[J].中国人口科学,2005(S1):85-93.

⑪ 周素红,邓丽芳.基于T-GIS的广州市居民日常活动时空关系[J].地理学报,2010,65(12):1454-1463.

⑫ 邹思聪,张姗琪,甄峰.基于居民时空行为的社区日常活动空间测度及活力影响因素研究:以南京市沙洲、南苑街道为例[J].地理科学进展,2021,40(4):580-596.

也开始受到国内学者越来越多的关注,并涵盖了出行的时空特征、出行动因机理的内容[1][2],例如党云晓就归纳总结了低收入群体的通勤出行模式,即:通勤距离的离散程度大,以短距离通勤为主,通勤出行时间分布不均且长时间通勤的比例较高[3];许晓霞等[4]和吴丹贤等[5]运用 GIS 软件对巨型社区居民出行的时空路径进行了刻画,并揭示了其购物和休闲出行的时空模式;还有学者通过比较不同居住类型居民的出行方式选择,指出步行、公共交通已成为保障房居民的主要出行方式(党云晓[3];张纯等[6];杨林川等等[7]);此外,也有学者从建成环境、社会制度、个体和家庭社会经济属性等维度出发做出了延伸探讨(曾屹恬和塔娜[8];李玲等[9];李培[10];吴丹贤和周素红[5];郝新华等[11])。

主题 3 总体评述 "保障房居民日常出行行为"类文献与日常活动研究的特点类似,同样也形成了具有自身特色的研究成果。但目前的相关研究进展仍存在两方面不足:其一,现有成果主要聚焦于居民某一类活动的出行特征及其内部规律,而缺乏兼顾多类活动的综合性研究;其二,现有成果对影响因素的解析也以外部建成环境、制度、住房等外部因素的阐释为主,而缺少基于保障房居民个体和家庭属性的内部因素探析,也缺少对不同群体日常活动和出行规律的对比研究。

主题 4 保障房居民日常活动—出行行为分析方法 此类文献往往偏重于国外成熟技术方法的学习和借鉴,其大体可分为三类:基于 GIS 技术的居民时空行为研究、基于非集计的居民日常活动—出行行为研究、基于结构方程模型的居民活动行为研究。第一类主要是采用 GIS 空间分析的空间自相关法、核密度法和标准置信椭圆法来模拟居民日常活动和出行的时空特征,测度居民的活动空间(张弘弢[12];申悦和柴彦威[13];孙道胜等[14];周素红和邓丽芳[15];

① 周素红,程璐萍,吴志东.广州市保障性住房社区居民的居住—就业选择与空间匹配性[J].地理研究,2010,29(10):1735-1745.

② 侯学英,吴巩胜.低收入住区居民通勤行为特征及影响因素:昆明市案例分析[J].城市规划,2019,43(3):104-111.

③ 党云晓.北京市低收入人群的职住分离特征及影响机制研究[D].北京:中国科学院研究生院,2012.

④ 许晓霞,柴彦威,颜亚宁.郊区巨型社区的活动空间:基于北京市的调查[J].城市发展研究,2010,17(11):41-49.

⑤ 吴丹贤,周素红.基于日常购物行为的广州社区居住—商业空间匹配关系[J].地理科学,2017,37(2):228-235.

⑥ 张纯,李晓宁,满燕云.北京城市保障性住房居民的就医可达性研究:基于 GIS 网络分析方法[J].人文地理,2017,32(2):59-64.

⑦ 杨林川,崔叙,喻冰洁,等."末梢时间"对保障房居民公共交通出行的影响[J].规划师,2020,36(4):50-57.

⑧ 曾屹恬,塔娜.社区建成环境、社会环境与郊区居民非工作活动参与的关系:以上海市为例[J].城市发展研究,2019,26(9):9-16.

⑨ 李玲,王钰,李郁,等.解析安居解困居住区公建设施规划建设和运营:以广州三大安居解困居住区调研为例[J].城市规划,2008,32(5):51-54.

⑩ 李培.经济适用房住户满意度及其影响因素分析:基于北京市 1184 位住户的调查[J].南方经济,2010(4):15-25.

⑪ 郝新华,周素红,彭伊侬,等.广州市低收入群体户外活动的时空排斥及其影响机制[J].人文地理,2018,33(3):97-103.

⑫ 张弘弢.基于活动方法的个体出行行为分析与出行需求预测模型系统研究[D].南京:南京师范大学,2011.

⑬ 申悦,柴彦威.基于 GPS 数据的北京市郊区巨型社区居民日常活动空间[J].地理学报,2013,68(4):506-516.

⑭ 孙道胜,柴彦威,张艳.社区生活圈的界定与测度:以北京清河地区为例[J].城市发展研究,2016,23(9):1-9.

⑮ 周素红,邓丽芳.城市低收入人群日常活动时空集聚现象及因素:广州案例[J].城市规划,2017,41(12):17-25.

塔娜和柴彦威①);而第二类方法是借助非集计模型、Binary Logit 模型、Multinomial Logit 模型以及后期研发的 Nested Logit 模型、决策树模型等来研究居民的活动和出行选择,并预测未来城市活动和出行的时空需求(刘炳恩等②;胡华等③;宗芳和隽志才④);第三类方法则是尝试运用结构方程模型来探析居民活动—出行行为的选择机理(张文佳和柴彦威⑤;李霞等⑥;程龙和陈学武⑦)。随着弱势群体时空间行为受到越来越多城市研究者的关注,上述方法也逐渐渗透到弱势群体的行为分析之中,如周素红和邓丽芳⑧、申悦和柴彦威⑨、塔娜和柴彦威⑩就引入 GIS 空间分析法,实现了低收入群体日常活动时空路径的三维可视化,并发掘了这类群体日常活动的时空集聚特征。

主题 4 总体评述 "保障房居民日常活动—出行行为分析方法"类研究虽然起步较晚,但技术手段相对成熟,且主要是通过运用 GIS 空间分析方法、Logit 模型和结构方程模型等,对各类居民的时空间行为进行测度评估和深度分析,这可以为保障房居民日常活动—出行决策机制的揭示提供有效的技术支撑。

3. 研究进展评述

基于各热点词汇频次的统计,可以梳理出住房制度改革后、国内保障房相关研究排名前 20 位热点词汇(见图 1-7),并制作出研究主题的时间区图(见图 1-8)。

结合热点词汇统计、研究主题时间区图和相关文献的阅读和梳理,目前国内同保障房相关的研究进展主要呈现出以下特征:①研究视角以微观尺度为主,关于保障房居民日常活动和出行行为的分析亦不例外;②从最初的以定性分析为主到后期定量手段的引入,研究方法总体上更趋多元化,其中也有不少值得借鉴的技术手段;③研究对象逐步扩展到保障房的老年人、失地农民等特定群体,并对其出行行为选择过程展开了专项式探讨;④基于典型案例的实证分析明显多于深度的理论诠释和提炼。

总体来看,国内关于"保障房群体日常活动和出行"的研究虽已取得较为丰硕的成果,但仍有以下问题亟待解决:

---

① 塔娜,柴彦威.基于收入群体差异的北京典型郊区低收入居民的行为空间困境[J].地理学报,2017,72(10):1776-1786.

② 刘炳恩,隽志才,李艳玲,等.居民出行方式选择非集计模型的建立[J].公路交通科技,2008,25(5):116-120.

③ 胡华,滕靖,高云峰,等.多模式公交信息服务条件下的出行方式选择行为研究[J].中国公路学报,2009,22(2):87-92.

④ 宗芳,隽志才.基于活动的出行方式选择模型与交通需求管理策略[J].吉林大学学报(工学版),2007,37(1):48-53.

⑤ 张文佳,柴彦威.基于家庭的城市居民出行需求理论与验证模型[J].地理学报,2008,12:1246-1256.

⑥ 李霞,邵春福,孙壮志,等.基于结构方程的节假日居民出行和活动关联性建模分析[J].交通运输系统工程与信息,2008,8(6):91-95.

⑦ 程龙,陈学武.基于结构方程的城市低收入通勤者活动—出行行为模型[J].东南大学学报:自然科学版,2015,45(5):1013-1019.

⑧ 周素红,邓丽芳.城市低收入人群日常活动时空集聚现象及因素:广州案例[J].城市规划,2017,41(12):17-25.

⑨ 申悦,柴彦威.基于 GPS 数据的北京市郊区巨型社区居民日常活动空间[J].地理学报,2013,68(4):506-516.

⑩ 塔娜,柴彦威.基于收入群体差异的北京典型郊区低收入居民的行为空间困境[J].地理学报,2017,72(10):1776-1786.

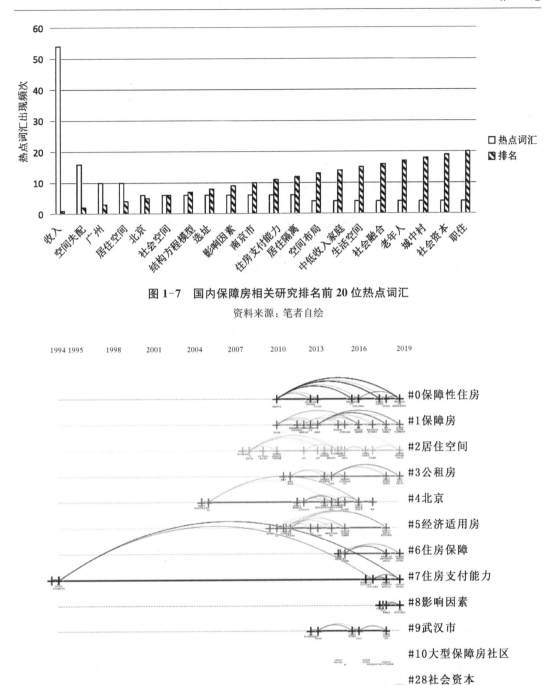

图 1-7　国内保障房相关研究排名前 20 位热点词汇

资料来源：笔者自绘

图 1-8　国内保障房相关研究的时间区图

资料来源：笔者自绘

①"日常活动—出行"研究的综合性有待强化。现有成果要么只关注居民的日常活动、要么只关注居民的出行行为,甚至仅仅聚焦于某一类活动或是出行的特征和规律,而缺少兼顾多类"活动—出行"及其交互关系和时空差异的综合性、整体式探讨。

②"日常活动—出行"研究的时空性有待兼顾。目前成果对于保障房居民的活动和出

15

行,更多关注是其空间特征而非时间规律,需要在二者耦合的认知框架下更全面地揭示这一群体日常生活的时空特征。

③"日常活动—出行"研究的内因诠释有待补实。对于保障房居民活动和出行的影响因素和深层机理,现有成果往往偏重于外部建成环境、制度、住房等外部因素的诠释,而缺少对该住区不同群体日常活动和出行行为的差异化比较,尤其缺乏基于家庭要素或是个体属性的内部因素解析。

1.3.3 国外保障房居民日常活动和出行相关研究

"保障房"一词在国外多统称为"公共住房",其相关研究主要是围绕着公共住房规划建设、住房政策、迁居等方面而展开,从研究内容到方法均已趋于成熟。如果对社会学、地理学等领域内的相关成果进行检索,可以发现:国外学者关于公共住房的研究文献到 2018 年已多达 2 769 篇;若进一步以"公共住房"与"时空间行为"两大关键词进行交叉检索,其结果即为本书的核心参考文献。

因此,以 Web of Science(WOS)数据库中的核心数据合集(包括 SCI、SSCI、A&HCI)为数据来源,以"public housing"或"social housing"等与公共住房相关的词和"activity-travel behavior"或"activity space"等与时空间行为相关的词作为检索词,检索项选择为"topic",专业设定为城市研究、地理学和社会学等领域,文献类型选择为期刊论文集,时间跨度为 1905—2018 年,按上述条件共检索到 541 篇文章。同理,以与公共住房相关的词和与时空间行为相关的词分别为标题和摘要来进行检索,通过 ProQuest 学位论文检索平台来完成检索,也检索到硕士、博士论文分别为 4 篇和 7 篇。

1. 分析结果

根据确定的上述文献数据样本,绘制文献共引网络聚类图,探析国外"保障房居民时空间行为"的研究现状、研究趋势、研究热点(见图 1-9、图 1-10)。具体设置为:1905—

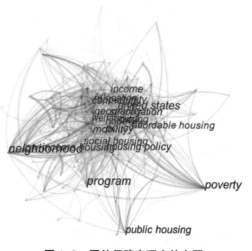

图 1-9 国外保障房研究的主题

资料来源:笔者自绘

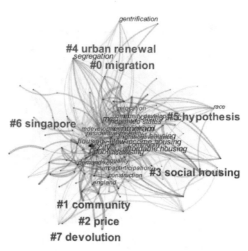

图 1-10 国外保障房研究的主题聚类

资料来源:笔者自绘

2018年,由于时间跨度长,切割设置为2年;值得注意的是,由于中英文参考文献的引用格式差异,在WOS上的数据作为数据源时和CNKI上存在固有差异,因此在CiteSpace中节点类型选择的是Cite Reference,而不是Term和Key-word;其余选项则同中文文献的检索设置一样。下文将根据可视化结果和国外公共住房相关文献的阅读和梳理,进一步解析国外保障房的相关研究进展。

2. 各研究方向分析

1) 研究理论梳理

（1）居住迁移理论

关于居住迁移（也称为居住流动或居民迁居）活动的研究,国外学术界一直处于领先地位,并在研究理论和技术方法上取得了丰富的成果。各时期的不同学派均从不同的角度发展和充实了既有的迁居理论与观点,从而使迁居行为的整体研究经历了一个由生态分析到空间分析、从行为分析再到社会结构分析的演进过程[1][2]。

表1-2 城市居民迁居研究的主要理论学派[3]

理论学派	理论基础	理论观点	代表学者
生态学派	人类生态学	把人当作人类生态环境中的一分子,使其在城市中的居住位置是由人的社会地位、家庭状况、经济收入所决定的	Burgess, Hoyt, Alonso
空间学派	空间理论	把研究视角转移到空间规律和数量模式上,主要研究迁居的距离、方向、数量模式等	Rossi, Lowry, Clark, Lisk
行为学派	行为理论	把注意力转移到人的行为上,强调人的个性,研究人对客观环境的感知和迁居者行为	Brumell, Brown, Moore
	家庭生命周期迁居理论	研究家庭成长对城市居民迁居的影响,并认为是家庭成员共同决定着迁居决策	Rossi, Foley
结构学派	马克思历史唯物主义	把迁居的原因归于经济发展状况、阶级成长、政治因素	Macher, William, Xavier, Smith
	新韦伯主义	认为迁居决策会受到私人机构、地方当局的影响,而非阶级、国家以及资本主义危机,这与新马克思历史唯物主义形成了鲜明对比	Rex, Moore

资料来源：盛楠. 合肥城市人口迁居行为研究[D]. 芜湖：安徽师范大学,2014:6-7.

（2）出行行为决策理论

居民"日常活动—出行"作为城市交通领域长期以来关注的重要课题之一,同时也受到了地理学、经济学、社会学、心理学等学科领域的交叉关注,进而积累了大量针对城市居民活动—出行决策的理论研究与实证分析（表1-3）。其中又以基于时间地理学和活动的理论研究为多,在研究内容上可分为两大部分：时空约束下的居民活动—出行行为决策机制研究（理解行为）；时空作用下的居民活动—出行行为预测方法探讨（规划行为）。

---

① 齐心. 北京城市内部人口迁居水平研究[J]. 北京工业大学学报（社会科学版）,2012,12(4)：6-12.
② 强欢欢. 个体择居与结构变迁：进城务工人员居住空间演化研究：以南京市主城区为例[D]. 南京：东南大学,2019.
③ 盛楠. 合肥城市人口迁居行为研究[D]. 芜湖：安徽师范大学,2014.

表1-3 居民出行行为决策理论研究

学科领域	理论基础	研究特点	代表学者
地理学	时间地理学	强调客观环境对个体决策的影响,将时间和空间要素在微观个体层面结合起来考虑	Hägerstrand[①]
	活动理论	研究活动与出行这一对需求与衍生需求之间的关系,即活动是出行需求分析的根本,活动引发了出行,并对出行时刻、出行方式、目的地选择等要素产生影响	Chaipin[②]
经济学	随机效用理论	假设出行者理性的选择,并集中选择效用最大的方案	尼古拉斯·伯努利
社会学	生命历程理论	研究强调历史的时间和地点,强调生活转折点或者事件对于个人的影响程度及其与时间的关系,重视相互联系的生命,关注个人能动性	Ryder[③]
	社会网络理论	社会是由网络而不是由个体组成的,个体行为会由组织形成社会网络结构,同时社会网络又会透过个体关系对行为产生约束	Scott
	家庭社会学	家庭被视为社会中的基本组织,并且其自身又是一个系统,其中包含了参与家庭活动的个体,以及由于这些家庭成员的存在而产生的家庭结构、家庭功能和家庭关系。外界环境对家庭的影响不是抽象的,而是通过对家庭功能、家庭结构和家庭关系的影响进而体现在个体的日常行为中的	
心理学	群决策理论	决策方案是由多个相关的决策者共同制定的	Aluo
	计划行为理论	个体行为决策过程会受到行为态度、主观规范、感知行为控制三个因素决定	Ajzen[④]
	家庭系统理论	家庭是按照一定互动规则而运作的一个完整系统,主要包括夫妻子系统、亲子子系统;它强调儿童的产生与所在家庭的互动模式和家庭价值有关,当家庭成员沟通失衡时,会使家庭系统失衡	Dore[⑤]

资料来源:笔者根据文献整理

2) 研究结果分析

结合 CiteSpace 软件的运行结果(见图1-9,图1-10),并经过同样的归并梳理、筛除枝节和主题聚焦环节,可进一步将国外相关的研究成果划分为两大类和六大主题。评述内容具体如下:

(1) 保障房的实践

主题1 公共住房规划建设 此类研究的文献积累较多,且以宏观层面的空间布局探讨为主。此类研究最早可追溯到美国(1990年代)的"芝加哥学派",伯吉斯和霍伊特在对城市

---

① Hägerstrand T. What about People in Regional Science? [J]. Regional Science,1970,24(2):7-21.

② Chapin F S. Human activity patterns in the city:Things people do in time and in space[M]. New York:Wiley, 1974.

③ Ryder N B. The cohort as a concept in the study of social change[J]. American Sociological Review,1965,30 (6):843-61.

④ Ajzen I. The Theory of planned behavior[J]. Organizational Behavior and Human Decision Processes,1991,50 (2):179-211.

⑤ Dore M M. Family Systems Theory[M]. New York:Springer New York,2008.

空间结构展开一系列的研究后，均认为郊区是社会底层居民的居住地[①]；随后，为了应对战后住房短缺的问题，各个国家都开始推动公共住房的集中建设，主要选址于城市郊区（Murie[②]）或是城市旧区，然而低收入住宅的集中建设却又引发了持续失业、滥用毒品等新的社会问题；于是又有学者开始提出"混合建设"的理念，即公共住房社区要同其他居住社区混合建设，例如美国的可支付住宅即强调了与相邻居住区的融合（Cheshire[③]），并重视相关配套设施的规划建设。

主题 1 总体评述　"公共住房规划建设"类研究由来已久，从宏观空间布局到微观建设均有所涉及，且对各个国家公共住房的规划建设历程、建设经验及建设模式进行了深入探讨，对于我国保障房的规划建设而言具有较大的参考价值。

主题 2 公共住房政策制度　此类文献主要围绕着各个国家公共住房的保障政策及其实施效应两方面展开。例如 Alex[④] 就介绍了新加坡、美国、法国等国家的公共住房政策，并归纳和总结了各国住房保障制度的异同点；Barlow[⑤]、Harloe[⑥] 也从住房保障类型、社会制度等层面对比了不同国家住房保障政策的实施效应；Etherington 指出欧美城市的混居模式增加了公平机会、减少了社会压力和增强了社会融入度，理应成为公共住房政策的核心（Musterd[⑦]）；但也有学者对居住混合策略提出了批评和非议，如 Kearns 和 Veer[⑧] 就通过对英国城市的实证研究表明，无论是高收入阶层还是住房租赁者，都不太能接受混居模式；对荷兰住房的研究也同样表明，耗费大量资金的混居战略所带来的只是一个零结果，弱势群体并未像预想的那样从中获利。

主题 2 总体评述　"公共住房政策制度"类文献的成果积累较多，重点分析了各个国家公共住房的保障政策及其实施效应，并在"混合居住"理念及其实践方面拥有不尽相同的立场和争议。但从中也看出，欧美发达国家已在此方面积累了较为丰富的住房保障经验，确有不少做法值得我国借鉴和引介。

（2）保障房居民日常活动和出行行为相关研究

主题 1 家庭日常活动—出行行为决策　20 世纪 80 年代起，国外的专家学者开始研究家庭日常活动—出行行为决策机理，研究内容主要涉及三方面：家庭因素对居民活动和出行行为的影响；家庭联合活动和出行行为的选择；家庭成员活动—出行行为的互动关系。第一类研究主要将家庭收入、家庭成员构成（是否有孩子、离退休老人）、家庭交通工具拥有

---

①　许学强，周一星，宁越敏. 城市地理学[M].北京：高等教育出版社,1997.

②　Murie A. Public housing in Europe and North America [M]. Heidelberg：Springer Berlin，2013.

③　Cheshire P. Are Mixed Community Policies Evidence Based? A Review of the Research on Neighbourhood Effects [M]. Dordrecht：Springer，2012.

④　Schwartz A F. Housing Policy in the United States：An Introduction [M]. London：Routledge，2010.

⑤　Barlow J，Duncan S. Success and failure in housing provision：European systems compared [M]. Tarrytown，N. Y. ，USA：Pergamon Press，1994.

⑥　Harloe M. The people's home? Social rented housing in Europe and America [M]. Hoboken：John Wiley & Sons，2008.

⑦　Musterd S，Andersson R. Housing mix, social mix, and social opportunities[J]. Urban Affairs Review，2005，40(6)：761-790.

⑧　van der Veer J. Urban segregation and the welfare state：inequality and exclusion in western cities，Sako Musterd and Wim Ostendorf (eds.)[J]. Journal of Housing and the Built Environment，2000，15(2)：201-204.

情况等因素作为解释变量,分析其对家庭活动安排的影响①②③④。如 Habib 等就分析了双职工家庭在小汽车拥有量、男女家长通勤模式、小汽车分配三个决策层之间的关联性,并指出仅有一辆小汽车的家庭中女性和职住错位成员更倾向于选择小汽车⑤。第二类研究认为家庭联合活动决策是一个家庭在时间、收入等资源影响条件下,为不同成员分配家庭任务以满足家庭需求的决策制定过程⑥⑦。例如 Wang 和 Li 研究了家政人员的工资和服务时间对家庭生存活动、生活活动和休闲活动的影响⑧,Zhang 和 Timmermans 等也通过建立家庭效用函数,测度了家内家外个人活动、家外分配活动和家外联合活动的最优化时间分配水平⑨⑩。第三类研究则强调了家庭成员活动和出行行为不仅受到时空条件的限制,还会受到其他成员的影响⑪⑫⑬⑭⑮⑯。如 Townsend 就首次提出了家庭成员在活动上存在代替、陪伴和互助关系,Srinivasan 则通过构建家内和家外活动的时间分配模型,提出了夫妇双方在家务活动和出行选

① Anggraini R, Arentze T A, Timmermans H J P. Car allocation decisions in car-deficient households: The case of non-work Tours[J]. Transportmetrica A: Transport Science, 2012, 8(3): 209-224.

② Scheiner J, Holz-Rau C. Gender structures in car availability in car deficient households[J]. Research in Transportation Economics, 2012, 34(1): 16-26.

③ Ferdous N, Pendyala R M, Bhat C R, et al. Modeling the influence of family, social context, and spatial proximity on use of nonmotorized transport mode[J]. Transportation Research Record: Journal of the Transportation Research Board, 2011, 2230(1): 111-120.

④ Lee Y, Hickman M, Washington S. Household type and structure, time-use pattern, and trip-chaining behavior[J]. Transportation Research Part A: Policy and Practice, 2007, 41(10): 1004-1020.

⑤ Habib K N. Household-level commuting mode choices, car allocation and car ownership level choices of two-worker households: The case of the city of Toronto[J]. Transportation, 2014, 41(3): 651-672.

⑥ Kato H, Matsumoto M. Intra-household interaction in a nuclear family: A utility-maximizing approach[J]. Transportation Research Part B: Methodological, 2009, 43(2): 191-203.

⑦ Ho C, Mulley C. Intra-household interactions in transport research: A review[J]. Transport Reviews, 2015, 35(1): 33-55.

⑧ Wang D G, Li J K. A model of household time allocation taking into consideration of hiring domestic helpers[J]. Transportation Research Part B: Methodological, 2009, 43(2): 204-216.

⑨ Zhang J Y, Timmermans H J P, Borgers A. A model of household task allocation and time use[J]. Transportation Research Part B: Methodological, 2005, 39(1): 81-95.

⑩ Zhang J Y, Kuwano M, Lee B, et al. Modeling household discrete choice behavior incorporating heterogeneous group decision-making mechanisms [J]. Transportation Research Part B, 2009, 43: 230-250.

⑪ Ho C, Mulley C. Incorporating intra-household interactions into a tour-based model of public transport use in car-negotiating households[J]. Transportation Research Record: Journal of the Transportation Research Board, 2013, 2343(1): 1-9.

⑫ Ho C. Mulley C. Tour-based mode choice of joint household travel patterns on weekend and weekday[J]. Transportation, 2013, 40(4): 789-811.

⑬ Ho C, Mulley C. Intra-household Interactions in tour-based mode choice: The role of social, temporal, spatial and resource constraints[J]. Transport Policy, 2015, 38: 52-63.

⑭ Westman J, Friman M, Olsson L E. What drives them to drive? — Parents' reasons for choosing the car to take their children to school[J]. Frontiers in Psychology, 2017, 8: 1970.

⑮ Yang Z S, Hao P, Wu D. Children's education or parents' employment: How do people choose their place of residence in Beijing[J]. Cities, 2019, 93: 197-205.

⑯ He Y, Wu X. Exploring the relationship between past and present activity and travel behaviours following residential relocation. A case study from Kunming, China[J]. Geografisk Tidsskrift-Danish Journal of Geography, 2020, 120(2): 126-141.

择过程中存在着互动现象①。

主题 1 总体评述 "家庭日常活动—出行行为决策"类研究从总体来看,随着活动分析法的不断发展和完善,已逐渐成为国外学者关注的焦点。其成果主要是围绕家庭联合活动决策和家庭成员活动—出行的互动关系而展开,并对其做了大量的实证分析。然而,目前研究往往视所有的出行者为同一类群体,而忽略了出行者之间也存在着显著的异质性,因此比较缺少锁定某一类特定群体(公共住房家庭、城市移民家庭等)日常活动—出行行为的精细化研究和兼顾不同群体的比较性研究。

主题 2 公共住房居民日常活动 国外对居民时空间行为的研究开展较早,理论体系也比较完整和系统,尤其是时间地理学的创立更是为研究个体日常活动模式提供了有效的思路框架和方法。战后西方城市伴随着城市蔓延、郊区化、居住隔离等结构性及制度性变化,少数族裔、低收入群体以及公共住房聚居区中的弱势群体开始成为日常生活研究的新热点。其中关于公共住房居民日常活动的研究主要包括三方面。第一,公共住房居民的日常活动特征研究,如 Sanchez② 就指出公共住房聚居区居民的居住和就业呈现出"空间错位"的不良空间后果;Kain 提出美国城市中低技能居民通常会面临高失业率和较长的工作时间;Wang 等③ 和 Li 等④ 也指出公共住房群体一般工作时间较长、家外休闲活动较少,这也表明其日常活动之间存在着时空排斥(Cumming⑤;Zhou 等⑥)。第二,公共住房居民日常活动的形成机制和影响因素解析,这类研究主要是通过构建模型来揭示外部空间环境、个体社会经济属性对居民日常活动的作用,如 Wang 等⑦⑧ 就指出人口密度、交通可达性等因素会对其他住房居民的家庭娱乐时间和汽车使用产生影响,但对公共住房居民的影响较小;Heinrich 等⑨、Gustat 等⑩ 和 Wang 等⑪ 则探析了公共住房居民参与体育活动与居住地建成环境间的作用

① Srinivasan S, Bhat C R. Modeling household interactions in daily in-home and out-of-home maintenance activity participation[J]. Transportation, 2005, 32(5): 523-544.

② Sanchez T W, Shen Q, Peng Z R. Transit mobility, jobs access and low-income labour participation in US metropolitan areas[J]. Urban Studies, 2004, 41(7): 1313-1331.

③ Wang D G, Li F, Chai Y W. Activity spaces and sociospatial segregation in Beijing[J]. Urban Geography, 2012, 33(2): 256-277.

④ Li F, Wang D G. Measuring urban segregation based on individuals' daily activity patterns: A multidimensional approach[J]. Environment and Planning A: Economy and Space, 2017, 49(2): 467-486.

⑤ Cumming S. Lone Mothers Exiting Social Assistance: Gender, Social Exclusion and Social Capital [D]. Ontario: University of Water-loo, 2014: 44-52.

⑥ Zhou S H, Deng L F, Kwan M P, et al. Social and spatial differentiation of high and low income groups' out-of-home activities in Guangzhou, China[J]. Cities, 2015, 45: 81-90.

⑦ Wang D G, Lin T. Built environments, social environments, and activity-travel behavior: A case study of Hong Kong[J]. Journal of Transport Geography, 2013, 31: 286-295.

⑧ Wang D G, Cao X Y. Impacts of the built environment on activity-travel behavior: Are there differences between public and private housing residents in Hong Kong? [J]. Transportation Research Part A: Policy and Practice, 2017, 103: 25-35.

⑨ Heinrich K M, Lee R E, Suminski R R, et al. Associations between the built environment and physical activity in public housing residents[J]. The International Journal of Behavioral Nutrition and Physical Activity, 2007, 4: 56.

⑩ Gustat J, Rice J, Parker K M, et al. Effect of changes to the neighborhood built environment on physical activity in a low-income African American neighborhood [J]. Preventing Chronic Disease, 2012, 9: E57.

⑪ Wang H, Kwan M P, Hu M X. Usage of urban space and sociospatial differentiation of income groups: A case study of Nanjing, China[J]. Tijdschrift Voor Economische En Sociale Geografie, 2020, 111(4): 616-633.

关系,发现居住环境状况会对此产生正效应。第三,公共住房居民日常活动的优化政策研究,如 Orefield 和 Cutlery 就曾指出居住隔离是约束儿童就学和青年就业的关键因素,并通过实证发现混合居住模式能提升居民参与日常活动的机会。

主题 2 总体评述 "公共住房居民的日常活动"类文献从总体来看,主要是从社会学、地理学及规划学等领域出发,较为清晰系统地完成了理论体系和分析模型的建构,尤其是时间地理学视角下针对公共住房居民日常活动行为的研究,已经形成了相对成熟与完整的思路和方法。但除此之外,大多数国外学者依然会局限于某一类活动的时空特征解析,而疏于多类活动及其作用关系的综合性、整体式研究。

主题 3 公共住房居民日常出行 此类研究以"基于活动的出行行为分析"思想为指导,来剖析公共住房居民出行选择的微观机理。如 Fan 等[①]、Patterson 等[②]和 Sanchez[③]就通过统计分析公共住房居民的出行调查数据,发现这类群体的机动化出行比例较低、购物和休闲活动的出行距离较短;Sanchez 等[④]、Mallet[⑤]、Zhao 等[⑥]和 Srinivasan 等[⑦]也指出公共住房居民的出行流动性低、出行频率低,而私人和公共交通的匮乏更是进一步影响了其出行;还有学者在公共住房居民日常活动和出行的研究中,揭示了不同活动需求会产生不同的出行模式,这一结论也反过来验证了活动与出行间的因果关系(Pitombo 等[⑧];Ho 等[⑨];He 等[⑩])。

主题 3 总体评述 "公共住房居民日常出行"类研究普遍采用了居民活动日志调查的方式来分析公共住房居民的出行行为,主要是对公共住房居民出行(出行距离、出行频率、出行方式)的时空特征、原因及其所带来的一系列负面影响展开系统研究,从 20 世纪初对出行现象的描述分析到出行分析理论框架的升华,再到出行问题的改善策略探讨,国外相关研究已进入一个相对成熟的阶段,只是需要进一步加强"时空"和"活动—出行"耦合之下的整体式探究。

① Fan Y L, Khattak A J. Urban form, individual spatial footprints, and travel: Examination of space- use behavior[J]. Transportation Research Record: Journal of the Transportation Research Board, 2008, 2082(1): 98-106.

② Patterson Z, Farber S. Potential path areas and activity spaces in application: A review[J]. Transport Reviews, 2015, 35(6): 679-700.

③ Sanchez T W. The connection between public transit and employment[J]. Journal of the American Planning Association, 1999, 65(3): 284-296.

④ Sanchez T W, Shen Q, Peng Z R. Transit mobility, jobs access and low-income labour participation in US metropolitan areas [J]. Urban Studies, 2004, 41(7): 1313-1331.

⑤ Mallet W J. Long-distance travel by low-income households [J]. Transportation Research Circular, Transportation Research Board, Washington, D. C., 2001: 169-177.

⑥ Zhao Y, Chai Y W. Residents' activity-travel behavior variation by communities in Beijing, China[J]. Chinese Geographical Science, 2013, 23(4): 492-505.

⑦ Srinivasan S, Rogers P. Travel behavior of low-income residents: Studying two contrasting locations in the city of Chennai, India[J]. Journal of Transport Geography, 2005, 13(3): 265-274.

⑧ Pitombo C S, Kawamoto E, Sousa A J. An exploratory analysis of relationships between socioeconomic, land use, activity participation variables and travel patterns [J]. Transport Policy, 2011, 18(2): 347-357.

⑨ Ho C, Mulley C. Intra-household Interactions in tour-based mode choice: The role of social, temporal, spatial and resource constraints[J]. Transport Policy, 2015, 38: 52-63.

⑩ He Y, Wu X, Sheng L. Social integration of land-lost elderly: A case study in Ma'anshan, China [J]. Geografisk Tidsskrift-Danish Journal of Geography, 2021, 121(2): 142-158.

　　主题4公共住房居民日常活动—出行行为分析方法　此类研究不仅理论体系比较完善和成熟,相关实证研究的技术与方法也非常丰富,大体上可分为三大类:效用最大化模型、计算过程模型、微观仿真方法。随后,国外学者把这些模型分别应用到城市不同群体的日常活动和出行分析之中,如 Sanchez 就验证分析了公共住房群体就业出行与公共交通系统之间的相关性,而公共交通系统的改善可以提高其出行可达性,进而提升这类群体的就业机会;Wang 等[①]回归分析了公共住房居民和其他群体在活动空间上的差异影响,发现公共住房居民同其他群体在个体或是家庭属性方面存在着较大差异,但公屋居民拥有更为广阔的活动空间和更多的时间外出。

　　主题4总体评述　"公共住房居民日常活动—出行行为分析方法"长期以来就是城市交通领域的一大关注热点,而且伴随着技术方法的不断成熟和发展,其研究方法已经实现了从最初的解释行为到预测行为再到现在的规划行为,可为本书探讨居民日常活动和出行的特征、动因及其决策体系提供必要的技术性参考。

　　3. 研究进展评述

　　基于各热点词汇的统计,可以梳理国外公共住房相关研究排名前 20 位热点词汇(见图1-11),并作出研究主题的时间轴图谱(见图 1-12)。

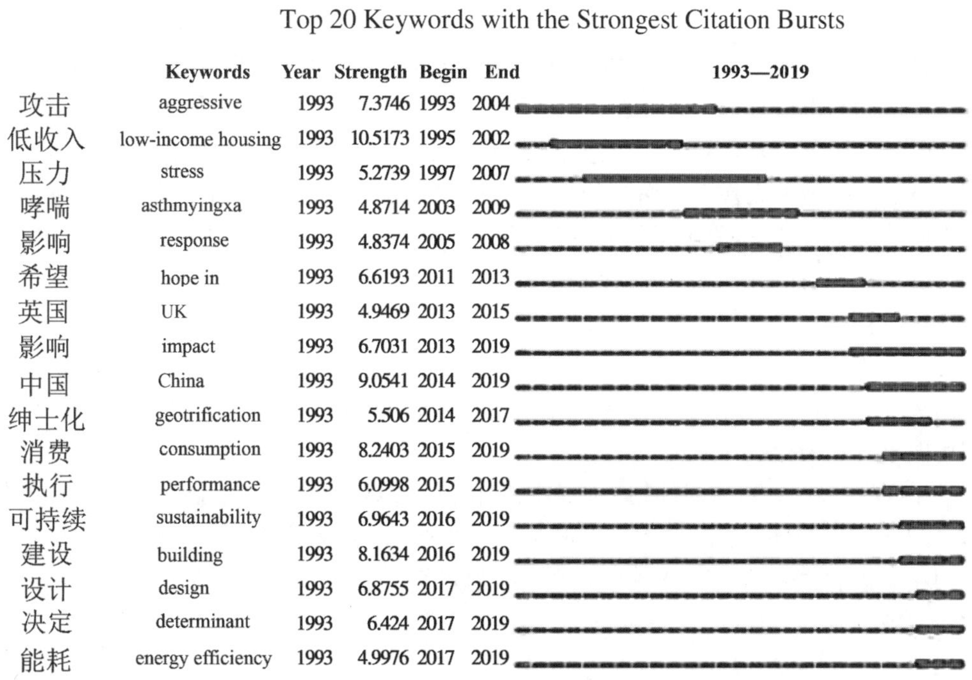

Top 20 Keywords with the Strongest Citation Bursts

	Keywords	Year	Strength	Begin	End	1993—2019
攻击	aggressive	1993	7.3746	1993	2004	
低收入	low-income housing	1993	10.5173	1995	2002	
压力	stress	1993	5.2739	1997	2007	
哮喘	asthmyingxa	1993	4.8714	2003	2009	
影响	response	1993	4.8374	2005	2008	
希望	hope in	1993	6.6193	2011	2013	
英国	UK	1993	4.9469	2013	2015	
影响	impact	1993	6.7031	2013	2019	
中国	China	1993	9.0541	2014	2019	
绅士化	geotrification	1993	5.506	2014	2017	
消费	consumption	1993	8.2403	2015	2019	
执行	performance	1993	6.0998	2015	2019	
可持续	sustainability	1993	6.9643	2016	2019	
建设	building	1993	8.1634	2016	2019	
设计	design	1993	6.8755	2017	2019	
决定	determinant	1993	6.424	2017	2019	
能耗	energy efficiency	1993	4.9976	2017	2019	

图 1-11　国外公共住房相关研究排名前 20 位热点词汇

资料来源:笔者自绘

---

　　① 　Wang D G, Li F. Daily activity space and exposure: A comparative study of Hong Kong's public and private housing residents' segregation in daily life[J]. Cities, 2016, 59: 148-155.

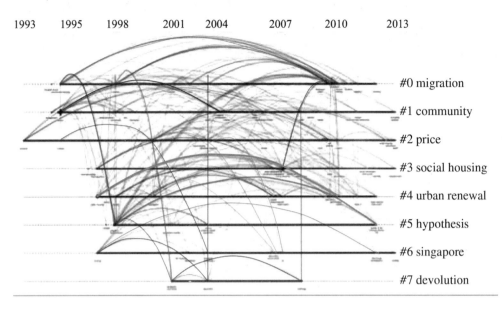

图 1-12　国外公共住房相关研究主题的时区

资料来源：笔者自绘

　　结合图中热点词汇、研究主题时间轴图谱和相关文献的阅读和梳理，国外同公共住房人群日常活动和出行相关的研究进展具有以下特征：围绕着公共住房居民日常活动和出行特征动因及其决策体系，不但立足于地理学、社会学、城乡规划学等领域积累了丰厚的成果文献，还建构、拓展和完善了一系列的理论体系、方法模型及各类技术手段，可为本研究提供多方面的借鉴。其中，关于"活动—出行"的决策探讨和针对公共住房某类—亚群（如儿童和青少年）的细分式研究更是有很多启示。

　　当然，对于国外"公共住房群体日常活动和出行"的研究借鉴也有一定的局限性：

　　① 背景局限性。由于欧美国家和国内在保障性内涵、福利政策及其相关制度层面所存在的固有差异，本研究在借鉴国外经验和相关研究成果（尤其是规划建设和政策制度方面）时需要做出一定的甄别和筛选。

　　② 内容局限性。目前国外相关研究成果在研究的对象和思路上仍存在着一定的偏失和盲区，本研究不但可以在"时—空"和"活动—出行"耦合下的整体式研究方面有所加强，还有望在覆盖群体分异、家庭要素、成员多类活动、多类出行及其交互关系的综合性研究方面有所突破。

1.3.4　总体评述

　　通过归纳和评述国内外学者的相关研究成果，本研究可以从其相对充实和成熟的理论体系和技术方法中得到不少借鉴和启示，但也可以在以下几方面做出尝试、取得新的进展：

（1）建立"日常活动—出行"探究的"家庭"视角

通过纳入包括家庭收入、家庭结构和家庭分工等方面的考量，揭示和探讨家庭要素对活动和出行行为决策的内在影响，更加深入和全面地理解个体活动—出行行为。

（2）打破"日常活动—出行"研究的分立状态

不但确立将保障房居民的多类活动、多类出行及其交互作用关系综合在内的整体式研究思路，还将引入"时间"参考线，全面揭示"时—空"共轭下保障房居民的日常活动和出行规律，并注重对保障房内不同群体的细分和日常活动和出行规律的横向比较。

（3）注重"日常活动—出行"内在机理的理论性发掘

借鉴和整合国际相关理论体系，尝试建构保障房居民"日常活动—出行决策"的理论诠释框架，并对外部因素和环境条件的阐释形成有效补充，实现理论诠释和实证分析的有机结合。

因此，本研究将聚焦于南京市保障房的居民（以中低收入阶层为主），在"时—空"共轭和"活动—出行"耦合的整体框架下，采取理论诠释和实证分析相结合的手段，来系统探讨这一弱势群体多类日常活动（以睡觉、家务、工作、上学、购物、休闲六大类活动为代表）和日常出行（以工作、通学、购物三大类出行为代表）的时空特征、内在机理及其改善策略。

1.4　研究内容

本研究以南京市大型保障性住区的居民作为研究对象，通过不同群体间的横向比较提炼该群体日常活动的时空间特征与出行模式，探讨其日常活动—出行行为的决策机制，并在此基础上提出一系列的改善策略。主要内容如下：

1　绪论。主要对本研究的研究背景、研究意义和国内外相关研究进展进行阐述，并确立本研究的基本内容、主要方法及其技术路线。

2　大型保障性住区居民日常活动和出行研究的理论基础和框架建构。在对大型保障性住区、日常活动、出行行为等概念进行界定的基础上，一方面对与本研究紧密相关的理论学说进行梳理和借鉴，另一方面则是构建自身关于大型保障性住区居民"日常活动—出行行为"的理论诠释框架（"时间—空间—家庭"决策体系），这也是本研究的创新与难点之一。

3　南京市大型保障性住区概述和研究设计。首先对南京市保障房的建设历程、空间布局和现存问题进行整体梳理，然后对大型保障性住区居民的社会经济状况、空间属性以及日常活动参与状况进行总体概述，进而以前述的理论诠释框架为依据确立本研究的基本思路，包括样本遴选、问卷设计、数据采集、研究范围等环节。

4　南京市大型保障性住区居民的日常活动时空特征。以时间地理学的技术框架为依托，基于大型保障性住区居民的活动日志数据，整体勾勒出该群体日常活动（以工作、上学、家务、购物、休闲、睡觉六类活动为代表）的时空特征及其各类活动的交互关系，并探讨其时空分异的影响因素。

5　南京市大型保障性住区居民的日常活动时空集聚。首先,应用空间和时间自相关分析法,比较大型保障性住区居民不同活动的时空关联和集聚结构;同时,揭示不同群体之间日常活动差异化的时空集聚特征;然后在此基础上,进一步提炼该类住区居民的日常活动时空响应模式(家庭分工视角)。

6　南京市大型保障性住区居民的日常出行路径。同样基于时间地理学的思路与视角,并应用时空棱柱图解法,标注、模拟和比较大型保障性住区不同群体、不同出行的多元路径(以工作、上学、购物三类出行为代表);然后以时间地理学的制约模型为依托,从能力制约、组合制约和权威制约三方面入手,比较和阐释该类住区居民日常出行的制约模式和路径决选的优先机制;最后在此基础上,进一步提炼大型保障性住区居民的日常出行时空响应模式(家庭分工视角)。

7　南京市大型保障性住区居民的日常出行机理。以大型保障性住区不同群体的活动日志数据为基础,运用结构方程模型方法,并纳入群体类型、时空变量和不同出行选择,构建其日常出行行为的决策模型。据此测度和揭示的不仅仅是个体、家庭的社会经济属性以及居住区建成环境对于居民日常出行行为的影响,还包括居民各类出行行为之间的交互作用。

8　大型保障性住区居民日常活动和出行的理论诠释。以第2章构建的大型保障房住区居民“日常活动和出行行为”理论框架为依托,在对该类住区居民日常活动时空特征和出行机理深入剖析的基础上,不仅对上述初始的理论框架进行二次修正,还进一步从“时间—空间—家庭”三要素的互动视角切入,对这一类群体的日常活动和出行行为进行理论层面上的推导、诠释和提炼,并尝试为该群体“理想生活圈”的建构提供一套具有可行性和普适性的技术路径。

9　基于日常活动和出行的南京市大型保障性住区改善策略。按照第8章提出的“理想生活圈”操作思路,以南京市四个大型保障性住区为样本和对象,分别对其“生活圈”进行识别和评估,然后在总结该类住区“生活圈”所面临问题的基础上,通过“家庭＋时间＋空间”互动视角下“理想生活圈”的建构,从政策、经济、文化、空间等层面提出综合性的优化策略。

10　结论与展望。对本研究的创新特色和一系列结论进行提炼和总结,并对后续研究和进展方向作一展望。

1.5　研究方法和技术路线

1.5.1　研究方法

本研究拟采用的研究方法如表1-4所示。

表 1-4　本研究采用的主要方法

	方法	实施对象	应用目的
资料收集阶段	文献查阅法	报刊、媒体、互联网	检索和整理国内外的相关文献资料,梳理现阶段同大型保障性住区、居民日常活动和出行行为相关的研究成果和前沿进展,借鉴和引介相关技术方法和国际实践案例,为大型保障性住区居民活动—出行行为研究提供理论依据、技术参考和国际经验
	专题访谈法	各级职能主管部门(规划局、统计局、街道办事处、社区居委会)、社区居民个体	一方面通过部门访谈获取当地大型保障性住区的相关总体资料(含总体人口构成、建设历程、居住情况、就业情况、服务设施等);另一方面则通过随机访谈大型保障性住区的居民个体,了解其日常活动类型、出行行为选择等属性数据
	问卷统计法	大型保障性住区居民(社区/单元层面)	按照样本社区规模进行分层随机抽样,需覆盖双困户、拆迁安置户、失地农民、新就业大学生等不同人群,调查内容主要有二: (1)建立活动—出行日志所需的一手数据,涉及大型保障性住区居民日常活动和出行的详细数据和一手信息(工作日为主); (2)背景认知和机理发掘所需的基础性数据,以大型保障性住区的居民"个体属性"(如职业、年龄、性别等)数据和"家庭属性"(如家庭规模、家庭就业人数、家庭月收入、家庭成员构成与分工、家庭交通工具拥有状况、住房条件等)数据采集为主
	实地观察法	大型保障性住区(社区/单元层面)	除了采集大型保障性住区居民的活动和出行信息外,同时采集同其居住空间环境相关的具体信息(如居住区的整体环境、空间布局、公共服务设施配建、设施类型等)
研究分析阶段	统计分析法	探讨大型保障性住区居民的日常活动时空特征	借助时间地理学的技术思路,整体勾勒出大型保障性住区居民的日常活动时空特征;继而依托 SPSS 统计软件平台,解析该类住区居民日常活动时空分异的影响因素
		探讨大型保障性住区居民的日常活动时空集聚特征	借助 GIS 软件,运用时间—空间自相关分析方法,分析大型保障性住区居民日常活动的时空关联和聚集结构,进而揭示不同群体之间日常活动差异化的时空集聚特征
		探讨大型保障性住区居民的出行路径	运用时间地理学中的时空棱柱图示方法,图解大型保障性住区居民的多元出行路径;结合多类时空影响模式,对家庭决策之下的实际出行路径做出阐述
		探讨大型保障性住区居民的"理想生活圈"建构	借助 GIS 软件,采用核密度分析方法,识别大型保障性住区居民的生活圈;继而运用层次分析等方法对该生活圈的生活环境进行评估和分析
	模型分析法	探讨大型保障性住区居民的出行机理	在统计分析的基础上,构建大型保障性住区建成环境、家庭属性、个体属性和居民不同出行选择之间的交互关联模式。剖析大型保障性住区居民出行行为选择机理和决策机制
	比较分析法	探讨大型保障性住区不同群体日常活动和出行的差异化规律	借助 SPSS 软件,比较大型保障性住区不同群体的日常活动时空特征;依托 GIS 平台,比较大型保障性住区不同群体、不同活动的时空集聚规律;借助时间地理学的技术思路,勾勒不同群体的出行路径,并进一步比较分析其出行制约过程;通过结构方程模型,辨识相关变量对不同群体、不同出行的影响程度与作用机理

资料来源:笔者自制

1.5.2　技术路线

　　本研究以南京市大型保障性住区作为研究案例,探讨和比较其居民日常活动的时空特征和出行机理,其总体技术路线如下(见图 1-13)。

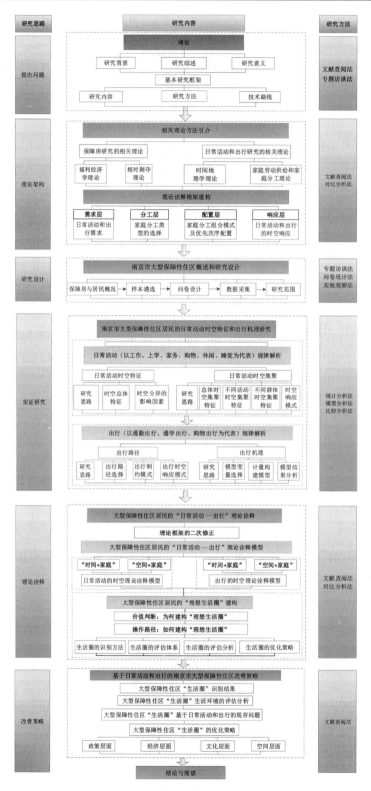

图 1-13　本研究技术路线

资料来源：笔者自绘

2 大型保障性住区居民日常活动和出行研究的理论基础和框架建构

居民日常活动和出行研究已经成为城市规划学、城市地理学和城市社会学等学科所共同关注的方向之一,且这些研究开始立足于"社会稳定发展应兼顾效率与公平"的原则,关注对象也逐渐细分和扩展到城市特殊群体,对于城市空间规划和政策制定而言具有重要指导意义。本章首先结合研究需要,对大型保障性住区、日常活动、出行行为等概念进行界定;然后,有针对性地选择同本研究紧密相关的理论学说进行梳理和借鉴;最后,在提取时间、空间、家庭分工核心要素的基础上,以三要素交互之视角来分层次搭建和叠合生成大型保障性住区居民"日常活动—出行行为"的理论诠释框架,这也为后文的实证研究和理论提炼创立了基础性的分析框架。

2.1 相关概念的界定

2.1.1 大型保障性住区

(1) 基本概念

保障房作为一个同商品房相对应的概念,是由政府统一规划统筹,为低收入家庭或者人群所提供的,限定供应对象、建设标准、销售价格或租金标准,具有保障性质的福利或微利住房[1]。保障房在各个国家和地区的称呼及定义不尽相同,如美国的"公共住房"和"可支付住房",新加坡的"组屋",香港的"公屋"及日本的"公营住宅";而国内学术界对其界定标准也存在差异(见表2-1):

表 2-1 国内外关于保障房的不同界定标准

概念来源	概念界定
法国"社会住宅"[2]	在政府资助下,由公共部门、社会自治团体、私人以及非营利性住宅公司经营管理的,提供给低收入居民和家庭的低租金、低价格住宅,其中也包括在税收上得到国家优惠的大中型企业自筹资金建造的职工住宅
美国"公共住房"[3]	为了实现城市中低收入阶层居民的基本居住权,由政府直接出资建造或收购,或者直接由政府以一定方式对住房生产者提供补助、由住房生产者建设并以较低价格或租金提供给中低收入家庭(砖头补贴),或者由政府补贴中低收入家庭而由中低收入家庭购买或租住的住房(人头补贴)

---

① 郭菂. 与城市化共生:可持续的保障性住房规划与设计策略[M]. 南京:东南大学出版社,2017.

② 赵明,弗兰克·舍雷尔. 法国社会住宅政策的演变及其启示[J]. 国际城市规划,2008,23(2):62-66.

③ 李莉. 美国公共住房政策的演变[D]. 厦门:厦门大学,2008:23-35.

（续表）

概念来源	概念界定
日本"公营住宅"[①]	以都道府县、市町村为事业主体进行建设、管理和维护，国家给予资金、技术方面的援助。供应对象主要是全社会收入水准的25%以下群体，在25%～40%之间者可灵活掌握
新加坡"组屋"[②]	按照政府分配为主、市场出售为辅的原则；建设用地来自国有土地转让和私有土地征收；资金来自物业租赁、管理和服务收入、政府贷款、组屋出售收入；类型包括新HDB组屋、乐龄公寓、私人组屋、执行共管公寓，通常是按照"先售后造""按需而造"的方式来满足不同人群的需求
褚超孚[③]	为了实现社会公平，实现中低收入阶层居民的基本居住权，由政府直接出资建造或收购，或者由政府以一定方式对建房机构提供补助、由建房机构建设，并以较低价格或租金向中低收入家庭进行出售或出租的住房。在我国现阶段主要指经济适用房和廉租房
郭玉坤[④]	接受政府供给补贴或需求补贴，供难以依靠自身力量解决居住问题的中低收入阶层居住的住房。它既包括政府通过规划建设形成直接为中低收入居民提供的廉租或经济适用房，也包括政府通过发放住房补贴等形式间接为中低收入居民提供的住房

资料来源：汤林浩.南京市保障性住区的公共服务设施供给初探：基于城市层面公共服务设施的实证[D].南京：东南大学,2016：27-28;

郭蒳.与城市化共生：可持续的保障性住房规划与设计策略[M].南京：东南大学出版社,2017.

从上述差异化的标准阐述中可以看到，各国的"保障房"含义仍然存在着某些共同之处：主要供应对象为城市的中低收入阶层；建设资金需要政府的财政补贴或是获得地价减免等方面的资助；且对目标群体、住宅建设标准、售价以及租金设有一定的限定标准。

（2）本研究的保障性住区

目前，我国的保障房主要包括：廉租房、经济适用房、政策性租赁住房（简称公租屋）、两限商品房和棚户区改造安置住房，具体内容如下（见表2-2）：

表2-2 我国保障房的类型及概况

住房类型	保障对象	保障力度	保障方式	保障机构
廉租房	具有城镇常住户口的住房、收入特困的家庭	租金补贴或事物配租	只租不卖	地方政府
经济适用房	住房收入"双困"但具有一定购买力的家庭	不超过成本价3%的微利价	出售	
公共租赁住房	不符合廉租房申请条件的低收入家庭；新就业大学生；外来务工人员，职业稳定并在城市居住一定年限	按市场租价租赁，政府按月支付相应标准的租房补贴	只租不卖	
两限商品房	较低收入家庭、定向拆迁户等	限套型、限房价	出售	
棚户区改造安置房	定向拆迁户	取得房产证后可以进行交易，一般为5年	补偿	

资料来源：郭璨.南京市保障房社区社会融合度研究[D].南京：南京大学,2016：15-16.

自1990年代开始，南京市政府为了解决中低收入家庭的住房问题，先后尝试和推行了包括建设教师住房、集资建房、拆迁复建房、合作建房等在内的多项措施，逐渐构建了较为成熟的保障房体系，主要包括：经济适用房、廉租房、公共租赁房、限价商品房和拆迁安置房

① 周建高.日本公营住宅体制初探[J].日本研究,2013(2)：14-20.

② 刘晨宇,罗萌.新加坡组屋的建设发展及启示[J].现代城市研究,2013,28(10)：54-59.

③ 褚超孚.城镇住房保障模式及其在浙江省的应用研究[D].杭州：浙江大学,2005：26-34.

④ 郭玉坤.中国城镇住房保障制度研究[D].成都：西南财经大学,2006：34-47.

五种类型。与此同时,在对中低收入阶层进行住房保障的政策中,还规定了租赁补贴和购房补贴两种货币形式的补贴保障方式①。2015 年,南京市出台的住房保障"1＋4"文件又将公共租赁房和廉租房合并为"公共租赁住房"。至此,南京市最新的保障房体系包含了四类住房:经济适用房、公共租赁住房、限价商品房、拆迁安置房。然而,上述各类保障房在目标家庭、保障方式、建设标准等方面均存在着一定差异(见表 2-3)②。

表 2-3　南京保障房体系一览表

	公共租赁住房	经济适用房	限价商品房	拆迁安置房
目标群体	中等偏下收入住房困难家庭③、低保户④、特困职工⑤、新就业人员⑥、外来务工人员	低收入住房困难家庭、国有或集体土地被拆迁家庭	中等偏下收入住房困难家庭、首次置业家庭、认定人才	城市被拆迁户(包括集体和国有土地拆迁)
保障方式	租赁补贴为主,实物配租和租金减免为辅	购房(保本微利,利润率3%以下)	购房(同地段商品房价格的 90%)	实物补偿、货币补贴
建设标准	2 人及以下户控制在 40 平方米左右;3 人及以上户控制在 50 平方米左右	建筑面积控制在 60 平方米左右(一人户 40 平方米左右,二人户 50 平方米左右)	以 65 平方米、75 平方米、85 平方米左右的中小户型为主	以 75 平方米左右为主要套型;一室半一厅房型,60 平方米左右;两室半一厅房型,75 平方米左右;三室一厅房型,90 平方米内

资料来源:南京保障房网站. http://www.njszjw.gov.cn/ywtd/zfbz/bzfzt/.

本研究所讨论的"保障性住区"是通过政府调控和干预市场而组织建设的一种限定供应对象、建设标准、销售价格(或租金标准)的具有保障性质的集中居住区(即保障房的集合)。在目标群体上,其主要安置的是中等偏下收入的住房困难家庭和国有(或集体)土地的被动拆迁户;在日常活动上,其居民一般在主城区就业,工作活动时间长,购物活动和休闲活动时间较少,且日常活动贫乏单调;在日常出行上,这类群体则往往会在通勤、通学、购物等出行方面面临着严重的时空约束,导致各类出行的可达性普遍偏低。

其中,大型保障性住区作为我国保障房体系的重要组成部分,是依据国家政策、法律、法规的相关规定,由各地政府主导集中建设,其占地面积和总建筑面积达到一定规模的,可容纳相当数量和不同类型的中低收入群体,包含多类保障房及相关配套服务设施的大型居住社区⑦⑧,其具有社会保障、规模庞大、构成多样、位置偏远、自成体系等特征。

如果进一步用相关指标和数值对大型保障性住区的"规模"进行界定的话,可以参照国家及南京市的相关规范和标准进行具体测算。首先,根据《城市居住区规划设计规范》,可

---

① 汤林浩.南京市保障性住区的公共服务设施供给初探:基于城市层面公共服务设施的实证[D].南京:东南大学,2016.

② 南京保障房网站. http://www.njszjw.gov.cn/ywtd/zfbz/bzfzt/.

③ 即"双困户":家庭人均月收入在规定标准以下(现标准为 1 513 元),家庭人均住房建筑面积在规定标准以下(现标准为 15 平方米)。

④ 持有本市常住户口的城市居民,其共同生活的家庭成员人均收入低于当地城市居民最低生活保障标准(每月 500 元)的。

⑤ 特困企业中无房且持有市总工会核发的"特困职工证"的特困职工家庭。

⑥ 自大中专院校毕业不满 5 年,在本市有稳定职业的从业人员。

⑦ 张波.大型保障性住区基本公共服务满意度评价研究[D].南京:东南大学,2016.

⑧ 陈双阳.南京江南八区大型保障性住区空间模式研究[D].南京:东南大学,2012.

将城市居住区按人口规模和居住户数分为居住区、小区、组团三级(表 2-4),而本研究中的保障性住区对位于"居住区"一级(3 万~5 万人);然后根据《南京市公共设施配套规划标准》,按照服务半径和人口规模又可分为市级、地区级、居住社区级和基层社区级(表 2-5),而本研究中的保障性住区就人口规模(3 万~5 万人)而言又对位于"居住社区级",即设施配套需要以社区中心为核心满足 500~600 米的服务半径;最后,根据南京"十二五"规划的明确规定(要解决人均住房面积在 15 平方米以下的城市低收入困难家庭的住房问题,见表 2-6),本研究以 3 万人为下限,选取人均 15 平方米作为大型保障性住区的建筑面积计算依据,推算该类住区的总建筑面积应大于 45 万平方米。

综上所述,本研究的"大型保障性住区"是指以社区中心为核心、设施服务半径为 500~600 米、可容纳 3 万人以上、总建筑面积超过 45 万平方米的特殊住区。通过锁定这一类具有典型代表性和可类比性的大型住区,有利于整个研究在对象上的聚焦和操作上的可行性。

表 2-4　居住区等级划分

规模	居住区	小区	组团
总户数(户)	10 000~16 000	3 000~5 000	300~1 000
总人口(人)	30 000~50 000	10 000~15 000	1 000~3 000

资料来源:《城市居住区规划设计规范》GB 50180—93;
　　　　张丹蕾.基于住房轨迹的大型保障房社区发展研究:以南京丁家庄大型保障房社区为例[D].南京:东南大学,2017:12-13.

表 2-5　南京市公共设施配套分级

	服务半径	人口规模
市级	以全市及更大区域为服务对象	全市
地区级	功能相对完整、由自然地理边界和交通干线等分割形成的功能分区	20 万~30 万人
居住社区级	以社区中心为核心,服务半径 500~600 米	3 万~5 万人
基层社区级	由城市支路以上道路围合、服务半径 200~300 米	0.5 万~1 万人

资料来源:张波.大型保障性住区基本公共服务满意度评价研究[D].南京:东南大学,2016:25-30.

表 2-6　2002—2011 年南京市大型保障性住区一览表

人口	名称	包含项目	总建筑面积(万平方米)
3 万~5 万	莲花村片区	莲花村、中和村、双和园	196.1
	银龙花园片区	银龙花园一至七期	140
	春江新城片区	春江新城、翠岭银河、油坊桥贾西地块、牛首福园、大定坊地块	162.38
	麒麟科技园	麒麟一期六个地块	142.3
5 万以上	百水芊城片区	百水芊城、南湾营康居城、西花岗、百水家园、芝嘉花园	379.48
	花岗片区	花岗项目	228
	西善桥片区	岱山新城、西善花苑	434.3
	丁家庄片区	迈皋桥汇杰新城	168
	江宁上坊片区	江宁上坊	200

资料来源:陈双阳.南京江南八区大型保障性住区空间模式研究[D].南京:东南大学,2012:41-42;
　　　　张波.大型保障性住区基本公共服务满意度评价研究[D].南京:东南大学,2016:25-30.

2.1.2　日常活动

活动的概念最早起源于哲学,随后引入到心理学、社会学等学科领域,"日常活动"这一概念即源于此。随后以日常活动为背景的研究受到各个学科领域的重视,然而由于其研究侧重点存在差异,导致"日常活动"的定义也始终处于多元发展之中。

（1）活动的概念

鲁宾斯坦(Rubinshtein)于1922年提出了"将人类活动作为心理分析的基本单元"的思想,将属于哲学范畴的"活动"概念引入了心理学。随后经维果斯基(Vigotsky)、列昂节夫(Leontev)等学者研究,形成了活动理论(activity theory)[①]。

林崇德在《心理学大辞典》中对活动的定义为:"有机体的部分或者整个身体的运动""个体具有明确目的并完成一定社会职能的完整动机系统,具有目的性、对象性和社会性等特点。其总是要实现一定的目的,并受这种完整的目的和动机系统所约束。游戏、学习和劳动是活动的三种基本形式";而叶奕乾在《普通心理学》中也提出,活动是由共同的目的联合起来并完成一定的社会职能的动作系统[②];时间地理学对活动的定义,则是指个人在一个连续时间段内为达到某种出行目的,采用一定的到达方式和优先权在某个地点去实现此目的的过程[③],这也是"基于活动的出行需求理论"的根本所在[④][⑤]。

（2）日常活动

苏联心理学家列昂节夫曾在活动理论中指出:学龄前儿童的主导活动是游戏,学龄期的主导活动是学习,成人期的主导活动则是劳动。除了相对抽象化的主导活动之外,在社会经济和成人发展研究中,还有一个重要的活动概念——日常活动。

Hanson指出日常活动有三个普适性原则:其一,时间有限性,即一个人一天只有24个小时,若花费在某一类活动上的时间增加,花费在其他活动上的时间就会减少;其二,空间唯一性,即在同一个时间内个体不可能出现在两个地点同时进行两项活动;其三,活动转移的时间间隔性,即没有人能瞬间从一个地点转移到另一个地点,参与不同时间和空间的多类活动。因此,时间和空间是活动参与的最基本要素和限制条件。

关于日常活动的划分,不同学科领域会从不同的研究角度,赋予"日常活动"以不同的分类标准和结果。在居民出行行为研究中,国内外学者基于日常活动三原则将日常活动划分为三大类:生存型活动(subsistence)、维持型活动(maintenance)、自由型活动(discretionary)[⑥][⑦][⑧]。其中,生存型活动主要指工作或与工作相关的活动,主要是为维持生

① 李泉葆. 南京市老年人口日常活动的时空特征探析:以购物和休闲活动为重点[D]. 南京:东南大学,2015.

② 谭咏风. 老年人日常活动对成功老龄化的影响[D]. 上海:华东师范大学,2011:21-27.

③ 陈园. 基于活动模式的交通方式划分研究[D]. 哈尔滨:哈尔滨工业大学,2007.

④ 李志瑶. 基于活动的出行需求预测模型研究[D]. 长春:吉林大学,2006:31-35.

⑤ 李民. 基于活动链的居民出行行为分析[D]. 长春:吉林大学,2004:19-22.

⑥ Chapin F S. Human activity patterns in the city: Things people do in time and in space [M]. New York: Wiley,1974:45-51.

⑦ Andreev P, Salomon I, Pliskin N. Review: State of teleactivities[J]. Transportation Research Part C: Emerging Technologies, 2010, 18(1):3-20.

⑧ 张萍,李素艳,黄国洋,等. 上海郊区大型社区居民使用公共设施的出行行为及规划对策[J]. 规划师,2013,29(5):91-95.

活和休闲活动提供财政支持;维持型活动指个人因物理、生理的需要而购买和消耗商品或者服务而进行的活动,主要包括采购生活必需品、就医和去银行、邮局等维持生活所必需的活动;自由型活动则包括居民为了满足文化活动及心理需求,所参与的社交、外出就餐、娱乐休闲活动等弹性活动。也有学者将活动分为:刚性活动和弹性活动(陈梓烽等[①];申悦等[②]),独立活动和联合活动(Fan 等[③];Srinivasan 等[④]),家内活动和家外活动(或称为居家活动)(Bhat 等[⑤];张雪等[⑥];陈梓烽等[⑦];Meloni 等[⑧]);更有学者根据活动目的和内容,将日常活动类型分为在家、上班、业务、购买日用品、买菜、文体娱乐、探亲访友、接送小孩八类[⑨];还有学者将其划分为睡眠、私事、工作、家务、购物、移动、娱乐[⑩],或者划分为工作、休闲娱乐、购物和外出就餐四类活动[⑪],或者划分为工作/上学、维持性活动、社交活动、休闲活动四类活动[⑫](见表 2-7)。

表 2-7　居民日常活动的主要分类方式

分类所引用文献	活动分类
张萍,李素艳,黄国洋,等《上海郊区大型社区居民使用公共设施的出行行为及规划对策》	生存型活动(subsistence)、维持型活动(maintenance)、自由型活动(discretionary)
陈梓烽,柴彦威《通勤时空弹性对居民通勤出发时间决策的影响——以北京上地—清河地区为例》	刚性活动和弹性活动
Fan Y L, Khattak A J Does urban form matter in solo and joint activity engagement?	独立活动和联合活动

---

① 陈梓烽,柴彦威. 通勤时空弹性对居民通勤出发时间决策的影响:以北京上地—清河地区为例[J]. 城市发展研究,2014,21(12):65-76.

② 申悦,柴彦威. 基于 GPS 数据的城市居民通勤弹性研究:以北京市郊区巨型社区为例[J]. 地理学报,2012,67(6):733-744.

③ Fan Y L, Khattak A J. Does urban form matter in solo and joint activity engagement? [J]. Landscape and Urban Planning, 2009, 92(3/4):199-209.

④ Srinivasan S, Bhat C R. A multiple discrete-continuous model for independent- and joint-discretionary-activity participation decisions[J]. Transportation, 2006, 33(5):497-515.

⑤ Bhat C R, Misra R. Discretionary activity time allocation of individuals between in-home and out-of-home and between weekdays and weekends[J]. Transportation, 1999, 26(2):193-229.

⑥ 张雪,柴彦威. 西宁城市居民家内外活动时间分配及影响因素:基于结构方程模型的分析[J]. 地域研究与开发,2017,36(5):159-163.

⑦ 陈梓烽,柴彦威. 城市居民非工作活动的家内外时间分配及影响因素:以北京上地—清河地区为[J]. 地理学报,2014,69(10):1547-1556.

⑧ Meloni I, Guala L, Loddo A. Time allocation to discretionary in-home, out-of-home activities and to trips[J]. Transportation, 2004, 31(1):69-96.

⑨ 周素红,邓丽芳. 城市低收入人群日常活动时空集聚现象及因素:广州案例[J]. 城市规划,2017,41(12):17-25+81.

⑩ 兰宗敏,冯健. 城中村流动人口日常活动时空结构:基于北京若干典型城中村的调查[J]. 地理科学,2012,32(4):409-417.

⑪ 塔娜,柴彦威,关美宝. 北京郊区居民日常生活方式的行为测度与空间—行为互动[J]. 地理学报,2015,70(8):1271-1280.

⑫ Sharmeen F, Arentze T, Timmermans H. An analysis of the dynamics of activity and travel needs in response to social network evolution and life-cycle events: A structural equation model[J]. Transportation Research Part A: Policy and Practice, 2014, 59:159-171.

分类所引用文献	活动分类
Bhat C R，Misra R Discretionary activity time allocation of individuals between in-home and out-of-home and between weekdays and weekends	家内活动和家外活动
Sharmeen F，Arentze T，Timmermans H An analysis of the dynamics of activity and travel needs in response to social network evolution and life-cycle events：A structural equation model	工作/上学、维持性活动、社交活动、休闲活动
周素红，邓丽芳 《城市低收入人群日常活动时空集聚现象及因素——广州案例》	在家、上班、业务、购买日用品、买菜、文体娱乐、探亲访友、接送小孩
兰宗敏，冯健 《城中村流动人口日常活动时空间结构——基于北京若干典型城中村的调查》	睡眠、私事、工作、家务、购物、移动、娱乐
塔娜，柴彦威，关美宝 《北京郊区居民日常生活方式的行为测度与空间—行为互动》	工作、休闲娱乐、购物和外出就餐

资料来源：笔者根据相关资料整理.

（3）本研究的日常活动

根据和借鉴上述与"日常活动"相关的研究成果及其分类方式，本研究所探讨的"日常活动"特指个体为了生存和生活而在一个连续时间段内参与的事件，其代表的往往是每日例行的、具有重复性和普遍性的生活方式（不包括偶发性事件）。根据参与事件的目的、地点和内容，我们还可将保障房居民的日常活动细分为六大类：睡眠、家务、工作、上学、购物、休闲。其中，工作、上学、购物和休闲四类活动是本研究的重点对象。

其中，本研究中的"上学活动"是针对家里学龄儿童（主要指就读幼儿园和小学的学生）的上学行为，通常涉及儿童（上学活动）和家长（接送活动）两类主体。但本研究所探讨的"上学活动"主要关注的是家长，专门指的是家长（父母或是老年人）接/送学龄儿童的这一过程——接送活动，活动时长仅为从家到学校的往/返时间（而不包括儿童的每天在校时长）。

2.1.3 出行行为

出行作为居民日常活动难以分割的一部分，活动—出行行为理论认为出行就是由活动所派生出来的一种需求；而且有不少国内外学者在出行行为研究中，均将活动及其出行作为一个关联系统进行整体研究，并使之成为交通学科的一个前沿领域。

（1）基本概念

出行作为交通规划中最本原的概念之一，一次出行是指"在城市中进行社会活动的人有目的进行的、由特定的出发地点到目的地点的单方向移动"[1][2]。每一次出行均对应着两个端点，即起点（origin）和终点（destination）。个体每一次的户外移动都可以看作是出行，但是单位或居住小区内部的移动不属于出行。通常给移动距离设定的一个下限是：步行时

---

① 陆化普. 交通规划理论与方法[M]. 2版. 北京：清华大学出版社，2006：87-89.
② 栾鑫. 特大城市居民出行方式选择行为特性研究：以南京市为例[D]. 南京：东南大学，2016.

间大于 5 分钟,且出行距离大于 300 米①②,但如果研究对象中包括老年人,则不受上述移动距离下限的约束。

根据出行的特点可将出行划分为通勤出行和非通勤出行。通勤出行是指"居民在居住地和就业地(或称工作地)之间的空间移动现象",一般包括上班、上学、工作相关的业务出行;非通勤出行是指人们从事其他活动而产生的出行,一般包括购物、娱乐、私事出行等。有的学者根据活动的起点不同,把出行划分为基于家的出行、基于家的其他出行、非基于家的出行三类;还有的学者根据日常活动目的,将出行划分为上班、上学、业务、休闲和回程③;也有学者把日常出行划分为工作出行(通勤出行)、购物出行和休闲出行④。总之,基于上述的出行分类研究可以发现:出行源于个人或者家庭的活动需求,个体为了把时间和空间上存在差异的活动连起来就需要出行,可以说是活动引发了出行,同时也影响了目的地、时间等出行要素。

(2) 本研究的出行行为

根据上述国内外学者对日常活动及其出行的分类,本研究所探讨的"出行行为"是指个体为参与日常活动而产生的户外移动现象,根据上述活动的类型划分,其相对应的户外出行也包括工作、上学、购物、休闲四类目的,而本研究则重点关注保障房居民的三类典型出行行为:通勤出行、通学出行、购物出行。

其中,需要进一步阐释的是通勤和通学,这两类出行均是为了完成受强时空约束的工作活动和上学活动(均需要固定时间和固定地点参与)而产生的,因此这两类出行在时间和空间上也会呈现一定的独特性:通勤出行是指为了进行社会生产活动,居民往返于居住地与就业地的上下班出行行为;通学出行则是指为了完成国家认定的教育活动,学生往返于居住地与学校的放学和上学出行行为,而本研究主要关注成年人陪伴学龄儿童上学和放学的这一普遍出行过程——通学出行。

2.2 保障房研究的相关理论

保障房的形成在本质上是城市空间生产与社会经济福利制度相匹配的过程。一方面,从空间上来看,保障性住区的产生不但会受到城市空间生产模式的影响,还会受到空间资源(就业、教育等)分布结构的影响;另一方面,从保障房建设和供给来看,保障房是政府为中低收入家庭或者人群所提供的一种公共产品,同政府公共产品供给效率、社会福利政策密切相关。本节将从福利经济学理论和相对剥夺理论的研究成果中借鉴有效的理论分析工具。

---

① 周钱. 基于家庭决策的交通行为和需求预测研究[D]. 北京:清华大学,2008:34-38.
② 张弘弢. 基于活动方法的个体出行行为分析与出行需求预测模型系统研究[D]. 南京:南京师范大学,2011:27-35.
③ 陈团生. 通勤者出行行为特征与分析方法研究[D]. 北京:北京交通大学,2007:24-27.
④ 高良鹏. 城市核心家庭日常活动时空间特征及决策机理[D]. 昆明:昆明理工大学,2014:35-37.

2.2.1 福利经济学理论

（1）以庇古为代表的旧福利经济学

福利经济学是对经济体系的一种规范性分析，主要是基于人类行为的自利假设和以效用为基础的社会成就评价准则去分析研究经济运行中什么是"对"、什么是"错"的问题，并以庇古（A. C. Pigou）于 20 世纪 20 年代创立的旧福利经济学为代表[1]。因此，下文将探讨旧福利经济学及其对保障房项目的理论贡献。

庇古作为旧福利经济学的创始人，他认为福利是享受或者满足的心理反应，并包括社会福利和经济福利两部分，而社会福利中能被货币衡量的部分才是经济福利[2]。庇古依据边际效用递减规律提出的收入均等观强调：在社会经济活动中，一些部门的边际私人纯产值大于边际社会纯产值，另一些部门的边际私人纯产值则小于边际社会纯产值，高收入者的货币边际效益远低于低收入者，这就需要控制私人边际的高收入来提高私人边际的低收入或是将富人的收入转移给穷人来增加社会福利，由此而衍生了"财产转移论"[3]。富人向穷人转移财产主要有强制转移和直接转移两类手段，其中强制转移是指政府通过收入再分配手段（如通过税收杠杆进行调节，将高收入者和低收入者之间的贫富差距通过税收实现转移支付），加大对公共产品（住房、教育）等的间接补贴；或是政府对于低收入者最需要的产品，通过一定的经济补贴来降低产品价格。

总体而言，旧福利经济学以基数效用论来衡量效用的满足程度，用国民收入来衡量经济福利的多寡，主张国民收入的均等化，并希望将财富从富人转移到穷人，从而有效增大经济福利，并实现个体居民的福利最大化。

（2）现实判定：保障房是对弱势群体增大"经济福利"的政策之一

根据上述理论性描述，旧福利经济学研究主要包括两个观点：一是强调对弱势群体的关注，实现国民收入均等化，即通过福利措施来增加弱势群体的社会经济福利，因为国民收入分配愈均等化，社会经济福利就愈大；二是国民收入的分配方法，即怎样分配才能使社会成员福利达到最大化。这两个观点均意味着社会"公平"，可以说福利经济学就是研究一个国家如何实现公平的学说。

根据保障房的概念，保障房的公共属性决定了其福利效果评价的必要性，这不妨应用旧福利经济学的相关理论做一评价——从其供给方来看，保障房是政府为城市低收入家庭和人群所提供的公共产品，据统计（见表 2-8），2002—2009 年中国每年的保障房投资额约占商品房的 6.4%（平均值），其中 2002 年的投资额占比最高达到 11.3%，开工面积占商品房的 15.2%，销售面积占比达到 16.9%；从保障制度来看，政府对公共产品（保障性住房）和公共服务的间接补贴和对保障房居民的直接经济补贴，其实也体现了福利经济学理论中对弱势群体"福利最大化"和"社会公平"目标的追求。

① Kenneth J. Social choice and individual values[J]. New York：John Wiley & Sons, 1963, 163：41-45.
② 陶芸. 日本福利经济思想研究[D]. 武汉：武汉大学,2017.
③ 叶精明. 城市保障性住房供给趋势研究：以南京市为例[D]. 南京：南京大学,2013.

表 2-8 2002—2009 年我国保障房建设情况

年份	保障房完成投资		保障房开工面积		保障房销售面积	
	总额(亿元)	占商品房(%)	总量(万平方米)	占商品房住房(%)	总量(万平方米)	占商品房住房(%)
2002 年	589.0	11.3	5 279.7	15.2	4 003.6	16.9
2003 年	622.0	9.2	5 330.6	12.2	4 018.9	13.5
2004 年	606.4	6.9	4 257.5	8.9	3 261.8	9.6
2005 年	519.2	4.8	3 513.4	6.4	3 205.0	6.5
2006 年	696.8	6.0	4 379.0	6.8	3 337.0	6.0
2007 年	820.9	4.6	4 810.3	6.1	3 507.5	5.0
2008 年	970.9	4.3	5 621.9	6.7	3 627.3	6.1
2009 年	1 134.1	4.4	5 354.7	5.7	3 058.8	3.5

资料来源:叶精明.城市保障性住房供给趋势研究:以南京市为例[D].南京:南京大学,2013:11-12.

2.2.2 相对剥夺理论

(1) 剥夺和相对剥夺理论

"剥夺"的概念最早源起于 1960 年代的英国,是指个体缺少日常所需的食物、住房、室内设施等资源,或是缺少必要的教育、社会服务、就业机会的一种描述资源分配不公平现象的社会学概念[1]。社会学认为"剥夺"不是指剥夺的行为,而是指被剥夺的状态,它包括两种状态:一种是指资源被剥夺而人们的基本需求得不到满足的客观状态(绝对剥夺),另一种则是指个体或群体将自身与处于优势的他人或其他群体进行比较而产生的一种无法满足的主观心理状态(相对剥夺)[2][3](见图 2-1)。相对剥夺不同于绝对剥夺,相对剥夺的产生主要源于参照群体的选择,因而更有助于评价保障房居民。考虑到保障房群体是以一般居民作为参照比较后的弱势(中低收入)群体,本研究更需关注的是相对剥夺。

近年来,国内外相关研究已经建立起较为完善的"相对剥夺"评价指标体系,主要涵盖了物质、社会、空间三个层面的多维度剥夺。其中,物质层面上的

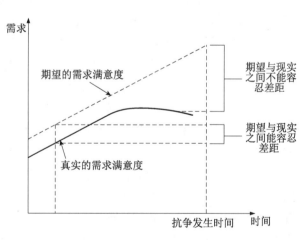

图 2-1 渐进式相对剥夺

资料来源:Orbell J M, Shay R C. Toward a theory of revolution[J]. Politics and the Life Sciences, 2011, 30(1):85-90.

---

① Townsend P. Deprivation[J]. Journal of Social Policy, 1987, 16(2):125-146.
② 李强.社会学的"剥夺"理论与我国农民工问题[J].学术界,2004(4):7-22.
③ 范嫣红.相对剥夺理论与外来人口犯罪[D].上海:复旦大学,2011.

剥夺通常用食物、衣物、经济收入、住房及室内设施、基础设施等多项指标来衡量[1][2][3];社会层面上的剥夺通常用就业、教育、工作和社会服务、身体健康、社会活动、人口结构与特征、社会阶层构成、民族构成等多项指标来测度[4][5][6][7],并常用来解释城市贫困或弱势群体的问题;空间层面上的剥夺则包括设施、资源、自然环境和生活区位等多方面的评价[8][9][10],重点是探寻区域社会资源与社区资源的空间公正问题,进而衡量社会生活质量,像袁媛等就采用类似指标评估和确立了城市剥夺的空间模式[11](图 2-2),并据此构建城市社会空间的评价体系和分析社区空间资源的供给水平[12][13]。

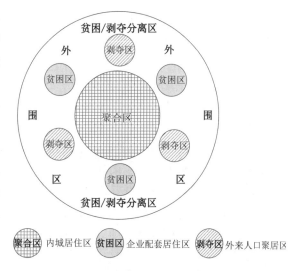

图 2-2 转型期城市贫困和剥夺的空间模式图

资料来源:袁媛,吴缚龙,许学强. 转型期中国城市贫困和剥夺的空间模式[J]. 地理学报,2009,64(6):753-763.

(2)现实判定:保障房居民所面临的多重剥夺

以政府投资和土地行政划拨为主的保障房,多会选址于地价相对低廉的城市边缘地带,而远离就业岗位更集中、公共服务水平更优越、教育资源更丰裕的中心城区,这就会使安置其间的特定群体在日常生活中面临着多重剥夺的风险和境遇。保障房居民作为城市

① Holtermann S. Areas of Deprivation in Great Britain:An Analysis of 1971 Census Data[J]. Social Trend,1975 (6):33-47.

② Sim D. Urban Deprivation:Not just the inner city[J]. Area,1984,16(4):299-306.

③ Broadway M J. Changing Patterns of Urban Deprivation in Wichita, Kansas 1970 to 1980[J]. Business and Economic Report,1987,17(2):3-7.

④ Pacione M. The Geography of Multiple Deprivation in Scotland[J]. Applied Geography,1995,15(2):115-133.

⑤ 王兴中,王立,谢利娟,等. 国外对空间剥夺及其城市社区资源剥夺水平研究的现状与趋势[J]. 人文地理,2008, 23(6):7-12.

⑥ 秦伟平. 新生代农民工工作嵌入:双重身份的作用机制[D]. 南京:南京大学,2010.

⑦ Holtermann S. Areas of deprivation in great Britain:An analysis of 1971 census data[J]. Social Trend, 1975 (6):33-47.

⑧ 由英国地区环境运输部(the UK Department of Environment, Transport, and Regions,简称 DETR)在 2000 年提出,该方法提出了 7 个剥夺领域(收入、就业、健康剥夺与残疾、教育与职业技能培训剥夺、住房与服务间的障碍隔阂、居住环境剥夺、犯罪)和 37 个指标来衡量剥夺水平.

⑨ Greig A, El-Haram M, Horner M. Using deprivation indices in regeneration:Does the response match the diagnosis? [J]. Cities, 2010, 27(6):476-482.

⑩ Witten K, Exeter D, Field A. The quality of urban environments:Mapping variation in access to community resources[J]. Urban Studies, 2003, 40(1):161-177.

⑪ 袁媛,吴缚龙,许学强. 转型期中国城市贫困和剥夺的空间模式[J]. 地理学报,2009,64(6):753-763.

⑫ 袁媛,吴缚龙. 基于剥夺理论的城市社会空间评价与应用[J]. 城市规划学刊,2010(1):71-77.

⑬ 田莉,王博祎,欧阳伟,等. 外来与本地社区公共服务设施供应的比较研究:基于空间剥夺的视角[J]. 城市规划, 2017,41(3):77-83.

弱势群体的典型代表,不但囿于自身的低收入水平、低教育程度和非理想就业状态,而面临着物质和社会性剥夺,而且还会因为空间性剥夺和制约而面临着职住通勤不便、公共服务不足、空间环境不适等一系列问题,进而对自身的日常活动和出行行为造成消极而全面的困扰。因此,关注这类群体身处多重剥夺之下的日常活动规律,对于实现城市公共资源时空配置的公平性和提升保障房居民的生活品质而言具有重要的现实意义。

本文以广州市保障房居民的空间性剥夺为例,通过整理广州市保障房的空间分布数据,可以发现广州市的保障房主要位于城市边缘的白云区、天河区、海珠区等区域[①];然后,根据袁媛等学者的相关研究成果,还可以对广州市 97 个街道的空间剥夺分级有一个总体把握,即利用普查数据、民政数据等资料,从中提取经济、职业、就业、住房、家庭负担 5 个因子来评估广州市 97 个街道的空间剥夺等级,发现其从核心向外围逐步降低并呈明显的圈层结构;最终笔者将广州市保障房空间分布和剥夺等级两部分数据进行叠合,发现广州市保障房住区的剥夺主要位于第二等级,少部分位于第三等级和第一等级,因而终会在经济收入、住房、设施、受教育程度、家庭状况等方面表现出多重剥夺下的弱势状态。

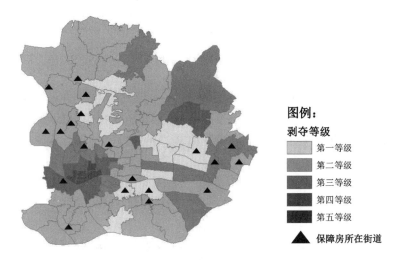

图 2-3 广州市保障房住区的空间剥夺等级

资料来源:笔者根据袁媛,许学强.转型时期中国城市贫困地理的实证研究:以广州市为例[J].地理科学,2008,28(4):457-463;路昀.基于居民满意度调查的广州保障房住区公共空间优化设计策略[D].广州:华南理工大学,2013,41-42 所提供数据改绘.

2.3 居民日常活动和出行研究的相关理论

居民日常活动和出行的形成在本质上是日常行为(工作、上学、家务、购物、休闲、睡眠等)主体(居民)同城市空间的相互作用过程。一方面,从活动和出行本身来看,居民的日常活动和出行过程中不仅受到空间可达性(公共服务设施可达性、就业岗位可及性等)的影

---

① 路昀.基于居民满意度调查的广州保障房住区公共空间优化设计策略[D].广州:华南理工大学,2013,41-42.

响,还受到时间(设施开发时间、上班和上学制度等)的约束,两者综合起来即"时空可达性"对于居民日常活动和出行选择而言至关重要;而另一方面,从行为主体看,个体并不是独立的,其所产生的活动和出行行为往往源于最直接的决策环境——家庭,个体参与哪类活动和出行及活动和出行的优先次序则源于家庭内部分工,且均是为了实现家庭综合效益的最大化。因此,本节将从时间地理学、家庭劳动供给和分工理论中梳理出有效的理论分析工具,用以建构"大型保障性住区居民的日常和出行选择"的理论诠释框架。

2.3.1 时间地理学理论

(1) 时间地理学

时间地理学(time-geography)最早是由瑞典地理学家哈格斯特朗(Hägerstrand)所倡导,并由以他为核心的隆德学派发展而成的。该理论认为人的自由活动会受到各种条件制约(尤其是时间和空间),并将人放在时间、空间中作了如下考虑[1]:①人是不可分割的;②人的一生是有限的;③一个人同时从事多种活动的能力是有限的;④所有活动都需要符合一定实际;⑤空间内的移动需要消耗时间;⑥空间的容纳能力是有限的;⑦地表空间是有限的。可以说时间地理学是一种表现并解释时空过程中人类空间行为与客观制约之间关系的方法论,其理论框架一般由"时空路径""时空棱柱""制约""活动的地方秩序嵌套"等概念及其符号构成[2]。

① 时空路径

时空路径是一类将事件同其时间和空间结构相联系的基本表达方法,它描述的是空间和时间上的个体轨迹[3][4][5],而个体轨迹状态也会因外部制约而发生适应性变化。通过研究个体在路径上的活动秩序性和时空规律,可以推导和描摹出个人或群体活动行为系统与个人或群体属性之间的匹配关系,时空路径中包括了个体驻留点、移动等信息,而路径开始于出发点,结束于终止点。由于个人不能在同一时间内存在于两个空间中,所以路径总是形成不间断的轨迹。当个人路径不随时间发生移动时,在时间轴上用垂直线来表示,而用斜线来表示发生移动,个体的移动速度越大,斜线段的倾角也就越大[见图 2-4(a)]。

② 时空棱柱

个体行为的产生过程也会牵涉到时间地理学的另一概念——时空棱柱。时空棱柱作为时空路径的一种扩展,主要用于定量描述个体潜在的移动能力和参加活动时所受的时空约束。时空棱柱的边界能够界定出个体在该时空约束下所能够到达的所有空间位置,以

① Hägerstrand T. What about People in Regional Science? [J]. Urban Planning International,1970,24(1):6-21.
② 柴彦威,塔娜,张艳. 融入生命历程理论,面向长期空间行为的时间地理学再思考[J]. 人文地理,2013,28(2):1-6.
③ Kwan M P. Interactive geovisualization of activity-travel patterns using three-dimensional geographical information systems:A methodological exploration with a large data set[J]. Transportation Research Part C:Emerging Technologies,2000,8(1/2/3/4/5/6):185-203.
④ Shaw S L,Yu H,Bombom L S. A space-time GIS approach to exploring large individual-based spatiotemporal datasets[J]. Transactions in GIS,2008,12(4):425-441.
⑤ Yu H B,Shaw S. Exploring potential human activities in physical and virtual spaces:A spatio-temporal GIS approach[J]. International Journal of Geographical Information Science,2008,22(4):409-430.

及可以在这些活动位置停留的时间,即呈现出个体活动在时空中的灵活度[见图2-4(b)]。图2-4(b)所示的是一个以家为起点以工作地为终点的时空棱柱,若将棱柱投影至二维空间平面上,即为个体潜在的路径区域,可用以表示在一个固定活动结束后,为确保准时到达下一个固定活动而个体所能到达的区域。图中的椭圆表示两个固定活动地点(家和工作地)之间在时间预算下可以到达的空间范围,也说明了弹性活动可以发生在这两个连续固定活动之间,并据此在两个连续固定活动之间识别出弹性活动的时空可能性[1][2]。换言之,时空棱柱可用于预测弹性活动的时空可达性。

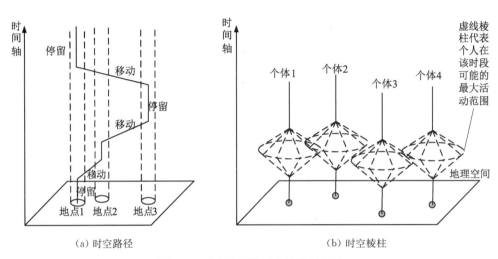

图2-4 时空路径和时空棱柱示意图

资料来源:改绘自 Pred A. A choreography of existence-comments on Hagerstrand's time-geography and its usefulness[J]. Economic Geography, 1977, 53(2): 207-221;

Parkes D, Thrift N. Timing Space and Spacing Time[J]. Environment & Planning A, 1975, 7(6): 651-670.

③ 制约

时间地理学将影响人类活动的制约条件划分为能力制约、组合制约和权威制约三类[3][4],其具体内涵包括:

能力制约:是指人的生理和心理构成及其可利用的技术能力等所产生的制约,它们通常具有时间指向性或者空间指向性,从而决定了人移动或是活动的框架。其中,时间指向性如睡眠需求和规律性就餐需求,往往发生在固定的时段内;空间指向性如拥有私人小汽车的家庭就比没有小汽车的家庭在一定的时间内能够覆盖更大的活动空间范围。

组合制约:是指个人为了从事某种活动(工作、上学、购物、家务等)而同其他人或某种工具、材料在规定时间、规定地点进行会合,不同个体的路径集中在一个停留点上组合形成"活动束"。例如在教室里的老师和学生一起形成"活动束",以完成教学活动;在商店里,销售员和顾客形成一个"活动束"来完成商品的买卖活动;在工厂,机器和原材料则形成一个

---

① Hägerstrand T. What about People in Regional Science? [J]. Papers in Regional Science, 1970, 24(2): 7-24.

② Lenntorp B. A time-geographic study of movement possibilities of individuals[M]. Lund: Royal University of Lund, Dept. of Geography, 1976.

③ 柴彦威. 时间地理学的起源、主要概念及其应用[J]. 地理科学, 1998, 18(1): 65-72.

④ Hägerstrand T. What about People in Regional Science? [J]. Papers in Regional Science, 1970, 24(2): 7-21.

"活动束"来完成加工和生产活动。

权威制约：权威制约同"领地"概念相关，而领地本身就带有空间的含义，哈格斯特朗则将"时间"因素纳入该含义中，指出领地应该是一种时空复合体（常表现为圆柱体），其中的个体或者事物通常受到法律、习惯、社会规范等的控制，如领地内部不能随意进出或是在一定的条件下才能进入（如只有买了机票的个体才能乘坐飞机）。此外，领地还具有明显的等级性，不同的领地对外部的准入条件往往存在明显差异。

④ 地方秩序嵌套

哈格斯特朗强调地理学的区域研究传统，并提出应该划定一个有限边界的、有意义的地域，并在这个有限的地域中观察所有进入和进出的那些事物及其时空规律性和秩序性——"地方秩序嵌套（pockets of local order）"①。

"地方秩序"即事物时空分布的秩序性或规律性，这种地方秩序往往具有等级性，低等级的秩序通常会受到高等级秩序的制约，且必须遵循更高等级的秩序；高等级的秩序往往会在时间上持续更长且在空间上表现更稳定、影响范围更大②。这种现象也说明地方秩序在时间和空间尺度上存在嵌套关系，个体在每一种地方秩序约束下参与活动所能利用的"时空口袋"由大到小层层嵌套，从而形成了"活动的地方秩序嵌套"。比如个人在家中所能利用的时空口袋，其日常活动的安排必须遵循和符合其家庭成员所在工作地运行的时空秩序，而工作地的时空秩序又必须遵循其所在区域的时空规律，这样层层嵌套后形成了不同层级的地方时空规则③④。

可以说，人是穿梭于不同等级地方秩序之间的行为主体，不同等级地方秩序嵌套的结果是不仅仅要确保个体在时间上能够合理安排，还要使其在空间上可达。"活动的地方秩序嵌套"强调行为主体活动发生的时间和空间规律，以及活动同所需时空资源配置的相互作用关系，主要用以探析个体行为背后各种城市资源在时间上的排列和空间上的组合⑤。

（2）现实判定：多元现实制约下的日常活动—出行

囿于保障性住区居民自身的特点，它在活动和出行行为上往往也会呈现出独特的时空模式——在日常活动上，大部分保障房居民只能从事低技术含量和低声望的职业，工作活动时间较长，购物和休闲活动的时间受限，日常活动呈现出贫乏单调和活动空间封闭狭小的问题和特点；在出行上，保障房居民前往中心城区参与工作活动过程中将会承受长时间的通勤出行，承受严重的职住分离［像南京市 4 个大型保障性住区都有超过 40% 的居民通勤出行面临职住分离，见图 2-5（a）］；再如保障性住区周边公共服务配套的缺乏，居民购物和休闲出行的时空可达性较差［像江宁上坊住区就有 36.9% 的居民购物出行距离较远，见图 2-5（c）］；城市教育资源空间分布不均衡，保障房住区的部分学龄儿童面临住—教空间失

① Kajsa Ellegrd,张雪,张艳,等. 基于地方秩序嵌套的人类活动研究[J]. 人文地理,2016,31(5): 25-31.

② Kajsa Ellegrd,张雪,张艳,等. 基于地方秩序嵌套的人类活动研究[J]. 人文地理,2016,31(5): 25-31.

③ Kajsa Ellegrd,张雪,张艳,等. 基于地方秩序嵌套的人类活动研究[J]. 人文地理,2016,31(5): 25-31.

④ Hägerstrand T. Diorama, path and project[J]. Tijdschrift Voor Economische En Sociale Geografie, 1982, 73(6): 323-339.

⑤ Kajsa Ellegrd,张雪,张艳,等. 基于地方秩序嵌套的人类活动研究[J]. 人文地理,2016,31(5): 25-31.

衡模式,通学出行同样受到强时空约束[像南京市 4 个大型保障性住区均有超过 35% 家庭的儿童通学出行面临住教分离,见图 2-5(b)]。

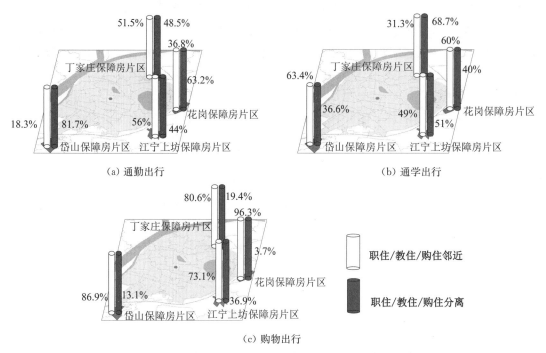

（a）通勤出行　　　　　　　　　　　　　　　（b）通学出行

（c）购物出行

图 2-5　大型保障性住区居民日常出行特征

资料来源：课题组关于南京市大型保障性住区居民日常活动的抽样调研数据(2020).

与此同时,个体出行过程往往还会受到能力制约、权威制约和组合制约,其中前两种制约要素相对单一和稳定,而组合制约要素则多样且相对复杂,对个体行为的影响也最大。对于保障性住区居民来说,面对家庭物质基础不足、个体时间和空间资源有限等现实,这种多要素的组合制约对其影响通常会更大,从而呈现出独特的行为模式。以南京市大型保障性住区中的丁家庄住区为例,居民的通学出行过程就受到了时间、空间、接送主体多种组合模式的影响,其中根据接送时间和接送主体两个维度来划分儿童通学出行路径中的组合制约路径,共计有六种(见图 2-6),其中(a)(占比 38%)和(c)(占比 30%)两种组合模式相对简单,(b)(10%)、(d)(7%)、(e)(9%)、(f)(6%)四种组合模式相对复杂;而根据时间、空间和接送主体三要素的组合关系,又可生成 28 种组合制约路径(详细分析见第 6 章)。

此外,除了居住地,工作地、学校、商场等驻点也是保障房居民日常生活中重要的地方秩序口袋,而且这些地方口袋之间也存在着秩序层级,低等级的秩序往往在受到高等级约束的同时需遵循高等级的秩序,即维系地方秩序的优先级：**工作地的地方秩序＞居住地的地方秩序＞非工作地、非居住地的地方秩序**。对于保障性住区的居民来说,其工作活动和通勤出行受到的时空约束相对较大,就如本研究中 4 大保障性住区[①],就有超过 60% 的居民

---

① 根据课题组关于南京市大型保障性住区居民日常活动的抽样调研数据(2020),岱山保障性住区、江宁上坊保障性住区、花岗保障性住区、丁家庄保障性住区居民中工作时长为 8 小时的占比分别为 36.6%、36%、36.8%、39.4%,而居民工作活动时长大于 8 小时的占比分别为 63.4%、64%、63.2%、60.6%.

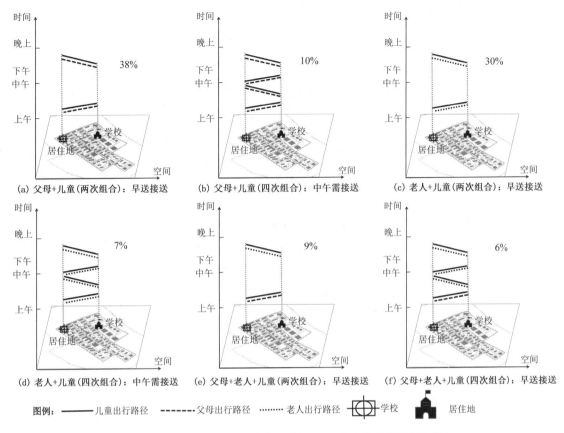

(a) 父母+儿童(两次组合):早送接送　　(b) 父母+儿童(四次组合):中午需接送　　(c) 老人+儿童(两次组合):早送接送

(d) 老人+儿童(四次组合):中午需接送　　(e) 父母+老人+儿童(两次组合):早送接送　　(f) 父母+老人+儿童(四次组合):早送接送

图例:——儿童出行路径　- - - - 父母出行路径　·······老人出行路径　学校　居住地

图 2-6　组合制约下的通学出行路径(以丁家庄保障性住区为例)

资料来源:课题组关于南京市大型保障性住区居民日常活动的抽样调研数据(2020).

工作活动时长大于 8 小时,其中超过一半的居民工作活动时长大于 12 小时;在通勤出行上,每个住区也有超过 40% 的居民要承受职住分离。因此,保障性住区居民的个体活动需要先遵循其工作地的时空规律,且工作活动的地方秩序也会反过来严重影响其他活动的地方秩序,换言之,只有遵循这些地方秩序的优先等级才能维持其稳定性。

2.3.2　家庭劳动供给和分工相关理论

(1)家庭分工相关理论

① 家庭劳动供给理论

劳动力供给是指劳动力的供给主体(多为劳动者个人,在某些情况下也可以是家庭)在一定的劳动条件下自愿对存在于主体之中的劳动力使用权的出让;从量的角度来说,是指一个经济体(大至一个国家,小至一个企业、一个家庭)在一段时期中可以获得的劳动的总和。这就表明劳动供给实际上包含了质(人力资本)和量(劳动供给数量)两个维度,而目前的劳动供给研究更多的是讨论供给数量,并将其定义为一定时期内一定数量的劳动者为市场所提供的劳动数(人×小时),从而通过个体劳动供给模型的构建来讨论个人如何分配自己的实际劳动数以取得最大效用和实现均衡。

个体劳动供给的基本模型(见图 2-7),是将劳动者的时间分成工作(有报酬的市场劳动)和闲暇(无报酬的活动)两部分,其中市场劳动获得收入用以购买商品和服务,会给个体带来间接效用,而闲暇活动使人身心愉悦,会产生直接效用,二者均能产生效用且在某种程度上可以相互替代[1]。根据效用曲线分析法,可用一组等效用曲线来描述个人的工作和闲暇偏好,即建立收入—闲暇模型,等效用曲线是能够给个体劳动者带来相同效用的所有收入和闲暇时间的组合点的轨迹(U_0)——横轴代表工作时间,从左往右看是闲暇时长,从右往左看则是工作时长;纵轴表示收入,收入=w(工资率)×市场工作时长,若工资率(w)既定,则收入和工作时长同比例同方向变化;而个体劳动者所能达到的某种效用水平(U_0、U_1、U_2,$U_2 > U_0 > U_1$)其实受到了可自由支配时间及 w 的制约。若其他条件不变,工资率变化,就会引起个体闲暇和劳动时长的变化,并带来两类活动效用的相应变化和促生两种效应——"收入效应"和"替代效应"[2]。收入效应(收入效应使个体闲暇时间增加,劳动时间减少,而替代效应则相反)会诱使家庭成员退出市场而回到家中;替代效应则会促使家庭成员走出家庭,从事有酬工作。但是,增加劳动供给还是减少劳动供给,最终还是取决于替代效应和收入效应的大小比较(见图 2-7)。

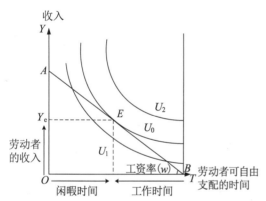

图 2-7　个体劳动供给的基本模型——
收入—闲暇模型

资料来源:郭丰.贝克尔"家庭生产理论"在劳动供给模型中的应用与启示[J].产业与科技论坛,2020,19(1):128-130.

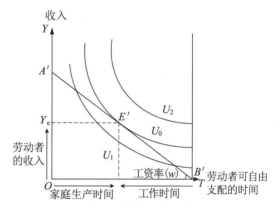

图 2-8　个体劳动供给的改进模型——
收入—家庭生产模型

资料来源:郭丰.贝克尔"家庭生产理论"在劳动供给模型中的应用与启示[J].产业与科技论坛,2020,19(1):128-130.

个人劳动供给的基本模型是将劳动者的可自由支配时间分为市场工作和闲暇两个部分,认为效用来自闲暇和用劳动收入购买的商品消费,却忽略了劳动者还须参与"家庭生产"这一事实,于是便有了个人劳动供给的改进模型(见图 2-8,其字母含义同基本模型大致相同)。总体而言,劳动者只能在劳动能力、可自由支配时间等条件约束下,理性配置工作、家庭生产和闲暇时间,以获取最大效用。

在此基础上,又有学者提出个体是否参与市场劳动通常取决于家庭,如妻子的就业便

---

①　郭丰.贝克尔"家庭生产理论"在劳动供给模型中的应用与启示[J].产业与科技论坛,2020,19(1):128-130.

②　杨河清.劳动经济学[M].北京:中国人民大学出版社,2002:72-73.

会受到丈夫收入、家属构成、子女年龄等的影响，从而又提出以家庭为单位的劳动供给模型（见图 2-9）。妻子不就业也拥有家庭收入（丈夫收入、财产收入）称为基本收入（I）。如果基本收入增多，收入的边际效用就会下降，余暇的边际替代率就会提高，最终导致最低工资率的上升和劳动参与率的下降；若丈夫的收入增多，妻子的劳动参与率就会下降；若妻子能够得到的市场工资率越高，其劳动参与率也会越高。

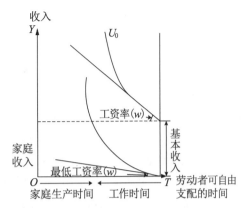

图 2-9　以家庭为单位的劳动供给模型——家庭的无差异曲线与最低工资曲线

资料来源：郭丰. 贝克尔"家庭生产理论"在劳动供给模型中的应用与启示[J]. 产业与科技论坛，2020，19(1)：128-130；
杨河清. 劳动经济学[M]. 北京：中国人民大学出版社，2002：60-70.

可见从家庭劳动供给视角来看，居民往往是以家庭为单元来联合决策其劳动供给结构，将可支配的人力资源、物质资源和时间资源进行有效组织和调配，如果参与市场劳动（如工作和通勤出行）能获取更多收益，就会对市场劳动有更多的投入和支持；反之则会更多地转向家庭劳动（如家务、购物、上学和这些劳动对应的出行）。

② 家庭分工理论

20 世纪 60 年代贝克尔（Becker）将家庭结构因素纳入个人劳动的供给分析，从而提出了新古典家庭分工理论。贝克尔认为家庭中的每个成员都会根据自己在市场劳动和非市场劳动中的生产效率，即在不同劳动部门的比较优势差异来进行家庭分工，以实现最大化的家庭总效益①②（见图 2-10）。这一理论最早应用于夫妻劳动分工的研究，如女性在照料家庭层面的优势一般要大于男性，男性则更适合从事市场劳动，从而形成了"男主外、女主内"的传统家庭夫妻分工模式；而在多代同堂的家庭结构中，老人、孩子等其他家庭成员均会对女性的劳动参与决策产生影响，其中成年女性在市场部门劳动中更

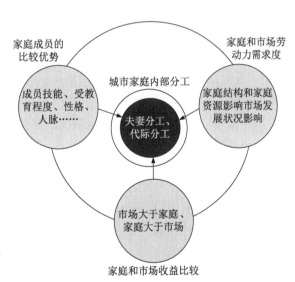

图 2-10　贝克尔城市家庭内部分工拓展图

资料来源：笔者根据相关资源整理绘制

---

① Becker G S. A treatise on the family[M]. Cambridge, MA: Harvard University Press, 1981.
② 罗明忠，罗琦，王浩. 家庭内部分工视角下农村转移劳动力供给的影响因素[J]. 社会科学战线，2018(10)：77-84.

具比较优势①②,老人则在照料家庭方面拥有比较优势,从而形成了"父母主外(夫妻分工)、老人主内(代际分工)"的家庭分工模式③。

也正是基于比较优势的分工原则,以及家庭成员的劳动力禀赋和身份角色差异,家庭内部往往会形成两类基本的劳动分工模式——夫妻分工和代际分工。夫妻分工是家庭中夫妻关系在经济生活上的表现,可分为长期和短期两类,其中长期表现包括生育子女、教育子女、赡养老人等,短期表现则包括参与生产(工作)、家务、购物、护送子女上学等日常活动;而代际分工是家庭代际之间伦理关系在经济生活上的体现,长期表现包括教育孙辈、抚养孙辈等,短期表现则是父代帮助子代顺利实现家庭再生产和早日实现更好的生活,如照顾刚出生的孙子或孙女、接送孙子或孙女上学、承担一定量的日常活动(生产、购物、家务)等。

可见从家庭分工视角来看,基于比较优势条件的集体决策和劳动分工组合,通常会使家庭内部的代际分工和夫妻分工、各类活动和相关出行在动态调适之中始终趋向于保持最佳状态和供需均衡,以此来提升家庭的综合福利水平。

(2)现实判定:家庭生活的弹性压缩+有限资源的刚性优配

相对于城市其他群体而言,保障房居民大部分属于人力资源、物质资源和时间资源有限的低收入家庭,日常活动安排必须考虑优先安排次序。具体为:追求家庭经济效益的最优化,是这类家庭最重要的行为决策依据,最直接的体现是家庭劳动者需充分参与就业,以实现家庭收入的最大化来保证家庭生存需求;同时,在满足家庭生存需求外,优先安排家庭成员的维持型生活需求(儿童上学、家务等活动),随后再适当安排家庭成员其他的自由型生活需求(休闲等活动)的满足,这些活动优先排序都是为了提升家庭的社会效益。况且在一个家庭中,某一成员在进行日常活动和出行决策时,也总是会同其他家庭成员进行协商,即个体行为会受到其他家庭成员的制约,同时本身也会影响其他成员的行为。

对于保障房居民来说,该群体在尽量压缩维持型和自由型活动(如购物和休闲)及其出行、并降低各类成本的前提下,只能从家庭综合福利和家庭劳动分工的角度出发,针对刚性活动(如工作)及其出行做出合理甚至最优的资源调配。

基于对家庭分工相关理论的上述梳理,笔者进一步提出了家庭分工模式、家庭分工强度和家庭分工活动(出行)参与率三个概念,具体如下:

① 家庭分工模式

家庭成员各司其职,会产生"夫妻分工"和"代际分工"两类最基本的家庭分工模式;若这两类分工共同呈现在同一个日常活动上,如父母和父辈一起分担家务活动,则可称为组合分工(代际分工+夫妻分工)。此外,还有一些特殊的家庭分工模式如下:

其一是随着家庭生活水平的提高,部分家庭从家庭受益最大化的角度出发,而另增了一类分工模式——"外来分工",即通过雇佣工人来分担家务活动,如照料孩子或老人、打扫卫生、做饭。这类分工主要发生在高收入家庭中。

其二是某些特殊家庭结构,如独居户仅有一个家庭成员而不存在家庭成员的内部分

① 宋月萍. 照料责任的家庭内化和代际分担:父母同住对女性劳动参与的影响[J]. 人口研究,2019,43(3):78-89.
② Brewster K L, Rindfuss R R. Fertility and Women's Employment in Industrialized Nations[J]. Annual Review of Sociology,2000,26:271-296.
③ 张川川. 子女数量对已婚女性劳动供给和工资的影响[J]. 人口与经济,2011(5):29-35.

工,笔者则将这类个体参与活动的分工类型归为"其他分工"。此外,对于休闲娱乐等活动,因参与此类活动不受时空约束,且不存在家庭内部分工,亦可将这些活动的分工模式归为"其他分工"。

综上,一般家庭的内部分工共有4类基本模式:夫妻分工、代际分工、外来分工、其他分工。而不同的活动可能会对应不同的分工模式及其组合。比如就家务活动而言,可能产生的家庭分工模式包括夫妻分工、代际分工、夫妻分工＋代际分工、夫妻分工＋外来分工、代际分工＋外来分工、其他分工6种分工模式;购物活动也同样有6种分工模式;通学出行包括夫妻分工、代际分工、夫妻分工＋代际分工、夫妻分工＋外来分工、代际分工＋外来分工5种分工模式。

但对于保障房居民来说,家庭内部仅有3种基本模式:夫妻分工、代际分工、其他分工。不同的活动也可能会对应不同的分工模式及其组合。比如就家务活动而言,可能产生的家庭分工模式包括夫妻分工、代际分工、夫妻分工＋代际分工、其他分工4种分工模式;购物活动也同样有4种分工模式;通学出行包括夫妻分工、代际分工、夫妻分工＋代际分工3种分工模式。

为了计算方便和不产生歧义,下文均以家庭分工的三种基本模式为标准来展开实证分析和测度。除了既存的单一分工模式之外,笔者还将对家庭劳动分工中的各类组合分工模式进行拆分、归类和叠加计算。若某一类活动表现为两种分工模式的组合,则各按照50％来统计(如夫妻分工＋代际分工模式下的家务活动);若某一类活动表现为三种分工模式的组合,则各按照1/3来拆分统计。

② 家庭分工强度

前文所述的"家庭分工"其实是根据家庭成员身份角色和参与劳动两个维度而划分的,并不能表征家庭成员的劳动投入量或劳动强度。因此,本研究引入"家庭分工强度"这一指标,并将其定义为家庭成员通过家庭分工参与劳动的时间,以此来表征家庭分工模式下家庭成员参与日常活动的强度。

根据劳动经济学的相关定义,"劳动投入量"为劳动时间、劳动者数量、劳动强度的乘积[①]。但通常为了方便观察和分析,学者们往往只考察劳动个体,那么劳动投入量的测度就只涉及劳动时间和劳动强度了,即为劳动时间和劳动强度的乘积。基于此,本研究借鉴"劳动投入量"的简化形式,将"家庭分工强度"定义为活动时间和家庭分工模式的乘积。其中,家庭分工有三种基本模式(其他分工、夫妻分工、代际分工),活动时间则为参与某一活动的持续时间(即活动时长),因此"家庭分工强度"公式如下:

$$t_j = t_{j2} - t_{j1} \qquad (2\text{-}1)$$

$$L_j = m \cdot t_j \qquad (2\text{-}2)$$

式中,t_j 是活动 j 时长,t_{j1} 为活动 j 开始时间,t_{j2} 为活动 j 结束时间,L_j 为活动 j 的家庭分工强度,m 为居民的家庭基本分工模式(其他分工:$m=1$;夫妻分工:$m=1$;代际分工:$m=1$)。

③ 家庭分工模式下的活动(出行)参与率

正如前文所述,"家庭分工"表征了家庭成员参与社会或家庭劳动(活动)时所属的分工

① 杨河清.劳动经济学[M].北京:中国人民大学出版社,2002:124-126.

情况,"家庭分工强度"则反映了家庭分工模式下家庭成员参与日常活动的强度。为了进一步反映家庭分工模式下家庭成员参与家庭和社会劳动的活跃状态,引入了家庭分工模式下"活动参与率"(简称家庭分工活动参与率)这一指标。该指标主要用以测度和反映某一家庭分工模式下家庭成员参与家庭和社会劳动(活动)的程度。

根据劳动经济学中"劳动力参与率"定义,它作为研究劳动就业状态的重要统计指标,反映的是一定范围内人口参与市场性劳动的程度。其中,一定范围内的人口可依若干标志进行分类,如总人口、法定劳动年龄人口、不同年龄组人口、不同性别人口等[①],像法定劳动年龄人口的"劳动力参与率"即为劳动力人口和法定劳动年龄人口的比值。

基于此,本研究借鉴"劳动力参与率"测算过程,将家庭分工活动参与率定义为某一分工模式活动人口和家庭分工模式活动人口的比值,计算公式如下:

$$家庭分工活动参与率 = \frac{某一分工模式活动人口}{家庭分工模式活动人口} \times 100\% \tag{2-3}$$

对应的家庭分工出行参与率计算公式也类似,为某一分工模式出行人口和家庭分工模式出行人口的比值,计算公式如下:

$$家庭分工出行参与率 = \frac{某一分工模式出行人口}{家庭分工模式出行人口} \times 100\% \tag{2-4}$$

2.4 大型保障性住区居民的日常活动和出行的理论诠释框架构建

2.4.1 日常活动和出行的核心要素提取:时间、空间和家庭分工

综上理论简述,以"福利经济学""相对剥夺理论""时间地理学理论""家庭劳动供给和分工理论"四大理论为基础,从中提取"时间—空间—家庭分工"三个核心要素,并通过建立其组合关系,生成四个层次来分别阐释大型保障性住区居民的日常活动和出行选择过程,具体理由如下:

①"时间"和"空间"是居民日常活动和出行的重要维度,表征的是个体在何时、何地参与日常活动和出行的行为特征,同时"时间"的有限性、"空间"的唯一性和活动转移的时间间隔性,也反映出个体行为在时间和空间上受到的制约程度和各种差异。可以说,"时间"和"空间"既是个体居民日常活动和出行的外在表现形式,也是个体行为的最基本限制条件。因而,十分有必要对个体日常活动和出行过程中"时间"和"空间"要素——无论是作为特征描述的时间和空间,还是作为理论阐释的时空——进行探究。

②"家庭"是人类行为演进过程中的初始决策单元,是一个具有内在调节和发展机制的能动主体,它直接组织或隐性地影响着每一位家庭成员的社会行为[②]。无论外部环境如何

① 杨河清. 劳动经济学[M]. 北京:中国人民大学出版社,2002:48-50.
② 夏璐. 家庭视角下乡村人口城镇化的微观解释研究:以武汉市为例[D]. 南京:南京大学,2016.

变化和个体如何发展,这种基于家庭内在关联的家庭分工始终持续而稳定地存在着,它会充分配置人力资源、物质资源和时间资源等,稳固家庭内部秩序,即让家庭内部各类活动和相关出行在动态调适之中始终趋向于保持最佳状态和供需均衡,实现家庭综合福利的最大化。因而,"家庭"是个体行为选择过程中的重要决策环境,以家庭分工为主体的调节机制,不仅弹性地限定着个体行为的时空秩序和边界,还会造成个体行为模式的相互有别而又始终紧密关联。

③ "时间—空间—家庭分工"是个体活动和出行的核心要素,且三个要素间存在着相互作用性:一方面,基于家庭需求的决策动机,家庭分工决策会动态地协调各成员协作效率,并约束着个体行为的时空关系和时空秩序;另一方面,个体时空关系的变化也会反过来推动家庭分工调整,以平衡或缓冲时空约束。

基于上述日常活动和出行的三大核心要素提取及其作用关系的阐述,本研究认为阐释个体日常活动行为选择这一过程,不仅需要考虑行为的"时间"和"空间"关系,还需要纳入"家庭分工"这一关键要素,因为基于家庭分工的行为决策才是个体日常活动和出行时空关系的逻辑起点。因此,研究将"家庭分工"纳入个体日常活动和出行的时空关系,具体包含三个要素在四个层次的叠合过程:其一,追求家庭综合福利最大化的基本特征就是个体参与多元化的活动和出行需求,即在保证最基本生存活动和出行需求之上,还会追求和安排维持型、自由型等多种活动和出行行为,此为需求层;其二,多元需求催生了以家庭分工为主体的活动和出行选择机制,表现为家庭成员之间通过分工模式的不断调整,实现夫妻分工、代际分工和其他分工之间的协同,此为分工层;其三,家庭通过多元分工模式来提高有限资源的配置效率,最终表现为各类日常活动和出行选择的时空次序,即基于家庭劳动可供给内优先满足最强时空约束的生存型活动,然后安排时空约束相对较弱的维持型活动和出行,最后满足影响最弱的自由型活动和出行,此为配置层;其四,家庭综合福利最大化的最高体现就是个体行为在家庭分工作用下,最终形成了不同的日常活动和出行的时空响应模式,此为响应层。

基于此,以家庭分工为主体的调节机制,不但奠定了个体行为时空关系和时空秩序,还会涉及四个相互独立而又相互关联的层次架构(见图 2-11)。这一过程对于保障房居民而言,会同一般居民存在多重差异,因此下面将基于两类群体的大体比较,逐步逐层地建立大型保障性住区居民"日常活动—出行"的理论诠释框架(见图 2-17)。

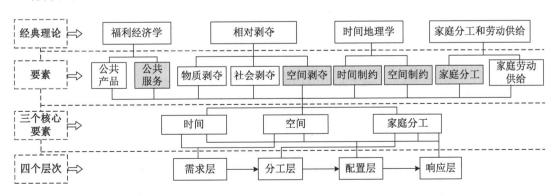

图 2-11 大型保障性住区居民"日常活动—出行"的四个层次架构

资料来源:笔者自绘

2.4.2 层次Ⅰ(需求层)：日常活动和出行需求的产生

在经济社会发展全面转型的背景下,中国社会的主要矛盾已然发生了根本性转变,人们对美好生活的需求在日益增加。其中一个较为明显的特征就是：居民对日常活动和出行呈现出更高的要求,从原来追求单一的工作活动来满足家庭生存,逐步扩展到追求休闲娱乐、购物和儿童上学等多种活动,以提高家庭生活质量和幸福感。

对于一般居民而言,追求多元活动和出行需求是这类群体的生活常态。同样地,保障房居民也在不断地综合权衡工作和非工作活动的最优组合,以追求丰富多元的生活活动机会。可以看出,在需求层面上,一般居民和保障房居民存在更多的共性——追求多元活动和出行需求,而在其他三个层次则或多或少存在一定差异。

因此,本书将保障房家庭的日常活动需求细分为六大类：工作、上学、家务、购物、休闲、睡眠。其相对应的户外出行则包括通勤出行、通学出行、购物出行、休闲出行四类。其中,参照前人根据各类活动所受时间和空间制约的强弱,将工作活动归为生存型活动,将上学、家务、购物和睡眠归为维持型活动,将休闲归为自由型活动,这三大类活动对应的出行则可分别定义为生存型出行、维持型出行、自由型出行(见图2-12)。

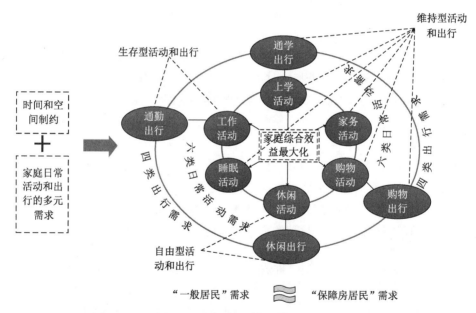

图2-12 一般居民和保障房居民的多元日常活动和出行需求

资料来源：笔者自绘

2.4.3 层次Ⅱ(分工层)：家庭分工类型的选择

当前,中国家庭的分工由家庭成员内部分工逐渐扩展到家庭成员外的分工,一般可分为四类：第一类是基于家庭内部横向夫妻关系形成的夫妻分工或者夫妻协作型,也是中国家庭分工的核心类型;第二类是基于纵向代际关系形成的代际分工型;第三类则是作为前两种分工类型的弥补,当前两种分工类型不能满足家庭需求时,转而主要依赖外部供给的劳动力,就会产生第三种分工类型(外来分工型),如雇家庭保姆分担家务;此外,对于休闲娱乐等活动,参与此类活动不受时空约束,属于自由选择,且不存在家庭内部分工,可将个体参与此项活动的分工模式归为其他分工。但是一般居民和保障房居民的家庭分工机制存在一定的差异,从而呈现出不同的家庭分工模式(见图2-13)。

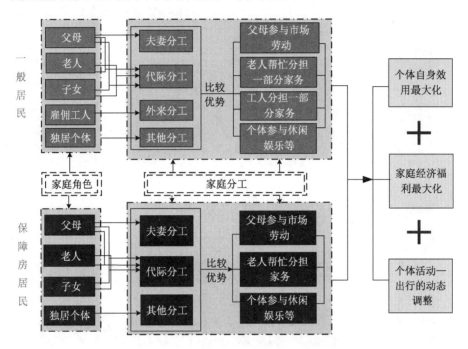

图2-13　大型保障性住区居民家庭分工的一般机制

资料来源:笔者自绘

注:框图中浅色部分代表一般居民的家庭分工,深色部分则代表保障房居民的家庭分工。

对于一般居民而言,形成了以夫妻分工为主、代际分工为辅、外来分工为补充的多元化家庭分工模式,加之其参与休闲等活动的其他分工。通常在一般家庭中,共有四种分工类型相互影响、相互补充。

而对于保障房居民来说,由于承受着物质、社会和空间层面的多重剥夺,其家庭分工也会受到一定的制约,因此保障房家庭分工类型更多是在夫妻分工和代际分工之间进行隐性调整,通常呈现出:父母双方或一方参与市场劳动,而老人帮忙照顾小孩和分担家务,这都是为稳定家庭内部秩序、压缩显性成本。在此基础上,加上居民参与休闲等活动时呈现的其他分工,保障房居民通常拥有三种分工类型。

2.4.4　层次Ⅲ(配置层):家庭分工组合模式及优先序的配置

个体日常活动及其出行的安排不仅需要考虑时空约束的强度、遵循活动地方秩序,还需满足家庭内部的劳动供给条件,从而呈现出多种不同的组合模式。若将活动—出行的主体类型划分为独立型和联合型,那么同前述的家庭分工类型相结合即可生成若干类细分的家庭分工组合模式;若再根据各类活动和出行的刚弹程度,又可进一步分为生存型、维持型和自由型,这其实反映的是家庭分工的优先序。一般居民和保障房居民的家庭分工模式存在明显差异,加上其各类活动和出行所面临的多重制约(尤其是组合制约)以及地方秩序等方面的独特性,两类群体的活动、出行的组合模式上同样存在一定差异(见图2-14)。

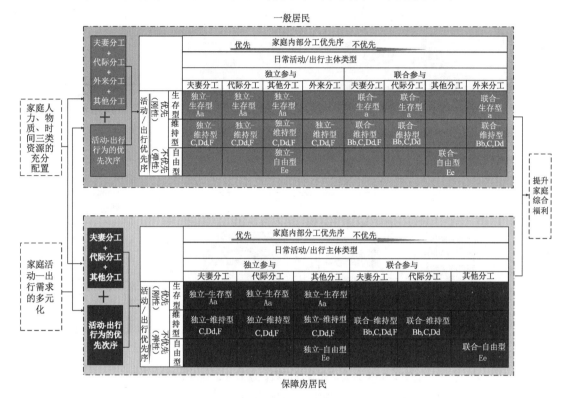

图2-14　一般居民和保障房居民日常活动和出行排序的一般机制

资料来源:笔者自绘

注:(1)颜色深的表示大型保障性住区居民新增加的分工组合模式。

(2)大写字母表示活动类型(A工作,B上学,C家务,D购物,E休闲,F睡觉),小写字母表示活动对应的出行(a通勤出行,b通学出行,d购物出行,e休闲出行)。

(3)考虑到分工模式本身的代表性和典型性,保障房框图中列出的每类活动或是出行的分工模式样本量占比须大于5%时,才会作为单独模式专门标注出来,像保障房居民中的"联合参与—夫妻分工—生存型活动/出行"模式就未被列入框图(南京市样本的两类占比分别为0.9%、1.5%)。

对于一般居民而言,其家庭分工可以细分为12类活动分工组合和15类出行分工组合模式,家庭理性导向于追求综合效益:除了关注生存型和独立型活动(如工作)及其通勤出行的顺利完成之外,还重视以维持型活动(如儿童上学)、自由型活动(如休闲)和改善出行可达性为核心的生活质量提升,呈现一种"生存+维持+自由三不误"的活动和出行均衡配置模式。此时,家庭内部会承载更多元、更高标准的活动和出行需求,依赖于家庭多元的分工类型和成员的合作分担,共同达成综合效益的双赢(综合提升型)。

而对于保障房居民来说,其家庭分工可细分为10类活动分工组合模式和10类出行分工组合模式,并在时间、空间和家庭(家庭分工、家庭结构、生命周期、家庭经济)等交互制约下,另建了一套配置逻辑——反复权衡夫妻分工和代际分工的比较优势,排序活动和出行的优先次序,其结果通常就是:在尽量压缩自由型和维持型活动(如购物和休闲)及其出行的前提下,优先针对生存型和独立型活动(如工作)及其出行做出合理的资源调配,以满足从单一到多元的日常活动—出行需求,并实现家庭综合福利和家庭劳动分工的最大化(底线保障型)。

2.4.5 层次Ⅳ(响应层):日常活动和出行的时空响应

个体日常活动和出行过程中,不仅面临时间和空间约束,还需遵循活动的地方秩序嵌套规则,同时也要考虑家庭内部协作关系,只有这样才能使个体日常活动和出行在时间上做到可行、在空间做到可达。因此可以说,个体日常活动和出行的时空响应实质上反映的就是"时间—空间—家庭分工"三要素互动下的个体行为规律。其中对于家庭分工来说,笔者采用"家庭分工强度"和"家庭分工参与率"两个概念来进行阐释,前者可用来描绘个体在家庭分工模式下参与日常活动的强度,可将其划分为高、中、低三个等级;后者则可用来反映家庭分工模式下家庭成员参与家庭和社会活动(出行)的活跃状态,参与程度分为高、中、低三个等级。

(1)"时间+家庭"

时间是个体活动和出行的重要维度,不仅体现着个体参与日常活动和出行的时长,还反映了个体行为的安排时序。个体如何在有限的时间资源里有序满足其多元活动和出行需求,这就需要借助"家庭分工"这一调节要素,确定不同家庭分工强度或是不同家庭分工参与率以匹配个体日常活动和出行的优先时序。

对于一般居民来说,在有限的时间资源里,家庭成员凭借各自在时间上的优势来主动或者被动地安排活动,生存型活动时长及其参与次序均优先于其他两类活动(维持型活动和自由型活动),而维持型和自由型活动同等重要且可能存在嵌套关系,即参与维持型活动时可能还会伴随着自由型活动。因此,除了优先保障的生存型出行时间外,其余两类出行的时间配置基本相当,也就是说,各类活动(出行)的时间利用排序为:生存型活动(出行)>维持型活动(出行)≥自由型活动(出行),且有三类分工强度(三类家庭分工参与率)同时穿插其间以支持不同的活动[见图2-15(a)]。

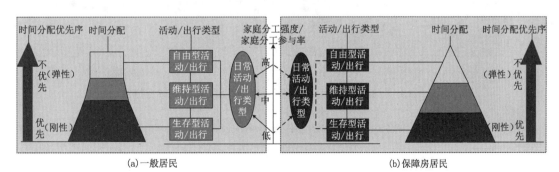

图 2-15 一般居民和保障房居民日常活动和出行时间响应模式

资料来源:笔者自绘

注:框图中浅色部分代表一般居民的活动和出行时间响应,深色部分则代表保障房居民的活动和出行时间响应。

而对于保障房居民来说,生存型活动会占据大量时间,更多依靠夫妻分工和代际分工的其他两类活动则可能面临着被动替代甚至权衡放弃。因此,各类活动选择及其对应的时间分配及其优先序均为生存型>维持型>自由型,并带来了各类出行在时间利用上的类似格局,类型差异显著且呈金字塔型,同时有不同分工强度或是不同家庭分工参与率穿插其间以支持不同的活动和出行[见图 2-15(b)]。

（2）"空间＋家庭"

空间资源的分布状态在一定程度上制约着居民日常活动和出行选择,而家庭往往承担着缓解种种客观制约的调节职能,通常被视为家庭缓冲剂,即:在外部空间环境影响下,通过家庭成员的内部分工、日常活动和出行同城市空间资源发生互动,进而在活动和出行上呈现出多样性。

对于一般居民来说,从家庭分工强度和家庭分工参与率来看,其每一类活动和出行都可能产生高、中、低三类强度的家庭分工和家庭分工参与率,且家庭分工具有一定的灵活性和多样性;而从活动和出行空间模式来看,一般居民家庭的人力资源和物质资源相对充裕,其活动/出行空间的选择也相对灵活和多样,从而产生活动空间上的聚与散、出行范围上的大与小,并使空间模式呈现出一定的多元性和不确定性(见图 2-16a)。

而对于保障房居民来说,在外部环境制约下,居民会通过家庭分工来形塑活动和出行,从而呈现出自身的独特规律。从家庭分工强度和家庭分工参与率来看,家庭缓冲剂总会在不同活动和出行之间产生不同的调节作用,从而产生高、中、低不同强度和多样性的家庭分工(同一般居民类似);从活动和出行空间模式来看,空间资源分布的先天不均往往会制约保障房群体活动空间和出行路径的自由选择,不但会围绕着居住地和就业地产生活动空间的双核集聚效应(近居住地型和近就业地型),还会因为距离居住地的近和远而形成两极化的出行模式——近家型和远家型[见图 2-16(b)]。

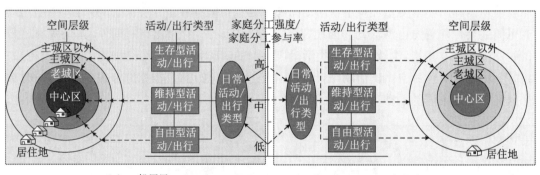

（a）一般居民　　　　　　　　　　　　　　（b）保障房居民

图 2-16　一般居民和保障房居民日常活动和出行空间响应模式

资料来源:笔者自绘

注:框图中浅色部分代表一般居民的活动和出行时间响应,深色部分则代表保障房居民的活动和出行时间响应。

2.4.6　基于四大层次叠合的理论诠释框架构建

基于上述从"活动和出行需求""家庭分工""家庭分工组合及优先次序""活动和出行的时

空响应"四大层次和序列入手,来分析和图解保障房居民日常活动和出行行为选择过程,由此初步构建出保障房居民日常活动和出行诠释的理论框架(见图2-17),其搭建规则如下:

其一,纵向上呈现四个层次间的时序性,四个层次之间相互独立而又密切关联,始终遵循着"从最初的行为需求到家庭分工和资源配置,再到最终的行为时空响应"之时序,即纵向是按照日常活动和出行的时空决策次序来排列的。

其二,横向上对比不同群体的行为差异,保障房居民和一般居民的日常活动和出行行为存在着明显差异,每个层次都需要分别呈现和比较一般居民同保障房的居民的行为选择过程。

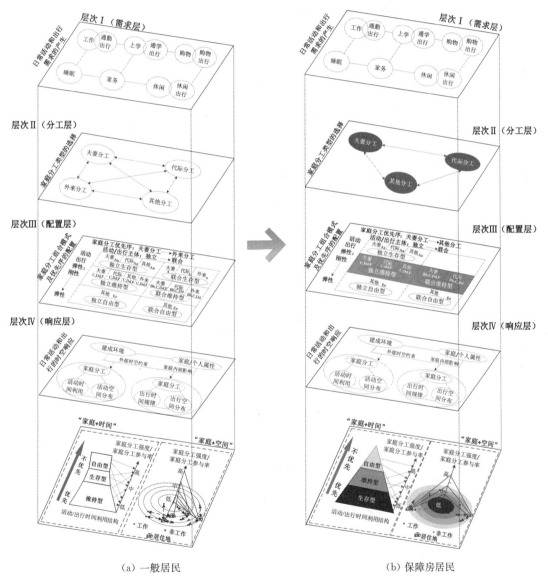

（a）一般居民　　　　　　　　　　　　（b）保障房居民

图 2-17　家庭分工视角下保障房居民日常活动—出行行为的理论诠释框架

资料来源:笔者自绘

注:(1) 大写字母表示活动类型(A 工作,B 上学,C 家务,D 购物,E 休闲,F 睡眠),小写字母表示活动对应的出行(a 通勤出行,b 通学出行,d 购物出行,e 休闲出行);

(2) 右图框架中的灰色底纹表示保障房居民所拥有的不同于一般居民的特别之处。

以上述理论诠释框架作为全文实证研究和理论提炼的基础性分析框架,接下来将一方面以南京市四大保障性住区为案例,深入探析这些住区居民六类活动的时空特征和时空集聚模式,以及三类出行的时空路径和出行机理;另一方面则基于实证分析结果,对原初的理论诠释框架进行二次修正和优化,据此从"时间＋家庭"和"空间＋家庭"之交互视角,对大型保障性住区居民日常活动和出行作出理论诠释和规律提炼,进而在时空响应模式上尝试推导日常活动和出行的理论诠释模型,并在此基础上探寻大型保障性住区居民的"理想生活圈"的合理建构路径。

2.5　本章小结

本章首先结合研究需要,对大型保障性住区、日常活动、出行行为等概念进行界定;在此基础上,对借鉴的福利经济学、相对剥夺理论、时间地理学、家庭劳动供给和家庭分工等相关理论进行了梳理和阐述,为下文理论框架的建构奠定以下认知:

第一,政府对保障性住房和公共服务等间接补贴和对保障房居民的直接经济补贴,均体现着福利经济理论中对弱势群体"福利最大化"和"社会公平"目标的追求。

第二,保障房居民作为城市弱势群体的典型代表,不但面临着物质性和社会性剥夺,还会因为空间性剥夺和制约而面临着职住通勤不便、公共服务不足、空间环境不适等一系列问题,进而对自身的日常活动和出行行为造成消极而全面的困扰。

第三,源于保障性住区居民自身的特点,其在活动和出行行为上呈现出一定的独特性:在日常活动上呈现出贫乏单调和活动空间封闭狭小的问题和特点;在出行上存在严重的职住分离现象、购物和休闲出行的时空可达性较差、住—教空间失衡,通学出行同样受到强时空约束。此外,个体日常活动及其出行的时空安排需要遵循其地方秩序,并遵循这些地方秩序的优先等级才能维持其稳定性。

第四,对于保障房居民来说,该群体在尽量压缩弹性活动(如购物和休闲)及其出行并降低各类成本的前提下,只能从家庭劳动供给和家庭劳动分工的角度出发,针对刚性活动(如工作和上学)及其出行做出合理甚至最优的资源调配。

第五,以"相对剥夺理论""福利经济理论""家庭劳动供给和家庭分工理论""时间地理学理论"为基础,初步构建保障房居民日常活动和出行的理论诠释框架,即从"活动和出行需求(需求层)""家庭分工(分工层)""家庭分工组合及优先次序(配置层)""活动和出行的时空响应(响应层)"四大层次和序列来分析保障房居民日常活动和出行行为选择过程。

3 南京市大型保障性住区概述和研究设计

上一章对大型保障性住区居民的日常活动和出行的理论基础做出了一定的探讨,并在此基础上构建了其"日常活动—出行"的理论诠释框架,主要是基于"家庭分工—时间—空间"的交互视角,为保障房居民的日常活动和出行选择提供了理论分析的方向和思路。

本章将开始进入本书的实证章节,也是后续第4章至第8章的研究基础。本章主要分成三部分:首先,针对案例城市的保障房建设历程和总体布局进行概述;其次,基于调研的一手数据,对南京市大型保障性住区居民的社会属性、经济属性、空间属性、居民日常活动和出行行为进行描述性统计,为该群体日常活动时空特征和出行机理的剖析提供基本前提和认知背景;最后,在此基础上以前述理论诠释框架为依据,明确了本研究展开的大体思路和做法,包括样本遴选、问卷设计、数据采集、研究范围、样本概况等基本环节。

3.1 案例城市选取及其大型保障性住区的建设概况

3.1.1 案例城市选取——南京

住房商品化在刺激城市经济快速增长的同时,也助推了房价的一路上涨,其结果就是:大批中低收入家庭不得不面临着一房难求的现实困境,尤其是大中城市和沿海经济发达城市的社会底层家庭。在此背景下,保障房的大规模扶持和建设成为一项任重道远而又刻不容缓的良心工程和民生举措。其中,南京作为保障房建设的重点城市之一,1992年起即开始批量建设"解困房",至1995年共建成住宅近100万平方米;2010年又规划建设了4片大型保障房区,总用地面积6.2平方公里,总建筑面积845万平方米,并在2015年底基本完工,所提供的8.15万套保障房极大地缓解了南京市中低收入家庭的住房困难问题。根据前文对保障性住区概念界定,下面将对南京市保障性住区的建设概况作一大体统计(见表3-1)。

表3-1 南京市保障性住区建设概况一览表

建设阶段	项目个数	总建筑面积（万平方米）	主要分布区域	项目名称	时间	用地面积（公顷）	建设面积（万平方米）
2002年前	9	180	玄武区、白下区、雨花台区	景明佳园一至四期	2002—2005年	46.96	54.30
				仙林雅居一至三期	2002—2005年	73.33	48
				银龙花园一、二期	2002—2005年	54.86	54.5

（续表）

建设阶段	项目个数	总建筑面积（万平方米）	主要分布区域	项目名称	时间	用地面积（公顷）	建筑面积（万平方米）
2002年前	9	180	玄武区、白下区、雨花台区	春江新城一期	2002—2005年	81.47	72.22
				五福家园	2002—2004年	24.21	21
				兴贤佳园一期	2002—2006年	4.26	7.0
				兴贤佳园二期	2005—2008年	26.1	42.54
				金叶花园	2003—2007年	10.32	14.1
2003—2007年	25	957	分散建设在栖霞区、下关区、雨花台、玄武区	恒盛嘉园	2004—2006年	9.68	13.65
				百水家园	2005年	16.3	13
				尧林仙居	2005年	26.56	25.22
				青田雅居	2006年	9.38	11
				翠林山庄	2007年	8.95	10.78
				百水芊城	2005—2008年	24.35	28
				摄山星城一期	2004—2007年	67.3	63
				翠岭银河	2006—2010年	22.73	34
				西善花苑	2006—2010年	37.3	63.44
				南湾营康居城	2007年至今	120	97
2008—2009年	24	757	集中建设在下关区、栖霞区、雨花台区	摄山星城二期	2008—2010年	30.46	36.89
				古雄村	2008—2011年	29.54	43.2
				锦华新城	—	13.45	24.42
				莲花村	2008年至今	47.88	100
2010—2012年	27	1576	栖霞区、江宁区、雨花台	绿洲南路	2010年至今	26.42	35
				四大保障房片区（丁家庄、上坊、花岗、岱山）	2010—2012年		
				迈皋桥创业园	2012年	85	178.04
2013—2014年	—	650	栖霞区、玄武区				

资料来源：张建坤,李灵芝,李蓓.基于历史数据的南京保障房空间结构演化研究[J].现代城市研究,2013(3)：104-111；

陈双阳.南京江南八区大型保障性住区空间模式研究[D].南京：东南大学,2012：41-42.

由此可以看出,南京市作为拥有大量保障房的典型城市,完全可以为保障房居民的时空间行为研究提供充分的样本。其中,大型保障性住区的空间分布特征无疑会给居民的日常活动—出行需求提供独特的背景,并呈现出自身有别于其他住区的独特一面来,比如说居住用地规模大,周边产业用地不足,就业岗位较为缺乏,相应设施配套不全,住区居民构成多元,居民工作时间长而购物和休闲活动时间不足,日常活动内容相对单一,通勤、通学、购物等活动的出行面临着严重的时空约束……加之课题组在"社区视野下特殊群体的时空间行为"方面拥有多年的研究基础、数据积累和技术尝试,因此有条件首选南京市作为实证案例,以对大型保障性住区居民日常活动的时空特征和出行行为机理展开理论诠释和实证分析。

3.1.2 保障房建设历程

为了更有效地解决中低收入群体的居住问题,我国的保障房建设始终处于不断完善和调整之中;而南京市作为江苏省会,2016 年末常住人口已达到 827 万,相比 1978 年又增长了 100.7%,其中新就业大学生人数 19 万,流动人口达 206 万,已占到总人口的 24.9%[①②],和双困户、城市拆迁户等一道成为南京保障房的重点覆盖对象。

根据图 3-1 和表 3-2 的统计和记录,可以看出:1992 年南京市政府通过出台住房改革方案,以"安居工程"形式启动了当地的保障房建设,但保障房的开工量和竣工量一直处于波动状态;但是从 2002 年起保障房建设开始进入持续加速阶段,保障房开工量和竣工量逐年同步增加,并持续到 2007 年底;其后步入持续稳定阶段,开始提倡大规模的集中式建设,受其影响,保障房的开工量、竣工量和投资额均达到最大值。

基于此,本研究将南京市保障房建设划分为三个阶段:保障房建设的起步阶段(1992—2002 年);保障房建设的加速阶段(2002—2008 年);保障房的完善阶段(2008 年至今)。在不同阶段,中央政府的导向、当地政府的实施均交叉影响着南京保障房的建设模式。因此,下文将从开发强度、项目规模和项目空间分布三方面入手,概述不同阶段南京市保障房建设的总体特征。

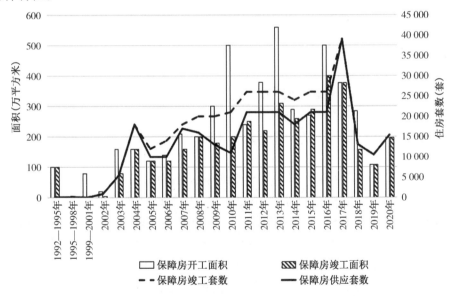

图 3-1 1992—2020 年南京市保障房的建设供应情况

资料来源:2002—2012 年数据来源于王效容.保障房住区对城市社会空间的影响及评估研究[D].南京:东南大学,2016:15;

2013—2015 年、2017—2020 年数据来源于南京市住房保障和房产局:http://fcj.nanjing.gov.cn/ztzl/ajgc/xmjd/201809/t20180906_531047.html.

① 吴翔华,陈昕雨,袁丰.南京市住房困难人群职住关系及影响因素分析[J].地理科学进展,2019,38(12):1890-1902.

② 南京市统计局官网:http://tjj.nanjing.gov.cn/bmfw/njsj/202106/t20210601_2955108.html.

表 3-2　2002—2020 年南京市保障房完成的投资额占房地产开发投资额比重情况

年份	房地产开发投资额(亿元)	保障房完成投资额(亿元)	比例(%)
2002	96.57	1.2	1.2
2003	129.33	12.6	9.7
2004	214.09	26.6	12.4
2005	209.02	25	12
2006	253.64	27	10.6
2007	316.46	44.8	14.1
2008	410.03	40.42	9.9
2009	439.41	43.03	9.8
2010	562.46	65.51	11.6
2011	896.86	171.3	19.1
2015—2017 年	—	—	—
2018	—	1.7	—
2019	—	3.8	—
2020	—	7.7	—

资料来源:2002—2007 年数据来源于郭苭.城市化背景下保障性住房规划设计研究[D].南京:东南大学,2008:30;2008—2011 年数据来源于陈双阳.南京江南八区大型保障性住区空间模式研究[D].南京:东南大学,2012:37;2015—2020 年数据来源于南京市住房保障和房产局:http://fcj. nanjing. gov. cn/ztzl/ajgc/xmjd/201809/t20180906_531047. html.

(1)2002 年以前:安居工程的起步阶段

伴随着住房制度改革的不断深化、居民住房消费的全新启动和房地产市场体系的不断完善,以住宅为主的房地产业逐渐成为推动南京经济持续增长的重要因素[1]。正是在这一房价持续增长的过程中,有越来越多的中低收入家庭感到已难以支付现实的高额房价,于是当地政府为了更有效地解决中低收入家庭的住房问题,而出台了《南京市住房制度改革方案》,这也拉开了南京保障房建设的帷幕[2]。1995—1998 年,南京市的确以"安居工程"的形式开发了住宅近 500 万平方米,建成了包括北苑一村、月苑新寓、清河新寓、宁工新寓在内的一批"解困房"(也称"安居房")。虽然单片住宅小区的总建筑面积往往不到 20 万平方米(如虹苑新寓的总建筑面积约 12.9 万平方米,清河新寓甚至只有 10 万平方米),却在很大程度上改善了市区贫困家庭的住房条件,可以说具有显而易见的保障性和经济性作用,算是后来经济适用房的雏形。随着 1998 年以来保障房体系的不断完善,南京市开始正式推出经济适用房的建设,并为此建立了经济适用房的销售置换中心,主要为中低收入家庭购买经济适用房提供专项服务[3]。1999—2001 年,南京市共建设了约 80 万平方米的经济适用房项目,其中,2000 年经济适用房的施工面积为 47.6 万平方米,占全市住宅施工总面积的4.9%[4],而 2001 年这一数据达到了 10 万平方米,占全市开工总面积的 2%,户型面积也在

①　郭苭.城市化背景下保障性住房规划设计研究[D]:南京:东南大学,2008.
②　郭苭.城市化背景下保障性住房规划设计研究[D]:南京:东南大学,2008.
③　王效容.保障房住区对城市社会空间的影响及评估研究[D].南京:东南大学,2016.
④　陈双阳.南京江南八区大型保障性住区空间模式研究[D].南京:东南大学,2012.

50～120 平方米不等,容积率不高于 1.5(见表 3-3)。

该时期建设的保障房具有以下特征:①无论是解困房、安居房或是经济适用房,尽管名称不同,但其主要服务对象都是中低收入阶层,因此在本质上均属于保障房;②保障房建设呈现出小规模开发和点状散布的特征;③住房类型以中低价商品房和征收安置房为主,主要散布于老城以外、主城以内的区域,且各个住区之间分散无联系[①]。

总之,这一时期的保障房建设尚处于探索阶段,虽然有保障房的雏形和一系列的尝试,但是相关的保障房体系仍有待完善,也没有出现大型保障性住区的建设项目。

表 3-3 2002 年前的安居工程的起步阶段情况

保障房形式	住房类型	住区区位	户型面积	保障对象	小区(部分)现状图
北苑一村、月苑新寓、清河新寓、宁工新寓等解困房或安居房(1992—1998年)	征收安置房、集资建房、合作建房	玄武区、鼓楼区	征收安置房、集资建房和合作建房为50～120平方米不等	困难家庭、拆迁户以及部分教师家庭	
宁工新寓二村、华保新寓等经济适用房(1998年以后)	征收安置房、中低价商品房	鼓楼区	征收安置房为40～90平方米不等;中低价商品房为50～120平方米不等	中低收入阶层	

资料来源:笔者根据相关资料汇总整理

(2) 2002—2008 年:保障房建设的加速阶段

2002 年以后,南京市保障房建设正式纳入政府规划和政策扶持范围。随着《关于建设经济适用住房优先解决低收入家庭住房困难的实施意见》和《南京市城镇居民最低收入家庭住房保障试行办法》的连续出台,南京市政府加大力度、有序推进保障房的大规模建设,其目的是对最低收入住房困难家庭实行租金补贴和为低收入住房困难家庭提供经济适用住房,同时为城市拆迁户提供补偿性住房[②]。2002 年,南京市正式开启大规模的保障房建设(见图 3-1),其中雨花区景家村、栖霞区兴卫村、雨花台区铁心桥、玄武区仙鹤门、白下区

---

① 张丹蕾. 基于住房轨迹的大型保障房社区发展研究:以南京丁家庄大型保障房社区为例[D].南京:东南大学,2017.

② 虞永军.保障房建设规模对商品住房价格影响的研究:以南京市为例[D].南京:东南大学,2016.

高桥门、栖霞区马群、栖霞区尧化门、栖霞区栖霞镇8个经济适用住房片区的建设量均达到了20万平方米①,2003年开工的经济适用房面积更是达到91万平方米,此后的2004—2007年,南京市的经济适用房建设量都在120万平方米左右。其中,2003—2005年这一时期,南京市不但规划建设3个大型保障性住区(银龙花园、春江新城和摄山星城),还规划建设了一批中低价商品房,建成了百水家园、南湾营、双和园、幕府佳园4个小区,总占地面积约170公顷,规划建设面积约200万平方米;截至2007年底,南京市共规划建设保障房项目34个,总建筑面积701万平方米,约73 700套住房,其中经济适用房建设总量更是占到江苏省的三分之一,建成了景明佳园、兴贤佳园、春江新城、银龙花园、百水芊城、摄山星城、金叶花园、燕佳园等15个保障房小区,并解决了5万余户(主要包括城市"双困"家庭和被拆迁住房困难家庭)的住房问题(见表3-4)。

表3-4 南京市保障房建设初步阶段的大型保障房概况

大型保障房住区	住房类型	居住区位	户型面积	保障对象	小区(部分)现状图
银龙花园 (54.86公顷)	经济适用房(包括限价商品房)、拆迁安置房、公共租赁住房	秦淮区	经济适用房和拆迁安置房为40~90平方米不等;公共租赁住房为40~60平方米不等	"双困"家庭、拆迁安置家庭和外来务工人员	
春江新城 (占地100公顷)	经济适用房(包括限价商品房)、公共租赁住房	雨花台区	经济适用房为40~90平方米不等;公共租赁住房为40~60平方米不等	"双困"家庭和外来务工人员	
摄山星城 (占地97.76公顷)	经济适用房、拆迁安置房、公共租赁住房	栖霞区	经济适用房和拆迁安置房为40~90平方米不等;公共租赁住房为40~60平方米不等	"双困"家庭、拆迁安置家庭和外来务工人员	

资料来源:笔者根据相关资料整理汇总

---

① 陈双阳.南京江南八区大型保障性住区空间模式研究[D].南京:东南大学,2012.

　　该时期建设的保障房具有以下特征：①保障房处于大力开发和分散建设阶段，单片住区规模较上一阶段有所增加；②保障对象为"双困"家庭、拆迁安置家庭和外来务工人员，保障房类型主要以经济适用房、廉租房和中低价商品房为主，保障方式则以发放租赁住房补贴为主、实物配租和租金核减为辅，拆迁补偿标准也有大幅提升；③这一阶段建成的保障房项目多选址于城郊接合部，沿绕城高速、公路、铁路等交通廊道而扩展，其中近郊住区依托绕城高速而发展，远郊住区则依托公路而发展。

　　可见，这一时期开始出现大型保障性住区的建设项目，最初有雨花台区的春江新城和银龙花园，后期有栖霞区的摄山星城和南湾营。这类住区不但提供的住房类型更加多样和混合，其所保障的对象群体也更趋复杂。

　　（3）2008年至今：保障房建设的完善阶段

　　为化解保障房的供需矛盾，南京市又编制了《南京市"十二五"住房保障规划》，主要是通过大规模的新城集中建设模式来加快保障房的建设步伐——2008年南京市规划建设经济适用房项目24个，新开面积206.07万平方米，竣工面积201.54万平方米；2009年规划建设经济适用房项目33个，新开工面积328.45万平方米，竣工面积167.8万平方米；2010年又规划建设经济适用房项目34个，新开工面积536.65万平方米，竣工面积204.52万平方米。可以看出，虽然2009年和2010年的建设项目数差不多，但是后者的建设开工面积远胜于前一年，其中最具代表性的就是丁家庄、花岗、上坊、岱山四大保障房项目，总占地面积为10平方公里，建筑面积达到了821万平方公里；发展到2015年，全市新开工保障房280万平方米，竣工280万平方米，包括丁家庄二期和西花岗西两处，分别能提供约4000套的保障房，住房面积不足全市平均水平60%的家庭已基本保障到位；进入2018年以后，南京建设公共租赁住房10000套、50万平方米，同时新建保障性限价房175000套、140万平方米，并新建征收拆迁安置性保障房34万套、400万平方米，其中每个保障性住区的占地均在20公顷以上，甚至出现了容积率了3.0以上的全高层住宅保障房小区。这一时期建设的大型保障房项目共有5个，其占地面积、建筑面积和住房供应套数均较大（见表3-5）。

表 3-5　南京市保障房建设发展阶段的大型保障房概况

大型保障房住区	住房类型	居住区位	户型面积	保障对象	小区（部分）现状图
丁家庄保障房片区（占地85公顷）	经济适用房（包括限价商品房）、拆迁安置房、公共租赁住房	栖霞区	经济适用房和拆迁安置房为40～90平方米不等；公共租赁住房为50～60平方米	"双困"家庭、拆迁安置家庭、外来务工人员和新就业大学生	

（续表）

大型保障房住区	住房类型	居住区位	户型面积	保障对象	小区（部分）现状图
上坊保障房片区（占地125公顷）	经济适用房（包括限价商品房）、拆迁安置房、公共租赁住房	江宁区	经济适用房为40～90平方米不等；拆迁安置房为50～120平方米；公共租赁住房为50～60平方米	"双困"家庭、拆迁安置家庭、外来务工人员和新就业大学生	
岱山保障房片区（占地223公顷）	经济适用房（包括限价商品房）、拆迁安置房、公共租赁住房	雨花台区	经济适用房为40～90平方米不等；拆迁安置房为50～120平方米；公共租赁住房为50～60平方米	"双困"家庭、拆迁安置家庭、外来务工人员和新就业大学生	
花岗保障房片区（占地135公顷）	经济适用房（包括限价商品房）、拆迁安置房、公共租赁住房	栖霞区	经济适用房为40～90平方米不等；拆迁安置房为50～120平方米；公共租赁住房为50～60平方米	"双困"家庭、拆迁安置家庭、外来务工人员和新就业大学生	
麒麟科技园保障房片区（110公顷）	经济适用房、拆迁安置房、公共租赁住房	江宁区	经济适用房和拆迁安置房为40～90平方米不等；公共租赁住房为50～60平方米	"双困"家庭、拆迁安置家庭、外来务工人员和新就业大学生	

资料来源：笔者根据相关资料整理汇总

该时期建设的保障房具有以下特征：①保障房建设项目进入政策大力扶持之下的集中连片开发阶段，不但建设数量多且单片住区规模大；②住房供应对象进一步扩展，并增加了廉租实物配租比例和公共租赁住房，形成了以廉租房、公共租赁租房、拆迁安置房、经济适用房和中低价商品房为主的保障房体系，其中公共租赁住房的保障人群范围有所扩展，除了以往的低收入家庭外，还逐渐将新就业人口、流动人口（主要指工作稳定人口）纳入申请资格；③这一阶段建成的保障房多位于上一阶段已经落成的保障性住区周边，造成主城外围保障房居民的进一步集聚和各类住区的连绵成片。

其中，大型保障性住区也进入大规模的集中式建设阶段，不但开发项目多，而且建成规模更大，尤其是 2010 年之后建成的大型保障性住区规模有了空前扩大，比如说丁家庄、上坊、岱山和花岗四大保障房片区，就分别占地 85 公顷、125 公顷、223 公顷和 135 公顷，且住区内部的居民构成多样（聚居了失地农民、拆迁安置户、"双困"户等），周边产业用地和就业岗位供给不足，除了零售商业、文体、初等教育等基本设施外，在交通站点、中等教育、医疗等公共服务配套方面也存在明显不足。

3.1.3 保障房总体布局

通过对南京市保障房建设历程的概述可以发现，南京保障房建设主要始于 2002 年，是城市空间结构重组背景下主城扩张、新城拓展的城市更新和居民安置结果，因政府统筹选址而呈现出在主城外围沿绕城公路集中分布和在新城区集聚的总体特征，其中大型保障性住区就主要集聚于主城边缘（见图 3-2）。考虑到保障房的总体布局也会在一定程度上决定保障房群体的居住空间区位选择，进而影响到居民的日常活动和出行行为。因此，下文将对南京市保障房总体布局进行分析，以期为保障房群体的日常行为分析提供必要的前景。

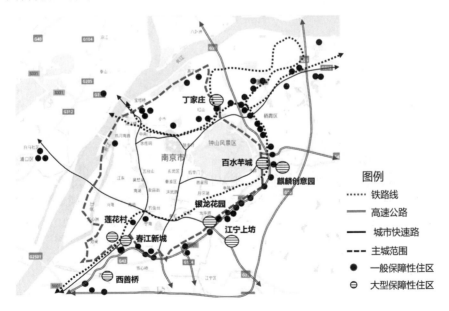

图 3-2 南京市保障性住区空间分布

资料来源：根据张丹蕾，基于住房轨迹的大型保障房社区发展研究：以南京丁家庄大型保障房社区为例［D］. 南京：东南大学，2017：59-62 改绘.

（1）各行政区内分布不均衡

通过对南京市保障性住区的初步调研发现,南京市保障性住区在各行政区存在着明显的分布不均现象。从全市范围上来看,栖霞区和雨花台区是南京保障房居民安置的主要区域,历年来两区分担的保障房建设量占南京市区总建设量的三分之二以上[①],其中栖霞区最多,几乎每年都承担了33％左右的保障房建设量;其次是雨花台区,其保障房建设量约占27％;而其他区的建设量都不多,均没有超过20％。此外,南京各个行政区的保障房除了建设量分布不均衡外,在建设项目的数量上也存在较大差异。截至2013年,栖霞区开工或者竣工的保障房项目最多(20个左右),其次为鼓楼区和雨花台区(均在13个左右),而其他行政区的项目则相对较少,如玄武区和建邺区分别有2个和3个(见图3-3,图3-4)。

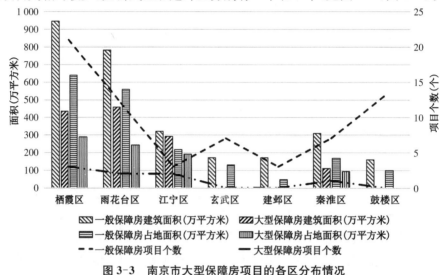

图3-3　南京市大型保障房项目的各区分布情况

资料来源：根据方隆祥.南京市保障房住区养老设施配置有效性研究[D].南京：东南大学,2016：28-29 改绘

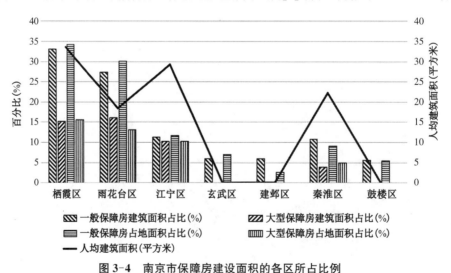

图3-4　南京市保障房建设面积的各区所占比例

资料来源：根据方隆祥.南京市保障房住区养老设施配置有效性研究[D].南京：东南大学,2016：28-29 改绘

①　郭莳,李进,王正.南京市保障性住房空间布局特征及优化策略研究[J].现代城市研究,2011,26(3)：83-88.

其中,对于大型保障性住区来说,其建设量也主要集聚于雨花台区和栖霞区,二者的占地面积和建筑面积分别占南京总量的 43.8% 和 45.6%;人均建筑面积较大的项目(约 30 平方米)也主要集中在栖霞区;而且雨花区和栖霞区目前建成的大型保障性住区有 8 片,占南京市全部保障房项目的 10% 左右。

究其原因,南京老城区面积约 40 平方公里,却有 130 万的人口,为全国人口密度最高的区域之一[①],人口密度高且用地稀缺、地价高企。与之相比,处于城市边缘的栖霞区和雨花台区则相对人口密度低,土地供应量相对充足且地价偏低,因此成为南京市政府土地行政划拨和政策扶持下保障房建设的重点地区,进而造成了大型保障房住区在这两个区内的大面积绵延分布。

（2）沿交通廊道呈带状分布

从图 3-5 中不难看出,南京市保障性住区主要分布在主城东侧的绕城高速公路沿线。据统计,约有 67% 的保障性住区分布在绕城公路两侧 3 公里范围,且主要集聚在主城区边缘,呈带状环绕于主城东部,而主城内部和远郊的其他保障性住区则多集中在城市主干道和公路沿线两侧。其中东部的大型保障性住区,如岱山片区、春江新城、上坊片区、银龙花园和百水芊城无一不选址于主城区东南的边缘地带,沿绕城高速公路的交通廊道呈带状分布;而北部的大型保障性住区(如丁家庄)则分布于主城与副城的交通廊道上,如城际铁路。

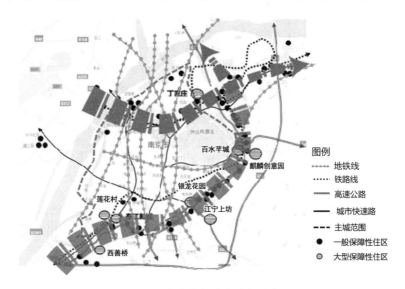

图 3-5　南京市保障房空间分布(2016)

资料来源:笔者自绘

究其原因,一方面保障房的建设往往以政府划拨用地和各种税费减少征收的优惠政策为依托,由于其开发建设会降低城市的土地收益,因此常常选址于城市边缘或者近郊土地收益较低的地段;而规模庞大、群体多元的大型保障性住区出于压缩成本的需求,更是将主城边缘甚至是远郊区无奈地作为首选。于是为了保障此类群体日常出行的便捷性并加强

---

① 郭菂. 城市化背景下保障性住房规划设计研究[D]. 南京:东南大学,2008.

城市外围同主城之间的互通性,作为一种弥补措施,南京市政府多倾向于将大型保障性住区规划选址于交通廊道沿线(由绕城公路、地铁线等组成);但现实中,以高架为主的绕城高速并不能承载普通公交和非机动车出行,规划和已建成的地铁线也只能覆盖二分之一左右的保障房居民,加之部分地铁项目尚未完工投入使用,导致短期内居民出行的公共交通可达性仍难以得到实质性改善。

(3)主城内点状散布,主城边缘团块集聚

从南京保障性住区在主城内外的分布状态来看(见图3-6),主城内的一般保障性住区通常呈点状散布特征,且项目规模普遍较小,如位于鼓楼区的恒盛嘉园,面积仅仅5.5公顷;与此同时,位于城市远郊区的保障性住区也呈零星点状散布和小规模特征,如分散于江北的珠江片区、康华家园和浦欣家园;但是大部分保障房都是呈团块集聚在主城边缘,每个保障性住区组团均由3~4个甚至更多的保障房建设项目组成,通常建设量较大,如下关孙家洼片区就由恒盛嘉园、铁古庙地块、燕佳园、金帆物流地块、新百化工厂等9个项目构成,百水芊城同样是由百水家园、百水芊城、南湾营康居城、芝嘉花园、余粮地块、西花岗等构成。

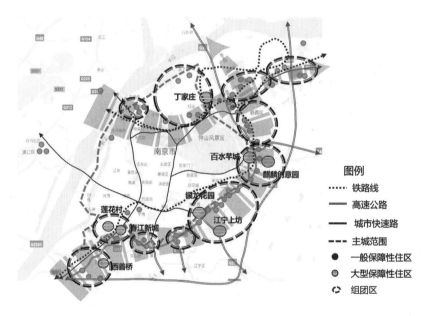

图3-6 南京市保障房组团集聚特征

资料来源:笔者自绘

其中,大型保障性住区更是有过之而无不及。据数据统计,有将近70%的大型保障性住区建成于主城边缘,其典型代表即是四大保障房住区:江宁区的上坊片区、栖霞区的花岗片区和丁家庄片区、雨花台区的岱山片区,其建筑面积均在150万平方米以上,其中岱山保障房片区的面积达到了最大的340万平方米。大型保障性住区呈团块状集聚在主城边缘外,这一方面表现在大型保障性住区彼此之间的团块集聚,如百水芊城与麒麟科技园之间的团块集聚;另一方面还表现在大型保障性住区与一般保障性住区的交织集聚,如江宁上坊片区与周边一般保障性住区的团块集聚。

究其原因,保障性住区的空间分布不均衡和规模不一通常取决于主城内外的可用地规模和区位地价差异,即主城边缘和外围地区的建设空间较为充足,地价也相对低廉,因此建设成本能得到较好控制,而主城内则相反。与此同时,在主城边缘和外围地区集中建设保障房,还有助于促进城市设施资源的共享和增加城市活力,从而促生了一批团块集聚的大规模住区。当然,目前保障房这一布局状态的出现还离不开2015年南京出台的"1+4"政策文件的助推,该文件规定保障房布局要充分考虑城市规划、产业布局、基础设施建设等因素,既要推进集中建设,又要加大分散建设和混合(保障房和商品房)配套建设的力度①。

3.2　大型保障性住区的居民概况

综上所述,南京市大型保障性住区一般由多类保障房(经济适用房、公共租赁房、限价商品房和拆迁安置房)组成,住区内部人群的构成也趋于多样化,主要包括城市低收入家庭、农村拆迁家庭、城市拆迁家庭、外来租赁人员、购买限价商品房的新就业大学生等群体,而且不同群体在社会属性、经济属性、空间属性、日常活动和出行上也可能存在差异。因此,通过对四大保障房住区的抽样调研,最终获取552份有效调查问卷,从中可大体了解南京市大型保障性住区居民的多方面概况。

3.2.1　社会属性

对大型保障性住区居民的社会属性特征调查主要包括年龄结构、受教育程度和家庭结构三方面。

(1) 年龄结构

在年龄结构②上,大型保障性住区居民呈现出"以青年、中年和老年为主的多层次年龄结构"特征。其中青年(20～39岁)居多,占总样本的45%;中年(40～59岁)和老年(60岁以上)次之,分别占29%和24%;而19岁以下少年最少,仅仅占2%。

从内部不同的居住群体来说,城市拆迁户的年龄层主要集中于60岁以上的老年人,占比为42%,其次为青年组和中年组,分别占28%和31%;农村拆迁户的年龄层同样集中于60岁以上的老年人,占比超过50%,其次为青年和中年组,分别占21%和20%;外来租赁户的年龄层主要集中于青年组,占比为58%,中年组次之,占比为28%;双困户的居民年龄层主要集中在中年组,占比为45%,其次为青年组和老年组,分别占31%和20%;购买限价商品房居民的年龄层则主要集中在青年组,占比为57%,其次为中年组,占比为27%(见图3-6)。

(2) 受教育程度

在受教育程度上,大型保障性住区居民呈现出"以初中及以下学历为主的低教育程度"特征。其中受低等教育(初中及以下)占比38%,受中等教育(中专或技校或高中)占比26%,受高等教育(大专或本科及以上)约占30%。

---

① 刘佳. 大城市失地农民的空间安置与社会融合解析:以南京市失地农民安置区为例[D]. 南京:东南大学,2017.
② 按我国现行的年龄段划分标准,可将年龄段划分为童年、少年、青年、中年和老年五段。其中,18～40岁为青年;41～65岁为中年;66岁以后为老年。

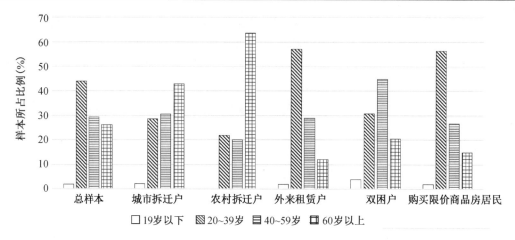

图 3-7　大型保障性住区居民的年龄分布情况

资料来源：课题组关于南京市大型保障性住区居民的抽样调研数据（2020）

　　从内部不同的居住群体来看，城市拆迁户的居民学历主要集中在初中及以下、中专或技校或高中两组，分别占比为 36％ 和 34％，其次为本科学历，占比为 24％；农村拆迁户的学历普遍偏低，以文盲和初中及以下学历为主，占比为 75％；外来租赁户的学历以初中及以下为最高，占比为 43％，其次为中专或技校或高中学历，占比为 27％；双困户的学历跟外来租赁户同样普遍偏低，以初中及以下学历为最高，占比超过 50％，其次为中专或技校或高中学历，占比为 35％；购买限价商品房的居民学历则普遍较高，以大专或本科学历为主，其中本科学历占 32％，中专或技校或高中占 25％，研究生学历占 21％（见图 3-8）。

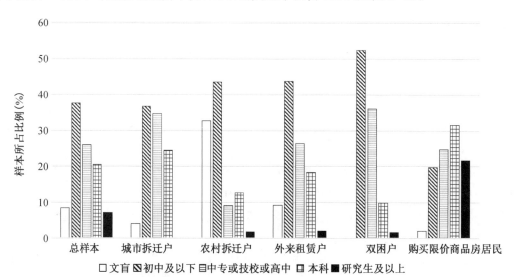

图 3-8　大型保障性住区居民的受教育程度情况

资料来源：课题组关于南京市大型保障性住区居民的抽样调研数据（2020）

　　（3）家庭结构

　　在家庭结构上，大型保障性住区居民呈现出"以夫妻二人、两代和三代同住为主"的结构特征。其中,夫妻家庭(夫妻二人)、核心(两代)家庭(同子女或父母同住)和三代家庭(同子女和父母同住)这三类家庭结构占比较高,分别占 24%、27% 和 35%,而单独居住的家庭占比较低,占比为 10%。

从内部不同居住群体来看,城市拆迁户以夫妻二人的家庭结构为主,占比为 43%,其次为同子女或父母同住的两代家庭,占比为 27%;农村拆迁户以夫妻二人的家庭为最多,占比为 47%,其余占比均相对较低;外来租赁户中同子女或父母同住的两代家庭和三代家庭比例相当,分别占 35% 和 37%;双困户中的两代家庭比例最高,占比为 31%,其次为夫妻二人家庭,占比为 27%;购买限价商品房的家庭中,则以同父母和子女同住的三代家庭比例为最高,占比为 51%,而其他家庭结构的占比相对较少(见图 3-9)。

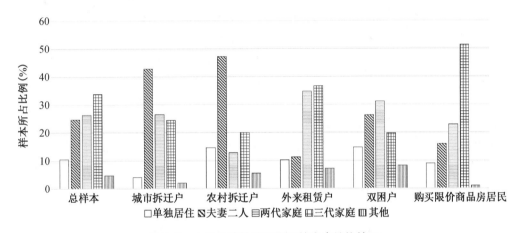

图 3-9 大型保障性住区居民的家庭结构情况

资料来源:课题组关于南京市大型保障性住区居民的抽样调研数据(2020)

3.2.2 经济属性

大型保障性住区居民的经济属性调查包括职业类型、月平均收入和家庭成员就业比例三方面。

(1)职业类型

在职业构成上,大型保障性住区居民呈现出"以工人或公司职员为主"的就业特征。其中,无业人员和工人或公司职员的比例较大,分别占 38% 和 46%。

从内部不同的居住群体来看,五类家庭成员的职业构成均以工人或公司职员为主。其中,在城市拆迁户中占比为 48%,在农村拆迁户中占比为 45%,在外来租赁用户中占比为 38%,在双困户中占比为 35%,尤以购买限价商品房的家庭中占比最高,为 68%(见图 3-10)。

(2)月平均收入

在月平均收入上,大型保障性住区居民呈现出"以 1 500 元及以下收入为主"的低收入特征。其中,最低等收入水平(小于 1 500 元)的居民最多,占比为 34%,其次为中等收入水平(3 000~5 000 元),占 18%。

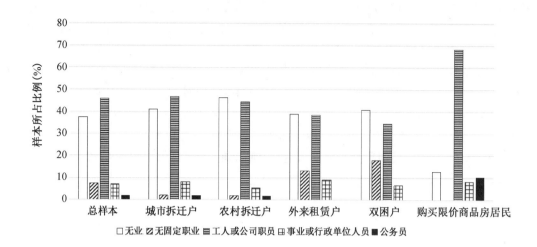

图 3-10 大型保障性住区居民的职业情况

资料来源：课题组关于南京市大型保障性住区居民的抽样调研数据（2020）

从内部不同的居住群体来看，城市拆迁户以中等收入水平（3 000～5 000 元）为主，低等收入水平（小于 1 500 元）和中上等收入水平（5 000～8 000 元）次之。其中，中等收入水平的居民占 31%，而低等和中上等收入水平分别占 18% 和 19%；农村拆迁户、外来租赁户和双困户均以最低等收入水平（月收入小于 1 500 元）为主，其他收入水平则相对较少；购买限价商品房的居民月平均收入则分布多元，兼有最低等（小于 1 500 元）、中等（3 000～5 000 元）、中上等（5 000～8 000 元）、高等（8 000～10 000）和较高等（10 000～15 000 元），且各等级的收入水平占比大致相当，均占 20% 左右（见图 3-11）。

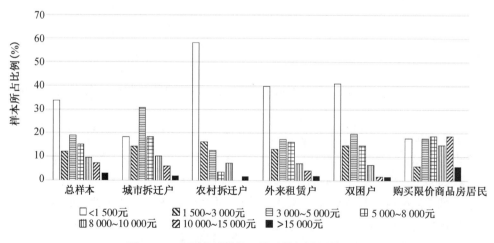

图 3-11 大型保障性住区居民的月收入情况

资料来源：课题组关于南京市大型保障性住区居民的抽样调研数据（2020）

（3）家庭成员就业比例

在家庭人员就业比例上，大型保障性住区居民呈现出"家庭就业人员偏少"的就业不足特征。其中,家庭就业人员占比最低的样本占比为 19%,而中等就业程度(20%~50%)和高等就业程度(50%~80%)的占比分别为 40% 和 25%。

从内部不同的居住群体来说,城市拆迁户和农村拆迁户的就业人员比例均以最低等(0%)和中等(20%~50%)程度为主,在城市拆迁户中分别占 38% 和 31%,而在农村拆迁户中分别占 37% 和 38%;外来租赁户和双困户家庭的就业人员比例均以中等(20%~50%)程度为主,分别占 50% 和 42%;购买限价商品房的家庭,其成员就业比例则以中等(20%~50%)和高等(50%~80%)程度为主,分别占 32% 和 47%(见图 3-12)。

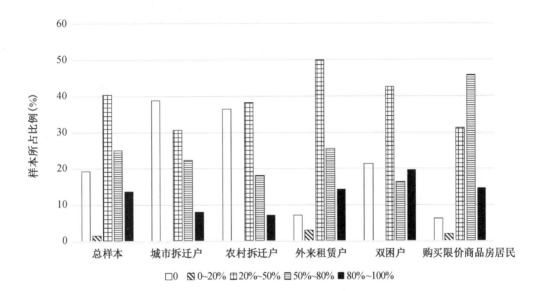

图 3-12　大型保障性住区居民的家庭就业人员比例情况

资料来源：课题组关于南京市大型保障性住区居民的抽样调研数据(2020)

3.2.3　空间属性

对大型保障性住区的空间属性调查主要包括住区周边环境、住房套型和人均住房面积三方面。

(1) 住区周边环境

在住区周边环境上,大型保障性住区总体上呈现出"远离市中心,公共交通可达性较差;而基本设施较为完善,用地混合度高"的特征。

其中,花岗保障房片区距离市中心 12 公里,公共交通可达性较差,周边用地较为混杂;迈皋桥丁家庄保障房片区距离市中心 12.5 公里,公共交通可达性相对较高,但是周边用地同样混杂;岱山保障房片区距离市中心最远(16.6 公里),但是公共交通可达性尚好,只是周边用地较为单一;上坊保障房片区则距离市中心 12 公里,且公共交通可达性相对较差,周边用地更是混杂(见表 3-6)。

表 3-6 大型保障性住区的周边环境一览表

名称	花岗保障房片区	迈皋桥丁家庄保障房片区	西善桥岱山保障房片区	江宁上坊保障房片区
区位	栖霞区	栖霞区	雨花台区	江宁区
距离市中心距离	12公里	12.5公里	16.6公里	12公里
是否邻近地铁	7号线(规划)	1号线(建成) 7号线(规划)	7号线(规划)	1号线(建成) 5号线(规划)
距最近地铁站距离	大于3公里	大于2公里	大于5公里	大于3公里
公交站点数量	500米:5个	500米:8个	500米:9个	500米:5个
	1000米:11个	1000米:17个	1000米:14个	1000米:17个
公共交通可达性评价	交通可达性较差	交通可达性较高	交通可达性相对较高	交通可达性相对较差
周边用地特征	邻近经济开发区	周边工厂企业较多	周边住宅用地较多	周边工厂企业较为密集

资料来源:课题组关于南京市大型保障性住区居民的抽样调研数据(2020)

(2)住房套型

在住房套型上,大型保障性住区居民呈现出"以65~80平方米的中小套户型为主"的特征。其中两室一厅的套型最多,占比为52%;其次为三室一厅,占比为28%;一室一厅排第三,占18%;其余户型的占比均小于2%。

从住区内部不同的居住群体来看,城市拆迁户和农村拆迁户均以中小户型为主,其中城市拆迁户的两室一厅和三室一厅共占85%,而农村拆迁户的两室一厅和三室一厅共占86%;外来租赁户以60平方米的小户型为主,占比为62%;双困户以55平方米的最小户型和60平方米的小户型为主,分别占43%和44%;购买限价商品房的家庭则以90平方米的中等户型为主,占比为54%(见图3-13)。

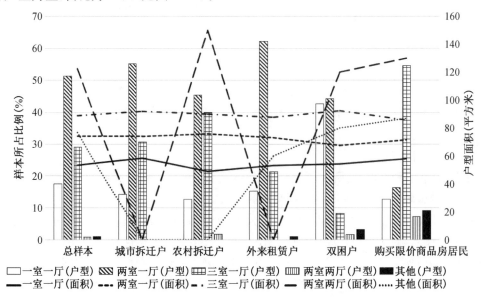

图 3-13 大型保障性住区居民的住房户型情况

资料来源:课题组关于南京市大型保障性住区居民的抽样调研数据(2020)

（3）人均住房面积

在人均住房面积上，大型保障性住区居民呈现出"低人均居住面积占主导"的特征。根据联合国提出的人均居住面积标准（见表3-7），3～5人家庭的最小居住面积不低于59.5平方米，人均住房面积则为11.9～19.8平方米[1]；而大型保障性住区有4%的居民人均居住面积小于12平方米，有68%的居民人均居住面积为12～20平方米和20～30平方米，人均面积达到50平方米以上的居民占比则不足10%。

表3-7　联合国提出的3～5人家庭住宅的最小居住面积标准

房间	居住面积（平方米）	房间	居住面积（平方米）
起居＋餐饮空间	18.6	第二卧室	12.0
厨房	7.0	总面积	59.5
第一卧室	13.9	人均居住面积	11.9～19.8

资料来源：田东海.住房政策：国际经验借鉴和中国现实选择[M].北京：清华大学出版社,1998：45-50.

从住区内部不同的居住群体来看，城市拆迁户的人均居住面积以20～30平方米和30～50平方米为主，总占比为79%；农村拆迁户以30～50平方米为主，占比为36%；外来租赁户的人均居住面积则以12～20平方米和20～30平方米为主，总占比为74%；双困户的人均居住面积以12～20平方米为主，占比为37%；购买限价商品房的家庭人均居住面积则以12～20平方米和20～30平方米为主，总占比为80%（见图3-14）。

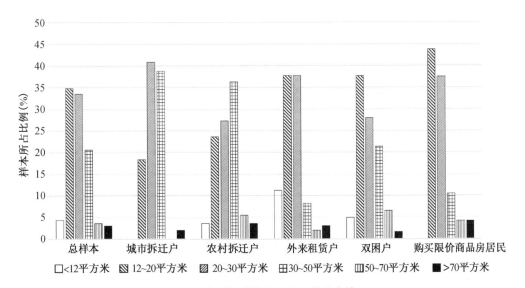

图3-14　大型保障性住区居民的住房情况

资料来源：课题组关于南京市大型保障性住区居民的抽样调研数据（2020）

---

① 田东海.住房政策：国际经验借鉴和中国现实选择[M].北京：清华大学出版社,1998：45-50.

3.2.4 居民日常活动和出行行为

大型保障性住区居民的日常活动和出行行为调查主要包括家庭分工类型、日常活动时间、日常活动空间、日常出行时间和日常出行空间五方面。其中日常活动对应的家庭分工包括夫妻分工、代际分工和其他分工3类基本分工模式；日常活动包括睡眠、家务、工作、上学、购物和休闲6类活动的时长和空间距离；日常出行则包括通勤出行、通学出行、购物出行和休闲出行4类出行行为的时长和空间调研。

（1）家庭分工类型

在家庭分工上，大型保障性住区居民的家庭分工模式呈现出"以夫妻分工为主，代际分工为辅"的特征。其中，夫妻分工的占比为55%，代际分工的占比为33%，其他分工的比例最小，占15%左右。

从内部不同居住的群体来看，城市拆迁户、农村拆迁户、双困户和购买限价商品房的家庭分工均以夫妻分工为主（分别占68%、65%、55%和50%），代际分工为辅（分别占30%、15%、30%和35%）；外来租赁户以夫妻分工和代际分工为主，分别占45%和40%；五类家庭中的其他分工模式均较少，其中城市拆迁户的其他分工占比最低（不足5%），其他家庭则在10%左右（见图3-15）。

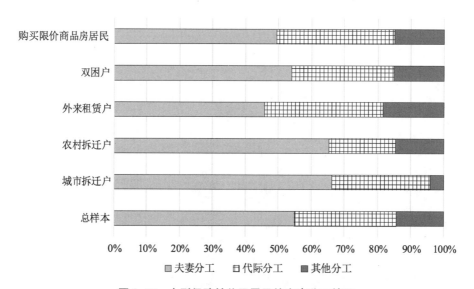

图3-15 大型保障性住区居民的家庭分工情况

资料来源：课题组关于南京市大型保障性住区居民的抽样调研数据（2020）

（2）日常活动时间

在活动时长上，大型保障性住区居民呈现出"以工作活动为主导"的高强度工作特征。其中，工作时长的占比为45%左右，睡眠的时长占30%左右，家务活动时长占10%，休闲活动时长占10%，购物和上学接送时长最少，均不足5%。

从内部不同的居住群体来看，城市拆迁户、农村拆迁户和双困户的活动时间主要集中在工作和睡眠活动上(均大于 30%),其次是花费在家务和休闲活动上(均占 10%左右),而购物和上学接送活动所花费的时间相对较少(均占 3%左右)。外来租赁户和购买限价商品房居民的日常活动时间主要集中在工作活动上(占 50%),其次是花费在睡眠活动上(均占 25%左右),而花费在家务和休闲活动上的时间相对较少(均在 10%左右),花费在购物和上学接送活动的时间最少,均在 5%左右(见图 3-16)。

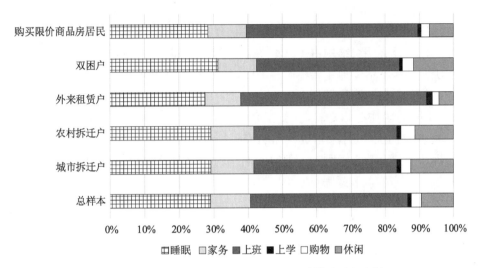

图 3-16 大型保障性住区居民的日常活动持续时长比例

资料来源:课题组关于南京市大型保障性住区居民的抽样调研数据(2020)

(3) 日常活动空间

在日常活动空间上,可以通过居住地—各类活动地点的空间圈层结构,来反映其日常活动的空间分布规律。其中,陈青慧等学者在构建生活圈层结构时,主要是根据居住地周边的设施配置及距离,将居民的生活圈划分为三大圈层——以家为中心的核心生活圈、以小区为中心的基本生活圈和以城市为对象的城市生活圈[①];朱查松等依据居民活动距离、需求频次和服务半径构建了四类生活圈——基本生活圈、一次生活圈、二次生活圈、三次生活圈[②]。基于此,本研究同样根据大型保障性住区的设施服务特点及居民活动距离,将居住地及附近 1 公里范围的空间定义为核心圈层,其取值为(0,1];将居住地附近 1~3 公里范围定义为基本生活圈,其取值为(1,3];将距离居住地 3~8 公里的范围定义为一次扩展生活圈,其取值为(3,8];将距离居住地 8~15 公里的范围定义为二次扩展生活圈,其取值为(8,15];将超过居住地 15 公里的范围定义为三次扩展生活圈,其取值为(15,+∞),为了方便统计分析,将一次扩展圈层、二次扩展圈层和三次扩展圈层合并为拓展圈层。因此,本研究中 6 类活动分布的空间圈层结构具体如下:

在工作空间上,大型保障性住区居民呈现出"以拓展圈层(>3 公里)为主导"的空间结

---

① 陈青慧,徐培玮.城市生活居住环境质量评价方法初探[J].城市规划,1987,11(5):52-58.

② 朱查松,王德,马力.基于生活圈的城乡公共服务设施配置研究:以仙桃为例[C]//规划创新:2010 中国城市规划年会论文集.重庆,2010:2813-2822.

构特征,其中,拓展圈层结构的工作空间占90%;在上学空间上,大型保障性住区居民呈现出"以核心圈层(≤1公里)为主导"的空间结构特征,其核心圈层结构的上学空间占50%,而这一空间在基本圈层和拓展圈层结构中的占比分别为28%和22%;在购物空间上,大型保障性住区居民呈现出"以核心圈层(≤1公里)为主导"的空间结构特征,其中核心圈层结构的上学空间占84%;在休闲空间上,大型保障性住区居民呈现出"以核心圈层(≤1公里)为主导"的空间结构特征,其中核心圈层结构的上学空间占79%;在家务活动空间上,大型保障性住区居民的活动范围主要集中在家内,并呈现出"以核心圈层(≤1公里)为主导"的空间结构特征,其中核心圈层结构占100%;在睡眠活动空间上,排除异地出差、走亲访友等特殊情况,本研究的睡眠活动地主要集中在家内,并呈现出"以核心圈层(≤1公里)为主导"的空间结构特征,其中核心圈层结构占100%。

从内部不同的居住群体来看,五类家庭的工作空间主要集中在拓展圈层结构,占比均超过80%;而城市拆迁户、外来租赁户和购买限价商品房的家庭上学空间主要以核心圈层为主;农村拆迁户的上学空间则在三种空间圈层内的分布比例相当;此外,五类家庭的购物空间、休闲空间、家务空间和睡眠空间均以核心圈层结构为主,占比均超过80%(见图3-17)。

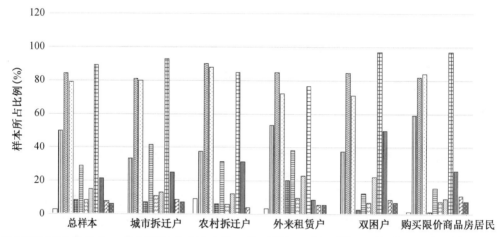

图3-17 大型保障性住区居民的日常活动空间情况

资料来源:课题组关于南京市大型保障性住区居民的抽样调研数据(2020)

(4)日常出行时间

在出行时间上,大型保障性住区居民呈现出"通勤时耗为主,购物时耗为辅,通学时耗和休闲时耗最少"的结构特征。其中,通勤出行时间的占比最高(占50%左右),购物出行时间所占的比例在20%左右,而通学和休闲出行时间所占的比例最小(均占10%左右)。

从内部不同的居住群体来看,城市拆迁户、农村拆迁户和购买限价商品房居民的通勤出行时间占比约为50%,外来租赁户的通勤出行时间在42%左右,双困户的居民通勤出行时间超过55%;在通学出行上,城市拆迁户和外来租赁户的居民通学时间占比15%左右,农村拆迁户、双困户和购买限价商品房居民的通学出行时间占比在10%左右;在购物出行上,城市拆迁户、农村拆迁户、外来租赁户和双困户的居民购物出行时间占比15%左右,购买限价商品房居民的购物出行时间则占20%左右;此外,五类家庭花费在休闲出行上的实际十分有限,均占10%左右(见图3-18)。

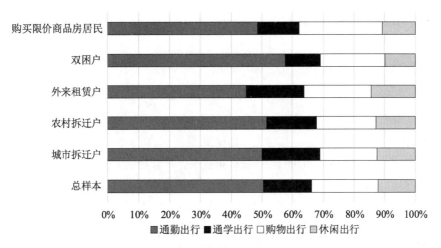

图3-18 大型保障性住区居民日常出行时长比例

资料来源:课题组关于南京市大型保障性住区居民的抽样调研数据(2020)

(5)日常出行空间

在日常出行空间上,主要以出行距离来表征,大型保障性住区居民呈现出"通勤距离为主,通学和购物出行距离为辅,休闲出行距离最少"的结构特征。其中,通勤出行距离的占比超过60%,而通学和购物出行的距离均约占15%,休闲出行距离则占10%左右。

从内部不同的居住群体来看,五类家庭的出行距离均以通勤出行为主,其中城市拆迁户、外来租赁户、双困户和购买限价商品房的家庭通勤占比均超过60%,农村拆迁户的通勤占比达到60%;其次为购物和通学出行距离,其中城市拆迁户、农村拆迁户和外来租赁户通学和购物占比均超过10%,双困户和购买限价商品房居民的家庭通学占比不足10%,而购物出行占比超过10%;休闲出行距离的占比最低(除了双困户外),其在4类家庭中两类出行距离所占的比例均在10%左右(见图3-19)。

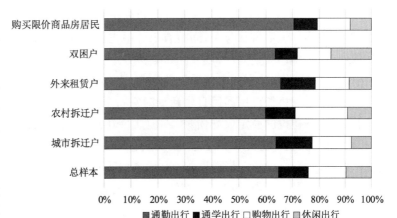

图3-19 大型保障性住区居民的通勤出行距离情况

资料来源:课题组关于南京市大型保障性住区居民的抽样调研数据(2020)

3.3 研究设计

在对大型保障性住区居民做出概述的基础上,以第 2 章构建的理论诠释框架为依据,进一步明确本研究展开的大体思路和做法,包括样本遴选、问卷设计、数据采集、研究范围、样本概况等基本环节。

3.3.1 样本遴选

(1)研究对象

随着保障性住房制度的进一步完善,其保障对象也在逐步扩大,其中大型保障房的保障对象是最多的,主要包括城市拆迁户、农村拆迁户、外来租赁户、双困户、购买限价商品房居民等不同群体。根据本书研究目的——"大型保障性住区居民的日常活动和出行行为"研究,笔者所关注的研究对象也将涵盖上述五类群体。具体而言:

城市拆迁户是指因城市规划区内城市建设活动影响,在非自愿的情况下改变原本居住地而搬迁至同一城市的大型保障性住区定居的常住人口[①]。

农村拆迁户(也称失地农民)是指因农村规划区内农村建设活动影响,在非自愿的情况下改变原本居住地而搬迁至同一城市的大型保障性住区定居的常住人口。

外来租赁户是指来自外地的经济型暂住人口,即以谋生营利、离开户籍所在地而进入城市从事生产性活动的居民。

双困户是指拥有南京户籍,其家庭人均月收入在规定标准以下（现标准为 1 513 元）、家庭人均住房建筑面积在规定标准以下（现标准为 15 平方米）的居民。

购买限价商品房居民则是指拥有南京户籍,自大中专院校毕业后、在本市有稳定职业的从业人员。为便于研究,本书将与就业人员一起居住的家人也归为同一类群体。

(2)样本遴选

通过上文对南京市保障房总体布局的分析可以看出,目前,南京保障房主要沿主城绕城公路及铁路一线呈带状分布,同时有部分呈点状散布于老城城区内,呈现出"外围块状集聚,内部点状分散"的空间布局特征。其中,大型保障房更是因为用地规模大、保障对象多样化,而集中建设和分布在主城边缘的东部、南部和北部。

本书主要探析保障房居民日常活动时空特征与出行机理,考虑到大型保障性住区落成于国内保障房建设的稳定成熟阶段,不但居住用地规模偏大、周边产业用地和就业岗位供给相对不足、相关设施配套不尽健全,而且内部居民构成多样化(聚居了失地农民、拆迁安置户、双困户等),已经在日常活动和出行方面表现出不同于其他群体的种种特征和规律,作为实证案例具有可类比性和典型性。本研究将从南京市大型保障性住区中选择较为典型的 4 个样本展开深入的调查研究,其遴选主要遵循以下基本原则:

① 所选的保障性住区必须是大型保障房片区,用地规模大且有大量的居民选择在此居

---

① 薛杰. 南京市老城被动迁居式人口的社会空间变迁:以保障性住区为迁入地的考察[D]. 南京:东南大学,2019.

住。就南京市保障房而言,其住区的总建筑面积通常超过 45 万平方米,安置居民规模往往也多于 3 万人。

　　② 所选样本需反映南京市大型保障性住区的总体布局模式,最好能覆盖主城边缘的东、南、北三个方位。

　　③ 所选的大型保障性住区内部要安置和聚居多类群体,最好能涵盖城市拆迁户、农村拆迁户、外来租赁户、城市双困户、购买限价商品房居民五类群体,以便于课题组的深度调研和样本比较。

　　基于上述样本遴选原则,本书选取了南京市四大片区大型保障性住区作为研究样本,即花岗保障房片区(主城边缘的东部)、丁家庄保障房片区(主城边缘的北部)、岱山保障房片区(主城边缘的南部)和上坊保障房片区(主城边缘的南部)(见图 3-21)。

3.3.2　问卷设计

　　问卷设计和抽样方法,是确保问卷结果具有较高的信度和效度的重要环节,同时也是数据采集和后续研究开展的必要前提。

　　首先,从数据的信度问题来看,主要涉及问卷内容和问卷发放的形式。

　　在问卷内容方面,用于分析大型保障性住区居民日常活动时空特征和出行机理的面板数据,主要源于居民个体属性、日常活动和出行三部分信息的抽样采集。其中,个体属性数据涉及居民的社会属性、经济属性和空间属性信息,包括性别、年龄、户籍、受教育程度、经济水平、家庭结构、职业构成、住房类型等内容;日常活动数据包括工作、上学、家务、购物、休闲 6 类活动,涉及活动时间、活动地点、活动同伴等维度的信息;出行数据则包括通勤、通学、购物、休闲 4 类出行,涉及出行距离、出行时间、出行方式等维度的信息(调查问卷的详细内容见附录 1)。

　　在发放形式上,考虑到大型保障性住区的大部分居民文化程度较低,可能独立完成问卷填写的人员有限,因此建议采取访谈式发放——调研人员根据问卷上的问题对被调查者进行访谈询问,并根据被访谈者的回答及相应的行为和情绪来完成问卷的填写。这就需要所有调研员在前期接受一定的培训。

　　其次,从问卷的效度问题来看,主要包括问卷的发放比例和抽样方式。

　　其中在问卷抽样方面,由于各住区人口规模和居民类型的差异,笔者拟采用"配比分层抽样方法"——首先,通过对住区所属社区中心的访谈来把握社区的总体概况,如各个住区人口有多少人?哪些社区主要由哪些群体(城市拆迁户、农村拆迁户、租赁人员、双困户、购买限价商品房居民)组成?其次,确定各住区之间的问卷抽样比,主要依据各住区的人口实际规模而定;最后,再根据住区内几类群体的规模构成,进一步确定各类群体之间的问卷抽样配比,而后在住区公共空间、社区中心等处随机发放问卷。

3.3.3　数据采集

　　本研究所采用的数据主要为现状调研的一手数据,数据收集手段则包括问卷统计、专题访谈和实地观察(见表 3-8,图 3-20),具体过程如下:

表 3-8 研究数据采集过程

问卷统计

专题访谈

实地观察

资料来源：调研过程中笔者拍摄

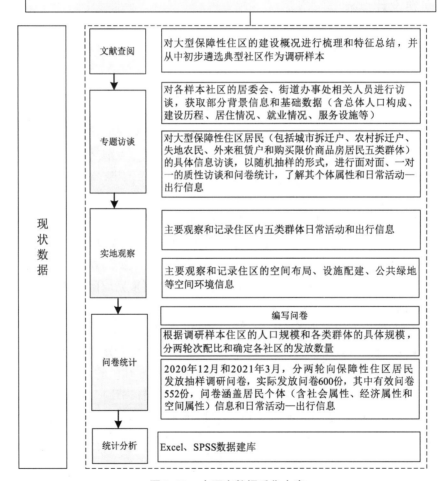

图 3-20 本研究数据采集方案

资料来源：笔者自绘

（1）问卷统计

课题组通过在各社区所做的访谈了解到 4 个大型保障房住区（花岗保障房片区、丁家庄保障房片区、岱山保障房片区、上坊保障房片区)的总体人口规模(近30万人);然后,按2‰的抽样率计划发放问卷600份,再配比到各住区;最后,再根据各住区内部不同群体的人口比例进行二次配比,原则上针对各群体按照2:1:1:1:1抽样,并对被调查者进行访谈式问卷调查。调查问卷于2020年12月和2021年3月进行随机发放,两轮次共计发放25天,最终获取有效问卷552份(其中,失地农民165份,城市拆迁安置户98份,双困户90份、外来租赁户98份、购买限价商品房居民101份),以获取个体日常活动和出行的详细数据和一手信息,以及包括个体属性(含家庭属性)在内的基础性数据。

(2)专题访谈

一方面,主要是对各样本社区的居委会、街道办事处相关人员进行访谈,获取部分背景数据(含总体人口构成、建设历程、居住情况、就业情况、住区及其周边服务设施等);另一方面则是针对大型保障性住区居民(包括城市拆迁户、农村拆迁户、失地农民、外来租赁户和购买限价商品房家庭五类群体)的具体信息进行访谈,以随机抽样的形式,进行面对面、一对一的质性访谈和问卷统计,了解其个体属性和日常活动—出行信息,并最终针对每一类群体获取15份、共计75份访谈数据。

(3)实地观察

在四大保障性住区中观察和访谈五类居住群体(城市拆迁户、农村拆迁户、外来租赁户、双困户、购买限价商品房居民)的个体属性、日常活动和出行等多种信息。其中,日常活动集中观察购物、休闲活动的空间地点,出行集中观察居民通勤、通学、购物和休闲出行的交通方式、出行伙伴等情况,每天以早、中和晚为时间节点,持续观察和调查三天,并以相机记录的方式对每个观察点进行拍照,记录各类群体的日常活动和出行状况;然后通过统计计算平均值的方法,获取大型保障性住区居民日常活动和出行信息的相关一手资料,并建立居民的个体活动—出行日志。此外,课题组还需观察和记录样本住区的空间布局、设施配建、公共绿地等空间环境信息。

3.3.4　研究范围

(1)时间范围

本研究对实证研究的时间段选取,笔者主要遵循以下原则:

首先,针对大型保障性住区居民的日常活动和出行行为分析,以家庭为单元应用专题访谈、问卷统计等手段来采集数据。考虑到这类居民的日常活动(以工作、上学、购物、家务、休闲、睡觉6大类活动为主)和出行(以通勤、通学、购物3大类出行为主)集中在工作日,因此调研工作也需要集中在工作日展开。

其次,本研究重点探究的是这类群体日常活动—出行行为在时间和空间上的完整分布规律,因此需要采集个体样本每天24小时参与活动—出行的时间和空间信息,这就需要课题组在时间段的选择上是按照工作日提供24小时的全天候关注。

最后,关于时空影响视角下日常出行机理的剖析,其研究时间段的选择与日常活动相比并无差异。因此,这部分研究的时段选择将针对大型保障性住区居民,以其工作日某一天24小时为时间段,来采集和分析这一群体在整个自然日内的时空利用数据和信息。

(2)空间范围

本研究对实证研究的空间范围选取,笔者主要遵循以下原则:

大型保障性住区居民的日常活动时空分布具有较为显著的分化规律,有的居民日常活动大部分分布在主城区(如外来租赁户、城市拆迁户和购买限价商品房居民的工作、购物等活动就集中在主城区完成),有的居民活动则大部分发生在居住区及其周围区域(如双困户和农村拆迁户的工作、上学、购物、休闲等活动就集中在住区完成);即使是同一类群体的日常活动在空间分布上也存在差异(如工作活动集中在主城区,上学活动和休闲活动则集中在住区)。可见,大型保障性住区居民的活动空间分布较为广泛且存在尺度性差异。因此,本研究将统一采取"主城区—住区"双重尺度来同步测度和全面图解居民日常活动的时空集聚特征(见图3-21)。

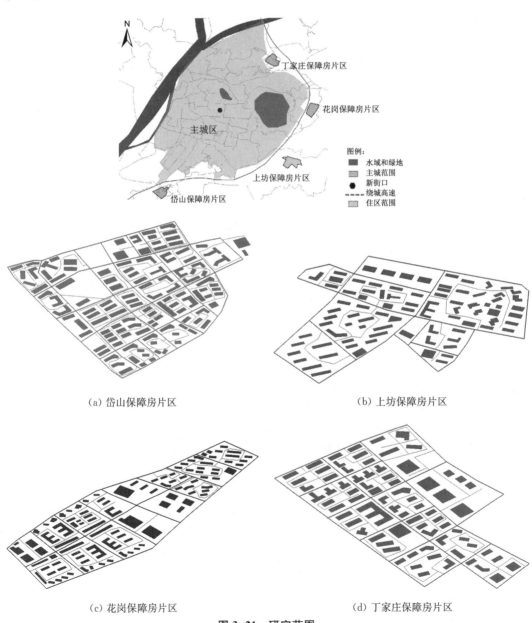

图 3-21　研究范围

资料来源:笔者自绘

3.3.5 样本概况

基于 3.3.1 节的样本遴选原则,本研究将选择南京具有典型代表性的岱山保障房片区、上坊保障房片区、花岗保障房片区和丁家庄保障房片区作为实证分析的重点样本,这 4 片大型保障性住区的基本信息如下(见表 3-9):

表 3-9　南京市 4 片大型保障性住区的基本信息

名称		岱山保障房片区	上坊保障房片区	丁家庄保障房片区	花岗保障房片区
区位		雨花台区西善桥街道岱山西侧	江宁区上坊老镇北侧	栖霞区迈皋桥瑞福城	栖霞区马群街道
建设时间		2010 年	2010 年	2010 年	2010 年
用地面积		223 公顷	125 公顷	85 公顷	135 公顷
建筑面积		380 万平方米	193 万平方米	167 万平方米	211 万平方米
住房套数	廉租房	1 400 套	1 000 套	1 600 套	1 000 套
	公共租赁房	2 800 套	2 000 套	3 200 套	2 000 套
	经济房	2 500 套	2 500 套	2 500 套	2 500 套
	商品房	配建部分普通商品房	配建部分中低价和普通商品房	配建部分中低价和普通商品房	配建部分中低价和普通商品房
人口规模(规划)		12 万～15 万人(3.5 万人入住)	5 万人(3 400 人入住)	5 万人(16 000 人入住)	4 万人(10 000 人入住)
距离南京商业中心		12 公里	15 公里	12.5 公里	12 公里
设施半径		500 米	450 米	450 米	500 米
公共服务	学校	7 所幼儿园、4 所小学、2 所中学、1 所高中	4 所幼儿园、2 所小学、1 所中学	3 所幼儿园、1 所小学、1 所中学	4 所幼儿园、3 所小学、1 所中学
	公共服务	社区中心、医疗中心	社区中心、市民休闲广场	社区中心、医疗中心、养老院	社区中心、社区综合楼、医院、养老院、培训中心、游泳馆、体育馆、文化馆、科技馆
	商业	商业设施、农贸市场	商业设施、农贸市场	商业设施、农贸市场	商业设施及办公楼
	停车	停车场、地下停车场	停车场、地下停车场	停车场、地下停车库	社会停车场
居民特征		拆迁安置户、低保人群以及外来务工人员	拆迁安置户、失地农民、外来务工人员	拆迁安置户、失地农民、外来务工人员	拆迁安置户、失地农民、外来务工人员

资料来源:郭璨.南京市保障房社区社会融合度研究[D].南京:南京大学,2016:28-29;
张波.大型保障性住区基本公共服务满意度评价研究[D].南京:东南大学,2016:24-25.

从表 3-9 中看出,4 片大型保障性住区的用地规模较大,住房类型多样(包括廉租房、公共租赁住房、经济房等),居民来源以拆迁安置户、失地农民、低保人群、外来务工人员和新就业大学生等为主,且 4 片保障房主要集中分布于城市边缘区,与主城区的直线距离至少在 12 公里以上。其中从人口规模来看,4 片大型保障性住区的规划人口均在 4 万人以上,尤以岱山保障房片区的人口规模为最(目前已有 3.5 万人入住,未来可达到 12 万～15 万人);从建筑面积来看,每个住区均大于 160 万平方米,总建筑面积累计近 1 000 万平方米,但周边产业用地供给不足,在现实使用中更接近于一座"睡城";从公共设施服务半径来看,部分住区的设施服务半径均介于450～500米,并为之配备学校、公共服务、商业、停车场等公共设施,其他住区的服务设施则不全,"最后1公里"现象突出。

为便于调查统计,本研究将以居住小区为统计单位,分别从4片大型保障性住区中各选择一到三例典型样本。其中,丁家庄保障房选了凤康园和燕舞园,花岗保障房片区选取花岗幸福城茉莉园和花岗幸福城金桂园,上坊保障房片区选择大里聚福城怡景园、康居园和觅秀东苑,岱山保障房片区选了万福园、平治东苑和齐修北苑(见图3-22)。

图3-22 四大片区保障性住区概况

资料来源:笔者自绘

3.3.6 小结

上文从社会属性、经济属性、空间属性、居民家庭分工类型、日常活动和出行行为等方面入手,对大型保障性住区居民的概况进行了梳理和比较,现总结其特征如下(见表3-10)。

表3-10 大型保障性住区居民概况汇总表

共性特征			差异化特征				
			城市拆迁户	农村拆迁户	外来租赁户	双困户	购买限价商品房居民
社会属性	年龄结构	"以青年、中年和老年为主导"的多层次结构特征	老年居多	老年居多	青年居多	中年居多	青年居多
	受教育程度	"以初中及以下学历为主"的低教育程度特征	以中等学历为主	以低等学历为主	以中等学历为主	以中等学历为主	以高等学历为主
	家庭结构	"以夫妻二人、两代和三代同住为主"的结构特征	以夫妻二人的家庭结构为主	以夫妻二人的家庭结构为主	以同子女或父母同住的两代家庭为主	以同子女或父母同住的两代家庭为主	以同父母和子女同住的三代家庭为主

共性特征			差异化特征				
			城市拆迁户	农村拆迁户	外来租赁户	双困户	购买限价商品房居民
经济属性	职业类型	"以工人或公司职员为主"的就业特征	以工人或公司职员为主	以工人或公司职员为主	以工人或公司职员为主	以工人或公司职员为主	以工人或公司职员为主
	月平均收入	"以1 500元及以下收入为主"的低收入特征	以中等收入水平为主	以低等收入水平为主	以低等收入水平为主	以低等收入水平为主	收入水平分布多元，各等级的收入水平占比大致相当
	家庭成员就业比例	"家庭就业人员偏少"的就业不足特征	以最低等(无就业人员)和中等(就业人员占20%～50%)程度为主	以中等程度为主	以中等程度为主	以中等程度为主	以中等和高等程度为主
空间属性	周边环境	呈现出"远离市中心，公共交通可达性较差，而基本设施较为完善，用地混合度高"的特征	花岗保障房片区	丁家庄保障房片区	岱山保障房片区	上坊保障房片区	
			距市中心较远，公共交通可达性较差，周边用地较为混杂	距市中心较远，公共交通可达性较高，但是周边用地较为混杂	距市中心最远，公共交通可达性尚好，只是周边用地较为单一	距市中心较远，公共交通可达性相对较差，周边用地更是混杂	
	住房户型	"以65～80平方米的中小套户型为主"的特征	以中小户型为主	以中小户型为主	以小户型为主	以最小户型和小户型为主	以中等户型为主
	人均住房面积	"低人均居住面积占主导"的特征	以20～30平方米和30～50平方米为主	以30～50平方米为主	以12～20平方米和20～30平方米为主	以12～20平方米为主	以12～20平方米和20～30平方米为主
家庭分工、日常活动和出行概况	家庭分工模式	"夫妻分工为主，代际分工为辅"的分工模式特征	以夫妻分工为主，代际分工为辅	以夫妻分工和代际分工为主	以夫妻分工+代际分工组合模式为主	以夫妻分工为主，代际分工为辅	以夫妻分工为主，代际分工为辅
	日常活动时间	"以工作活动为主导"的高强度活动特征	集中在工作和睡眠活动上	集中在工作上	集中在工作上	集中在工作上	集中在工作上
	日常活动空间	工作空间："以拓展圈层为主导"的空间结构特征	以拓展圈层结构为主	以拓展圈层结构为主	以拓展圈层结构为主	以拓展圈层结构为主	以拓展圈层结构为主
		上学空间："以核心圈层为主导"的空间结构特征	以核心圈层为主	以核心圈层为主	以核心圈层、基本圈层和拓展圈层为主	以核心圈层为主	以核心圈层为主
		购物空间："以核心圈层为主导"的空间结构特征	以核心圈层结构为主	以核心圈层结构为主	以核心圈层结构为主	以核心圈层结构为主	以核心圈层结构为主
		休闲空间："以核心圈层为主导"的空间结构特征	以核心圈层结构为主	以核心圈层结构为主	以核心圈层结构为主	以核心圈层结构为主	以核心圈层结构为主
		家务空间："以核心圈层为主导"的空间结构特征	以核心圈层结构为主	以核心圈层结构为主	以核心圈层结构为主	以核心圈层结构为主	以核心圈层结构为主

（续表）

共性特征			差异化特征				
			城市拆迁户	农村拆迁户	外来租赁户	双困户	购买限价商品房居民
家庭分工、日常活动和出行概况	日常活动空间	睡眠空间："以核心圈层为主导"的空间结构特征	以核心圈层结构为主	以核心圈层结构为主	以核心圈层结构为主	以核心圈层结构为主	以核心圈层结构为主
	出行时间	"通勤时耗为主，通学时耗为辅，购物时耗和休闲时耗最少"的结构特征	通勤出行花费时间最多，其次为通学和购物出行	通勤出行花费时间最多，其次为通学出行	通勤出行花费时间最多，其次为购物出行	通勤出行花费时间最多，其次为通学和购物出行	通勤出行花费时间最多，其次为通学和购物出行
	出行空间	"通勤距离为主，通学距离为辅，购物和休闲出行距离最少"的结构特征	通勤距离为主，通学距离为辅，购物和休闲出行距离最少	通勤距离为主，通学距离为辅，购物和休闲出行距离最少	通勤距离为主，通学距离为辅，购物和休闲出行距离最少	通勤距离为主，通学距离为辅，购物和休闲出行距离最少	通勤距离为主，通学距离为辅，购物和休闲出行距离最少

资料来源：笔者自绘

3.4　本章小结

本章首先讨论了选取案例城市（南京市）的代表性和有效性，并对南京市大型保障性住区的建设历程和总体布局进行了概述，这也为后文探讨大型保障性住区居民的时空行为提供了背景基础；其次，基于调研数据对南京市大型保障性住区居民的个体属性和居民日常活动和出行行为展开了概述，为后文的实证分析提供基础信息；最后，针对本书研究目的筛选了样本、确定了数据采集方式，设计了一份具有可操作性、真实性、有效性的调研问卷，并详细概述了样本所在住区概况。本章的主要结论如下：

3.1 节是对南京市保障房建设概况进行梳理。首先对案例城市（南京）的典型性和代表性进行概述；其次，对保障房建设包括大型保障房建设过程进行梳理，并进行分阶段概述和特征总结；最后，对南京市保障房的空间布局进行总结，发现目前南京市大型保障性住区空间布局呈现出一定特征：①各行政区内分布不均衡；②沿交通廊道呈带状分布；③主城内呈点状散布，主城边缘呈团块集聚。

3.2 节是对南京市大型保障性住区的居民概况进行总结。社会属性方面主要从居民年龄结构、受教育程度和家庭结构；经济属性方面主要从居民职业构成、月平均收入和家庭就业人员比例；空间属性包括住区周边环境、住宅户型和住户面积；居民日常活动包括 6 类活动时长和空间结构，出行行为包括 4 类出行时间和出行距离。

3.3 节对南京市大型保障性住区的研究设计思路进行阐述。首先是对研究对象进行遴选：根据南京市大型保障性住区的建设和空间布局特征，以及样本遴选原则，遴选出本书将要研究的四大保障房片区（岱山保障房片区、上坊保障房片区、花岗保障房片区、丁家庄保障房片区）；其次采用问卷统计、专题访谈和实地观察等手段，对四大片区内部进行数据采集，以获得住区以及住区内部各类群体的一手资料。

4 南京市大型保障性住区居民的日常活动时空特征

通过探析居民日常活动的时空特征,可以更好地了解居民活动的时空需求,从而为城市规划公共政策的制定提供理论依据;而大型保障性住区居民作为城市居民的重要组成部分(以中低收入群体为主),通常会在日常活动上呈现出自身独特的一面来。这除了外部环境因素的约束外,"家庭"作为个体日常活动行为最直接的决策环境,往往会在家庭成员间实现人力资源、物质资源和时间资源的有效调配和分工组织,从而促成居民们合理化的日常活动安排和输出。

因此,本章将借助时间地理学的方法,基于"家庭分工"的视角来探讨大型保障性住区各类日常活动(以工作、上学、家务、购物、休闲、睡觉6大类活动为代表)的时空特征,并探讨其时空分异的影响因素。

4.1 研究思路与方法

4.1.1 研究思路

目前,针对大型保障性住区居民日常活动时空特征的研究成果,主要存在两方面误区或是盲区:

其一,以往对居民日常活动时空特征的研究,多视居民日常活动安排为个体独立决策的结果,因此在操作上,多停留于个体行为特征的简单叠加,而较少关注家庭内部成员行为间的交互关系。事实上,无论外部环境如何变化、个体行为如何调整,家庭始终如同一只看不见的手,持续、隐性地牵动着个体的日常行为[①]。换句话说,个体行为作为家庭一种分工或多种分工共同作用下的结果,会在寻求最优化决策的过程中逐渐表现为夫妻分工模式下的工作活动、代际分工模式下的上学接送活动或是夫妻分工和代际分工组合下的家务活动。因此,从家庭分工视角来剖析个体日常活动的时空特征,能更完整和真实地揭示保障房居民的个体活动规律。

其二,以往对大型保障性住区居民的日常活动时空特征研究,要么以其中某一群体为研究对象(如失地、农民),要么将住区内部的所有群体视为同一类。事实上,大型保障性住区内部的居民通常由城市拆迁户、农村拆迁户(失地农民)、外来租赁户、双困户和购买限价

---

① 夏璐. 分工与优先次序:家庭视角下的乡村人口城镇化微观解释[J]. 城市规划,2015,39(10):66-74.

商品房的居民等多类群体所组成,而且不同群体通常会在日常活动中产生不同的时空需求。因此,只有细分群体类型,才能通过比较分析来精准反映大型保障性住区居民的日常活动规律和群体间差异。

基于此,本章将以大型保障性住区居民的活动日志数据为基础,借鉴时间地理学的分析模型,尝试结合家庭、时间和空间三要素,从"家庭分工模式—家庭分工模式下的时空特征—家庭分工模式下的时空分异"研究思路出发(具体研究框架如图 4-1),来分析大型保障性住区居民日常活动的时空特征和时空分异的影响因素。

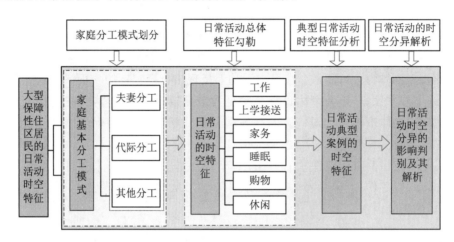

图 4-1　南京市大型保障性住区居民日常活动时空特征的研究思路

资料来源:笔者自绘

4.1.2　研究方法

时间地理学首次从微观层面上将"时间"和"空间"维度结合起来,从个体角度去认知人的行动及其过程的先后继承性,去把握不同个体行为活动在不间断的时空间中的同一性[1]。可以说时间地理学是一种表现并解释时空间过程中人类行为与客观约束之间关系的方法论[2],它在研究中经常采用的方法是"时空路径"——一类将事件同其时间和空间结构相联系的基本表达方法,它描述的是空间和时间上的个体轨迹[3][4][5],但个体轨迹状态会因外部约束而发生适应性变化。通过研究个体在路径上的活动秩序及其时空特征,即可探知个人

---

[1]　Hägerstrand T. What about People in Regional Science? [J]. Regional Science,1970,24(2):7-21.

[2]　柴彦威,塔娜,张艳.融入生命历程理论、面向长期空间行为的时间地理学再思考[J].人文地理,2013,28(2):1-6.

[3]　Kwan M P. Interactive geovisualization of activity-travel patterns using three-dimensional geographical information systems:A methodological exploration with a large data set[J]. Transportation Research Part C:Emerging Technologies,2000,8(1/2/3/4/5/6):185-203.

[4]　Shaw S L, Yu H B, Bombom L S. A space-time GIS approach to exploring large individual-based spatiotemporal datasets[J]. Transactions in GIS,2008,12(4):425-441.

[5]　Yu H B, Shaw S L. Exploring potential human activites in physical and virtual spaces:A spatio-temporal GIS approach[J]. International Journal of Geographical Information Science,2008,22(4):409-430.

或群体活动行为系统与个人或群体属性之间的作用关系,从而挖掘出不同群体活动的时空规律。

时空路径中包括了个体驻留点、移动等信息,路径开始于出发点,结束于终止点。由于个人不能在同一时间内并存于两个空间中,所以路径总是能形成不间断的轨迹。当个体路径不随着时间发生移动时,在时间轴上用垂直线表示,而用斜线表示其发生移动,个体的移动速度越大,斜线段的倾角则越大(见图4-2)。本章主要探析大型保障性住区居民的日常活动(包括上班、上学、购物、休闲、家务、睡眠)的时空特征,因此完全可以应用时间地理学"时空路径"来刻画个体在一天尺度上的日常活动特征。在活动的时空路径图中,横轴的表示可以被简化为地理空间,纵轴用以表达时间,斜线则用以描摹居民的移动。

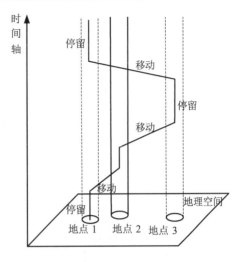

图 4-2 时空路径示意图

资料来源:根据 Pred A. A choreography of existence-comments on Hagerstrand's time-geography and its usefulness [J]. Economic Geography, 1977, 53(2): 207;

Parkes D, Thrift N. Timing Space and Spacing Time[J]. Environment & Planning A, 1975, 7(6): 651-670. 改绘

4.2 南京市大型保障性住区居民的日常活动时空特征

诚如前文所述,大型保障性住区居民的家庭基本分工模式共有三类:夫妻分工、代际分工、其他分工(见图4-1),而一类日常活动可能会对应多种分工(如儿童上学接送活动可能表现为夫妻或是代际分工,或是二者的组合模式),反之亦然。为了方便计算,本研究中均以家庭分工的三种基本模式为标准,除了既存的单一分工模式之外,还会将居民家庭劳动分工中的各类组合模式进行拆分、归类和叠加计算。其中,一类活动表现为两种分工模式的组合,则各按照1/2来统计(如夫妻分工+代际分工模式下的家务活动);表现为三种分工模式的组合,则各按照1/3来拆分统计。

基于此,本研究将以"家庭分工"视角为依托,首先对大型保障性住区居民日常活动的总体时空特征进行分析和总结;然后,从中聚类和提炼几类常见和典型的大型保障性住区居民日常活动案例,并对其时空特征做出分类阐述,以便更直接、更深入地揭示居民日常活动的时空规律。

4.2.1 家庭分工视角下大型保障性住区居民日常活动的总体时空特征

从图 4-3(a)和图 4-3(b)中可以看出,各类活动在时间和空间上均对应着其独特的家庭分工模式:工作活动主要依赖于夫妻分工;上学接送活动主要依赖于夫妻分工或是代际分工;而家务活动主要依赖于夫妻分工或是组合分工(夫妻分工+代际分工);购物和睡眠活动则主要依赖于代际分工或是夫妻分工;此外休闲活动属于自由选择活动,可划归于其他分工范畴。结合图 4-3(a)、图 4-3(b) 和图 4-3(c) 可以看出,在不同的家庭分工模式下,大型保障性住区居民的日常活动在时空方面形成了如下特征:

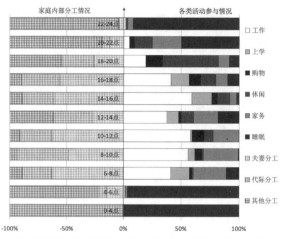

（a）日常活动的家庭分工和活动时间百分比（家庭+时间）

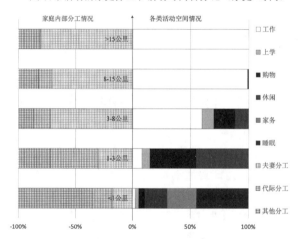

（b）日常活动的家庭分工和活动空间百分比（家庭+空间）

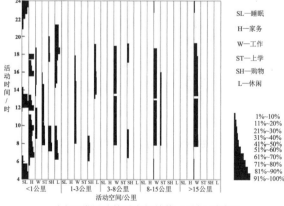

（c）日常活动的时空间结构（时间+空间）

图 4-3　家庭分工视角下大型保障性住区居民日常活动的时间、空间百分比和时空间结构

资料来源：课题组关于南京市大型保障性住区居民的抽样调研数据(2020)

（1）大型保障性住区居民的作息时间差异明显

大型保障性住区居民的作息时间主要分化为两类：早睡早起和晚睡早起。具体为：起床时间集中在6～8点时间段，午休规律不强，晚上睡觉时间则主要分化成两个时间段，一部分集中在20～22点时间段，这类居民的日常活动安排较为灵活，因此休息时间也早；而另一部分居民的睡觉时间则选择在22点之后，其白天主要用以安排工作活动，因此家务、休闲甚至是工作活动只能占用晚上时间，从而导致睡觉时间的延迟。

（2）工作活动以家庭内部夫妻分工为主，活动时间和空间距离均为最长

大型保障性住区居民的工作活动以夫妻分工为主，工作时间长和距离远的特征主要表现为：其工作活动通常始于8～9点，而结束于18～20点时间段；空间距离则主要集中在5～10公里和10公里以上两个空间范围。因此大部分居民需要承受职住分离之困扰，这其实同大型保障性住区的空间布局和居民自身属性息息相关。

（3）上学接送活动以家庭内部代际分工为主、夫妻分工为辅，上学活动的开始时间同工作活动存在冲突，活动时间和空间距离均较短

对教育的投资也是大型保障性住区家庭资源配置的重点方向之一，因此儿童上学活动①作为家庭重要的活动之一，势必会涉及儿童（上学活动）和家长（接送活动）两类主体以及上学接送过程中的家长内部分工模式，但本研究主要关注的是家长，关注活动为接送活动。从图4-3中可以看出，大型保障性住区的上学接送活动以代际分工为主、夫妻分工为辅，上学接送活动时间较短，活动开始于8点，同工作活动开始时间存在明显冲突，但其结束时间（16～17点时间段）恰好能同下班高峰期错开；与此同时，上学活动的空间距离一般较短，主要集中在3公里范围内。

（4）家务活动以夫妻分工为主、代际分工为辅，活动时间较短且居家为主

大型保障性住区居民的家务活动主要依赖于夫妻分工，部分为代际分工，甚至是组合分工（夫妻分工＋代际分工），总体活动时间较短。其中，夫妻分工模式下的家务活动通常集中在17～20点时间段，因为这类家庭多为夫妻家庭或是核心家庭，各类活动只能依赖夫妻一方或双方工作后来完成；而代际分工模式下的家务活动开始于上午和下午，时间段为6～10点和16～18点，并以8～10点区间为峰值，持续时间较短，因为这类家庭多为三代同住，时间相对自由的老人主动承担了大部分家务活动。此外三代同住家庭在完成家务活动时，很可能会出现组合分工，如夫妻双方下班后协助父母完成家务活动。

（5）购物活动以夫妻分工和代际分工为主，且活动时间和空间距离较短

大型保障性住区居民的购物活动一部分依赖于夫妻分工，另一部分则依赖于代际分工，且持续活动时间均较短，主要发生在上午、下午和晚上，集中的时间段分别为6～10点、16～18点和18～20点。其中，夫妻分工模式下的购物活动多集中在上午、下午和晚上，相较而言，在上午购物的家庭主要为年老的夫妻家庭，早起参加休闲和购物，而在下午或晚上购物的家庭大多为年轻夫妻家庭和核心家庭，下班后或晚饭后才能参与购物活动；代际分

---

①　本研究中的上学活动是针对家里有学龄儿童（主要指就读于幼儿园和小学的学生）的上学行为，通常涉及儿童（上学活动）和家长（接送活动）两类主体。但本研究主要关注的是家长，因此在相关章节的"上学活动"探讨中，均指的是家长接/送学龄儿童的时长和接送过程中的家庭内部分工，而不包括学龄儿童每天在校（一般指从学生进入学校到离校的总时间）时长。

工模式下的购物活动则集中发生在上午，这类家庭通常为多代同住类型，要依靠老人来购买食材，且购物活动距离较短，主要发生在1公里以内和1~3公里。

（6）休闲活动以自由选择为主，时间较短、空间距离最短且具有规律性

除了完成生存型活动和维持型活动外，大型保障性住区居民也会争取自由时间来提高家庭生活质量。大部分居民的休闲活动时间主要集中在19~22点时间段（其中20~21点为休闲活动高峰期），大部分为上班族结束工作后适当参与休闲活动；另一部分居民则集中在8~10点和14~16点，以休闲时间较多的老年人群体为主。总体而言，居民休闲活动的空间距离均较短，主要集中在1公里以内，且以自由选择下的其他分工模式为主。

从家庭分工视角下大型保障性住区居民的日常活动时空特征中可以看出：家庭内部主要有三类基本分工（夫妻分工、代际分工、其他分工），个体在参与各类日常活动时往往会采取不同类型的分工模式，而某一类活动也有可能交织着多种家庭分工模式，并且会因为工作时间和工作距离的增减而在不同的家庭分工模式下进行转移和调整，进而在日常活动上呈现出差异化的时空特征。

4.2.2　家庭分工视角下大型保障性住区居民日常活动的8类典型案例

大型保障性住区居民日常活动的总体时空特征既有其普适性的一面，也有其特殊性的一面：一方面能够反映大部分"中低收入群体"日常活动的共性特征，并能得到大多数中低收入群体活动案例的佐证和支持；而另一方面，它又同"其他普通居民"的日常活动特征形成了鲜明对比，并反映出不同群体之间的活动差异和需求差异。为了更加全面地了解大型保障性住区居民的日常活动典型特征，有必要从中细分和抽取几类典型的日常活动案例做进一步的分析。

因此，以SPSS软件为依托，根据居民日常活动在家庭分工、时间和空间三个维度的分布规律（即：居民每日在不同家庭分工模式下、不同地点参与不同活动的时长），对552个大型保障性住区样本居民进行聚类分析，涉及工作、上学、家务、购物、休闲和睡眠6类活动，最终聚类结果如表4-1所示：

表4-1　家庭分工视角下南京市大型保障性住区居民的日常活动聚类表

变量名称 \ 类别（时长/小时）	1	2	3	4	5	6	7	8
工作活动·夫妻分工·空间距离 d：$d \leqslant 3$公里	0	0	0	8	0	0	0	0
工作活动·夫妻分工·空间距离 d：3公里$<d \leqslant 8$公里	9.5	0	0	0	0	0	0	0
工作活动·其他分工·空间距离 d：8公里$<d \leqslant 15$公里	0	0	10	0	0	0	0	0
工作活动·夫妻分工·空间距离 d：8公里$<d \leqslant 15$公里	0	0	0	0	12.5	0	0	0
工作活动·夫妻分工·空间距离 d：$d>15$公里	0	12	0	0	0	0	0	0
上学活动·夫妻分工·空间距离 d：$d \leqslant 3$公里	0.2	0.3	0	0	0	0	0	0

（续表）

变量名称 \ 时长/小时 \ 类别	1	2	3	4	5	6	7	8
上学活动·夫妻分工·空间距离 d：$d>3$ 公里	0.4	0	0	0	0	0	0	0
上学活动·代际分工·空间距离 d：$d \leqslant 3$ 公里	0	0	0	0	0.16	0	0.3	0
上学活动·代际分工·空间距离 d：$d>3$ 公里	0	0	0	0	0	0	0.5	0
家务活动·夫妻分工·空间距离 d：$d \leqslant 1$ 公里	3	3	0	2	1.5	3.9	2.5	3
家务活动·代际分工·空间距离 d：$d \leqslant 1$ 公里	0	0	0	1	2.5	0	4.5	0
家务活动·其他分工·空间距离 d：$d \leqslant 1$ 公里	0	0	1	0	0	0	0	2.5
购物活动·夫妻分工·空间距离 d：$d \leqslant 1$ 公里	1	1	1	1	1	1	0.5	1
购物活动·夫妻分工·空间距离 d：1 公里 $<d \leqslant 3$ 公里	0.4	0.3	0.0	0.3	0.5	0.1	0.5	0.5
购物活动·代际分工·空间距离 d：$d \leqslant 1$ 公里	0	0	0.0	0	0.5	0	1.0	0
购物活动·代际分工·空间距离 d：1 公里 $<d \leqslant 3$ 公里	0	0	0.0	0	1.5	0	1.0	0
购物活动·其他分工·空间距离 d：$d \leqslant 1$ 公里	0	0	1	0	0	0	0	0.5
休闲活动·其他分工·空间距离 d：$d \leqslant 1$ 公里	2	1	2	2	2	3	2	5
休闲活动·其他分工·空间距离 d：1 公里 $<d \leqslant 3$ 公里	1.3	0.0	0.3	0.0	0.3	0.8	1.5	1.5
案例数	76	59	73	62	94	68	57	63

资料来源：笔者根据课题组抽样调研数据而应用 SPSS 软件绘制完成。

注：表中灰色代表聚类类别中某一变量（活动时长）在该类别中处于峰值。

通过比较可以看出：①在活动时间上，类别1、类别2、类别3、类别4和类别5中的居民活动时间主要花费在工作活动上，时长大于等于8小时；类别6和类别7的居民活动时间主要花费在家务活动上，时长在4小时左右；类别8的居民活动时间则主要花费在休闲活动上，时长为5小时左右。②在活动空间距离上，类别1、类别2、类别3、类别4和类别5的空间距离主要集中在工作活动上，其中类别1介于3～8公里之间，类别2大于15公里，类别3和类别5介于8～15公里之间，类别4不超过3公里；类别6和类别8的空间距离主要集中在购物和休闲活动上，以不超过1公里范围为主、1～3公里的范围为辅；类别7的空间距离则主要集中在儿童上学活动上，以不超过3公里范围为主。③在家庭分工上，类别1、类别2和类别8以夫妻分工为主、其他分工为辅；类别3以其他分工为主；类别4和类别5以夫妻分工为主、代际分工为辅；类别6和类别7以代际分工为主、夫妻分工为辅。

从上述活动时间、活动空间距离和家庭分工的对比分析中可以看出，活动时间和活动空间距离的聚类差异已较为明显，相比而言，反倒是"空间距离"一项可以做进一步的归类处理。根据目前大城市职住空间模式的研究文献可知，职住模式通常被划分为4大类：5分钟内为短距离、5～15分钟（以小汽车出行速度30公里/小时为标准，职住距离为8公里）为中短距离、15～30分钟（职住距离介于8～15公里）为中长距离、30分钟以上（职住距离大于 15 公里)为长距离[1][2][3][4][5][6]。据此观点,笔者针对表 4-1 聚类结果按照活动"近距离/远距离"做进一步的归并,二次聚类生成 6 类日常活动案例(见表 4-2)。

在此基础上,笔者还根据上学活动的特点做进一步的聚类调整——上学接送所占用的时空范围有限(通常不超过 0.3 小时和 3 公里),往往会在聚类过程中被其他变量特征掩盖和忽略;但是其所涉及的家庭分工复杂性却是有过之而无不及,在兼顾(人力、物质、时间等)资源有限性和家庭综合效益最大化的前提下,要么完全依靠代际分工,要么夫妻分工和代际分工组合,如上午夫妻双方送,下午老人负责接……也正是因为上学接送活动的家庭分工模式具有一种内在的复杂性和典型性,作为一种弥补,本研究又增添两类同"接送活动"相关的特殊典型案例:近距离+夫妻分工的上学活动;近距离+代际分工的上学活动。

表 4-2　家庭分工视角下大型保障性住区居民的日常活动案例分类表

	类别	主要特征
1	近距离+夫妻分工的工作活动	以夫妻家庭和核心家庭为主,工作活动时间均在 8 小时左右,活动距离不超过 8 公里
2	远距离+夫妻分工的工作活动	以夫妻家庭、核心家庭和三代同住家庭为主,工作活动时间均在 10 小时以上,活动距离大于 8 公里
3	远距离+其他分工的工作活动	以独居家庭为主,工作活动时间均在 8 小时以上,活动距离大于 8 公里
4	近距离+夫妻分工的家务活动	以夫妻家庭和核心家庭为主,夫妻参加家务活动(4 小时内),居家完成
5	近距离+代际分工为主、夫妻分工为辅的家务活动	以三代同住家庭为主,夫妻和老人分工分时段参加家务活动(大于 4 小时),居家完成
6	近距离+其他分工的休闲活动	自由选择休闲活动,活动时间大于 5 小时,距离主要集中在 1 公里以内和 1~3 公里
7	近距离+夫妻分工的上学活动	以核心家庭为主,儿童父母负责接送儿童上学,上学接送活动时间在 0.25 小时左右,上学距离在 3 公里内
8	近距离+代际分工的上学活动	以三代同住家庭为主,儿童爷爷奶奶/外公外婆负责接送儿童上/放学,上学接送活动时间在 0.3 小时左右,上学距离在 3 公里内

资料来源:笔者自绘

(1)大型保障性住区居民"近距离+夫妻分工的工作活动"时空特征

"近距离+夫妻分工的工作活动"居民大多来自夫妻家庭和核心家庭,夫妻双方或者一方参与工作活动。

同其他居民日常活动的家庭分工和时空特征相比,该类居民在参与工作活动时主要表现为夫妻分工,并呈现出如下特征:其一天的活动类型较为丰富,但时间主要花费在工作活动上(一般在 8 小时左右),工作出行距离不超过 8 公里;受通勤出行的影响较小,在完成工作活动之外,还会主动参与购物、家务和休闲活动;除此之外,有儿童的家庭还会参与儿童

① 万晶晶,张协铭,刘志杰,等. 大城市职住空间演变评估方法研究[J]. 城市交通,2019,17(1):77-84.
② 刘望保,侯长营. 转型期广州市城市居民职住空间与通勤行为研究[J]. 地理科学,2014,34(3):272-279.
③ 赵晖,杨开忠,魏海涛. 北京城市职住空间重构及其通勤模式演化研究[J]. 城市规划,2013,37(8):33-39.
④ 王林,杨琴. 重庆市公租房居民职住时空特征研究[J]. 人文地理,2021,36(5):101-110.
⑤ 许晓霞,柴彦威,颜亚宁. 郊区巨型社区的活动空间:基于北京市的调查[J]. 城市发展研究,2010,17(11):41-49.
⑥ 申悦,柴彦威. 基于 GPS 数据的北京市郊区巨型社区居民日常活动空间[J]. 地理学报,2013,68(4):506-516.

接送活动;上述活动的出行距离均较短,主要分布在社区范围一带(集中发生在3公里以内,见图4-4)。

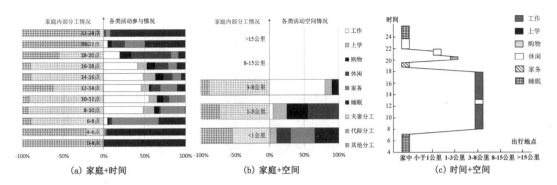

图4-4 "近距离十夫妻分工的工作活动"居民活动时间、空间、家庭分工百分比和日常活动路径案例

资料来源:课题组关于南京市大型保障性住区居民日常活动的抽样调研数据(2020)

(2)大型保障性住区居民"远距离十夫妻分工的工作活动"时空特征

"远距离十夫妻分工的工作活动"居民大多来自夫妻家庭、核心家庭和三代同住家庭,年轻夫妻双方或一方参与工作活动。

同其他居民日常活动的家庭分工和时空特征相比,该类居民在参与工作活动时主要表现为夫妻分工,并呈现出如下特征:其一天的时间主要花费在了工作活动和通勤出行上,其中工作时长一般在10小时以上,工作出行距离大于8公里;受工作活动和出行的强时空约束,其参与其他活动的时间均有明显下降,活动类型较为单一,而不得不把更多的非工作活动转移到其他家庭成员身上,从而在儿童的上学接送活动和家务活动中更多地采取了代际分工或是组合分工模式(见图4-5)。

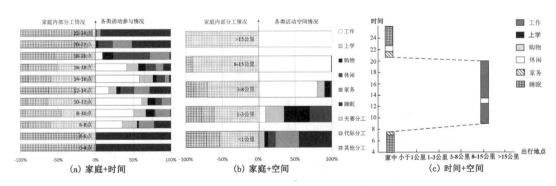

图4-5 "远距离十夫妻分工的工作活动"居民活动时间、空间、家庭分工百分比和日常活动路径案例

资料来源:课题组关于南京市大型保障性住区居民日常活动的抽样调研数据(2020)

(3)大型保障性住区居民"远距离十其他分工的工作活动"时空特征

"远距离十其他分工的工作活动"居民大多来自独居家庭。

同其他居民日常活动的家庭分工和时空特征相比,该类居民在参与工作活动时主要表现为其他分工,而独居个体本身就是整个家庭所有活动的决策者和参与者,并呈现出如下特征：其一天的活动安排较为单一，主要时间都花费在了工作活动和通勤出行上（一般在 9 小时左右），工作出行距离通常大于 8 公里；由于受工作活动的时空影响，其他活动倾向于选择居家完成（见图 4-6）。

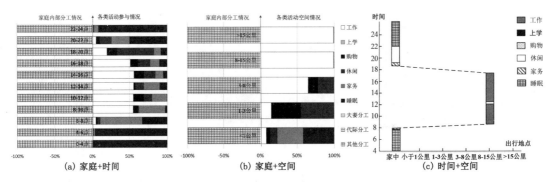

图 4-6 "远距离＋其他分工的工作活动"居民活动时间、空间、家庭分工百分比和日常活动路径案例

资料来源：课题组关于南京市大型保障性住区居民日常活动的抽样调研数据（2020）

（4）大型保障性住区居民"近距离＋夫妻分工的家务活动"时空特征

"近距离＋夫妻分工的家务活动"居民大多为来自夫妻家庭、核心家庭的未就业群体，因而主要承担的是家务活动。

同其他居民日常活动的家庭分工和时空特征相比，该类居民在参与家务活动时主要表现为夫妻分工，并呈现出以下特征：其一天参与家务活动的时间比较固定，多集中在 9～12 点和 16～18 点（一般在 4 小时左右），居家为主；其余时间居民们还会花费在购物和休闲活动上，其中购物活动集中在 8 点，休闲活动则集中在 14～16 点，活动地点主要在离家 3 公里的范围内（见图 4-7）。

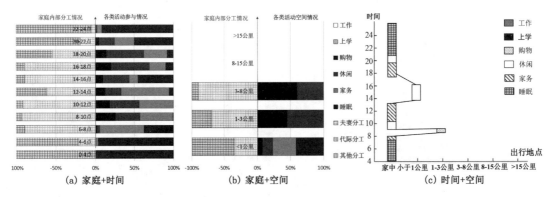

图 4-7 "近距离＋夫妻分工的家务活动"居民活动时间、空间、家庭分工百分比和日常活动路径案例

资料来源：课题组关于南京市大型保障性住区居民日常活动的抽样调研数据（2020）

（5）大型保障性住区居民"近距离＋代际分工为主、夫妻分工为辅的家务活动"时空特征

"近距离＋代际分工为主、夫妻分工为辅的家务活动"居民大多来自三代同住的家庭。

同其他居民日常活动的家庭分工和时空特征相比，该类居民参与家务活动主要表现为组合分工(夫妻分工＋代际分工),也就是说这类家庭中的年轻人除了参与工作活动外,还会分担部分家务活动,即由夫妻和老人相互协助来完成家务活动。这类群体活动在时空方面呈现出以下特征:其参加家务活动的时间段主要集中在 7~8 点、10~12 点和 16~18 点;其中,上午的家务活动主要为代际分工,下午则为组合分工,活动时间相对较长(一般大于 4 小时),均为居家活动;由于受家务活动的时空约束,其花费在购物和休闲活动上的时间相对较少,主要集中在 19~21 点这一时间段(见图 4-8)。

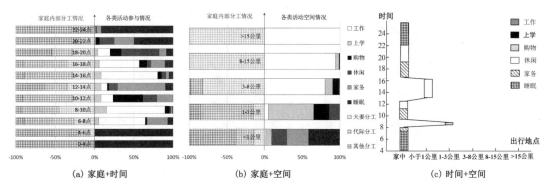

图 4-8 "近距离＋代际分工为主、夫妻分工为辅的家务活动"居民活动时间、空间、家庭分工百分比和日常活动路径案例

资料来源:课题组关于南京市大型保障性住区居民日常活动的抽样调研数据(2020)

(6) 大型保障性住区居民"近距离＋其他分工的休闲活动"时空特征

"近距离＋其他分工的休闲活动"居民大多来自夫妻家庭和独居家庭,且以老年人为主。

同其他居民日常活动的家庭分工和时空特征相比,该类居民参与休闲活动则主要采取自由选择下的其他分工模式,并在时空方面呈现出以下特征:其参与的活动类型相对单一,主要有家务和休闲活动,且活动地点固定(家内和居住小区及周边);休闲活动时间多集中在 8~10 点、14~17 点和 18~20 点三个时间段,前两个时间段的活动地点集中在小区及其周边的公共空间(出行距离不超过 1 公里),晚上则以居家活动为主(见图 4-9)。

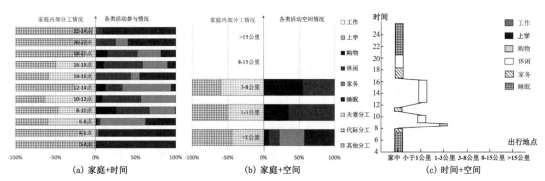

图 4-9 "近距离＋其他分工的休闲活动"居民活动时间、空间、家庭分工百分比和日常活动路径案例

资料来源:课题组关于南京市大型保障性住区居民日常活动的抽样调研数据(2020)

(7) 大型保障性住区居民"近距离＋夫妻分工的上学活动"时空特征

"近距离＋夫妻分工的上学活动"居民大多来自核心家庭。

　　同其他居民日常活动的家庭分工和时空特征相比,该类居民的儿童接送活动主要表现为夫妻分工,这主要受家庭结构(以核心家庭为主)影响,夫妻双方其实就是家庭所有活动的决策者和执行者,并呈现出以下特征:其一天的时间主要花费在接送儿童上下学和工作活动上,上学出行距离不超过 3 公里;由于受工作活动的时空约束较小,这类群体的非工作活动时间相对灵活,在完成接送活动之外,还会参与家务和购物活动,其中购物活动的出行距离多在 3 公里以内(见图 4-10)。

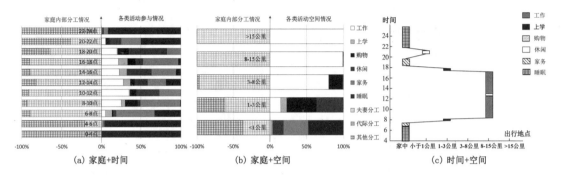

图 4-10　"近距离＋夫妻分工的上学活动"居民活动时间、空间、家庭分工百分比和日常活动路径案例

资料来源:课题组关于南京市大型保障性住区居民日常活动的抽样调研数据(2020)

　　(8) 大型保障性住区居民"近距离＋代际分工的上学活动"时空特征

　　"近距离＋代际分工为主的上学活动"居民大多来自三代同住的家庭。

　　同其他居民日常活动的家庭分工和时空特征相比,该类居民的儿童上学接送活动主要以代际分工为主,因为儿童父母的工作活动和上学接送活动存在一定的时间冲突,而不得不将后者转移到老人身上;但也有少部分家庭采取了组合分工模式,即儿童父母的工作活动和上学或放学时间彼此错开,儿童父母可以负责接或者送,从而和老人形成交替接送。这类群体在活动时空方面呈现出以下特征:其一天的时间主要花费在上学接送活动和家务活动上,其中上学出行距离多小于 3 公里;8~10 点和 17~18 点主要为家务活动时间,在完成家务活动和上学接送活动之外,居民还会在 14~16 点和 19~20 点间参与休闲活动,活动出行距离往往在 1 公里以内(见图 4-11)。

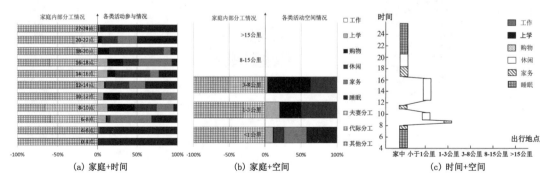

图 4-11　"近距离＋代际分工的上学活动"居民活动时间、空间、家庭分工百分比和日常活动路径案例

资料来源:课题组关于南京市大型保障性住区居民日常活动的抽样调研数据(2020)

4.3　南京市大型保障性住区居民的日常活动时空分异

4.3.1　影响因素选择的判别

大型保障性住区居民的日常活动时空分异，主要取决于居民的个体属性（包括社会属性、经济属性等）的差异化。据此，采用相关分析法进行定量测度，来揭示保障房内部不同群体（城市拆迁户、农村拆迁户、外来租赁户、双困户、购买限价商品房居民）及其不同属性（年龄、性别、学历、家庭结构、职业等）为工作、上学、购物、休闲、家务和睡眠等日常活动方面所带来的差异，具体结果如表4-3和表4-4所示。

表4-3　大型保障性住区居民的"个体和家庭属性-日常活动时间（时长）"相关性分析结果

		工作	上学	家务	购物	休闲	睡眠
群体类型	Pearson 相关性	0.171**	0.021*	0.352	0.034	0.044	0.678
	显著性（双侧）	0.011	0.050	0.002	0.100	0.010	0.510
	N	552	206	552	552	552	552
年龄	Pearson 相关性	−0.417*	0.004	0.102*	0.104**	0.504**	0.002
	显著性（双侧）	0.000	0.100	0.052	0.001	0.020	0.451
	N	552	206	552	552	552	552
受教育水平	Pearson 相关性	0.136*	0.051**	0.002	0.074	0.003**	0.008
	显著性（双侧）	0.050	0.041	0.017	0.140	0.000	0.51
	N	552	206	552	552	552	552
家庭结构	Pearson 相关性	0.026	0.101*	0.106**	0.134	0.368**	0.026
	显著性（双侧）	0.001	0.050	0.002	0.100	0.000	0.51
	N	552	206	552	552	552	552
职业	Pearson 相关性	0.124**	0.011	−0.312**	0.204	−0.447***	0.015
	显著性（双侧）	0.001	0.050	0.002	0.100	0.000	0.51
	N	552	206	552	552	552	552
月平均收入	Pearson 相关性	0.022	0.041*	−0.004*	0.023*	−0.512	0.008
	显著性（双侧）	0.001	0.070	0.022	0.100	0.011	0.51
	N	552	206	552	552	552	552
家庭成员就业比	Pearson 相关性	0.301	0.021	0.006**	0.134	0.474***	0.078
	显著性（双侧）	0.101	0.150	0.012	0.100	0.51
	N	552	552	552	552	552	552

注：显著性 * $P<0.1$，** $P<0.05$，*** $P<0.001$；表中打灰的值表示相关系数绝对值大于0.1，且显著。

表4-4 大型保障性住区居民的"个体和家庭属性-日常活动空间(距离)"相关性分析结果

		工作	上学	家务	购物	休闲	睡眠
群体类型	Pearson 相关性	0.435**	0.101	0.012**	0.044*	0.111	0.012
	显著性(双侧)	0.050	0.050	0.000	0.061	0.120	0.100
	N	552	206	552	552	552	552
年龄	Pearson 相关性	−0.438*	0.274*	0.015**	0.104**	0.204**	0.102
	显著性(双侧)	0.000	0.000	0.050	0.001	0.011	0.051
	N	552	206	552	552	552	552
受教育水平	Pearson 相关性	0.257**	0.052***	0.102	0.244	0.013**	0.002
	显著性(双侧)	0.010	0.001	0.107	0.101	0.000	0.310
	N	552	206	552	552	552	552
家庭结构	Pearson 相关性	0.124***	0.311**	0.052**	0.034	0.101**	0.204
	显著性(双侧)	0.001	0.050	0.013	0.110	0.050	0.110
	N	552	206	552	552	552	552
职业	Pearson 相关性	0.008	0.011**	0.352*	0.204	−0.107	0.104
	显著性(双侧)	0.101	0.050	0.100	0.100	0.000	0.081
	N	552	206	552	552	552	552
月平均收入	Pearson 相关性	0.050	0.011**	0.004**	0.023*	0.012	0.128
	显著性(双侧)	0.001	0.010	0.012	0.210	0.021	0.054
	N	552	206	552	552	552	552
家庭成员就业比	Pearson 相关性	0.101***	0.021**	0.012	0.134	0.174	0.178
	显著性(双侧)	0.006	0.040	0.012	0.100	0.010	0.420
	N	552	552	552	552	552	552

注:显著性 * $P<0.1$,** $P<0.05$,*** $P<0.001$;表中打灰的值表示相关系数绝对值大于0.1,且显著。

针对大型保障性住区居民日常活动的时空分异,本研究基于 SPSS 软件平台,来判别和遴选个体属性中同日常活动时(时长)空(距离)特征分异具有一定相关性的变量,并根据相关系数的大小来判定变量之间的相关程度,其判别标准通常为:显著性(包括 * ,** ,***),若没有显著性,就表明变量间不具有相关性;相关系数的绝对值小于0.3且具有显著性(包括 * ,** ,***),代表显著弱相关;系数在0.3~0.5且显著,代表低度相关;系数在0.5~0.8且显著,代表中度相关;系数大于0.8且显著,则代表高度相关①。考虑到研究数据来源于问卷填写,现实数据跟理想数据存在一定的误差,因此本研究又将相关系数标准进行了适当调整——相关系数绝对值小于0.1且显著,代表弱相关;0.1~0.5且显著,代表低度相关;0.5~0.8且显著,代表中度相关;大于0.8且显著,则代表高度相关。

因此,本研究分别从上述两个表中筛选变量间相关系数标准为绝对值大于0.1且显著的变量,并对两个表中相关且显著的变量做交集处理:个体和家庭属性中的某一变量同时对某一活动时间和活动空间具有显著相关性(如群体类型),该群体属性变量才入选,于是

---

① 武松,潘发明.SPSS统计分析大全[M].北京:清华大学出版社,2014:217-227.

群体类型、年龄、受教育水平、家庭结构 4 个变量入选。因此，下文将探讨这 4 个变量对大型保障性住区居民日常活动的时空分异的影响，以进一步把握住区居民日常活动的时空规律。

4.3.2　不同群体对大型保障性住区居民日常活动的影响

结合相关分析和个体活动时间、活动空间、家庭分工的百分比及时空间结构图（图 4-12）可以看出，住区内部群体类型对于居民日常活动时空特征的影响主要表现为群体类型对工作活动存在显著相关性（详见表 4-5），至于上学、购物、休闲、睡眠等活动，群体类型的影响则相对较小。从图 4-12 可以看出，五类家庭的儿童接送时长均在 0.25 小时左右，活动空间均不超过 3 公里，家庭分工以夫妻分工为主、代际分工为辅；购物时长多在 1 小时左右，且在 3 公里以内，以夫妻分工为主；家务活动时间均在 3 小时左右，以夫妻分工为主，代际分工为辅，居家完成；休闲活动时长均在 2 小时左右，且以 1 公里以内为主；睡眠时长则集中在 7 小时左右。

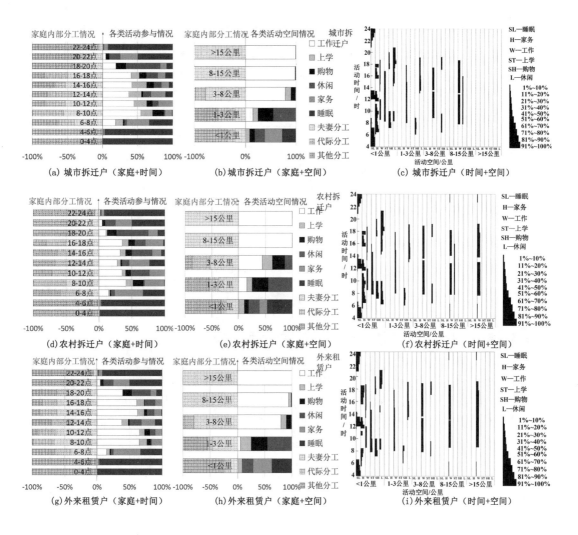

(a) 城市拆迁户（家庭+时间）　(b) 城市拆迁户（家庭+空间）　(c) 城市拆迁户（时间+空间）

(d) 农村拆迁户（家庭+时间）　(e) 农村拆迁户（家庭+空间）　(f) 农村拆迁户（时间+空间）

(g) 外来租赁户（家庭+时间）　(h) 外来租赁户（家庭+空间）　(i) 外来租赁户（时间+空间）

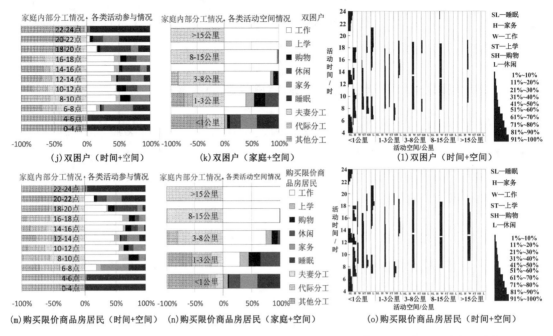

图 4-12　不同群体的大型保障性住区居民活动时间、空间、家庭分工百分比和时空间结构

资料来源：课题组关于南京市大型保障性住区居民日常活动的抽样调研数据(2020)

表 4-5　群体类型对大型保障性住区居民日常活动的影响及其主要原因

日常活动类型	群体类型对居民日常活动的影响	主要原因
工作	【家庭分工】五类家庭的分工主要以夫妻分工为主 【时间】城市拆迁户、农村拆迁户和双困户的工作活动时间在8~9小时，外来租赁户和购买限价商品房家庭的工作活动时长达到10~12小时 【空间】五类家庭的工作活动距离以3~8公里、8~15公里、大于15公里为主	家庭中参与就业的大多数为男主人和女主人，以夫妻分工为主要分工模式；保障性住区主要集聚于城市边缘，因而通勤距离偏远，工作时间也偏长

资料来源：笔者自绘

4.3.3　年龄对大型保障性住区居民日常活动的影响

结合相关分析和个体活动时间、空间、家庭分工百分比及时空间结构图(图 4-13)可以看出，年龄结构对于居民日常活动时空特征的影响主要表现为年龄对工作、购物和休闲活动存在显著相关性(详见表 4-6)，至于上学接送、家务、睡眠等活动，年龄结构的影响则相对较小。从图 4-13 可以看出，不同年龄结构群体的儿童上学接送活动均在 0.25 小时左右；家务时长均在 3 小时左右，基本上居家完成，且以夫妻分工为主；睡眠时长在 7小时左右。

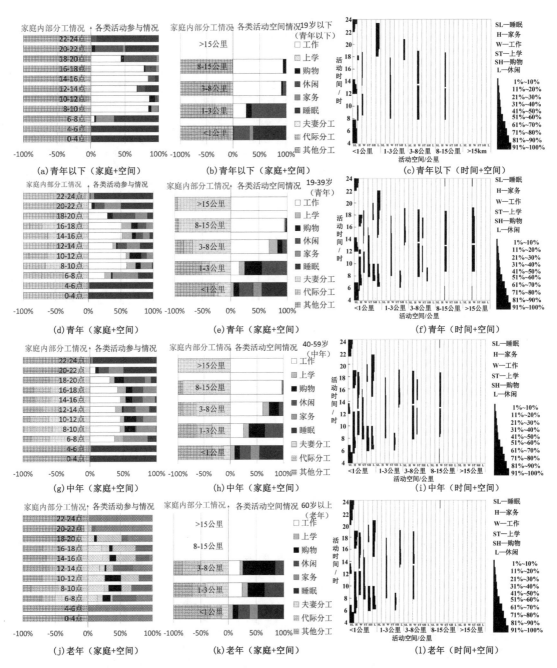

图 4-13　不同年龄结构的大型保障性住区居民活动时间、空间、家庭分工百分比和时空结构

资料来源：课题组关于南京市大型保障性住区居民日常活动的抽样调研数据（2020）

表4-6　年龄对大型保障性住区居民日常活动的影响及其主要原因

日常活动类型	年龄对居民日常活动的影响	主要原因
工作	【家庭分工】青年以下群体的工作活动以其他分工为主,青年群体以夫妻分工为主、其他分工为辅,中年和老年群体则以夫妻分工为主 【时间】青年群体的工作活动时长大于10小时,青年以下群体和中年群体在8～9小时,老年群体则在8小时左右 【空间】青年群体主要集中在8～15公里和15公里以上,中年群体多集中在8～15公里,老年群体则集中在0～8公里	工作群体的年龄结构主要集中在青年和中年层(其中青年以下的群体成家率不高),而保障性住区主要集聚在城市边缘,因而通勤距离偏远,工作时间也偏长
购物	【家庭分工】青年以下群体的家庭分工以代际分工为主,青年群体、中年和老年群体的家庭分工则以夫妻分工为主 【时间】青年以下群体的购物活动时长小于1小时,青年和中年群体大于1小时,老年群体则在2小时左右 【空间】青年以下和青年购物距离在1～3公里和3～8公里;中年群体在1～3公里,老年群体则集中在0～1公里	购物活动的家庭分工主要取决于家庭成员中谁有空,活动时长主要受家庭结构影响(家庭结构越复杂,活动时长越长),活动距离则受年龄影响(年龄越大,活动距离越短)
休闲	【家庭分工】均以其他分工为主 【时间】青年以下和老年群体的休闲活动相对较多,多为3小时以上,而青年和中年群体则小于2小时 【空间】不同年龄结构的群体休闲活动距离均较短,集中在0～3公里	休闲活动属于自由型活动,时间分配主要受个体其他活动时间的影响(其他活动时间占用越多,则花费在该类活动上的时间越少),尤其是上班的青年和中年群体,其休闲时间较为有限

资料来源:笔者自绘

4.3.4　受教育水平对大型保障性住区居民日常活动的影响

结合相关分析和个体活动时间、空间、家庭分工百分比及时空间结构图(图4-14)可以看出,住区内部群体受教育水平对于居民日常活动时空特征的影响主要表现为受教育水平对工作活动存在显著相关性(详见表4-7),至于上学、家务、购物、休闲、睡眠等活动,受教育水平的影响则相对较小。结合图4-14可以看出,不同受教育水平群体的儿童上学接送时长均在0.25小时左右,活动空间均小于1公里,家庭分工以夫妻为主、代际分工为辅;家务活动时长均在3小时左右,以夫妻分工为主,均为居家完成;购物时长在1小时左右,空间距离均小于3公里,以夫妻分工为主;休闲活动时长均在3小时左右,距离以1公里以内为主;睡眠时长则集中在8小时左右。

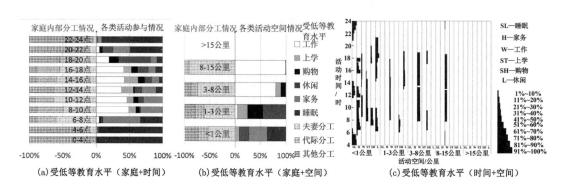

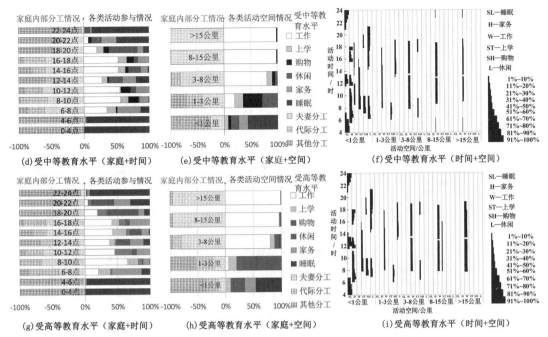

图 4-14　不同受教育水平的大型保障性住区居民活动时间、空间、家庭分工百分比和时空结构

资料来源：课题组关于南京市大型保障性住区居民日常活动的抽样调研数据（2020）

表 4-7　受教育水平对大型保障性住区居民日常活动的影响及其主要原因

日常活动类型	受教育水平对居民日常活动的影响	主要原因
工作	【家庭分工】不同受教育水平的居民参与工作活动时均以夫妻分工为主 【时间】受低等教育水平居民的工作时长均大于 10 小时；中等和受高等教育水平居民的工作时长在 8～10 小时 【空间】受低等教育水平居民的工作活动距离多在 0～8 公里，受中等教育水平的居民集中在 3～8 公里和 8～15 公里，受高等教育水平的居民则在 8 公里以上	受低等教育水平的居民通常只能从事低技能的劳动密集型工作，工作时间相对较长，且为了减少出行成本，而将工作活动距离压缩在 8 公里以内；而受中等教育水平以上的居民工作时间相对较短，但工作活动距离较长

资料来源：笔者自绘

4.3.5　家庭结构对大型保障性住区居民日常活动的影响

结合相关分析和个体活动时间、空间、家庭分工百分比及时空结构图（图 4-15）可以看出，家庭结构对于居民日常活动时空特征的影响主要表现为家庭结构类型对上学活动和休闲活动存在显著相关性（详见表 4-8），至于工作、家务、购物、睡眠等活动，家庭结构的影响则相对较小。结合图 4-15 可以看出，不同家庭结构的工作时长均为 9 小时，以夫妻分工为主，活动距离集中在 3～8 公里和大于 15 公里；家务活动时长为 3 小时，以夫妻分工为主，基本上居家完成；购物活动时长在 0.3 小时左右，活动距离均在 1 公里以内，以夫妻分工为主；睡眠时长则集中在 8 小时左右。

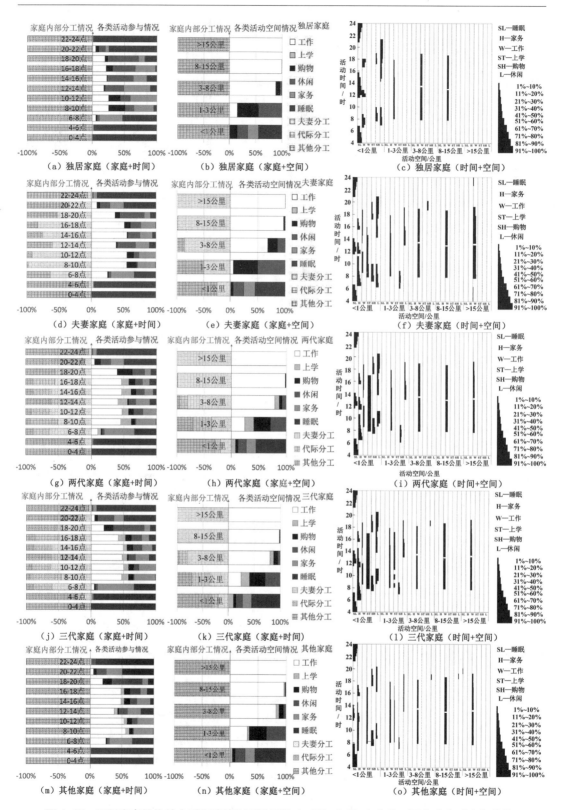

图 4-15　不同家庭结构的大型保障性住区居民活动时间、空间、家庭分工百分比和时空间结构

资料来源：课题组关于南京市大型保障性住区居民日常活动的抽样调研数据（2020）

表 4-8 家庭结构对大型保障性住区居民日常活动的影响及其原因

日常活动类型	家庭结构对居民日常活动的影响	主要原因
上学	【家庭分工】两代家庭中的儿童接送活动以夫妻分工为主,三代家庭的则以代际分工为主,夫妻分工为辅 【时间】所有群体的儿童接送上学时长主要在 0.25 小时左右 【空间】所有群体的儿童上学空间均在 0~3 公里	接送儿童上学的家庭分工主要由家庭结构及其成员中谁有空来决定,而上学时长通常由学校来制定,上学地点的选择则首要考虑就近问题
休闲	【家庭分工】均以其他分工为主 【时间】独居居民的休闲时长一般小于 2 小时,夫妻家庭的休闲时长一般大于 3 小时,两代家庭和三代家庭的休闲时长在 3 小时左右,其他家庭结构的休闲时长则在 2 小时左右 【空间】各类家庭的休闲活动距离均较短,多集中在 0~1 公里和 1~3 公里	休闲活动属于自由型活动,时间分配主要受居民其他活动的影响——其他活动时间越少,则参与休闲的时间越多,相应的活动距离就越远

资料来源:笔者自绘

4.4 本章小结

在本章中,基于大型保障性住区居民的活动日志数据,借鉴时间地理学的分析模型,从家庭分工视角,不但总结了该群体日常活动的总体时空规律,还从中聚类和提取 8 类典型案例,展开同家庭分工相耦合的活动时空特征分类解析,并在"居民活动—个体属性"相关性分析基础上,对家庭分工模式下日常活动时空分异的影响因素进一步展开探讨。

本章主要结论包括:

大型保障性住区居民的日常活动的总体时空规律为:其作息时间差异明显,工作活动以家庭内部夫妻分工为主,活动时间和空间距离均为最长;上学接送活动以家庭内部代际分工为主,夫妻分工为辅,上学活动开始时间同工作活动存在冲突,且活动时间较长而空间距离较短;家务活动以夫妻分工为主,代际分工和组合分工为辅,活动时间较短且居家为主;购物活动以夫妻分工和代际分工为主,且活动时间和空间距离较短;休闲活动主要以自由选择为主,时间较短和空间距离最短且具有规律性。

在此基础上,进一步遴选介绍"远距离+夫妻分工的工作活动""近距离+夫妻分工的工作活动""远距离+其他分工的工作活动""近距离+夫妻分工的家务活动""近距离+代际分工为主、夫妻分工为辅的家务活动""近距离+其他分工的休闲活动""近距离+夫妻分工的上学活动""近距离+代际分工为主的上学活动"这 8 种较为典型的大型保障性住区居民日常活动案例,全面分析了各种类型居民日常活动所属家庭分工类型、活动的时空特征规律。

最后,从个体属性对大型保障性住区居民日常活动的时空特征影响分别进行分异分析,具体结论如下:

不同居住群体在工作活动上有影响,主要体现在家庭分工、时间、空间上;年龄主要对工作、上学、购物、休闲活动有显著影响,其中,家庭分工和时间均对工作、上学、购物、休闲活动有影响,空间则对工作活动有影响;受教育水平主要对工作有影响,家庭分工、时间和空间均对工作有影响;家庭结构主要对上学和休闲活动有影响,家庭分工、时间和空间均对上学和休闲有影响。

　　综上所述,大型保障性住区居民参与日常活动时,家庭内部主要有三类分工模式(夫妻分工、代际分工、其他分工),不同分工模式会在不同的活动间进行交织或转移——工作活动和购物活动主要以夫妻分工为主,而上学接送活动和家务活动以夫妻分工和代际分工为主。但随着工作时间和工作距离的增加,就会促进上学接送活动和家务活动更多地向代际分工转移,并间接促进夫妻更多地参与休闲活动和购物活动。总体而言,各类活动间的家庭分工模式和时空特征差异在一定程度上受到居民个体(如年龄、受教育水平)和家庭(如不同居住类型、家庭结构)属性的影响或约束。

5 南京市大型保障性住区居民的日常活动时空集聚

在了解大型保障房住区居民日常活动的家庭分工模式和时空总体特征的基础上,进一步研究家庭分工背后个体日常活动在时间和空间上的集聚趋势,可以更好地了解该群体日常活动的时空选择特点、居民对城市空间的利用情况等,甚至可以细分到不同亚类群体和不同活动类型的时空集聚状况。因此,本章将立足于"家庭分工视角",依循"总体特征—不同群体特征—不同活动特征"之脉络,来分析大型保障性住区居民日常活动的时空集聚特征,并进一步归纳和提炼其日常活动时空响应模式。

5.1 研究思路与方法

5.1.1 研究思路

居民的活动具有时间和空间维度,其日常活动在时间和空间上倾向于集聚还是分散,在一定程度上还会受到"家庭"变量的影响。家庭成员在人力、物质、时间资源的可支付范围内,通常会在优先满足家庭最迫切刚需的前提下,对各类日常活动做出有序分工和合理安排,进而在时空维度上呈现出不同的集聚特征。因此可以说,时间、空间、家庭是测度居民活动集聚性的三个重要维度,但目前针对大型保障性住区居民的日常活动时空集聚研究,仍存在以下局限:其一,较少考虑家庭内部分工的影响;其二,在测度居民日常活动时空集聚规律时,要么应用的"空间自相关"模型较少融入时间要素,要么应用的"时空自相关"模型在时间上只是以某一时间长度(如一天、一年)为间隔,截取时间断面中的自相关性,而不是把时间要素看成是一个连续变量来考虑,从而削弱了时间维度的影响[①]。基于此,本书将充分纳入"家庭分工"变量和活动的时间要素,依循"总体特征—不同群体特征—不同活动特征"之思路,尝试从家庭分工、时间、空间三个维度来探讨大型保障性住区居民日常活动的时空集聚规律(见图5-1)。

5.1.2 研究方法

空间自相关分析是一类有效判定某一变量是否具有空间相关性以及相关程度如何的

---

① 周素红,邓丽芳.城市低收入人群日常活动时空集聚现象及因素:广州案例[J].城市规划,2017,41(12):17-25.

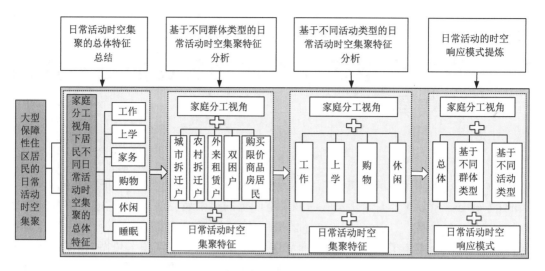

图 5-1　南京市大型保障性住区居民日常活动时空集聚的研究思路

资料来源：笔者自绘

空间分析技术，具体包括全局空间自相关和局部空间自相关两类。其中，"全局空间自相关分析"主要用于探索整个空间属性数据（大型保障性住区居民日常活动）的分布模式及其空间结构，借以判断该属性在一定空间范围内的自相关特性（即是否存在集聚），但这并不足以判定某类现象（如居民日常活动）究竟在哪里或是哪些空间单元存在集聚。这就需要引入"局部空间自相关分析"技术。因此，本章将应用上述方法来测度大型保障性住区居民日常活动的"空间集聚程度"，其"时间集聚程度"的分析方法与之类似[①②]，具体过程如下。

（1）局部空间自相关分析

Ord 和 Arthur Getis 提出的统计指数 Getis-Ord G_i^* 作为"局部空间自相关分析"的一类常用方法[③]，主要通过 G_i^* 指数计算居民每个活动点的局部空间自相关，可以判断大型保障性住区居民日常活动的高值集聚和低值集聚，其计算公式具体如下：

$$G_i^* = \frac{\sum_{j=1}^{n} w_{ij} L_j - \overline{L} \sum_{j=1}^{n} w_{ij}}{S \sqrt{\dfrac{\left[n \sum_{j=1}^{n} w_{ij}^2 - \left(\sum_{j=1}^{n} w_{ij}^2 \right)^2 \right]}{n-1}}} \tag{5-1}$$

$$\overline{L} = \frac{\sum_{j=1}^{n} L_j}{n} \tag{5-2}$$

①　周素红,邓丽芳.城市低收入人群日常活动时空集聚现象及因素：广州案例[J].城市规划,2017,41(12)：17-25.

②　Zhou S H, Deng L F, Kwan M P, et al. Social and spatial differentiation of high and low income groups' out-of-home activities in Guangzhou, China[J]. Cities, 2015，45：81-90.

③　Getis A, Ord J K. The analysis of spatial association by use of distance statistics[J]. Geographical Analysis, 2010,24(3)：189-206.

$$S = \sqrt{\frac{\sum_{j=1}^{n} L_j^2}{n} - (\overline{L})^2} \tag{5-3}$$

式中，i 代表中心要素，j 是区域内的所有要素，L_j 代表区域内第 j 个要素的属性值（人口密度、活动场所密度），w_{ij} 代表要素 i 和 j 之间的空间距离，n 是区域内的要素总数（相当于样本容量），$\overline{L}$ 代表 n 个要素的平均值，S 代表要素值的标准差。如果 G_i^* 为正且显著，表明该要素周围值较高，即为高值集聚区；如果 G_i^* 为负且显著，表明该要素周围值较低，即为低值集聚区。

从上述公式中可以看出，L_j 代表区域内第 j 个要素的属性值（比如在本研究中，即可用 L_j 表示第 j 个活动的属性值），可为变量增补或是技术改进方面预留一定的灵活性。就本研究而言，主要是从"家庭分工"视角（不同的家庭分工强度）来测度和解析活动的空间集聚特征，因此，下文将把"家庭分工强度"作为观测活动空间集聚与否的增补变量，L_j 表示居民活动 j 的家庭分工强度。

（2）局部时间自相关分析

同"局部空间自相关"分析相比，"局部时间自相关"分析是用于计算居民每个活动时间与邻近活动时间的相关程度，揭示活动时间之间的相似性，进而判断要素（活动）在时间上集聚的热点和冷点。时间自相关系数 T_i 的计算公式同上述的局部空间自相关系数 G_i^* 类似，仅是以时间距离变量代替了空间自相关模型中的空间距离变量[1]。在时间自相关系数 T_i 中，用以定义两个活动之间时间距离的 t_{ij}，在测度上涉及活动开始时间、结束时间和持续时间，具体计算公式如下：

$$t_{ij} = \sqrt{(t_{j1} - t_{i1})^2 + (t_{j2} - t_{i2})^2} \tag{5-4}$$

$$T_i = \frac{\sum_{j=1}^{n} t_{ij} L_j - \overline{L} \sum_{j=1}^{n} t_{ij}}{S \sqrt{\dfrac{\left[n \sum_{j=1}^{n} t_{ij}^2 - \left(\sum_{j=1}^{n} t_{ij}^2 \right)^2 \right]}{n-1}}} \tag{5-5}$$

注意，t_{ij} 是活动 i 和活动 j 之间的时间距离，其他变量则与前文中释义相同。T_i 的显著性探测可以用来表征活动在时间上集聚的热点和冷点，而且基于上述空间自相关模型的改良，公式中的 L_j 变量在做增补变量时同样具有一定灵活性。因此，下文将把"家庭分工强度"作为观测活动时间集聚与否的增补变量，L_j 即表示居民活动 j 的家庭分工强度。

（3）家庭分工视角下的局部时空自相关分析

上述的局部空间与时间自相关分析均可用来判断居民日常活动在空间和时间上是否属于低值集聚或者高值集聚。为了进一步探讨"家庭分工"视角下大型保障房住区居民的日常活动时空集聚特征，本章将结合第 2 章理论诠释框架，对前述两个局部自相关模型做出

---

① Zhou S H, Deng L F, Kwan M P, et al. Social and spatial differentiation of high and low income groups' out-of-home activities in Guangzhou, China[J]. Cities, 2015, 45: 81-90.

一定改良,即将"家庭分工强度"这一变量纳入到日常活动的时空集聚测度中,具体为:将家庭分工强度作为观测变量 L_j,分别计算居民每个活动点的空间自相关系数 $H_{G_i^*}$ 和时间自相关系数 H_{T_i}。具体计算公式如下:

$$H_{G_i^*} = \frac{\sum\limits_{j=1}^n w_{ij} L_j - \overline{L} \sum\limits_{j=1}^n w_{ij}}{S\sqrt{\dfrac{\left[n\sum\limits_{j=1}^n w_{ij}^2 - \left(\sum\limits_{j=1}^n w_{ij}^2 \right)^2 \right]}{n-1}}} \tag{5-6}$$

$$H_{T_i} = \frac{\sum\limits_{j=1}^n t_{ij} L_j - \overline{L} \sum\limits_{j=1}^n t_{ij}}{S\sqrt{\dfrac{\left[n\sum\limits_{j=1}^n t_{ij}^2 - \left(\sum\limits_{j=1}^n t_{ij}^2 \right)^2 \right]}{n-1}}} \tag{5-7}$$

在公式(5-6)和公式(5-7)中,n 是样本居民的活动场所总数,L_j 是样本居民的家庭分工强度(具体算法详见2.3.3节),w_{ij} 是活动 i 和 j 之间的空间距离权值,t_{ij} 是活动 i 和 j 之间的时间距离权值,$H_{G_i^*}$ 和 H_{T_i} 系数则用于衡量不同家庭分工强度下群体活动的空间和时间集聚程度。显著正 $H_{G_i^*}$ 和 H_{T_i} 代表高强度家庭分工下的居民日常存在空间和时间集聚,显著负 $H_{G_i^*}$ 和 H_{T_i} 则代表低强度家庭分工下的居民日常活动存在空间和时间集聚。

根据第 2 章中的"家庭分工强度"概念,家庭分工强度 L_j 为活动 j 时长和活动 j 所属家庭分工模式 m 的乘积。其中,家庭内部存在 3 种基本分工模式(其他分工 $m=1$,夫妻分工 $m=1$,代际分工 $m=1$),若某一活动同时有两类分工,家庭分工强度则为该类活动时长分别乘以两类分工模式后相加值,比如说某一家庭的上学接送活动时长为 0.2 小时,接送家长有父母(夫妻分工)和老人(代际分工),那么其总的家庭分工强度即为 $(0.2\times 1)+(0.2\times 1)$;其中活动时长为参与某一活动 j 的持续时间(活动 j 的结束时间减去活动 j 的开始时间)。基于大型保障性住区居民活动的一手调研数据,各类活动的家庭分工强度分布结果如表 5-1 所示。

表 5-1 大型保障性住区居民日常活动的家庭分工强度

活动类型	家庭分工强度	
	均值(小时)	标准差
工作活动	10.5	2.42
上学接送活动	0.22	0.11
家务活动	3.1	1.10
购物活动	1.1	0.87
休闲活动	3.0	0.55
睡眠活动	6.4	1.46

资料来源:课题组关于南京市大型保障性住区居民日常活动的抽样调研数据(2020)

在此基础上,又借鉴部分学者提出的时空集聚测度方法:假设时间和空间具有同样的影响力(权重)的连续维度,可进一步构造时空自相关系数[①]。基于此,家庭分工视角下日常活动时空自相关系数的计算公式如下:

$$H_{GT_i} = N_{HG_i^*} + N_{HT_i} \qquad (5-8)$$

式中,$N_{HG_i^*}$ 为 $H_{G_i^*}$ 的标准化值,N_{HT_i} 为 H_{T_i} 的标准化值。H_{GT_i} 能测度出不同家庭分工强度下居民的高值和低值集聚情况,高值集聚区是指高强度家庭分工下居民的活动时空集聚范围或区间,低值集聚区则是指低强度家庭分工下居民的活动时空集聚范围或区间。

5.2 南京市大型保障性住区居民日常活动时空集聚的总体特征

以"家庭分工强度"为观测变量,本节将采取上述时空自相关的方法进行 H_{GT_i} 系数的计算,运用 ArcMap 软件中的自然间断方法进行分类,并根据数据特点来自动计算分级点(见图 5-2);同时,按照"主城区—住区"双重尺度来刻画居民日常活动时空集聚的总体特征,基本图解原则如下:

① 横轴代表空间(划分为"主城区—住区"双重尺度),用以全面表达大型保障性住区居民活动的空间分布规律:其一反映的是在主城区尺度上,四个样本住区的布点及其居民在整个南京主城区的活动分布情况;其二反映的是在住区尺度上,四个样本住区居民在住区及其周边的活动分布情况。

② 纵轴代表时间(以工作日某一天的 24 小时为参照,其中每两个小时作为一个基本时段),反映的是四个样本区居民在不同尺度下、不同时段活动的分布情况。

③ 不同家庭分工强度下的活动集聚程度用不同灰度的圆圈来表达,共分为深黑、黑色、深灰、灰色、白色五个等级,颜色越深表示该类活动的分工强度越强,颜色越浅则表示该类活动的分工强度越弱。其中,深黑、黑色可归为高强度家庭分工,深灰可归为中强度分工,灰色和白色则可归为低强度分工。

其中,时间分布特征可用"集中"或是"分散"加以描述,其在计算上则可以通过样本点在某一时间段所占比例来确定某一活动时间分布的集中或分散程度。若某一时段的活动点数量大于总样本点的 10%[②](这里的总样本点是根据研究对象,即总体、不同群体、不同活动等的实际情况而定的,如研究某一群体时,总样本点就是该群体一整天发生的所有活动点数量),则认为该时段活动集中,反之则是分散。同样,若活动集聚的时间段超过 2 小

① Zhou S H, Deng L F, Kwan M P, et al. Social and spatial differentiation of high and low income groups' out-of-home activities in Guangzhou, China[J]. Cities, 2015, 45: 81-90.

② 基于南京市大型保障性住区居民活动调研的一手资料和日志数据,四个住区 552 位居民全天共计活动点为 2 752 个,其中工作活动点均值占比 13%,上学接送活动点占比 9.5%,家务活动点均值占比 15%,购物活动点均值占比 11%,休闲活动点均值占比 10%,睡眠活动点均值占比约 19%。上学接送活动点(9.5%)为最低值,选取 10% 作为居民日常活动在某一时段是否存在集中现象的判定门槛值。

时,则可定义为长时段;小于等于2小时则可定义为短时段。因此综合起来,活动在时间上的分布特征可统一用"长/短集中、长/短分散"来表达。

5.2.1 大型保障性住区居民的日常活动时空集聚总体特征——主城区尺度

在空间上,高强度家庭分工下的居民日常活动主要分布在主城边缘的南京经济开发区、仙林、东山、雨花经济开发区等区域,一部分分布在主城区的迈皋桥、新街口、宁海路、河西、住区等区域,呈多中心分布,还有一部分则呈零星点状散布于主城区的宁海路、雨花等区域;中强度家庭分工下的居民日常活动主要分布在主城边缘和主城区,呈零星点状分布,还有一部分分布在住区,呈团块状分布;低强度家庭分工下的居民日常活动则集中分布在住区及其周边,活动空间范围较小,呈现出以居住地为中心的团块状集聚特征(见图5-2)。

在时间上,高强度家庭分工下的居民日常活动时段集中分布在8~20点和22~次日6点;中强度家庭分工下的活动时段集中在8~18点和20~次日8点;低强度家庭分工下的日常活动时段则主要集中在6~8点、12~16点和晚上20~24点三个时间段。

总之,不同家庭分工强度下的居民日常活动分布存在明显的时空集聚性:其在空间上呈现出"多中心、零星点状和团块状集聚并存"的总体特征,分别分布在老城中心、主城北部和南部(多中心,高强度分工;零星点状,中+高强度分工)、河西和板桥新城区、仙林和东山副城(多中心,中+高强度分工;零星点状,中强度分工)、住区(团块状,中+低强度分工)等区域;其在时间上则呈现出"上午和下午集中且持续时间长,晚上分散且持续时间短,夜间集中且持续时间长"的总体特征,分别分布在8~20点(长集中,中+高强度分工)、18~20点(短分散,低+中强度分工)、20~次日8点(长集中,中+高强度分工)。

5.2.2 大型保障性住区居民的日常活动时空集聚总体特征——住区尺度

在空间上,丁家庄住区高强度家庭分工下的居民日常活动空间主要分布在住区周边的公共服务设施和住区出入口附近等区域,部分集聚于住宅内部(居家),且均呈零星点状分布;中强度和低强度家庭分工下的居民日常活动空间主要分布在住宅内部和住区内部的公共服务设施,呈团块状分布。花岗和丁家庄住区高强度和中强度家庭分工下的居民活动空间主要分布在住区内部的公共服务设施、住区周边的公共服务设施等区域,呈零星点状散布,另一部分则分布在住宅内部,呈团块状分布;低强度家庭分工下的日常活动空间则分布于住宅内部和住区出入口附近,呈团块状分布。对于岱山住区而言,高强度和中强度家庭分工下的居民日常活动空间主要分布在住区周边的公共服务设施,呈零星点状分布,另一部分则分布在住宅内部,呈团块状分布;低强度家庭分工下的居民日常活动空间则主要分布在住区内部的公共服务设施和住宅内部,呈多中心分布,还有另一部分分布在住区周边的公共服务设施,呈零星点状分布(见图5-2)。

在时间上,四个住区高强度和中强度家庭分工下的居民活动时段集中分布在22~次日6点、8~20点两个时间段;低强度家庭分工下的居民活动时段则集中在6~10点、12~16点和20~24点三个时间段。

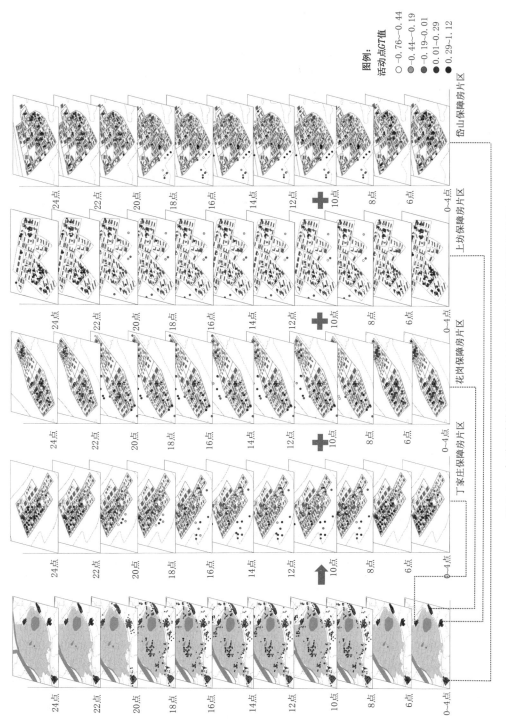

图5-2　大型保障性住区居民的日常活动时空集聚总体特征

资料来源：笔者自绘

总之,丁家庄片区居民在不同家庭分工强度下的日常活动时空集聚态势不强:其在空间上呈现出"零星点状和团块状"的总体特征,分别分布在住区周边的公共服务设施、住区出入口附近(零星点状,高强度分工)、住区内部的公共服务设施、住宅内部等区域(团块状,低+中强度分工),而时间上的分布差异也不明显。花岗片区和上坊片区居民在不同家庭分工强度下的日常活动具有较为明显的时空集聚特征:其在空间上呈现出"零星点状和团块状并存"的总体特征,分别分布在住区内部及其周边的公共服务设施(零星点状,中+高强度分工)、住宅内部(团块状,中+高强度分工)、住宅内部和住区出入口附近(团块状,低强度分工);其在时间上则呈现出"上午和下午集中且持续时间长,晚上和夜间分散且持续时间长"的总体特征,主要分布在8~20点(长集中,中+高强度分工)、18~22点(长分散,低+中强度分工)、22~次日6点(长集中,中+高强度家庭分工)。岱山片区居民在不同家庭分工强度下的日常活动具有最为明显的时空集聚特征:其在空间上呈现出"零星点状、团块状和多中心并存"的总体特征,分别分布在住区周边的公共服务设施(零星点状,高+中强度分工)、住宅内部(团块状,高+中强度分工)、住区内部的公共服务设施和住宅内部等区域(多中心,低强度分工);其在时间上则呈现出"上午和下午分散且持续时间长,晚上和夜间集中且持续时间长"的总体特征,分别分布在8~18点(长分散,低+高强度分工)、20~24点(长集中,低+中强度分工)、24~次日8点(长集中,中+高强度分工)。

总体上,不同家庭分工强度下的保障房居民日常活动具有明显的时空集聚特征。其中,中、高强度分工下的日常活动时空集聚在主城区尺度上表现得更为明显,而低、中强度分工下的日常活动则在住区尺度上更为集聚。

5.3 南京市大型保障性住区基于不同群体类型的日常活动时空集聚特征

5.2节分析了不同家庭分工强度下居民日常活动时空集聚的总体特征,在此基础上,本节进一步对住区内部不同的群体类型(包括城市拆迁户、农村拆迁户、外来租赁户、双困户和购买限价商品房居民)进行划分,并分别对这五类群体的时空集聚特征进行分类测度和图解分析,画法参照5.2节大型保障性住区居民日常活动时空集聚特征的图解原则,具体结果如下。

5.3.1 大型保障性住区城市拆迁户的日常活动时空集聚特征

(1) 主城区尺度

在空间上,高强度家庭分工下的居民日常活动主要散布于主城边缘的仙林、东山、秣陵、雨花经济开发区等区域,还有部分散布于主城区的迈皋桥、新街口、雨花等区域,且均呈零星点状分布,另一部分则散布于住区内部,呈团块状分布;中强度和低强度家庭分工下的居民日常活动则主要分布在住区及其周边,呈零星点状散布(见图5-3)。

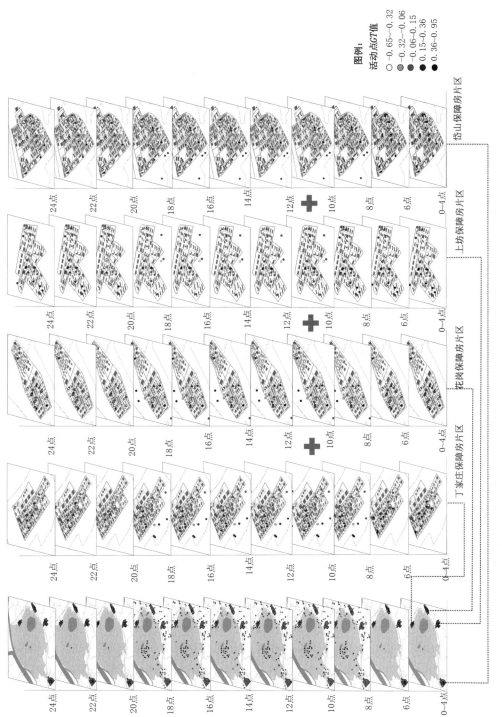

图 5-3 城市拆迁户的日常活动时空集聚特征

资料来源：笔者自绘

在时间上,高强度家庭分工下的居民日常活动时段集中分布在8～20点和22～次日8点时间段;中强度家庭分工下的活动时段集中在22～次日8点和8～18点两个时间段;低强度家庭分工下的活动时段则主要集中在6～10点、14～18点和18～24点三个时间段。

总之,不同家庭分工强度下的居民日常活动时空集聚特征并不明显:其在空间上呈现出"零星点状、团块状"的分布特征,主要分布在老城区、主城北部和南部、仙林和东山副城(多中心,中＋高强度分工)、住区(零星点状,低＋中强度分工;团块状,高强度分工)等区域;其在时间上则呈现出"上午、下午和晚上均较分散且持续时间长,夜间集中且持续时间长"的总体特征,分别分布在8～20点(长分散,中＋高强度分工)、18～24点(长分散,低＋中强度分工)、22～次日8点(长集中,中＋高强度分工)。

(2) 住区尺度

在空间上,三类强度家庭分工下的居民日常活动主要分布在住区出入口附近、住区内部的公共服务设施和住宅内部,且均呈零星点状散布。

在时间上,中和高强度家庭分工下的居民日常活动时段主要分布在6～20点和22～次日8点;低强度家庭分工下的活动时段则主要集中在上午8～10点、下午12～18点和晚上20～24点三个时间段。

总之,不同家庭分工强度下的居民日常活动时空集聚特征并不明显:其在空间上呈现出"零星点状"的总体特征,分别分布在住区出入口附近(零星点状,中＋高强度分工)、住区内部的公共服务设施和住宅内部(零星点状,低＋中强度分工);其在时间上则呈现出"上午、下午和晚上均较分散且持续时间长,夜间集中且持续时间长"的总体特征,分别分布在6～18点(长分散,低＋中强度)、18～24点(长分散,低强度分工)、24～8点(长集中,中＋高强度分工)。

5.3.2　大型保障性住区农村拆迁户的日常活动时空集聚特征

(1) 主城区尺度

在空间上,高强度家庭分工下的居民日常活动主要分布在主城边缘的东山、南京经济开发区、栖霞经济开发区、雨花经济开发区等区域,还有部分分布在迈皋桥、河西、雨花等区域,且均呈零星点状散布,另一部分则分布在住区及其周边,呈多中心集聚分布;中强度和低强度家庭分工下的居民日常活动则主要集中在住区及其周边,并呈现出团块状集聚特征(见图5-4)。

在时间上,高强度家庭分工下的居民日常活动时段集中分布在8～20点和22～次日8点,中强度家庭分工下的活动时段集中在下午6～18点和22～次日6点;低强度家庭分工下的活动时段则主要集中在6～12点、14～16点和20～24点三个时间段。

总之,不同家庭分工强度下的居民日常活动存在明显的时空集聚特征:其在空间上呈现出"零星点状、多中心、团块状并存"的总体特征,分别分布在主城南部和河西新城、仙林、东山和板桥副城(零星点状,高强度分工)、住区及其周边(多中心,高强度分工;团块状,低＋中强度分工);其在时间上则呈现出"上午和下午较分散且持续时间长,晚上集中持续时间短,夜间较集中且持续时间长"的总体特征,分别分布在8～18点(长分散,中＋高强度分工)、20～22点(短集中,低强度分工)、22～次日6点(长集中,中＋高强度分工)。

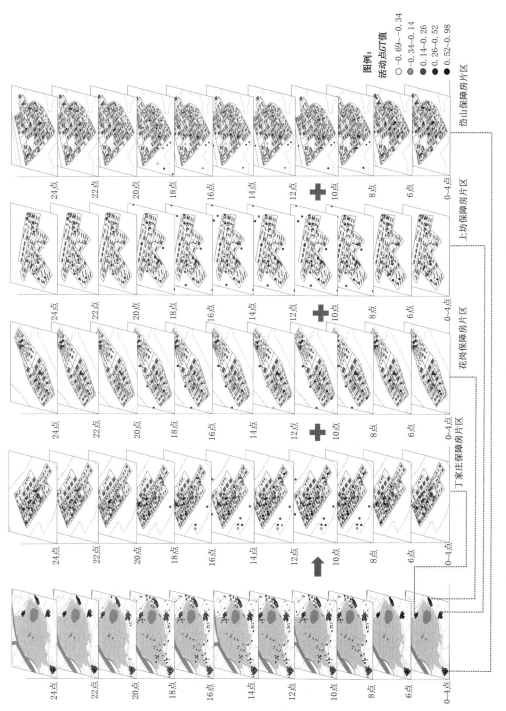

图 5-4 农村拆迁户的日常活动时空集聚特征

资料来源：笔者自绘

（2）住区尺度

在空间上,高强度家庭分工下的日常活动主要分布在住区周边的公共服务设施和住宅内部,呈零星点状散布;中强度家庭分工下的日常活动分布在住宅内部和住区出入口附近,呈零星点状和团块状分布;低强度家庭分工下的日常活动则主要分布在住区内部的公共服务设施和住宅内部,均呈团块状分布。

在时间上,高强度家庭分工下的居民日常活动时段集中分布在6～18点;中强度家庭分工下的活动时段集中6～10点和22～次日8点两个时间段;低强度家庭分工下的活动时段则主要集中在8～16点和20～24点。

总之,不同家庭分工强度下的居民日常活动存在最为明显的时空集聚特征:其在空间上呈现出"团块状和零星点状并存"的总体特征,分别分布在住区周边的公共服务设施(零星点状,高强度分工)、住区出入口附近(零星点状,中强度分工)、住区内部的公共服务设施(零星点状,低强度)和住宅内部(块状,低＋中强度分工;零星点状,中＋高强度分工);在时间上则呈现出"上午和下午分散且持续时间长,晚上和夜间集中且持续时间长"的总体特征,分别分布在6～18点(长分散,低＋中强度分工)和20～次日8点(长集中,中＋高强度分工)。

5.3.3　大型保障性住区外来租赁户的日常活动时空集聚特征

（1）主城区尺度

在空间上,高强度和中强度家庭分工下的居民日常活动主要分布在主城边缘的东山、南京经济开发区、栖霞区经济开发区、雨花经济开发区等区域,一部分分布在主城区的湖南路、新街口、雨花等区域,另一部分则分布在住区一带,且均呈零星点状分布;低强度家庭分工下的居民日常活动则集聚于住区及其周边,呈零星点状散布(见图5-5)。

在时间上,高强度和中强度家庭分工下的居民日常活动时段集中分布在6～20点和22～次日6点;低强度家庭分工下的活动时段则集中在6～10点和20～22点。

总之,不同家庭分工强度下的居民日常活动存在一定的时空集聚特征:其在空间上呈现出"零星点状"的总体特征,分别分布在老城中心和主城南部(零星点状,高强度分工)、东山和仙林副城(零星点状,中＋高强度分工)、住区(零星点状,低＋中强度分工)等区域;其在时间上则呈现出"上午、下午和晚上均较分散且持续时间长,夜间集中且持续时间长"的总体特征,分别分布在6～20点(长分散,中＋高强度分工)、20～24点(长分散,低强度分工)、22～次日6点(长集中,中＋高强度分工)。

（2）住区尺度

在空间上,高强度家庭分工下的居民日常活动主要分布在住区周边的公共服务设施区域和住宅内部,均呈零星点状散布;中强度和低强度家庭分工下的居民日常活动则主要分布在住区内部的公共服务设施和住宅内部,也呈零星点状分布。

在时间上,高强度家庭分工下的居民日常活动时段集中分布在6～20点和22～次日6点;中强度家庭分工下的活动时段集中在18～22点和22～次日6点两个时间段;低强度家庭分工下的活动时段则主要集中在6～10点和20～24点两个时间段。

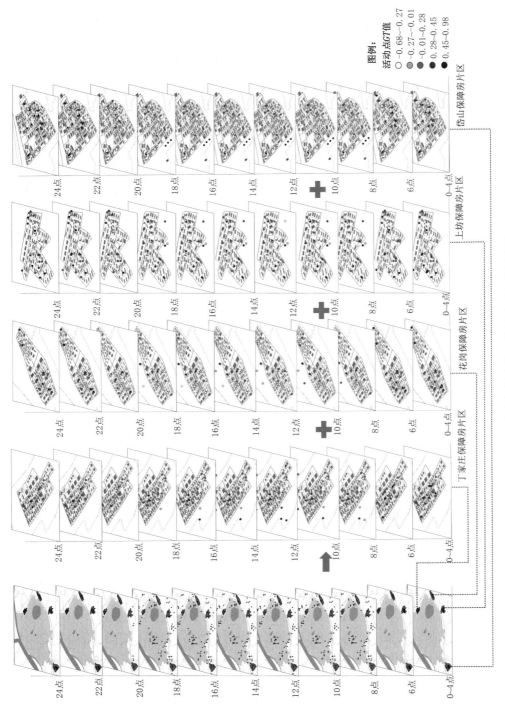

图 5-5 外来租赁户的日常活动时空集聚特征

资料来源：笔者自绘

总之,不同家庭分工强度下的居民日常活动时空集聚特征并不明显:其在空间上呈现出"零星点状"的总体特征,主要分布在住区内部的公共服务设施(零星点状,中＋低强度分工)、住区周边的公共服务设施(零星点状,高强度分工)、住宅内部(零星点状、高＋中＋低强度分工)等区域;其在时间上则呈现出"上午、下午和晚上均较分散且持续时间长,夜间集中且持续时间长"的总体特征,分别分布在6～20点(长分散,中＋高强度分工)、20～24点(长分散,低＋中强度分工)和0～6点(长集中,中＋高强度分工)。

5.3.4　大型保障性住区双困户的日常活动时空集聚特征

(1) 主城区尺度

在空间上,高强度家庭分工下的居民日常活动主要分布在主城边缘的东山区域,呈团块状集聚,一部分分布在南京经济开发区、仙林等区域,呈零星点状分布,另一部分零星散布于主城区的迈皋桥、河西等区域,还有一部分则分布在住区内部,呈多中心集聚分布;中强度和低强度家庭分工下的居民日常活动则主要集中在住区内部及其周边,且呈零星点状分布(见图5-6)。

在时间上,高强度家庭分工下的居民日常活动时段集中分布在8～18点和20～次日6点;中强度家庭分工下的活动时段集中在6～20点和22～次日8点;低强度家庭分工下的活动时段则主要集中在6～12点、14～18点和18～22点三个时间段。

总之,不同家庭分工强度下的居民日常活动存时空集聚特征并不明显:其在空间上呈现出"零星点状、多中心、团块状并存"的总体特征,分别分布在主城区北部、河西新城、仙林(零星点状,高强度分工)、住区(多中心,高强度分工)、住区及其周边(零星点状,低＋中强度分工)、东山(块状,中＋高强度分工)等区域;其在时间上则呈现出"上午和下午较分散且持续时间长,晚上集中且持续时间短,夜间集中且持续时间长"的总体特征,分别分布在8～20点(长分散,中＋高强度分工)、20～22点(短集中,低强度分工)点、22～次日8点(长集中,中＋高强度分工)。

(2) 住区尺度

在空间上,高强度家庭分工下的日常活动主要分布在住区内部的公共服务设施和住区出入口附近,呈零星点状散布,还有一部分分布在住宅内部,呈团块状分布;中强度和低强度家庭分工下的居民日常活动则主要分布于住宅内部和住区内部的公共服务设施,呈团块状集聚。

在时间上,高强度家庭分工下的居民日常活动时段集中分布在8～20点和22～次日8点两个时间段;中强度家庭分工下的活动时段集中在22～次日8点和16～24点两个时间段;低强度家庭分工下的活动时段则主要集中在8～10点、14～16点和18～24点三个时间段。

总之,不同家庭分工强度下的居民日常活动存在一定的时空集聚特征:其在空间上呈现出"零星点状和团块状"的总体特征,分别分布在住区内部的公共服务设施(零星点状,高强度分工;团块状,中＋低强度分工)、住区出入口附近(零星点状,高强度分工)、住宅内部(团块状,高＋中＋低强度分工)等区域;其在时间上则呈现出"上午和下午较分散且持续时间长,晚上和夜间集中且持续时间长"的总体特征,主要分布在8～20点(长分散,高强度分工)、18～22点(长集中,低强度分工)、22～次日8点(长集中,中＋高强度分工)。

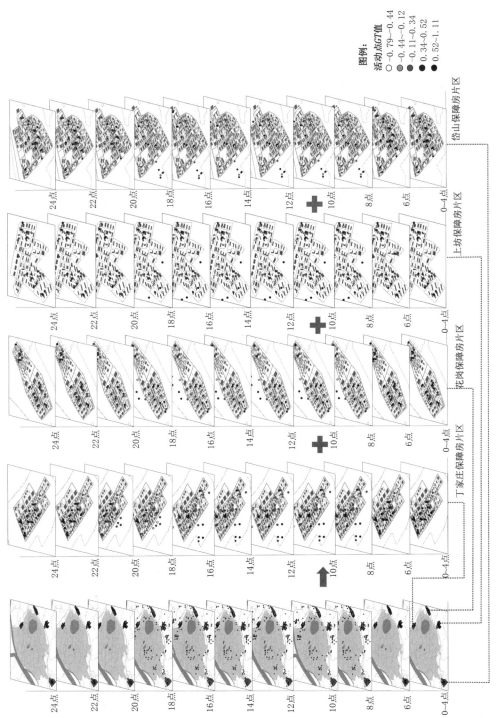

图 5-6 双困户的日常活动时空集聚特征

资料来源：笔者自绘

5.3.5 大型保障性住区购买限价商品房居民的日常活动时空集聚特征

（1）主城区尺度

在空间上，高强度家庭分工下的居民日常活动主要分布在主城区的新街口、宁海路、河西等区域，呈零星点状散布；中强度和低强度家庭分工下的居民日常活动则集中分布在住区及其周边，并呈现多中心集聚特征（见图5-7）。

在时间上，高强度和中强度家庭分工下的居民日常活动时段集中分布在8～20点和22～次日6点两个时间段；低强度家庭分工下的日常活动时段则主要集中在6～12点和18～24点两个时间段。

总之，不同家庭分工强度下的日常活动存在较明显的时空集聚特征：其在空间上呈现出"零星点状和多中心"的总体特征，分别分布在老城区和河西新城（零星点状，高强度分工）、住区（多中心，低＋中强度分工）一带；其在时间上则呈现出"上午和下午较分散且持续时间长，晚上和夜间较集中且持续时间长"的总体特征；分别分布在8～20点（长分散，高强度分工）、18～22点（长集中，低强度分工）和22～次日6点（长集中，中＋高强度分工）。

（2）住区尺度

在空间上，高强度和中强度家庭分工下的居民日常活动主要集聚于住区周边的公共服务设施和住区出入口附近，呈零星点状散布，还有一部分分布在住宅内部，呈团块状集聚；低强度家庭分工下的居民日常活动主要集聚于住区内部的公共服务设施，呈团块状集聚，另一部分则分布在住宅内部，呈零星点状散布。

在时间上，高强度家庭分工下的居民日常活动时段集中分布在6～20点和22～次日8点两个时间段；中强度家庭分工下的活动时段集中在0～10点和16～22点两个时间段；低强度家庭分工下的日常活动时段则主要集中在8～10点、12～16点和18～24点三个时间段。

总之，不同家庭分工强度下的居民日常活动的时空集聚特征明显：其在空间上呈现出"零星点状和团块状"的总体特征，分别分布在住区周边的公共服务设施和住区出入口（零星点状，中＋高强度分工）、住宅内部（团块状，中＋高强度分工；零星点状，低强度分工）、住区内部的公共服务设施（团块状，低强度分工）；其在时间上呈现出"上午和下午分散且持续时间长，晚上集中且持续时间短，夜间较集中且持续时间长"的总体特征，分别分布在6～20点（长分散，中＋高强度分工）、20～22点（短集中，低＋中强度分工）、22～次日8点（长集中，中＋高强度分工）。

由此可见，大型保障性住区的不同群体在日常活动中确实存在差异化的时空集聚特征：像农村拆迁户、双困户和购买限价商品房居民三类群体，其低、中强度家庭分工下的日常活动就存在着较为明显的时空集聚特征（住区尺度），而其他群体的时空集聚特征则不明显。

5.4 南京市大型保障性住区基于不同活动类型的日常活动时空集聚总体特征

大型保障性住区居民在不同的家庭分工强度下，各类日常活动的分布具有较为明显的

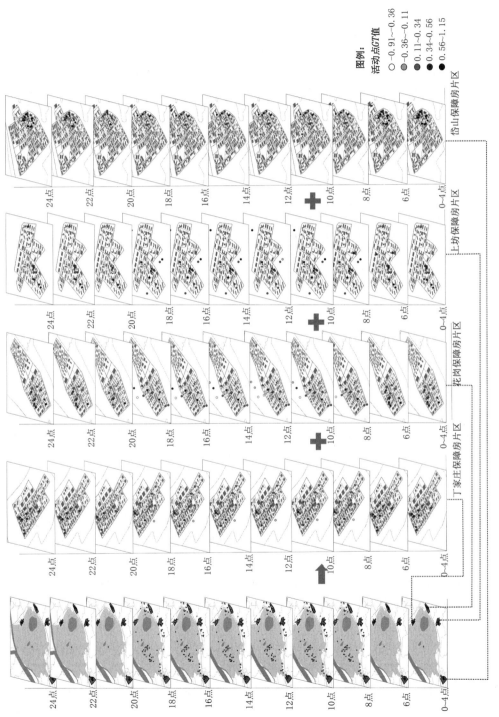

图 5-7 购买限价商品房居民的日常活动时空集聚特征

资料来源：笔者自绘

时空集聚性和类型差异性(见图 5-8～图 5-11)。考虑到两类活动(睡眠、家务活动)以居家为主,且占用时间较长,放在一起分析容易覆盖和干扰其他活动(非在家活动)的时空集聚性分析,因此下文将以工作、上学接送、购物、休闲活动为主分别展开图解分析,其画法参照 5.2 节大型保障性住区居民日常活动时空集聚特征的图解原则,并按照数据计算结果及其特点,将家庭分工强度下的活动集聚等级分为三类:深黑、深灰、白色,颜色越深表示该类活动的分工强度越强,颜色越浅则表示该类活动的分工强度越弱(深黑为高强度家庭分工,深灰为中强度家庭分工,白色则归为低强度家庭分工)。具体结果如下。

5.4.1 大型保障性住区居民工作活动的时空集聚特征

(1) 主城区尺度

在空间上,高强度和中强度家庭分工下的居民工作活动主要分布在主城边缘的南京经济开发区、栖霞经济开发区、雨花经济开发区的岗位供给重地以及仙林和东山副城中心,且均呈多中心集聚特征,还有一部分分布在主城区的新街口、宁海路、河西等各级商业中心,呈多中心集聚特征;低强度家庭分工下的工作活动则主要分布在住区及其周边,呈零星点状散布(见图 5-8)。

在时间上,高强度和中强度家庭分工下的居民工作活动时段集中分布在 8～20 点;低强度家庭分工下的工作活动时段则主要集中在 20～24 点。

总之,在不同家庭分工强度下的工作活动具有最明显的时空集聚特征:其在空间上呈现出"零星点状和多中心并存"的总体特征,分别分布在老城区的商业中心、河西新城的商业中心(多中心,高强度分工)、仙林和东山副城中心、板桥新城的岗位供给重地(多中心,中＋高强度分工)和住区(零星点状,低强度分工);其在时间上则呈现出"上午和下午均集中且持续时间长,晚上分散且时间短"的总体特征,分别分布在 8～20 点(长集中,中＋高强度分工)、20～24 点(长分散,低强度分工)。

(2) 住区尺度

在空间上,高强度和中强度家庭分工下的居民工作活动空间主要分布在住区周边的公共服务设施和住区出入口附近,呈零星点状散布;低强度家庭分工下的工作活动则分布在住宅内部,同样呈零星点状分布。

在时间上,高强度和中强度家庭分工下的居民工作活动时段主要集中在 8～20 点;低强度家庭分工下的工作活动时间集中分布在 12～14 点和 20～22 点。

总之,不同家庭分工强度下的工作活动时空集聚态势并不强:其在空间上呈现出"住区内零星点状,并由住区向外扩散延伸"的总体特征,分别分布在住区周边的公共服务设施、住区出入口附近(零星点状,中＋高强度分工)和住宅内部(零星点状,低强度分工);其在时间上则呈现出"上午和下午分散且持续时间长,晚上分散且持续时间短"的总体特征,分别分布在 6～20 点(长分散,中＋高强度分工)和 20～22 点(短分散,低强度分工)。

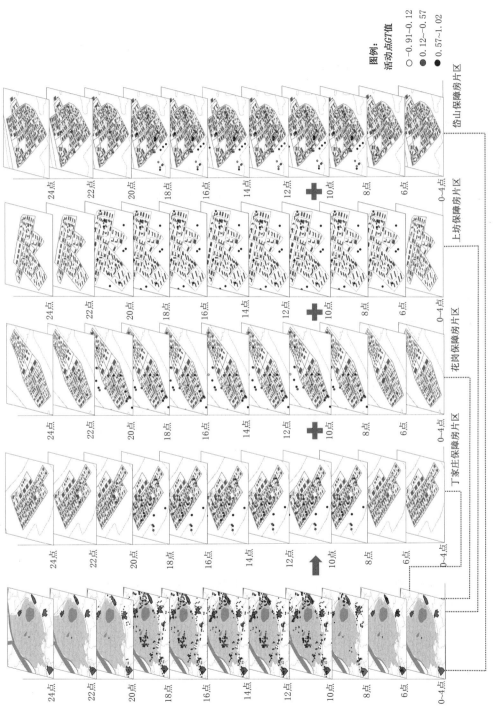

图 5-8 工作活动的时空集聚特征

资料来源:笔者自绘

5.4.2　大型保障性住区居民的上学接送活动时空集聚特征

（1）主城区尺度

在空间上,三类强度家庭分工下的居民上学接送活动,受学区现象的影响多集中发生在住区附近的学校、幼托一带,且均呈多点集聚状态(见图5-9)。

在时间上,三类强度家庭分工下的居民上学接送活动时段均集中分布在6~8点和12~18点两个时间段。

总之,不同家庭分工强度下的接送活动时空集聚特征并不明显:其在空间上呈现出"多中心"的总体特征,分别分布在住区附近的学校、幼托一带(多点集聚,低＋中＋高强度分工);其在时间上则呈现出"上午集中且持续时间短,中午分散且持续时间短,下午集中且持续时间长"的总体特征,主要分布在6~8点(短集中,低＋中＋高强度分工)、12~14点(短分散,低强度分工)、14~18点(长集中,低＋中＋高强度分工)。

（2）住区尺度

在空间上,高强度和中强度家庭分工下的居民上学接送活动主要分布在住区配建的学校一带,呈团块状集聚特征;低强度家庭分工下的上学接送活动则主要分布在住区配建的学校、幼托等教育设施附近,呈团块状集聚状态(见图5-9)。

在时间上,高强度和中强度家庭分工下的居民上学接送活动时段集中分布在6~8点和16~18点两个时间段;低强度家庭分工下的上学接送活动时段则主要集中在6~8点和12~18点两个时间段。

总之,不同家庭分工强度下的上学接送活动时空集聚特征较为明显:其在空间上呈现出"团块状"的总体特征,分别分布在住区配建的学校(团块状,低＋中＋高强度分工)和幼托等教育设施(团块状,低强度分工)附近;其在时间上则呈现出"上午集中且持续时间短,中午分散且持续时间短,下午集中且持续时间长"的总体特征,分别分布在6~8点(短集中,中＋高强度分工)、12~14点(短分散,低＋中强度分工)、14~18点(长集中,低＋中＋高强度分工)。

5.4.3　大型保障性住区居民购物活动的时空集聚特征

（1）主城区尺度

在空间上,高强度和中强度家庭分工下的居民购物活动主要分布在住区及其周边的消费集聚区域(如超市、农贸市场、商场等),呈零星点状散布;低强度家庭分工下的居民购物活动主要分布在主城区新街口、河西等各级商业中心,一部分则分布在住区及其周边,且呈零星点状散布(见图5-10)。

在时间上,高强度和中强度家庭分工下的居民购物活动时段集中分布在6~10点和16~22点;低强度家庭分工购物活动时间则主要集中在16~20点。

总之,不同家庭分工强度下的购物活动时空集聚特征并不明显:其在空间上呈现出"零星点状"的总体特征,分别分布在老城区、河西新城的商业中心(零星点状,低强度分工)、住区及其周边的消费集聚场所(零星点状,低＋中＋高强度分工);其在时间上则呈现出"上午

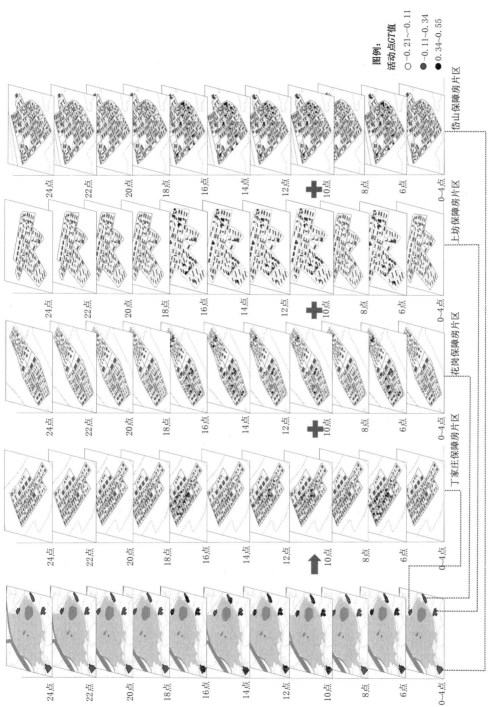

图 5-9　上学接送活动的时空集聚特征

资料来源：笔者自绘

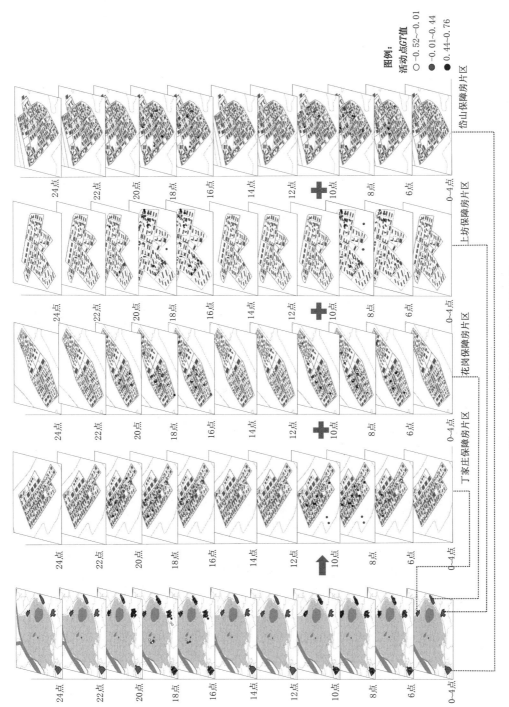

图 5-10 购物活动的时空集聚特征

资料来源：笔者自绘

集中且持续时间短,下午和晚上分散且持续时间长"的总体特征,分别分布在8~10点(短集中,中+高强度分工)和16~20点(长分散,低+中+高强度分工)。

(2)住区尺度

在空间上,高强度家庭分工下的居民购物活动同样主要分布在住区内部的消费集聚区域(如超市、便利店等),呈多中心集聚特征;中强度和低强度家庭分工下的购物活动则主要分布在住区内部的消费集聚场所,但呈零星点状散布。

在时间上,三类强度家庭分工下的居民购物活动时段均集中分布在6~10点、18~22点两个时间段。

总之,不同家庭分工强度下的购物活动时空集聚特征并不明显:其在空间上呈现出"多中心和零星点状并存"的总体特征,分别分布在住区内部的消费集聚场所(多中心,高强度分工;零星点状,低+中强度分工);其在时间上则呈现出"上午集中且持续时间长,下午和晚上相对分散且持续时间长"的总体特征,分别分布在6~10点(长集中,高强度分工)和18~22点(长分散,低+中强度分工)。

5.4.4 大型保障性住区居民休闲活动的时空集聚特征

(1)主城区尺度

在空间上,高强度和中强度家庭分工下的居民休闲活动主要分布在住区内部及其周边的公共空间(如住区广场、商场附近、社区公园),且均呈团块状集聚;低强度家庭分工下的休闲活动则分布在住区内部的公共空间,呈零星点状散布(见图5-11)。

在时间上,高强度和中强度家庭分工下的居民休闲活动时段集中分布在20~24点;低强度家庭分工下的居民休闲活动时间则主要集中在8~12点。

总之,不同家庭分工强度下的休闲活动时空集聚特征并不明显:其在空间上呈现出"零星点状和团块状"的总体特征,分别分布在住区内部的公共空间(团块状集聚,中+高强度;零星点状,低度分工)和住区周边的公共空间(团块状,中+高强度分工);其在时间上则呈现出"上午较分散且持续时间长,下午和晚上较集中且持续时间长"的总体特征,分别分布在8~12点(长分散,低度分工)、12~16点(长集中,中+高强度分工)和20~24点(长集中,中+高强度分工)。

(2)住区尺度

在空间上,高强度和中强度家庭分工下的居民休闲活动空间主要集中在住区内部的公共空间(如小区核心广场、宅间绿地等)、住区内部的消费集聚场所和住宅内部,且均呈团块状集聚;低强度家庭分工下的居民休闲活动则主要分布在住区周边的公共空间和住区内部公共空间,且均呈零星点状散布,还有一部分则分布于住宅内部,呈团块状集聚(见图5-11)。

高强度和中强度家庭分工下居民休闲活动时段集中分布在12~16点、18~24点;低强度家庭分工下的居民休闲活动时间则主要集中在8~12点、12~16点。

总之,在不同家庭分工强度下的休闲活动时空集聚特征并不明显:其在空间上呈现出"零星点状和团块状"的总体特征,分别分布在住区内部的公共空间(团块状集聚,中+高强度分工;零星点状,低度分工)、住区内部消费集聚场所(团块状,中+高强度分工)、住区

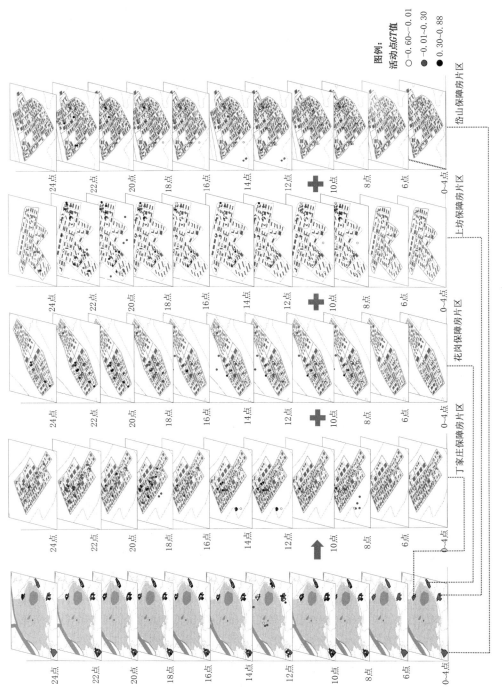

图5-11 休闲活动的时空集聚特征

资料来源：笔者自绘

周边的公共空间(零星点状,中＋高强度分工)和住宅内部(团块状,低＋中＋高强度分工);其在时间上呈现"上午和下午较分散且持续时间长,晚上较集中且持续时间长"的总体特征,分别分布在8~12点(长分散,低强度分工)、12~16点(长分散,低＋中＋高强度分工)和18~22点(长集中,中＋高强度分工)。

由此可见,大型保障性住区的不同活动类型确实会给居民日常活动带来差异化的时空集聚特征:工作活动和上学接送活动的时空集聚程度普遍要高于购物活动和休闲活动,其中工作活动的时空集聚现象主要体现在主城区尺度上,而上学接送活动则体现在住区尺度上。

5.5　南京市大型保障性住区居民的日常活动时空响应模式

大型保障性住区居民的"家庭分工强度"与日常活动之间存在显著的相互作用性。一方面,家庭分工强度的不断变化,会对日常活动产生多方面的影响,这多体现在空间和时间两个层面,前者表现为日常活动空间因"家庭分工强度"的变化而扩大或缩小,后者则表现为日常活动时间因"家庭分工强度"的变化而缩短或延长;另一方面,日常活动的不断调整,也会带来家庭内部的分工变化,进而推动"家庭分工模式"的最优化。

5.5.1　居民日常活动时空响应模式的图解原则

为了分析不同家庭分工强度下的居民日常活动是否存在时间和空间响应,有必要把相关量化数据汇集在同一个时间轴和空间轴上进行比较(见图5-12~图5-25),即:一方面通过代表"时间"的 X 轴和代表"不同家庭分工强度下居民日常活动集聚情况"的 Y 轴,来汇总和抽象表达"时间—家庭"的响应状态;而另一方面,则通过代表"空间"的 X 轴和代表"不同家庭分工强度居民日常活动集聚情况"的 Y 轴,来表达"空间—家庭"的响应状态。此外,以上述的 X-Y(时间—家庭)轴或是 X-Y(空间—家庭)轴为基础,再补上代表"各类住区样本""各类居住群体"或是"各类日常活动"的 Z 轴,即可生成 3D(三维)图来直观呈现不同住区、不同群体和不同活动的"时间—家庭"和"空间—家庭"响应模式。其模式建构和图解原则如下:

①"时间＋家庭"响应模式: X 轴代表时间(以某一工作日的 24 小时为参照,以每两个小时作为一个基本时段);Y 轴代表不同家庭分工强度 (L_j) 下居民的日常活动时空集聚程度 (H_{GT})。考虑到 H_{GT} 值有正有负,为了便于分析而将 H_{GT} 值取 e 指数。"时间—家庭"响应线是由每个时间段内不同家庭分工强度下的活动集聚值(平均值)连接生成,其反映的是不同时间段、不同家庭分工强度下日常活动集聚的响应模式。

②"空间＋家庭"响应模式: X 轴代表活动空间圈层。活动空间圈层的划分是在参考相关文献的基础上[①],根据大型保障性住区居民的活动距离分布规律,将居住地及附近 1 公

---

① 　陈青慧等学者根据居住地周边的设施配置及其距离,而将居民的生活圈划分为三大圈层:以家为中心的核心生活圈、以小区为中心的基本生活圈和以城市为对象的城市生活圈.资料来源:陈青慧,徐培玮.城市生活居住环境质量评价方法初探[J].城市规划,1987,11(5):52-58.朱查松则依据居民活动距离和需求频次构建了四类生活圈:基本生活圈、一次生活圈、二次生活圈、三次生活圈.资料来源:朱查松,王德,马力.基于生活圈的城乡公共服务设施配置研究:以仙桃为例[C]//规划创新:2010中国城市规划年会论文集.重庆,2010:2813-2822.

里的范围定义为"核心圈",其取值在(0,1];将居住地附近1~3公里的范围定义为"基础圈",其取值在(1,3];将距离居住地3~8公里的范围定义为"一次扩展圈层",其取值在(3,8];将距离居住地8~15公里的范围定义为"二次扩展圈层",其取值在(8,15];将超过居住地15公里的范围定义为"三次扩展圈层",其取值在(15,+∞)。Y轴代表不同家庭分工强度下居民的日常活动时空集聚程度(H_{GT})。"空间—家庭"响应线是由每层活动圈层内不同家庭分工强度下的日常活动集聚值(平均值)连接而成,其反映的是不同空间圈层、不同家庭分工强度下日常活动集聚的响应模式(各个圈层之间并非相互包含或是交叉关系,而是连续衔接的一系列圈层)。

③ 在横轴 X 所代表的时间分段和空间分圈层中,笔者在图解某一时间段和空间圈层的 H_{GT} 数值时均统一按区间下限落位,比如说把2~4点时间段的 H_{GT} 值落在2点刻度上,把3~8公里(一次扩展生活圈)圈层的 H_{GT} 值落在3公里刻度上。

5.5.2 大型保障性住区居民日常活动的总体时空响应模式

根据上述原则,笔者归纳和提取居民日常活动的总体时空响应模式分别如下:

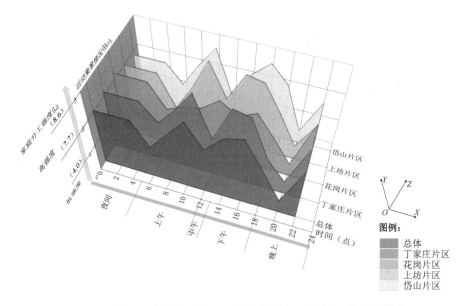

图 5-12 大型保障性住区居民日常活动"时间—家庭"总体响应模式

资料来源：笔者自绘

由图 5-12 可见,大型保障性住区居民在不同的家庭分工强度下,其日常活动集聚情况会随时间的变化而呈"双波峰"和"三波谷"形态。其中上午和下午为居民日常活动集聚的上升期,并两次达到峰值,形成了高强度家庭分工下的活动集聚模式;中午和晚上均为活动集聚的下降期,尤其是22点左右达到最低值,其后夜间开始由低强度上升为中高等强度下的活动集聚,并持续到次日。

再从不同住区来看,四个大型保障性住区居民的"时间—家庭"响应模式差异并不明显。其中丁家庄片区、上坊片区、岱山片区居民的日常活动集聚情况均随着时间的变化而呈现出"双波峰"和"三波谷"形态,尤其是在上午最初时段和下午时段,家庭分工下的活动集聚均达到最高值,形成了高强度家庭分工下的活动集聚现象;而晚上三片住区都降到最低值,形成了低强度家庭分工下的活动集聚现象。

与之相比,花岗片区居民的日常活动集聚情况则随着时间变化表现得较为平缓,上午、下午和夜间均形成了高强度家庭分工下的活动集聚模式,晚上则形成了低强度家庭分工下的活动集聚模式。

由图 5-13 可见,大型保障性住区居民在不同的家庭分工强度下,其日常活动集聚情况会随着空间圈层的向外扩张而增加。其中在基础圈内,家庭分工强度下的日常活动集聚程度达到最低值,形成了最低强度家庭分工下的活动集聚现象;当由基础圈过渡到一次扩展圈层时,家庭分工强度下的日常活动集聚程度开始提升,不但在二次扩展圈层达到平稳状态,还一直持续到三次扩展圈层。

再从不同住区来看,四个大型保障性住区居民的"空间—家庭"响应模式大体类似,均随着空间圈层的扩展而增加。其中在基础圈内,四片住区居民的日常活动集聚程度均达到最低值,形成了最低强度家庭分工下的活动集聚现象;而随着圈层的扩大,上坊片区和岱山片区的日常活动集聚程度再度在二次扩展圈层内达到最高值,丁家庄和花岗则以相对较低的集聚水平继续提升。

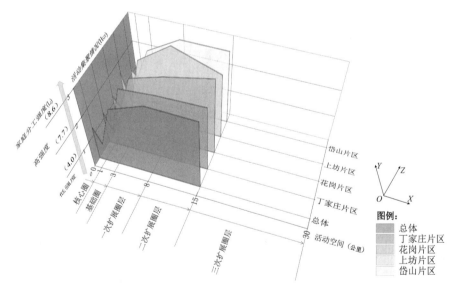

图 5-13 大型保障性住区居民日常活动"空间—家庭"总体响应模式

资料来源:笔者自绘

5.5.3 大型保障性住区基于不同群体类型的日常活动时空响应模式

由图 5-14 可见,在不同的家庭分工强度下,不同群体间的"时间—家庭"响应模式差异并不明显。五类群体日常活动的集聚情况随着时间变化均呈现出"双波峰"和"三波谷"形态。其中,上午、下午和夜间三个时间段的日常活动集聚程度均有所提升,并分别在上午和下午达到峰值,形成了最高强度家庭分工下的活动集聚现象,尤其以外来租赁户、双困户和购买限价商品房居民最为明显;晚上则为活动集聚的衰减期,可大体反映出低强度家庭分工下的活动集聚状态。由此可见,在日常活动的时间响应方面,五类群体拥有相似的总体趋势。

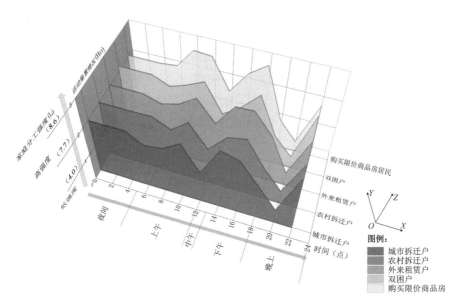

图5-14 大型保障性住区基于不同群体类型的日常活动"时间—家庭"响应模式

资料来源:笔者自绘

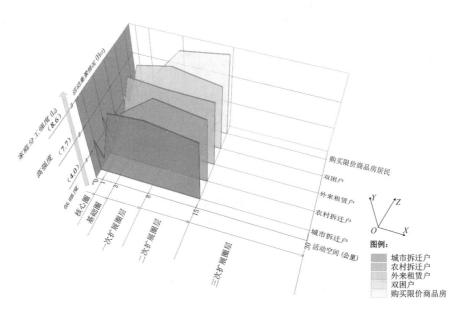

图5-15 大型保障性住区基于不同群体类型的日常活动"空间—家庭"响应模式

资料来源:笔者自绘

由图 5-15 可见,在不同的家庭分工强度下,不同群体间的"空间—家庭"响应模式也存在着一定差异,这集中体现在了一次拓展圈层到三次拓展圈层间。城市拆迁户、农村拆迁户和双困户均呈"人"字形先升后降,处于高强度家庭分工下的活动集聚现象;外来租赁户呈"一"字形,且处于高强度家庭分工下的活动集聚状态;购买限价商品房居民则呈缓慢上升至峰值,形成高强度分工下的活动集聚模式。

总体来看,五类群体在核心圈层拓展到一次拓展圈层的过程中,均呈现"先降后增"的特征,且都形成高强度下的活动集聚现象。

5.5.4 大型保障性住区基于不同活动类型的日常活动时空响应模式

上节图解和分析了大型保障性住区居民日常活动的总体时空响应模式及其不同群体的时空响应模式,在此基础上,本节将分别对不同活动(工作、上学接送、家务、购物、休闲、睡眠)的时空响应模式做进一步刻画和图解(见图 5-16、图 5-17)。

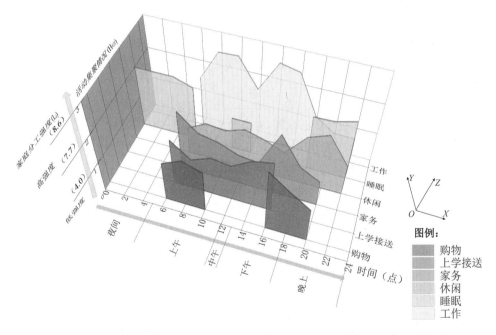

图 5-16 大型保障性住区基于不同活动类型的日常活动"时间—家庭"响应模式

资料来源:笔者自绘

同时,考虑到活动时间制约的固有强弱,活动安排其实具有一定的优先秩序和刚弹区别:工作活动/上学活动>家务活动/购物活动>休闲活动/睡眠活动,这就是说非工作活动安排通常会受到工作活动的影响和挤压,如果工作活动时间越长,其他活动就会被压缩甚至是取消;尤其是对于大型保障性住区内的大部分居民来说,其工作活动时间也确实相对较长(通常大于 8 小时)。基于此,本节将延伸讨论不同工作活动时间制约下的时空响应模式,即:工作时间不超过 8 小时(见图 5-18、图 5-19)、工作时间大于 8 小时(见图 5-20、图 5-21)。另一方面需要考虑的则是各类活动所代表的地方秩序层级,低等级的秩序往往会受

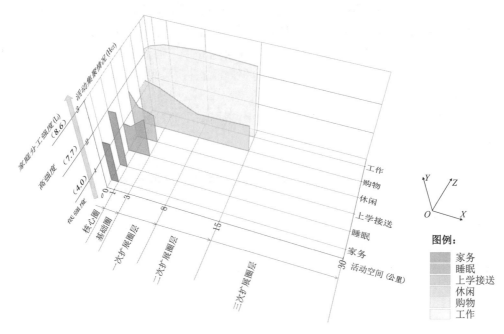

图 5-17　大型保障性住区基于不同活动类型的日常活动"空间—家庭"响应模式

资料来源：笔者自绘

到高等级秩序的约束并遵从高等级的秩序，且各级秩序层层嵌套。其中，居住地、工作地等驻点作为个体日常活动中重要的"地方秩序口袋"，往往也处于维系地方秩序的高优先级，即：工作地的地方秩序＞居住地的地方秩序＞非工作地、非居住地的地方秩序。基于此，本节也将讨论不同工作活动空间制约下的时空响应模式，即：工作空间在一次扩展圈层内（不超过 8 公里，见图 5-22、图 5-23）、工作空间在一次扩展圈层外（大于 8 公里，见图 5-24、图 5-25）。

另需要说明的是，在图解 6 类活动的"时间—家庭"响应过程中，每类活动均会在不同时段内发生，比如说睡眠活动通常发生在晚上和夜间，而上学接送活动通常发生在上午和下午，因此各类活动的集聚曲线只能是落位和发生在某一时段（而非覆盖一整天的时间段）；而在图解 6 类活动的"时间—家庭"响应过程中，家务和睡眠活动均为居家型活动，因此这两类活动的集聚曲线也会集中落位和发生在核心圈内，但受画图的落位原则影响，此两类活动均落在核心圈内 0～1 公里的 0 公里刻度（下限）上，不宜观察分析比较，因此笔者对此两类活动在空间圈层落点原则改为上限，即落到基础圈。

（1）各类活动时空响应模式

在不同的家庭分工强度下，各类活动的"时间—家庭"响应模式差异较为明显，这尤其体现在了工作活动和其他非工作活动之间。

工作、家务、上学接送和睡眠活动的集聚情况随着时间的变化而呈"双高峰"形态，其中前三者分别在上午和下午达到峰值，睡眠活动则是在晚上和夜间达到峰值，且均形成了高强度家庭分工下的活动集聚模式；休闲活动的集聚情况则随着时间的变化较为平缓，尤其是上午和下午时段，均处于低强度家庭分工下的活动集聚模式，晚上的休闲活动则有所上升，形成了高强度家庭分工下的活动集聚模式；购物活动的集聚情况随着时间的变化而呈

"单高峰"形态,活动的峰值均产生于下午时段,形成高强度家庭分工下的活动集聚现象。

在不同的家庭分工强度下,各类活动的"空间—家庭"响应模式差异较为显著。

工作活动的集聚情况随着空间圈层的扩张而增加,并在一次扩展圈层处达到最高值,形成了高强度家庭分工下的活动集聚现象,且一直持续到了三次扩展圈层;购物活动的集聚程度则先上升后下降,从核心圈扩展到基础圈时达到最高值,形成了高强度家庭分工下的活动集聚现象,其后购物活动的集聚程度不断降低,在二次扩展圈层内降到最低值,形成了低强度家庭分工下的活动集聚现象,且一直持续到三次扩展圈层;休闲活动的集聚情况随着空间圈层的扩张而减小,并在一次扩展圈层处降到最低值,形成了低强度家庭分工下的活动集聚模式;上学接送活动的集聚情况随着圈层的扩张而增加,并在一次拓展圈层达到最高值,形成了高强度家庭分工下的活动集聚现象;家务活动和睡眠活动的响应模式最为单一,均呈高强度家庭分工下的核心圈集聚模式。

（2）工作活动时间小于等于 8 小时

在不同的家庭分工强度下,各类活动的"时间—家庭"响应模式存在明显差异。

工作活动和购物的集聚情况随着时间的变化而呈"单高峰"形态,并均在上午达到最高值,形成了高强度家庭分工下的活动集聚现象;睡眠活动的集聚情况则随着时间的变化而呈"双高峰"形态,并在晚上和夜间达到峰值,形成了高强度家庭分工下的活动集聚现象;上学接送活动、家务活动和休闲活动的集聚情况随着时间的变化较为平缓,均在上午形成了高强度家庭分工下的活动集聚现象,其中上学接送活动和家务活动一直持续到下午,而休闲活动持续到晚上;购物的集聚情况随着时间的变化而呈"单高峰"形态,在上午达到最大值,形成了高强度家庭分工下的活动集聚现象,其后活动的集聚程度在下午达到最低值,形成了低强度家庭分工下的活动集聚现象。

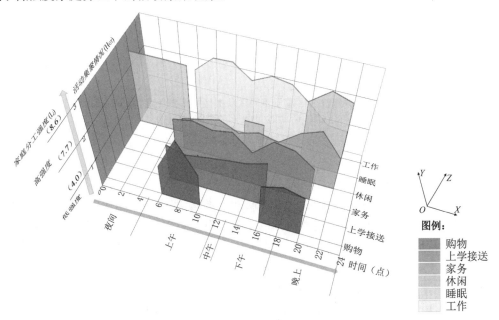

图 5-18　大型保障性住区基于不同活动类型的日常活动"时间—家庭"响应模式（工作活动时间小于等于 8 小时）

资料来源：笔者自绘

在不同的家庭分工强度下,各类活动的"空间—家庭"响应模式差异明显,这尤其体现在购物和休闲活动上。

工作活动的集聚情况随着空间圈层的扩张而变化平缓,形成了高强度家庭分工下的活动集聚现象,且一直持续到二次扩展圈层;购物活动的集聚情况则随着圈层的扩大而持续降低,先是在基础圈层内达到最高值,形成了高强度家庭分工下的活动集聚模式,其后一路下降至二次扩展圈层处达到最低值,形成了低强度家庭分工下的活动集聚模式;而休闲活动先是在核心圈内达到了最高值,随后也下滑至一次扩展圈层处达到最低值,形成了低强度家庭分工下的活动集聚模式;上学接送活动的集聚情况变化也较为平缓,同样形成了高强度家庭分工下的活动集聚现象,且一直持续到一次扩展圈层;家务活动和睡眠活动的响应模式最为单一,均为高强度家庭分工下的核心圈集聚模式。

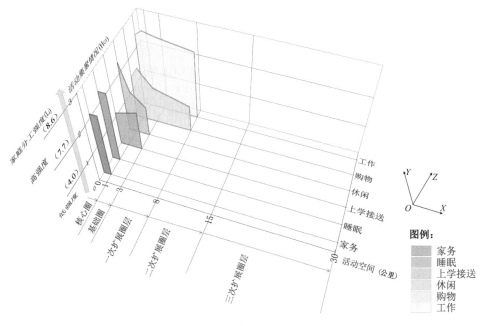

图 5-19　大型保障性住区基于不同活动类型的日常活动"空间—家庭"响应模式(工作活动时间小于等于 8 小时)

资料来源:笔者自绘

(3)工作活动时间大于 8 小时

在不同的家庭分工强度下,各类活动的"时间—家庭"响应模式同样差异最为明显。

工作和睡眠活动的集聚情况随着时间的变化而呈"双高峰"形态,工作活动在上午和下午均达到峰值,形成了高强度家庭分工下的活动集聚现象;而睡眠活动则在晚上和夜间达到峰值,形成了高强度家庭分工下的活动集聚现象(其中晚上相对较低);休闲活动的集聚情况则呈"人"字形先升后降,且均处于高强度家庭分工下的活动集聚状态;家务活动和购物活动的响应模式较为相似,均在上午和晚上发生了活动集聚现象,其中,上午时段为低强度家庭分工下的活动集聚现象,晚上则达到最大值,形成了高强度家庭分工下的活动集聚现象;上学接送活动的集聚情况随着时间的变化而呈"U"字形,从上午到下午均处于高强度家庭分工下的活动集聚状态,中午则为低强度家庭分工下的活动集聚模式。

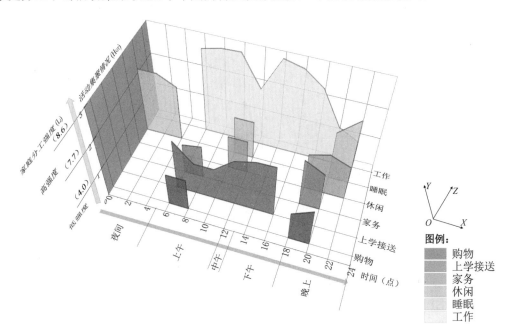

图 5-20　大型保障性住区基于不同活动的日常活动"时间—家庭"响应模式(工作活动时间大于 8 小时)

资料来源:笔者自绘

在不同的家庭分工强度下,各类活动的"空间—家庭"响应模式差异也较为明显。

工作活动的集聚情况随着空间圈层的扩张而增加,并在基础圈内达到峰值,形成了高强度家庭分工下的活动集聚现象,且一直持续到三次扩展圈层;购物活动的集聚情况变化也较为平缓,先是在核心圈层内形成了高强度家庭分工下的活动集聚模式,其后缓慢下滑至基础圈处,形成了低强度家庭分工下的活动集聚模式,并一直持续到三次扩展圈层;休闲活动的集聚情况仅发生在核心圈和基础圈,呈"人"字形先升后降,且均处于高强度家庭分工下的活动集聚模式;上学接送活动的集聚情况变化较为平缓,在核心圈内形成了高强度家庭分工下的活动集聚模式,并一直持续到一次扩展圈层;家务活动和睡眠活动的响应模式最为单一,均为高强度家庭分工下的核心圈层集聚模式。

(4)工作活动空间在一次扩展圈层内

在不同的家庭分工强度下,各类活动的"时间—家庭"响应模式差异明显。

工作活动的集聚情况随着时间的变化而呈"双高峰"形态,并在上午和下午达到峰值,形成了高强度家庭分工下的活动集聚模式;购物活动和家务活动的响应模式较为相似,均在上午和下午产生峰值,形成了高强度家庭分工下的活动集聚模式,晚上的活动集聚程度则降到最低,形成了低强度家庭分工下的活动集聚模式;休闲活动的集聚情况随时间的变化较为平缓,呈"一"字形,从上午到晚上均形成了低强度家庭分工下的活动集聚模式;上学接送活动的集聚情况随着时间的变化较为平缓,从上午到下午均处于低强度家庭分工下的活动集聚模式;睡眠活动的集聚情况则随着时间的变化而呈"双高峰"形态,分别在晚上、夜间—上午达到峰值,形成了高强度家庭分工下的活动集聚,其中晚上进入峰值时间较短、并一直持续到次日上午。

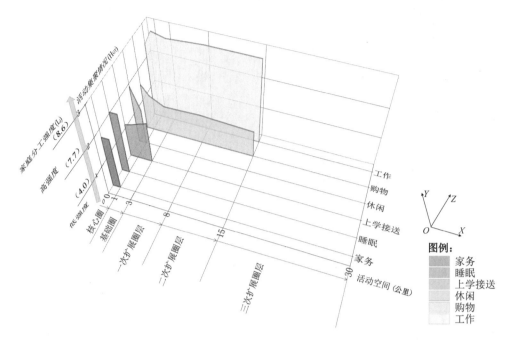

图 5-21　大型保障性住区基于不同活动的日常活动"空间—家庭"响应模式(工作活动时间大于 8 小时)

资料来源：笔者自绘

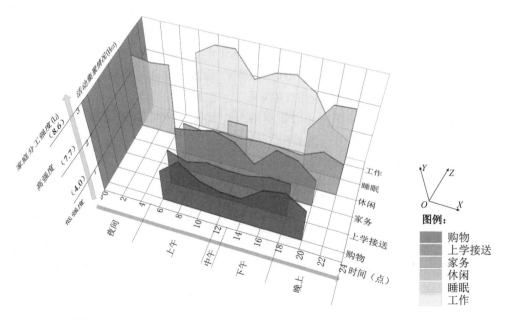

图 5-22　大型保障性住区基于不同活动的日常活动"时间—家庭"响应模式(工作活动空间在一次扩展圈层内)

资料来源：笔者自绘

在不同的家庭分工强度下,各类活动的"空间—家庭"响应模式不太明显。

工作活动和上学接送活动的集聚情况随着空间圈层的扩展而变化得较为平缓,均呈"一"字形,并在基础圈内达到峰值,形成了高强度家庭分工下的活动集聚现象,且持续到一次扩展圈层;家务活动和睡眠活动的响应模式最为单一,均为高强度家庭分工下的核心圈集聚模式;购物活动和休闲活动的集聚情况则随着扩展圈层的扩大而降低,且均在核心圈内达到最高值,形成高强度家庭分工下的活动集聚现象,其后持续下降至一次扩展圈层处达到最低值,形成低强度家庭分工下的活动集聚现象。

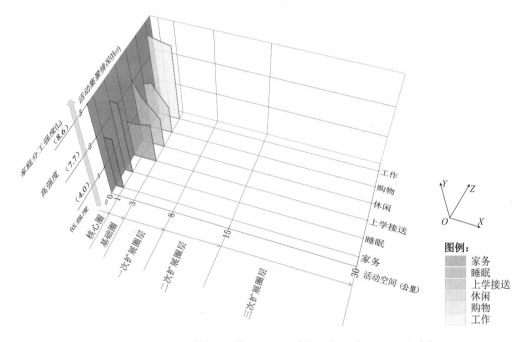

图 5-23 大型保障性住区基于不同活动的日常活动"空间—家庭"响应模式(工作活动空间在一次扩展圈层内)

资料来源:笔者自绘

(5)工作活动空间在一次扩展圈层以外

在不同家庭分工强度下,各类活动的"时间—家庭"响应模式差异较为明显。

工作活动的集聚情况随着时间的变化而呈"双高峰"形态,并在上午和下午达到最高值,形成了高强度家庭分工下的活动集聚现象;睡眠活动的集聚情况则随着时间的变化而呈"双高峰"形态,并在晚上和夜间达到峰值,形成了高强度家庭分工下的活动集聚现象,其中晚上进入峰值时间较迟,在维持到夜间结束后即呈下降趋势;休闲活动的集聚情况随时间变化而呈"人"字形,其峰值仅发生在晚上时段,在由低强度上升到高强度后又逐渐降为低强度家庭分工下的活动集聚状态;家务活动的集聚情况随着时间的变化较为平缓,并在上午时段达到最高值,形成了高强度家庭分工下的活动集聚现象,其后缓慢下降呈"一"字形,形成了低强度家庭分工下的活动集聚现象;上学接送活动的集聚情况仅集中在上午,形成高强度家庭分工下的活动集聚模式;购物活动的集聚情况随着时间的变化而呈"单高峰"形态,并在下午达到峰值,形成高强度家庭分工下的活动集聚模式。

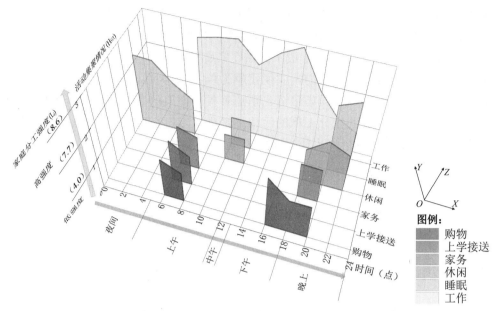

图 5-24　大型保障性住区基于不同活动类型的日常活动"时间—家庭"响应模式
（工作活动空间在一次扩展圈层以外）

资料来源：笔者自绘

在不同的家庭分工强度下，各类活动的"空间—家庭"响应模式同样差异明显。

工作活动、上学接送活动和购物活动的集聚情况随着空间圈层的扩张而变化较为平缓，呈"一"字形，其中，工作活动在二次扩展圈层内达到峰值，形成了高强度家庭分工下的

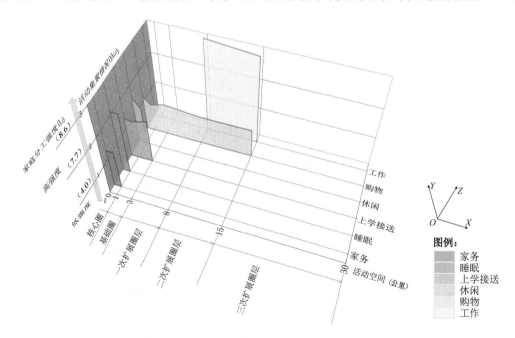

图 5-25　大型保障性住区基于不同活动类型的日常活动"空间—家庭"响应模式
（工作活动空间在一次扩展圈层以外）

资料来源：笔者自绘

活动集聚现象,并一直持续到三次扩展圈层;而上学接送活动是在核心圈内达到峰值,形成了高强度家庭分工下的活动集聚现象,并一直持续到一次扩展圈层;购物活动是在核心圈内达到峰值,形成了低强度家庭分工下的活动集聚现象,并一直持续到三次扩展圈层;休闲活动的集聚情况则只发生核心圈和基础圈内,且均形成了高强度家庭分工下的活动集聚现象;家务、休闲和睡眠活动的响应模式最为单一,均为高强度家庭分工下的核心圈集聚模式。

透过上述基于一手数据的样本分析结论和时空响应模式图解,本研究还可以从中更进一步地提炼出大型保障性住区居民在"家庭分工强度—日常活动"交互作用下的某些共通性规律,为家庭分工视角下日常活动时空诠释模型的构建提供普适性依据。其主要包括:

不同家庭分工强度下,居民日常活动的总体集聚情况随着时间的变化呈"双波峰"和"三波谷"形态,随着空间圈层的向外扩张而呈上升趋势。

不同家庭分工强度下,各类活动的集聚情况存在一定差异。工作、上学接送、家务和睡眠活动的集聚情况随着时间的变化而呈"双高峰"形态,休闲活动的变化则较为平缓,购物活动则呈"单高峰"形态。工作和上学接送活动的集聚情况随着空间圈层的扩展而增加,购物和休闲活动的集聚情况随着空间圈层的扩展而降低,睡眠和家务活动的集聚情况则围绕居住地。

不同家庭分工强度下,工作活动也会在一定程度上影响非工作活动的集聚情况,尤其体现在工作活动时长大于 8 小时和空间圈层大于 8 公里的居民个体身上。其中,工作活动的集聚情况随着时间的变化而呈"双波峰",峰值分别发生在上午和下午,形成高强度家庭分工下的活动集聚模式,而其他活动(家务、购物、休闲、睡眠等)的峰值均同工作活动相错开,像休闲和睡眠活动就发生在晚上。此外,工作和上学接送活动的集聚情况(家庭分工强度和时空自相关系数)还会随着空间圈层的扩张而增加,购物和休闲则相反,而睡眠和家务的空间响应模式则相对较简单。

5.6　本章小结

在本章中,基于大型保障性住区居民的活动日志数据,借鉴空间自相关模型,基于家庭分工视角构建了时空自相关函数,依循"总体特征—不同群体特征—不同活动特征"的脉络,分析大型保障性住区居民日常活动的时空集聚趋势。首先,从"主城区—住区"双重尺度来刻画大型保障性住区居民日常活动时空集聚的总体特征;其次,进一步对不同群体(城市拆迁户、农村拆迁户、外来租赁户、双困户、购买限价商品房居民)和不同活动(主要是工作活动、上学接送活动、购物活动、休闲活动)的时空集聚特征进行对比分析;最后,归纳和总结了不同住区、不同群体和不同活动的"时间—家庭"和"空间—家庭"响应模式。

本章结论包括:

① 日常活动的总体时空集聚特征:总体而言,不同家庭分工强度下的日常活动具有明显的时空集聚特征,且体现在主城区和住区双重尺度上。

在主城区尺度上,高强度家庭分工下的活动空间多呈"多中心"的特征分布于老城中心、新城区和副城中心等区域,还有一部分呈"零星点状"散布于老城中心和主城区南部,长时间集中于上午和下午;中强度家庭分工下的活动空间多呈"团块状"分布于住区,还有一部分散布于主城区和主城边缘,长时间集中于上午和下午;低强度家庭分工下的活动空间则呈"团块状"分布于住区及周边,短时间集中于上午、下午和晚上。

在住区尺度上,高强度家庭分工下的活动空间多呈"零星点状"散布于住区内及其周边的公共服务设施区域,长时间集中于上午和下午;中强度和低强度家庭分工下的活动空间多呈"团块状"分布于住区内公共服务设施和住宅内部区域,长时间集中于下午和夜间。

② 基于不同群体类型的日常活动时空集聚特征:住区内部农村拆迁户、双困户和购买限价商品房居民三类群体的日常活动存在较为明显的时空集聚特征,主要体现在住区尺度上。其中,高强度和中强度家庭分工下的活动空间多呈"零星点状和团块状"分布于住区周边和住区内部的公共服务设施、住宅内部等区域,长时间集中于夜间;低强度家庭分工下的活动空间则多呈"零星点状"散布于住区内部公共服务设施和住宅内部,短时间分散于上午、下午;而城市拆迁户和外来租赁户的时空集聚特征均不明显。

③ 基于不同活动类型的日常活动时空特征:工作活动和非工作活动间的时空集聚特征同样存在明显差异,这种差异均体现在主城区和住区双重尺度上。其中,主城区尺度上的工作活动时空集聚特征最为明显,高强度和中强度家庭分工下的活动空间多呈"多中心状"分布于老城中心、新城区和副城中心等区域,长时间集中在上午和下午;低强度家庭分工下的活动空间呈"零星点状"分布于住区,长时间分散于晚上。住区尺度上的上学接送活动时空集聚特征则较为明显,三类强度家庭分工下的活动空间多呈"团块状"分布于住区配建的学校、幼托等教育设施区域,短时间集中于上午,短时间分散于中午,长时间集中于下午。

在此基础上,基于大型保障性住区居民家庭分工强度与日常活动之间存在相互作用性,进一步提炼出不同住区、不同群体和不同活动的"时间—家庭"和"空间—家庭"响应模式,具体结论如下:

总体上,在不同的家庭分工强度下,其日常活动集聚情况会随时间的变化而呈"双波峰"和"三波谷"形态,其随着空间圈层的向外扩张而增加,4 个大型保障性住区差异相对较小。

在不同的家庭分工强度下,不同群体间的"时间—家庭"响应模式差异并不明显,而"空间—家庭"响应模式存在着一定差异,这集中体现在一次拓展圈层到三次扩展圈层之间。在不同的家庭分工强度下,各类活动的"时间—家庭"和"空间—家庭"响应模式差异均较为明显,尤其体现在工作活动和其他非工作活动之间。

可以看出,南京市大型保障性住区居民的日常活动存在一定的时空集聚特征,并在不同群体、不同活动类型上呈现出其独特的时空集聚规律和时空响应模式。

总体而言,大型保障性住区居民日常活动的时空集聚现象往往同家庭分工强度、空间尺度休戚相关。其中,高、中强度分工下的日常活动时空集聚在主城区尺度上表现得更为明显,而中、低强度分工下的日常活动则在住区尺度上更为集聚。此外,不同群体和不同活动类型也会带来差异化的时空集聚特征,像农村拆迁户、双困户和购买限价商品房居民就会在中、低强度分工下产生更显著的时空集聚,而工作活动和上学接送活动的时空集聚程度也要高于其他类活动,且存在主城区—住区的尺度分异。

6 南京市大型保障性住区居民的日常出行路径

出行作为居民日常活动所派生的又一基本需求,其路径不但可以完整反映个体参与日常活动的时空秩序,还可以从中了解个体居民为完成日常活动而面临的出行制约,从而为城市出行环境的精细化管理提供参考,甚至可以细化到不同群体不同出行模式的多元空间环境规划和管理。因此,本章将同样立足于"家庭分工视角",并借助时间地理学的时空路径方法,依循"家庭分工模式—时空联系"的思路,"多情境"地分析大型保障性住区不同群体的日常出行路径(以通勤、通学、购物三类出行为代表),同时依托时间地理学的制约模型,比较和阐释大型保障性住区居民日常出行的制约模式和路径决选的优先机制,进而在此基础上归纳和提炼出其日常出行的时空响应模式。

6.1 研究思路与方法

6.1.1 研究思路

目前,国内外学者关于居民日常出行路径的研究成果积累已相对丰厚,研究对象也逐渐扩展到特殊群体(低收入群体),但是针对大型保障性住区居民日常出行路径的研究成果,仍存在以下盲区:①既有成果对"家庭分工模式"的关键影响缺少考量,"家庭"作为个体日常行为最为直接的决策主体和来源,往往会在成员间实现人力资源、物质资源和时间资源的有效调配和分工组织,从而促成居民们合理化的日常出行[1]。也就是说,个体选择的出行行为往往不是直接源于我要去何地做何事,而更多地源于家人需要我去何地做何事[2],因此可以说个体出行是家庭分工与时空约束共同影响下的结果[3](尤其是复杂家庭分工模式下儿童通学出行的多类方式)。②既有研究较少针对细分的群体类型而展开横向比较和分异探讨,然而大型保障性住区往往包括城市拆迁户、农村拆迁户、外来租赁户、双困户、购买限价商品房居民等多类群体,且彼此之间有着各不相同的行为需求和出行规律,因而不能以点带面或是一以概之。③既有研究多停留在个体出行路径的状态描摹之上,而很少揭示其选择该路径的过程和机理。

基于此,本章将以大型保障性住区居民的活动日志数据为基础,借鉴时间地理学的时

---

① 罗明忠,罗琦,王浩. 家庭内部分工视角下农村转移劳动力供给的影响因素[J]. 社会科学战线,2018(10):77-84.

② Scott J. Social Network Analysis[J]. Sociology, 1988, 22(1):109-127.

③ 柴彦威,王恩宙. 时间地理学的基本概念与表示方法[J]. 经济地理,1997,17(3):55-61.

空路径方法,按照"家庭分工模式—时间—空间"相关联的思路,"多情境"地分析大型保障性住区不同群体不同出行的时空路径,并进一步阐释该类住区居民的出行制约类型,归纳其出行的时空响应模式(见图6-1)。

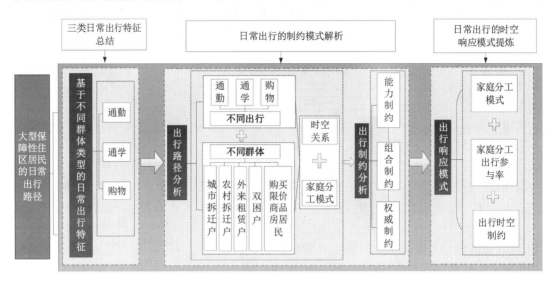

图6-1 南京市大型保障性住区居民日常出行路径的研究思路

资料来源:笔者自绘

6.1.2 研究方法

个体出行是一个具有多种属性(包括时间、空间和属性要素)的动态过程,如何分析个体日常出行过程中多种要素的作用机制,并对个体出行过程的难易程度进行综合评价是居民微观行为研究需要解决的重要问题。时间地理学中"时空路径"方法的应用,可以有效解决时间、空间和属性三要素之间的相互作用关系,并有利于揭示地理要素的状态和变化过程,能够较好地表达个体行为的时空关系,解析个体在不同时间点进行各类活动的空间分布,揭示居民日常出行的时空特征,目前已经成为研究出行行为的重要方法之一[1][2][3]。因此,本研究将以时间地理学的时空路径为依托,在解析大型保障性住区居民出行路径的同时,做出一定的技术性改进和创新。

(1)机理挖掘:融入"家庭分工"+"家庭分工出行参与率"的日常出行路径优选和时空响应模式

根据时间地理学中的制约模型可知,个体日常出行过程通常会受到能力制约、组合制

---

① Miller H J. Activities in Space and Time[J]. Elsevier Science,2004(5):647-660.

② Scott D M. Embracing activity analysis in transport geography:Merits,challenges and research frontiers[J]. Journal of Transport Geography,2006,14(5):389-392.

③ Ren F,Kwan M P. The impact of the Internet on human activity-travel patterns:Analysis of gender differences using multi-group structural equation models[J]. Journal of Transport Geography,2009,17(6):440-450.

约和权威制约的综合作用①。其中,能力制约和权威制约通常属于固定型制约,其制约要素相对单一和稳定;而组合制约属于动态型制约,制约要素多样且相对复杂,但是对个体出行的影响最大,其中"家庭分工"作为组合制约中的一个核心要素,其同时间、空间要素相配合共同制约着个体出行选择。

"家庭分工"通过充分配置家庭内部劳动力与资源,来稳定和维系家庭成员的日常出行,这就涉及夫妻分工、代际分工和其他分工模式。尤其对于大型保障性住区居民来说,受制于家庭经济基础不足、内部资源有限等现实,家庭分工已无法止步于代内夫妻协作,而需增加明显的代际分工甚至是其他分工模式来维系家庭的正常运转,这其实充分反映了以有限资源争取家庭福利最优化的内生机制②,在日常出行中家庭分工则表现为以有限时空资源、物质资源来实现出行路径的最优化。因此,将个体日常出行同"家庭分工"联系起来,能够较好地分析不同家庭分工角色的出行主体和时空之间的互动关系。本研究试图在刻画个体日常出行时空路径的同时融入"家庭分工模式"(夫妻分工、代际分工、其他分工),以探讨不同家庭分工模式下日常出行的时空影响过程。

在此基础上,本章为了反映家庭劳动供给结构,即"家庭分工模式"下家庭成员参与家庭和社会劳动(活动或出行)的活跃状态,还将引入的"家庭分工出行参与率"的概念(第 2 章中已有详细介绍)作为测度某一家庭分工模式下家庭成员参与家庭和社会出行的指标,计算公式为某一分工模式出行人口和家庭分工模式下家庭人口的比值(比如家庭夫妻分工模式下的通勤出行参与率,即为夫妻分工模式下的通勤人口数量与夫妻分工模式下家庭人口的比值,见表 6-1)。此外,本章在刻画居民时空路径和时空影响模式的基础上,还进一步将"家庭分工出行参与率"的变化同出行时间和空间变化相呼应,用以提炼其日常出行的时空响应模式。

表 6-1   大型保障性住区居民的家庭分工日常出行参与率

类别	指标	均值	标准差
通勤出行	夫妻分工模式下通勤出行参与率	49.1%	45.7%
	代际分工模式下通勤出行参与率	39.7%	47.2%
	其他分工模式下通勤出行参与率	74.2%	43.8%
通学出行	夫妻分工模式下通学出行参与率	12.9%	32.1%
	代际分工模式下通学出行参与率	9.1%	37.7%
购物出行	夫妻分工模式下购物出行参与率	32.3%	33.1%
	代际分工模式下购物出行参与率	32.3%	36.8%
	其他分工模式下购物出行参与率	74.2%	43.8%

资料来源:课题组关于南京市大型保障性住区居民日常活动的抽样调研数据(2020)

注:家庭分工出行参与率 $= \dfrac{\text{某一分工模式出行人口}}{\text{某一分工模式家庭人口}} \times 100\%$

① 柴彦威.中日城市结构比较研究[M].北京:北京大学出版社,2002.
② 夏璐.分工与优先次序:家庭视角下的乡村人口城镇化微观解释[J].城市规划,2015(10):66-74.

（2）方法提升：结合"多情境分析法"而图解的日常出行路径全谱系

情境分析法又称前景描述法，是在预设某种现象或趋势需要能够持续发展的前提下，对将要出现的多种情境加以描述和模拟的一种方法[1][2][3]。该方法需要首先确定研究主题，其次是构造情境，识别构造主题所处的内外部环境，对影响研究主题的关键因素进行分析，并采用一定的方法来设置关键因素的不同演变发展情境，最终根据关键因素的情境预测结果来预测分析研究主题的未来发展趋势。本章以大型保障性住区居民的日常出行（以通勤、通学、购物三类出行为代表）路径作为研究主题，由于受时间、空间和家庭分工三个要素的交互影响，其日常出行路径往往会产生不同的情境，从而形成多情境下的多元出行路径，其现实状态的描摹和剖析同样可以沿用"多情境分析法"。

而全谱系用于表述事物变化的整个系统，并明确各个事物之间的继承与谱系关系，为整个事物发展梳理出一个较为完整和成体系的脉络。就日常出行路径而言，全谱系可用于全面梳理其多元路径及其形成要素之间的交互关系和多元路径多情境的形成规律，并为其提供一套完整而详细的图解。

因此，本章试图将情境分析法和全谱系模式相融合，梳理出大型保障性住区居民多元路径的多情境（三组群体的通勤出行共设置 12×3＝36 种情境、三组群体的通学出行共设置 28×3＝84 种情境、两组群体的购物出行共设置 42×2＝84 种情境），详细解析不同情境中各类出行路径中的家庭分工和时空关系，并揭示不同时间、不同空间中个体日常出行路径选择的家庭分工最优化模式和不同家庭分工模式下出行路径的时间和空间特征，进而从整体上把握大型保障性住区居民多元出行路径的时空规律和家庭分工决策模式。

（3）对象拓展：基于"多群体"比较的日常出行路径分异

本章解析的不仅有多类日常出行（以通勤、通学、购物三类出行为代表），还有大型保障性住区内部的多类群体（主要包括城市拆迁户、农村拆迁户、外来租赁户、双困户和购买限价商品房居民），不同群体在日常出行的时间、空间及其家庭分工模式上往往存在着明显差异。其中，在通勤出行距离上，城市拆迁户、双困户和购买限价商品房居民以远距离为主，农村拆迁户和外来租赁户则以近距离为主；在通学出行频率上，农村拆迁户、外来租赁户和双困户每日以两次出行为主，城市拆迁户和购买限价商品房居民则以两次出行及以上为主；在购物出行的家庭分工模式上，城市拆迁户、外来租赁户和购买限价商品房居民以夫妻分工为主、代际分工为辅，农村拆迁户和双困户则以夫妻分工为主……凡此种种差异，其实均从侧面反映出居民在面临外部环境影响时不同群体家庭分工的差异化决策模式。

因此，本章以多类群体的三类出行为对象，能够更好地比较和剖析群体间的出行差异，在动态过程中把握群体出行的时空秩序，并理解其出行选择机制以及出行过程中面临的不同制约。

---

① Yin Y, Mizokami S, Aikawa K. Compact development and energy consumption: Scenario analysis of urban structures based on behavior simulation[J]. Applied Energy, 2015, 159,449-457.

② 宗跃光，徐建刚，尹海伟. 情景分析法在工业用地置换中的应用：以福建省长汀腾飞经济开发区为例[J]. 地理学报，2007,62(8)：887-896.

③ 杜士娟. 基于情景分析法的京津冀能源消费碳排放预测研究[D]. 北京：华北电力大学,2018.

6.2 南京市大型保障性住区居民的日常出行特征

6.2.1 南京市大型保障性住区居民的通勤出行特征

表 6-2 南京市大型保障性住区居民的通勤出行特征一览表

类别		城市拆迁户比例	农村拆迁户比例	外来租赁户比例	双困户比例	购买限价商品房居民比例	总比例
出行频率	1 次/天	100%	100%	100%	100%	100%	0
	2 次/天	0	0	0	0	0	0
	2 次以上/天	0	0	0	0	0	0
出行距离	(0，1 公里]	0	9.1%	3.2%	0.0%	1.6%	2.8%
	(1 公里，3 公里]	7.4%	6.1%	17.5%	6.7%	1.6%	7.8%
	(3 公里，8 公里]	33.3%	36.4%	36.5%	26.7%	14.3%	29.4%
	(8 公里，15 公里]	22.2%	33.3%	22.2%	43.3%	54.0%	35.0%
	(15 公里，+∞)	37.0%	15.2%	19.0%	26.7%	28.6%	25.3%
出行方式	私家车	40.7%	33.3%	28.6%	33.3%	57.1%	38.6%
	出租车	3.7%	0	1.6%	3.3%	6.3%	3.0%
	公交车/地铁	25.9%	12.1%	14.3%	20.0%	15.9%	17.6%
	电动车/自行车	25.9%	42.4%	52.4%	43.3%	15.9%	36.0%
	步行	3.7%	12.1%	3.2%	0	4.8%	4.8%
交通方式的出行时间	私家车	29.0 分钟	37.5 分钟	34.6 分钟	39.7 分钟	34.2 分钟	平均 35.00 分钟
	出租车	36.0 分钟	0	25.0 分钟	30.5 分钟	30.5 分钟	平均 24.40 分钟
	公交车/地铁	35.0 分钟	42.0 分钟	25.3 分钟	36.1 分钟	36.8 分钟	平均 35.04 分钟
	电动车/自行车	20.5 分钟	18.0 分钟	21.6 分钟	20.4 分钟	19.5 分钟	平均 20.00 分钟
	步行	11.5 分钟	12.2 分钟	10.5 分钟	8.1 分钟	7.5 分钟	平均 9.96 分钟
家庭分工模式	夫妻分工	81.5%	81.8%	81.0%	80.0%	82.5%	81.4%
	代际分工	11.1%	6.1%	3.2%	6.7%	7.9%	7.0%
	其他分工	7.4%	12.1%	14.3%	13.3%	9.5%	11.3%
通勤出行人数	0 人	38.8%	36.4%	10.2%	21.3%	10.9%	23.5%
	1 人	18.4%	21.8%	32.7%	41.0%	21.8%	27.1%
	2 人及以上	42.8%	41.8%	57.1%	37.7%	66.3%	49.4%

资料来源:课题组关于南京市大型保障性住区居民的抽样调研数据(2020)

（1）出行频率：一次出行为主,呈"早出晚归"通勤模式

五类群体的通勤出行频率差异并不明显,每日都是以一次出行为主,占比均为100%,呈现"早出晚归"的出行特征,这与一般居民的通勤出行模式大体类似。

（2）出行距离：以中长距离出行为主，以中短距离和长距离出行为辅

五类群体的通勤出行距离存在较为明显的差异。其中，城市拆迁户以中短距离（3公里＜出行距离≤8公里）和长距离（出行距离＞15公里）出行为主（33.3％，37.0％）；农村拆迁户和外来租赁户以中短距离（3公里＜出行距离≤8公里）和中长距离（8公里＜出行距离≤15公里）出行为主（36.4％，33.3％；36.5％，22.2％）；双困户是以中短距离、中长距离和长距离出行为主，三类出行占比超过90％；而购买限价商品房居民则是以中长距离和长距离出行为主，两类出行占比超过80％。整体来看，大型保障性住区居民的出行距离以中长距离为主，以中短距离和长距离为辅，这表明保障性住区大多数居民均面临着职住分离制约而不得不承受长距离的通勤出行（尤以购买限价商品房居民最为明显）。

（3）出行方式：以私家车和电动车为主，而公共交通出行率较低

五类群体的出行方式也存在明显差异。其中，城市拆迁户和购买限价商品房居民以私家车出行为主（40.7％，57.1％），公共交通和电动车出行相对较少（25.9％，25.9％；15.9％，15.9％），步行和出租车出行则占比最低（均不足10％）；农村拆迁户、外来租赁户和双困户的电动车出行占比最高（42.4％，52.4％，43.3％），而私家车出行的占比相对较少（33.3％，28.6％，33.3％），步行出行则占比最低（12.1％，3.2％，0）。整体来看，大型保障性住区居民的通勤出行方式以私家车和电动车为主，而公共交通的出行率较低，这可能受到了周边公共交通设施的布局和可达性影响。

（4）出行时间：步行出行时间最短，使用机动车出行时间最长

五类群体使用不同交通方式的出行时间差异并不明显：首先，步行出行的时间最短，均在10分钟左右；其次是电动车（或是自行车），其出行时间在20分钟左右；出租车的出行时间在25分钟左右；而私家车和公交/地铁的出行时间最长，平均约30分钟。总体来说，大型保障性住区居民的出行时间以步行出行时间为最短，以机动车出行时间为最长，这表明居民的短时间出行主要依赖慢行方式，而长时间出行主要依赖机动车。

（5）家庭分工模式：以夫妻分工通勤出行为主

五类群体通勤出行中的家庭分工模式差异并不明显，均以夫妻分工为主（超过80％）。这也同一般居民的家庭分工模式（夫妻分工为主）相类似，反映了目前城市家庭的分工原则：家庭会根据成员比较优势来完成分工，多表现为年轻夫妻从事市场劳动，而由老人主持家庭劳动（除独居群体外）。

（6）家庭通勤人数：以每户2人及以上参与通勤出行为主，以每户1人通勤出行为辅

五类群体中通勤出行的家庭人数存在明显差异。其中，城市拆迁户和农村拆迁户中没有参与通勤出行（38.8％，36.4％）和拥有2人及以上参与通勤出行（42.8％，41.8％）的比例较大，有1人参与通勤的比例最小（18.4％，21.8％）；外来租赁户和购买限价商品房居民中有2人及以上参与通勤出行的比例最大（57.1％，66.3％），没有人参与通勤出行的比例最小（10.2％，10.9％）；而双困户中有1人和2人及以上参与通勤出行的比例较大（41％，37.7％），没有人参与通勤出行的比例最小（21.3％）。总体来说，大型保障性住区居民的家庭通勤人数以2人及以上参与通勤出行为主，以1人参与通勤出行为辅，这说明家庭中至少有1人需要参与市场劳动来提高家庭经济效益。

基于上述分析可知，五类群体的通勤出行差异主要体现在出行距离、出行方式选择和

家庭通勤出行人数三个维度。在出行距离上,若按照第4章活动空间距离的归类方法,那么城市拆迁户、双困户和购买限价商品房居民以远距离出行为主,农村拆迁户和外来租赁户则以近距离出行为主;在出行方式上,若将出行方式按照机动车(私家车、出租车、公交/地铁)和非机动车(电动车、自行车、步行)来区分,那么城市拆迁户、双困户和购买限价商品房居民以机动车出行为主,农村拆迁户和外来租赁户则以非机动车出行为主;在出行人数上,按照1人和2人及以上来划分,城市拆迁户、农村拆迁户、外来租赁户和购买限价商品房居民均是以2人及以上通勤的家庭比例为多,双困户则是以1人和2人及以上通勤的家庭比例为多。因此,可以通过上述三类指标对五类群体进行归类,归类依据为:若不同群体在上述三类指标的特征上相似,则可将这几类群体归为同一组,最终五类群体可归为三组:城市拆迁户+购买限价商品房居民="通勤A组";农村拆迁户+外来租赁户="通勤B组";双困户="通勤C组"。以此为据,6.3.1节将对这三组的通勤出行路径进行刻画,对其路径"制约—选择"过程加以解析。

6.2.2　南京市大型保障性住区居民的通学出行特征

表6-3　南京市大型保障性住区居民的通学出行特征一览表

类别		城市拆迁户比例	农村拆迁户比例	外来租赁户比例	双困户比例	购买限价商品房居民比例	总比例
出行频率	1次/天	0	0	0	0	0	0
	2次/天	61.5%	82.4%	86.3%	60.0%	83.3%	74.7%
	2次以上/天	38.5%	17.6%	13.7%	40.0%	16.7%	25.3%
出行距离	(0,1公里]	38.5%	35.3%	54.9%	30.0%	54.8%	42.7%
	(1公里,3公里]	38.5%	35.3%	29.4%	30.0%	21.4%	30.9%
	(3公里,8公里]	23.1%	29.4%	15.9%	40.0%	23.8%	26.4%
	(8公里,15公里]	0	0	0	0	0	0
	(15公里,+∞)	0	0	0	0	0	0
出行方式	私家车	7.7%	11.8%	3.9%	10.0%	0	6.7%
	出租车	0	0	0	0	0	0
	公交车/地铁	0	11.8%	0	0	0	2.4%
	电动车/自行车	61.5%	35.3%	37.3%	40.0%	40.5%	42.9%
	步行	30.8%	41.2%	58.8%	50.0%	59.5%	48.1%
交通方式的出行时间	私家车	12分钟	15.1分钟	15.5分钟	18分钟	12.5分钟	平均14.62分钟
	出租车	15分钟	0	0	0	15分钟	平均6.00分钟
	公交车/地铁	0	18分钟	15分钟	0	18分钟	平均10.20分钟
	电动车/自行车	10.6分钟	12.5分钟	10.4分钟	10分钟	12分钟	平均11.10分钟
	步行	6.0分钟	7.0分钟	6.0分钟	0	5.0分钟	平均4.80分钟
家庭分工模式	夫妻分工	46.2%	41.2%	66.7%	30.0%	31.0%	43.0%
	代际分工	53.8%	58.8%	33.3%	70.0%	69.0%	57.0%
	其他分工	0	0	0	0	0	0

（续表）

类别		城市拆迁户比例	农村拆迁户比例	外来租赁户比例	双困户比例	购买限价商品房居民比例	总比例
是否陪同	是	100.0%	100.0%	100.0%	100.0%	100.0%	100.0%
	否	0	0	0	0	0	0
学龄儿童人数	0人	75.5%	65.5%	41.8%	68.9%	48.5%	60.0%
	1人	22.4%	32.7%	43.9%	29.5%	39.6%	33.6%
	2人及以上	2.0%	1.8%	14.3%	1.6%	10.9%	6.1%

资料来源：课题组关于南京市大型保障性住区居民的抽样调研数据（2020）

（1）出行频率：以两次出行（早送晚接）为主，以两次以上（中午接送）为辅

五类群体的通学出行频率差异并不明显，每日均是以两次出行为主，以两次以上出行为辅，即趋向于"早送晚接，中午不接送"的通学出行模式。其中，农村拆迁户、外来租赁户和购买限价商品房居民的两次出行比例均超过80%；而城市拆迁户和双困户两次出行比例均在60%左右，两次以上的比例分别为38.5%和40%。儿童通学的出行频率主要取决于学校时间管理。

（2）出行距离：以短距离为主，满足大部分家庭对住教邻近的需求

五类群体的通学出行距离存在明显差异。其中，城市拆迁户和农村拆迁户以短距离（38.5%，35.3%）和较短距离（38.5%，35.3%）出行为主，中短距离（23.1%，29.4%）出行为辅；外来租赁户以短距离（54.9%）出行为主，较短距离（29.4%）出行为辅；双困户以中短距离（40%）出行为主，短距离（30%）和较短距离（30%）出行为辅；购买限价商品房居民则以短距离（54.8%）出行为主，较短距离（21.4%）和中短距离（23.8%）出行为辅。总体来说，大型保障性住区居民的通学出行距离以短距离为主，这主要受学区和学校选址影响。其中大部分家庭都能实现"就近上学"，但每类群体中均存在通学出行距离在3~8公里的样本，这也反映出部分家庭对教学质量和名牌学校的追逐。

（3）出行方式：以步行和电动车为主，私家车和公共交通出行率较低

五类群体的出行方式存在较为明显的差异。其中，城市拆迁户的电动车/自行车出行占比最大（61.5%），步行出行的比例次之（30.8%），私家车出行占比则在10%左右；农村拆迁户、外来租赁户、双困户和购买限价商品房居民的步行出行比例最大（均超过40%），电动车/自行车出行占比次之（35%左右）。总体来说，大型保障性住区居民的通学出行方式以非机动车为主，而对机动车的依赖度较低，这可能是因为儿童通学出行以短距离学区政策下"就近上学"为主，因此以轻便的非机动车出行为主，从而减少了对机动车的使用。

（4）出行时间：步行出行时间最短，私家车和公共交通出行时间最长

不同交通方式的出行时间存在明显差异，但是其在五类群体中的差异并不明显。其中，步行出行的时间均小于10分钟；电动车/自行车的出行时间均在10分钟左右；私家车、出租车和公共交通的出行时间则在15分钟左右；总体上呈"步行出行时间最短，私家车和公共交通出行时间最长"特征。

（5）家庭分工模式：以代际分工和夫妻分工通学出行为主

五类群体通学出行中的家庭分工模式同样存在较为明显的差异。其中，城市拆迁户、农村

拆迁户、双困户和购买限价商品房居民以代际分工为主(53.8％,58.8％,70.0％,69.0％),夫妻分工为辅(46.2％,41.2％,30.0％,31.0％);外来租赁户则以夫妻分工为主(66.7％),代际分工为辅(33.3％)。总体上,大型保障性住区居民的通学出行以代际分工为主,夫妻分工为辅。这主要是因为大多数儿童的父母投入市场劳动且出行时间同儿童出行相冲突,于是通学陪伴出行的任务分工只能转移到老人身上,从而催生了通学出行的代际分工模式。

(6)出行同伴:以联合出行为主,均需要父母和老人陪同

五类群体的通学出行同伴并没有明显差异,都是在父母或是老人陪同下展开,呈现联合出行特征。这主要受限于儿童本身生理与心理的成熟度,而离不开家长的陪伴、接送与守护。

(7)家庭学龄儿童人数:趋向于每户一个学龄儿童,拥有两个及以上的家庭较少

五类群体中拥有学龄儿童人数的差异较为明显。其中,城市拆迁户、农村拆迁户和双困户中无学龄儿童的家庭最多(75.5％,65.5％,68.9％),拥有一个学龄儿童的家庭次之(占比均在20％以上);外来租赁户和购买限价商品房居民则以没有学龄儿童和拥有一个学龄儿童的家庭居多(41.8％,43.9％;48.5％,39.6％),且五类群体中拥有两个及以上学龄儿童的占比均较少。总体上,大型保障性住区家庭以拥有一个学龄儿童的家庭为主,而拥有两个及以上学龄儿童的家庭较少。

基于上述分析可知,五类群体的通学出行差异主要体现在出行距离、出行方式、家庭分工模式、家庭拥有学龄儿童人数四个维度上。在出行距离上,同样按照第4章活动空间距离的归类方法,五类群体均为近距离出行;在出行方式上,同样以机动车和非机动车来划分,五类群体均以非机动车出行为主;在家庭分工模式上,城市拆迁户、农村拆迁户、双困户和购买限价商品房居民以代际分工为主,外来租赁户则以夫妻分工为主;在家庭拥有学龄儿童人数上,按照拥有一个和两个及以上学龄儿童来划分,城市拆迁户、农村拆迁户和双困户中有一个学龄儿童的家庭较多,外来租赁户则和购买限价商品房居民则以拥有一个和两个及以上学龄儿童的家庭居多。因此,通过对上述五类群体在上述四类指标的特征上的比较,可将五类群体归为三组:城市拆迁户＋农村拆迁户和双困户＝"通学A组";外来租赁户＝"通学B组";购买限价商品房居民＝"通学C组"。6.3.2节将对这三组的通学出行路径进行刻画,并对其路径"制约—选择"过程加以解析。

6.2.3 南京市大型保障性住区居民的购物出行特征

表6-4 南京市大型保障性住区居民的购物出行特征一览表

	类别	城市拆迁户比例	农村拆迁户比例	外来租赁户比例	双困户比例	购买限价商品房居民比例	总比例
出行频率	1次及以下	84.8％	81.3％	80.0％	83.3％	70.9％	78.5％
	2次以上	15.2％	18.8％	20.0％	16.7％	29.1％	30.3％
出行距离	(0, 1公里]	80.4％	89.6％	85.6％	87.0％	81.4％	84.8％
	(1公里, 3公里]	10.9％	6.3％	10.0％	7.4％	7.0％	8.3％
	(3公里, 8公里]	4.3％	0	2.2％	1.9％	8.1％	3.3％
	(8公里, 15公里]	2.2％	4.2％	2.2％	1.9％	2.3％	2.5％
	(15公里, +∞)	2.2％	0	0	1.9％	1.2％	1.0％

类别		城市拆迁户比例	农村拆迁户比例	外来租赁户比例	双困户比例	购买限价商品房居民比例	总比例
出行方式	私家车	2.2%	4.2%	2.2%	3.7%	4.7%	3.4%
	出租车	0	0	1.1%	0	0	0.2%
	公交车/地铁	0	4.2%	0	3.7%	0	1.6%
	电动车/自行车	15.2%	16.7%	38.9%	27.8%	18.6%	23.4%
	步行	82.6%	75.0%	57.8%	64.8%	76.7%	71.4%
交通方式的出行时间	私家车	22.5分钟	18.5分钟	0	16分钟	15分钟	平均14.40分钟
	出租车	0	0	10分钟	0	12分钟	平均4.40分钟
	公交车/地铁	0	16分钟	0	10分钟	0	平均5.60分钟
	电动车/自行车	10分钟	10分钟	15分钟	13分钟	12分钟	平均11.40分钟
	步行	10分钟	7分钟	10分钟	10分钟	12分钟	平均9.80分钟
家庭分工模式	夫妻分工	73.9%	66.7%	67.8%	59.3%	67.4%	67.0%
	代际分工	21.7%	18.8%	25.6%	18.5%	23.3%	21.6%
	其他分工	4.3%	14.6%	6.7%	22.2%	9.3%	11.4%
通常购物方式	网购为主	10.9%	10.9%	18.0%	13.2%	31.4%	16.9%
	实体店为主	37.0%	56.5%	32.6%	49.1%	20.9%	39.2%
	实体店+网购	52.2%	32.6%	49.4%	37.7%	47.7%	43.9%
是否陪同	是	26.1%	19.6%	39.3%	45.3%	46.5%	35.4%
	否	73.9%	80.4%	60.7%	56.6%	53.5%	65.0%
参与购物人数	0人	0	0	0	0	0	0
	1人	67.3%	52.7%	48.0%	49.2%	50.5%	53.5%
	2人	22.4%	20.0%	28.6%	34.4%	24.8%	26.0%
	2人以上	10.2%	18.2%	13.3%	16.4%	24.8%	16.6%

资料来源：课题组关于南京市大型保障性住区居民的抽样调研数据（2020）

（1）出行频率：以一次及以下出行为主，购物出行频率较低

五类群体的购物出行频率差异并不明显，每日均是以一次及以下出行为主，所占比例均超过60%，这表明大型保障性住区居民的购物出行频率相对较低，这可能是受到周边公共服务设施的布局影响或是居民工作活动时间的影响。

（2）出行距离：以短距离出行为主，受时空约束较小

五类群体的购物出行距离不存在明显差异，均是以短距离出行为主，较短距离出行为辅。这可能与周边公共服务设施的布局和可达性相关。

（3）出行方式：以步行为主，机动车出行率较低

五类群体的购物出行方式差异并不明显，均是以步行方式出行为最多，而电动车/自行车出行较少，公共交通和小汽车出行则最少。这表明大型保障性住区居民的购物出行方式以慢行交通为主，对机动车的依赖性较低。这可能同其出行距离相关，一般出行距离越短，对慢行交通的依赖程度就越高。

（4）出行时间：步行和电动车出行时间最短，私家车出行时间最长

不同交通方式的出行时间存在明显差异，但其在五类群体间并没有差异。其中，步行和电动车/自行车的出行时间在10分钟左右；私家车的出行时间均大于15分钟。这表明随

着出行时间的增长,居民对于机动车的使用率也会增加。

(5) 家庭分工模式:以夫妻分工购物出行为主,以代际分工购物出行为辅

五类群体购物出行中的家庭分工模式存在较为明显的差异。其中,城市拆迁户、外来租赁户和购买限价商品房居民以夫妻分工为最多(73.9%,67.8%,67.4%),代际分工次之(21.7%,25.6%,23.3%),其他分工最少(均不足10%);农村拆迁户和双困户则以夫妻分工为最多(66.7%,59.3%),代际分工和其他分工次之(均占20%左右)。总体上,大型保障性住区居民的购物出行以夫妻分工为主,以代际分工为辅,这说明年轻夫妻不仅要参与市场劳动,还需要分担部分家庭劳动。

(6) 购物方式:以实体店+网购混合购物的方式为主,以实体店购物的方式为辅

五类群体的购物方式存在较为明显的差异。其中,城市拆迁户、外来租赁户和购买限价商品房居民以实体店+网购两种混合购物方式为最多(52.2%,49.4%,47.7%);农村拆迁户和双困户则以实体店购物占比为最大(56.5%和49.1%),以网购占比为最小(10.9%,13.2%)。总体上,大型保障性住区居民的购物方式以混合购物为主,以实体店为辅,购物方式的多样化也表明居民参与购物所受的时空约束正在日益减小。

(7) 购物同伴:以单独购物出行为主、以联合出行为辅

五类群体的购物出行同伴差异并不明显,均是以单独购物出行为主。其中,城市拆迁户、农村拆迁户和外来租赁户单独出行的比例均超过60%;而双困户和购买限价商品房居民的单独出行和联合出行比例相当,均在50%左右。总体上,大型保障性住区居民的购物出行以单独出行为主,以联合出行为辅,这也反映出家庭成员之间各司其职的明确分工。

(8) 家庭参与购物出行人数:趋向于每户1人参与购物出行,多人参与购物出行的较少

五类群体中参与家庭购物出行人数差异并不明显,均以1人参与购物出行为主(占比均在50%左右),多人参与购物出行的家庭则较少,这同样说明家庭成员正在通过各司其职,共同实现家庭效益的最优化。

基于上述分析可知,五类群体的购物出行差异主要体现在家庭分工模式和购物方式①两个维度。在家庭分工模式上,城市拆迁户、外来租赁户和购买限价商品房居民以夫妻分工为主,以代际分工为辅,农村拆迁户和双困户则以夫妻分工为主,以代际分工和其他分工为辅。基于不同群体在上述指标特征上的比较,可将五类群体归为两组:城市拆迁户+外来租赁户+购买限价商品房居民="购物A组";农村拆迁户+双困户="购物B组"。6.3.3节将对这三组的购物出行路径进行刻画,并对其路径"制约—选择"过程加以解析。

6.3　南京市大型保障性住区居民的日常出行路径和制约

根据6.2节对五类群体的通勤、通学和购物出行特征的汇总分析,可对不同群体进行归

---

① 由于本研究主要考虑实体购物出行,而购物方式中涉及了网购,因此该指标不被纳入群体归类,分类指标仅有家庭分工模式。

类：通勤出行分为三组，通学出行分为三组，购物出行分为两组，下文将以此归类结果为依据，采用时空路径方法来集成刻画这些群组在哪类家庭分工模式下、在什么时候、在什么地点、采用何种交通出行方式①、受到何种制约的情境下发生出行行为的。

其基本图解原则如下：①每一类路径的刻画均集成表达了某一群组的不同家庭分工模式、不同时间、不同地点、不同交通方式、不同组合制约程度等出行数据和信息。②每一条路径刻画的仅仅是被调查对象的出行路径特征，而无法同时呈现共同参与家庭分工的其他成员出行信息，像通学出行信息就是通过调查父母或老人而获取的，尽管通学出行可能是由父母和老人共同陪伴儿童上学/放学而产生，但该通学出行路径也只能呈现参与接送的父母或老人一方的出行信息。③刻画每组群体多元化的出行路径时，每种情境下入选的样本量须大于等于该群组的平均值②（注：这里的平均值是指某一群组中每一情境的平均人数，如通勤共 12 种出行情境，通勤 A 组中每一类情境的平均值＝通勤 A 组总人数/12），否则不纳入图解分析，而最终纳入图解分析的样本包括通勤出行 152 人（通勤 A 组 66，通勤 B 组 45，通勤 C 组 41）、通学出行 165 人（通学 A 组 57，通学 B 组 61，通学 C 组 47）、购物出行 307 人（购物 A 组 204，购物 B 组 103）（原始数据中通勤人数为 364 人，通学 262 人，购物 520 人），且纳入图解分析的样本占比将在图表中进行标注。④每一种路径均被赋予不同灰度的底色（包括深灰、灰色、浅灰、白色四个等级），以表示该类出行路径受组合（家庭分工、时间、空间）制约程度，颜色越深表示该类出行路径受组合制约程度越强。其中，深灰表示高强组合制约，灰色表示较强组合制约，浅灰表示较弱组合制约，白色则表示弱组合制约。

6.3.1 南京市大型保障性住区居民的通勤出行路径和制约

（1）大型保障性住区居民的通勤出行路径分析

通勤出行不仅受时空约束，还会受家庭分工模式的影响，因此通勤出行可以从家庭分工、职住空间关系、工作活动时长三方面设置情境分析（见图 6-2～图 6-4），具体如下：

家庭分工模式包括夫妻分工、代际分工和其他分工三种。通勤出行作为工作活动的重要组成部分，它通常由职（工作地）住（居住地）的空间关系所决定，因此其职住空间联系可以参照第 4 章和第 5 章中工作活动空间距离的分类方法，分为职住邻近、职住分离两种类型。这里所说的"邻近"，指的是以家（居住地）为中心，8 公里以内（出行距离≤8 公里）的空间范围为职住邻近，其他则为职住分离。此外，通勤出行在一定程度上还会受到工作活动时长的影响，工作活动时长也可分为等于 8 小时和大于 8 小时。

---

① 大型保障性住区居民在出行时通常会选择不同的交通出行方式，其可达性范围存在明显差异，将城市步行、电动车/自行车、公交和小汽车的出行速度分别按照 4.3 公里/小时、16 公里/小时、20 公里/小时和 30 公里/小时来计算居民合理出行范围，合理出行时间在 15 分钟内，那么对应的合理出行距离约为 1 公里、4 公里、5 公里、8 公里以内。

② 通过家庭分工、时间、空间三者组合来构造出行情境，其中通勤出行共设置 12 种出行路径情境，通学出行 28 种情境，购物出行 42 种情境。在通勤出行 364 人中，A 组每种情境平均人数为 14 人，B 组平均人数为 8 人，C 组平均人数为 5 人；通学出行 262 人中，通学 A 组和 C 组每种情境平均人数都为 3 人，通学 B 组为 4 人；购物出行 520 人中，购物 A 组每种情境平均人数为 8 人，购物 B 组为 5 人。

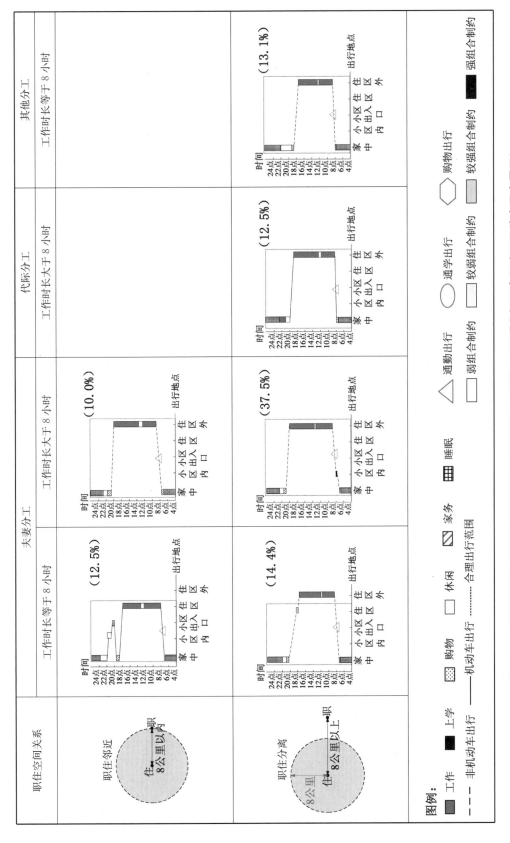

图 6-2 大型保障性住区居民通勤出行的 6 种路径——通勤 A 组（城市拆迁户和购买限价商品房居民）

资料来源：课题组关于南京市大型保障性住区居民的抽样调研数据（2020）

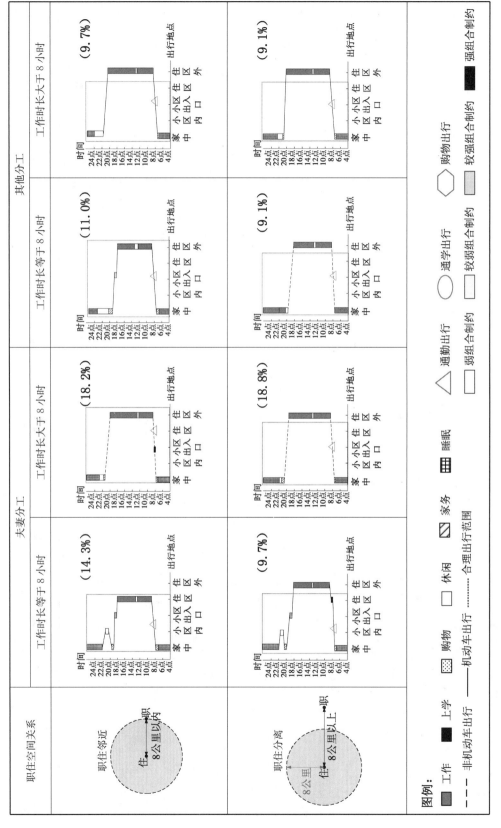

图 6-3 大型保障性住区居民通勤出行的 8 种路径——通勤 B 组（农村拆迁户和外来租赁户）

资料来源：课题组关于南京市大型保障性住区居民的抽样调研数据（2020）

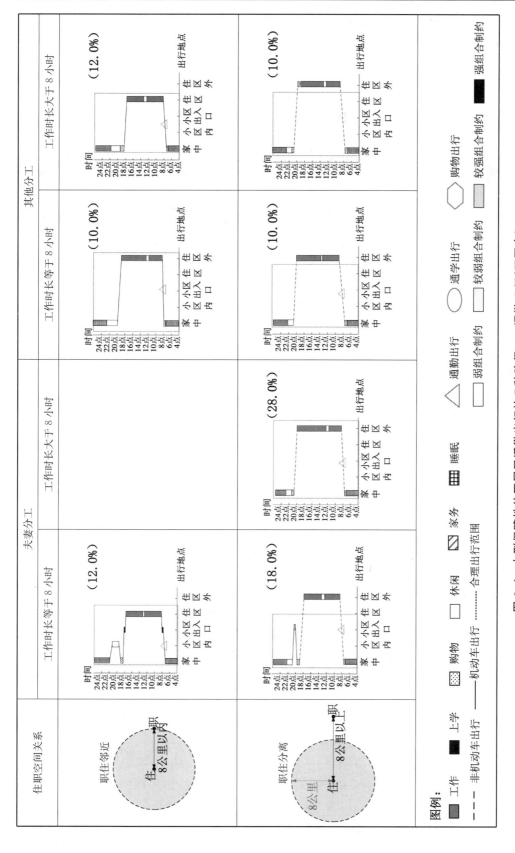

图6-4 大型保障性住区居民通勤出行的7种路径——通勤C组（双困户）

资料来源：课题组关于南京市大型保障性住区居民的抽样调研数据（2020）

（2）大型保障性住区居民的通勤出行制约分析

根据时间地理学的制约模型，个体出行过程中通常会受到诸多制约，一些制约源于生理上（身体健康状况、年龄）或是心理上（情绪、性格）的因素，一些制约的产生源于集体行为（如联合出行）准则，还有一些制约则是由个人决策和公共政策所造成的。这些制约可以归为三类：能力制约、组合制约和权威制约①。

a. 能力制约

经济能力制约：出行方式的可获得性受限。根据调研结果，大型保障性住区居民呈现出"以1500元及以下收入为主"的低收入总体特征；但与此同时，不同居住群体的收入水平之间也存在着明显差异，城市拆迁户（通勤A组）以中等收入水平为主，农村拆迁户（通勤B组）、外来租赁户（通勤B组）和双困户（通勤C组）均以低等收入水平为主，购买限价商品房居民（通勤A组）的月平均收入分布则更加多元，兼有低等、中等和高等多级收入水平。所以，受经济能力的制约，其通勤出行也同样会受到影响，如只能选择较低成本的出行方式。

文化程度制约：出行可达性较差。根据调研结果，大型保障性住区居民呈现出"以初中及以下学历为主"的低教育程度特征；但同时，不同群体之间也存在明显差异，城市拆迁户的居民学历主要集中在初中及以下、中专或技校或高中，农村拆迁户以文盲和初中及以下学历为主，双困户和外来租赁户以初中及以下学历为主，购买限价商品房居民的学历则普遍较高，以大专或本科学历为主。所以，受文化程度的制约，大部分居民只能从事低技术含量的劳动密集型服务业，而不得不承受和主城区密集服务业之间的长距离、长耗时通勤出行。

b. 组合制约

通勤出行过程中的组合制约主要体现在：固定的出行距离需要在合理的家庭分工和可达的出行方式之间兼顾平衡、共促完成，这也可反映出工作时长、职住空间联系和家庭分工模式之间相互制约、共同影响通勤出行的内在逻辑。

组合制约一：通勤出行距离、出行方式和家庭分工模式相互制约。通勤出行距离对出行方式的选择存在一定制约（见表6-5）。当出行距离≤1公里时，完全依靠步行，且以夫妻分工为主；当1公里＜出行距离≤3公里时，三组群体的出行方式以电动车为主、以步行为辅，且以夫妻分工为最多；当3公里＜出行距离≤8公里时，三组群体选择电动车出行的比例较高，且以夫妻分工为主；当8公里＜出行距离≤15公里时，三组群体选择私家车出行比例最高，且以夫妻分工为主；当出行距离＞15公里时，通勤A组和通勤B组的私家车出行比例最高，且以夫妻分工为主，通勤C组则以公共交通出行比例为最高，且夫妻分工的比例最高。

表6-5 通勤出行距离、家庭分工模式和出行方式的关系

不同群组的出行距离		出行方式（前两位）	家庭分工模式
(0,1公里]	通勤A组	步行	夫妻分工
	通勤B组	步行	其他分工＜夫妻分工
	通勤C组	—	—

---

① 柴彦威，王恩宙.时间地理学的基本概念与表示方法[J].经济地理,1997,17(3)：55-61.

不同群组的出行距离		出行方式（前两位）	家庭分工模式
（1公里,3公里]	通勤A组	步行<电动车	夫妻分工
	通勤B组	步行<电动车	夫妻分工
	通勤C组	电动车	夫妻分工
（3公里,8公里]	通勤A组	公共交通<电动车	其他分工<夫妻分工
	通勤B组	私家车<电动车	其他分工<夫妻分工
	通勤C组	私家车<电动车	代际分工<其他分工<夫妻分工
（8公里,15公里]	通勤A组	出租车<私家车	代际分工<其他分工<夫妻分工
	通勤B组	电动车<私家车	代际分工<其他分工<夫妻分工
	通勤C组	公共交通<私家车	代际分工<其他分工<夫妻分工
（15公里,+∞)	通勤A组	公共交通<私家车	其他分工<夫妻分工
	通勤B组	电动车<私家车	其他分工<夫妻分工
	通勤C组	私家车<公共交通	代际分工<其他分工<夫妻分工

资料来源：课题组关于南京市大型保障性住区居民的抽样调研数据（2020）

组合制约二：家庭分工、职住空间、工作时长的三元组合，产生不同制约类型。通勤出行通常会受到职住空间、家庭分工模式和个体工作时长之间不同组合方式的综合影响，按照制约程度不同，可以分为以下三种类型：

第一种：时间和空间对居民通勤出行的制约程度相对较小，属于理想型。其在时间上表现为工作时长为8小时，属于合理的劳动强度；在空间上表现为"职住邻近"；家庭分工模式则为夫妻分工、代际分工和其他分工中的一种。

第二种：时间或空间会对居民的通勤出行产生一定制约。当工作时长为8小时且居民的出行空间类型为"职住分离"时，它会对居民出行产生空间制约；而当工作时长大于8小时且居民的出行空间类型为"职住邻近"时，它能满足居民的短距离和短时间出行，居民所受的空间制约也会有所减弱。

第三种：时间和空间对居民通勤出行的制约程度均不低，当工作时间大于8小时且居民的出行空间类型为"职住分离"时，居民的通勤出行会受到较强的时空约束。

值得注意的是，不同群组的组合制约类型之间也存在着明显差异。像通勤A组和通勤B组均面临着三种组合制约类型，通勤C组则主要面临着第二种制约类型。

c. 权威制约

产业政策制约：居民就业和通勤出行可达性受限。随着南京"推二进三"政策的推进和主城内大部分工业用地外迁至主城边缘甚至远郊区，主城区因为更多的土地被更新为第三产业用地而成为南京第三产业的集聚地，这对于居住在主城边缘的大型保障性住区的居民来说，无疑会面临就业空间错位、就业可达性低的现实困境。即使是迁往城市外围的工业企业，从表面上看仿佛可为大型保障性住区居民就近提供就业机会，却因为伴随着中国产业升级走上技术密集型道路，而无法面向低文化水平的中低收入群体提供充分的劳动密集型就业机会[1]。因

---

[1] 郭菂,李进,王正.南京市保障性住房空间布局特征及优化策略研究[J].现代城市研究,2011,26(3)：83-88.

此,对于大型保障性住区的居民而言,同样会因为产业需求和劳动力供给之间的结构性矛盾而面临失业和下岗。

6.3.2 南京市大型保障性住区居民的通学出行路径和制约

（1）大型保障性住区居民的通学出行路径分析

同样地,通学出行不仅仅受时空约束,还会受家庭分工模式的影响,因此通学出行可以从接送主体(父母或老人)、家庭分工、住教职/住教空间联系、接送频率四方面设置情境分析(见图 6-5～图 6-7),具体如下:

按照接送主体(职工父母、职工父母＋老人、全职父母、老人)的差异,可将家庭分工分为夫妻分工、代际分工、夫妻分工＋代际分工三种。对于住教职空间联系的分类方法,参照王侠等研究所提及的方法[1],可划分为住教职邻近、住教邻近(职教分离)、职教邻近、住职邻近、住教职分离 5 种,其中以学校为核心的 1 公里范围内(出行距离≤1 公里)即为邻近,其他空间范围则为分离。此外,接送频率可划分为 2 次、4 次两种。

（2）大型保障性住区居民的通学出行制约分析

a. 能力制约

本研究主要关注家长陪伴和接送学龄儿童上学和放学这一出行过程,因此通学出行主要以接送家长为主体,而关注其所受的能力制约如下:

年龄制约:接送家长年龄大,出行距离和速度受限。大型保障性住区一部分居民的通学出行主要依靠代际分工(以家里的老年人为主)。不同年龄群体其出行速度不一样,所能忍受的出行距离也存在差异。对于老年人来说,其步行速度一般为 40～50 米/分钟,最长忍受出行距离就是 1 公里,这也决定了代际分工模式下通学出行的极限。

b. 组合制约

通学出行中的组合制约主要体现在:接送主体(父母或老人)需要将学龄儿童在规定时间接送到规定地点;固定的通学出行距离需要采取合理的家庭分工和可达的出行方式来共同完成;接送频率、住教职/住教空间联系和家庭分工模式之间则相互制约,共同影响通学出行。

组合制约一:接送时间、接送频率(出行频率)对家庭分工存在明显制约。当大部分儿童的上午上学时间同成年人的上班时间存在冲突时,那么该出行的家庭分工就会调整为代际分工(老人)和夫妻分工(全职父母),这在三组群体中均有体现;若时间不存在冲突,就业父母便会完成上午的通学出行,下午的儿童接送则由老人完成,从而呈现出"上午夫妻分工＋下午代际分工"的特征,这主要体现在通学 A 组和通学 B 组。儿童接送频率共分为 2 次(早晚接送)和 4 次(中午也需接送),中午需要接送的通学出行由于对就业父母存在严重制约,全职父母或老年人就会承担接送行为,这种现象也主要发生在通学 A 组和通学 B 组中。

组合制约二:通学出行距离、出行方式和家庭分工模式相互制约。通学出行距离会对出行方式的选择存在一定制约(见表 6-6)。当出行距离≤1 公里时,三组群体选择步行出行的比例最高,其中通学 A 组和通学 C 组以代际分工为最多,通学 B 组则以夫妻分工为最

---

① 王侠,陈晓键. 西安城市小学通学出行的时空特征与制约分析[J]. 城市规划,2018,42(11):142-150.

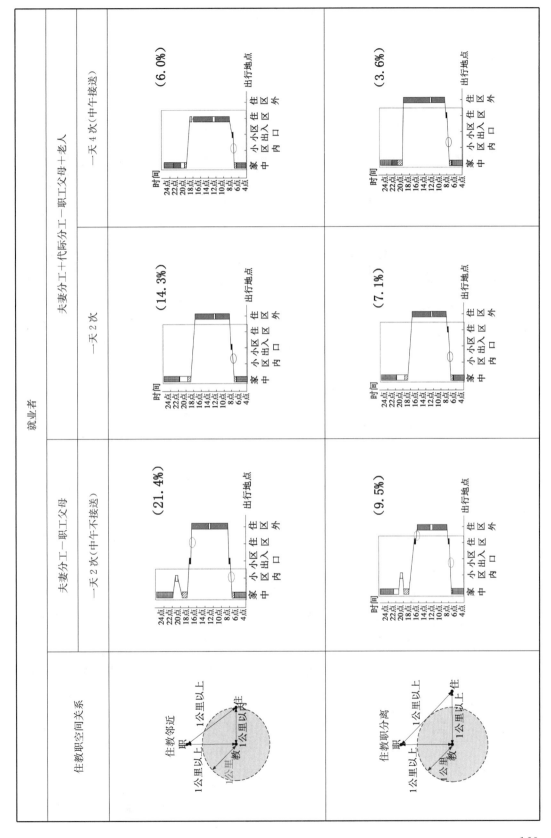

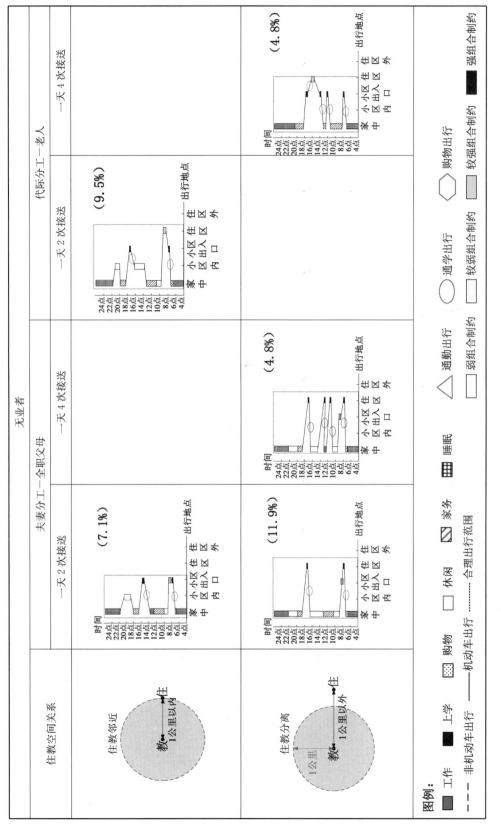

图 6-5 大型保障性住区居民通学出行的 11 种路径——通学 A 组（城市拆迁户、农村拆迁户和双困户）

资料来源：课题组关于南京市大型保障性住区居民的抽样调研数据（2020）

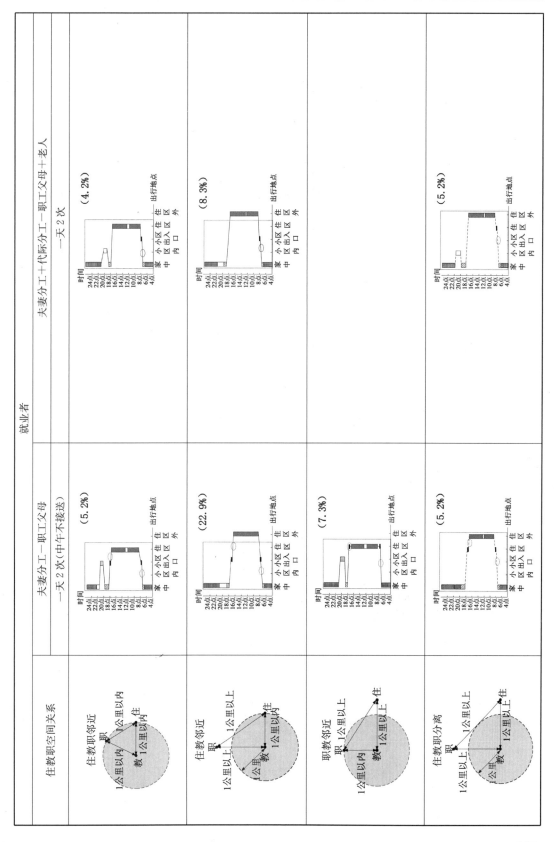

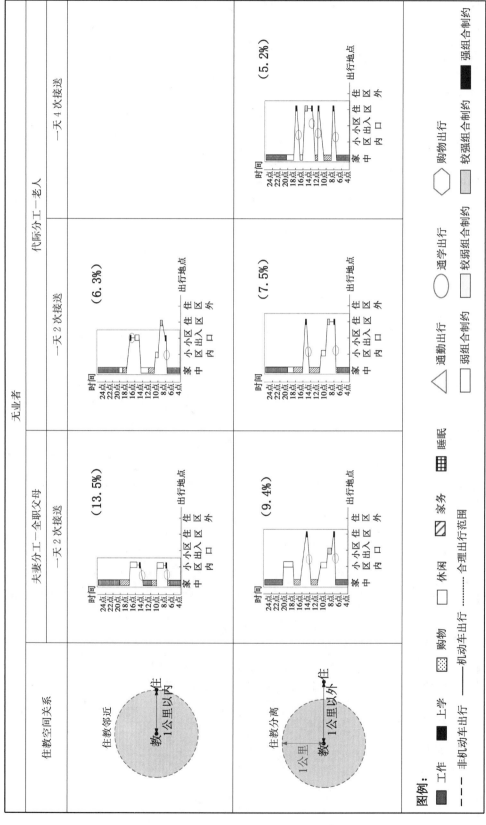

图6-6 大型保障性住区居民通学出行的12种路径——通学B组（外来租赁户）

资料来源：课题组关于南京市大型保障性住区居民的抽样调研数据（2020）

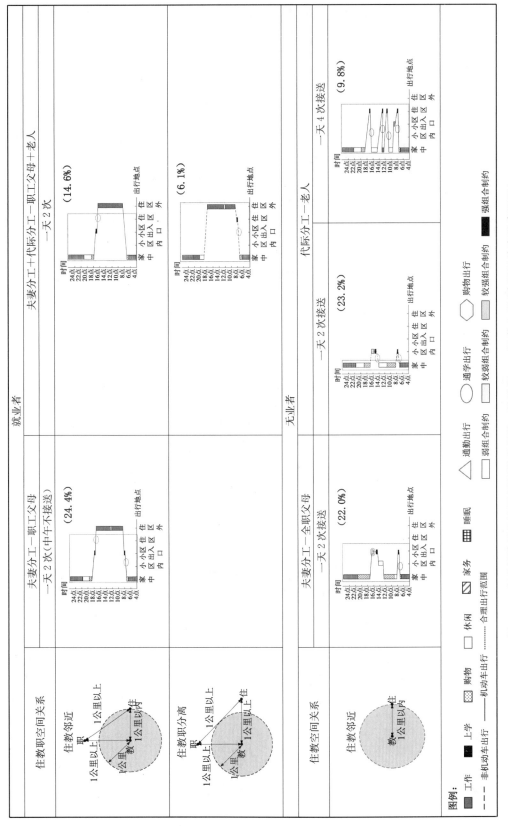

图 6-7 大型保障性住区居民通学出行的 6 种路径——通学 C 组（购买限价商品房居民）

资料来源：课题组关于南京市大型保障性住区居民的抽样调研数据（2020）

多;当 1 公里＜出行距离≤3 公里时,三组群体均选择电动车出行,通学 A 组和通学 B 组以夫妻分工为主、代际分工为辅,通学 C 组则完全依赖夫妻分工;当 3 公里＜出行距离≤8 公里时,通学 A 组和通学 C 组选择电动车出行的比例较高,且以代际分工为主、以夫妻分工为辅,而通学 B 组主要选择电动车和私家车出行,家庭分工则主要依靠夫妻分工和代际分工。

表 6-6　通学出行距离、家庭分工模式和出行方式的关系

不同群组的出行距离		出行方式	家庭分工模式
（0，1公里]	通学 A 组	电动车＜步行	夫妻分工＜代际分工
	通学 B 组	步行	代际分工＜夫妻分工
	通学 C 组	步行	代际分工
（1公里，3公里]	通学 A 组	电动车	代际分工＜夫妻分工
	通学 B 组	电动车	代际分工＜夫妻分工
	通学 C 组	电动车	夫妻分工
（3公里，8公里]	通学 A 组	公共交通＜电动车	夫妻分工＜代际分工
	通学 B 组	电动车＝私家车	代际分工＝夫妻分工
	通学 C 组	电动车	夫妻分工＜代际分工

资料来源:课题组关于南京市大型保障性住区居民的抽样调研数据(2020)

组合制约三:家庭分工、住教职/住教空间联系(空间)、接送频率(时间)的三元组合,产生不同制约类型。通学出行通常会受到家庭分工模式、住教职/住教空间联系(空间)和接送频率(时间)之间不同方式的综合影响,按照制约程度不同,可以分为以下四种类型:

第一种:时间、空间、家庭分工对通学出行的制约程度相对较小。其在接送频率上为一天 2 次,在空间上表现为"住教职邻近"或"住教邻近(就业父母)",上学和放学时间同就业父母上下班时间不存在冲突,因此对家庭分工模式的制约较小,完全可以依靠夫妻分工来完成通学出行。另一类似的情境是:其在接送频率上为一天 2 次,在空间上表现为"住教邻近(全职父母或老人)",其同样对家庭分工模式制约较小,可以依靠夫妻分工或是代际分工来完成通学出行,这在三组群体中均有呈现。

第二种:时间、空间和家庭分工三要素中之一会对居民的通学出行产生一定制约。当通学空间类型为"职教邻近"或是"住职邻近"时,通学空间的制约会变大,但是接送频率为一天 2 次且接送时间同父母上班时间没有冲突时,时间和家庭分工模式制约均变小,家庭分工可以只依赖夫妻分工。当通学空间类型为"住教邻近"时,通学空间制约较小,且接送频率为一天 2 次,但由于接送时间同就业父母的上下班时间相冲突,会对家庭分工模式产生制约,从而形成代际分工和夫妻分工的分时段接送。当通学空间类型为"住教分离"时,通学空间制约较大,但接送频率为一天 2 次,且可以完全由全职父母或老年人来完成接送或是由上下班时间自由的父母来接送,因此对家庭分工模式产生的制约并不大。三组群体均有这种制约类型。

第三种:时间、空间和家庭分工中的任意两个要素会对通学出行产生一定制约。当通学空间类型为"住教职邻近",但接送频率为一天 4 次且接送时间同父母的上下班时间有冲突时会对家庭分工模式产生一定的制约,家庭分工可能会在代际分工和夫妻分工之间交互调整。三组群体中均有这种制约类型。

第四种：时间、空间、家庭分工对居民的通学出行都会产生一定的制约。当通学空间类型为"住教职分离"时，一天4次接送且接送时间同父母上下班时间不一致，这就会对家庭分工模式产生严重制约，往往只能依靠夫妻双方的协调分工来完成。这种类型的制约主要发生在通学A组和通学B组。

c. 权威制约

基础教育设施（幼儿园、小学）制约：家庭未完全实现生活圈内"就近上学"。《城市居住区规划设计标准》(GB 50180—2018)中规定：15分钟生活圈（服务半径不宜大于1 000米）应配建独立占地的初中教育设施，10分钟生活圈（服务半径不宜大于500米）应配建独立占地的小学教育设施，5分钟生活圈（服务半径不宜大于300米）则应配建独立占地的幼儿园教育设施[1][2]。这说明教育设施通过分级均等化布局，可以使居民公平、可及地获得受基础教育机会。然而在现实中，大型保障性住区配套教育设施由于空间分布不均衡，各阶段的教育设施服务均存在空窗区，而迫使部分家庭的通学出行距离超出1公里范围，难以实现在生活圈内"就近上学"。

"学区制"管理政策制约：家庭未完全实现生活圈内"优质上学"。党的十九大报告提出，"努力让每个孩子都能享有公平有质量的教育"，从"有学上"到"上好学"，从基本均衡到优质均衡，从教育机会公平到追求有质量的教育公平[3][4]。目前，普遍推行的"学区制"政策已成为我国基础教育资源实现优质均衡的一大举措，其本质上在于通过学区内优质教育资源的共建共享，实现区域内学校共同体教育质量的均衡发展[5]。但是"学区制"的实施往往同户籍、房产等关联，这就会对外来非户籍人口（如大型保障性住区的外来租赁户）产生一定制约。此外，目前城市也未完全实现教育优质资源的均等化配置，像位于城市边缘的大型保障性住区教育资源就往往落后于主城区教育资源；若要实现"优质上学"，大型保障性住区居民就势必要承受长距离的通学出行。

6.3.3　南京市大型保障性住区居民的购物出行路径和制约

（1）大型保障性住区居民的购物出行路径分析

购物出行不仅受时空约束，也会受家庭分工模式的影响，因此购物出行可以从家庭分工、住购职/住购空间联系、购物频率这三个方面设置情境分析（见图6-8、图6-9），具体如下：

①　韩增林,董梦如,刘天宝,等.社区生活圈基础教育设施空间可达性评价与布局优化研究：以大连市沙河口区为例[J].地理科学,2020,40(11)：1774-1783.

②　赖敏,王涛,袁敏."上好学"导向下生活圈教育设施布局优化：以昆明市西山区为例[C]//面向高质量发展的空间治理：2021中国城市规划年会论文集(19住房与社区规划).成都,2021：13-22.

③　习近平.决胜全面建成小康社会夺取新时代中国特色社会主义伟大胜利：在中国共产党第十九次全国代表大会上的报告[R].北京：人民出版社,2017.

④　宋小冬,陈晨,周静,等.城市中小学布局规划方法的探讨与改进[J].城市规划,2014,38(8)：48-56.

⑤　谌子益.学区视角下珠海教育设施评估分析及优化策略[C]//面向高质量发展的空间治理：2021中国城市规划年会论文集(11城乡治理与政策研究).成都,2021：606-613.

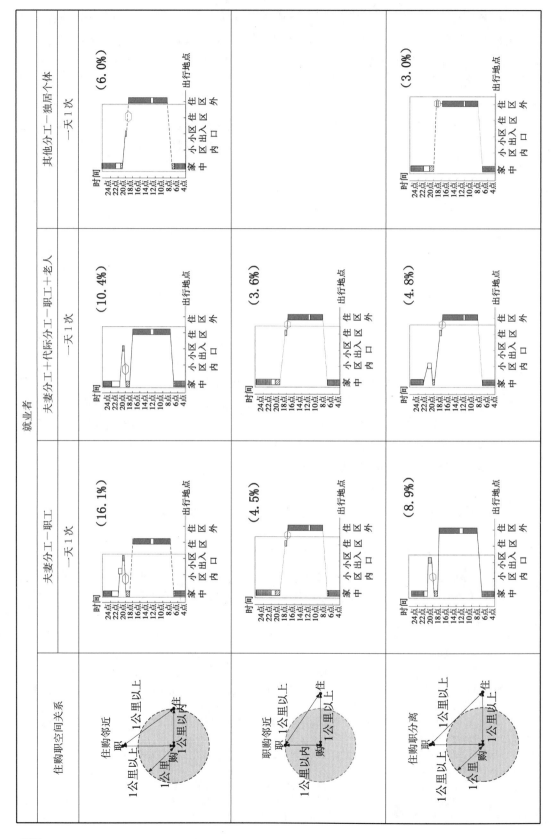

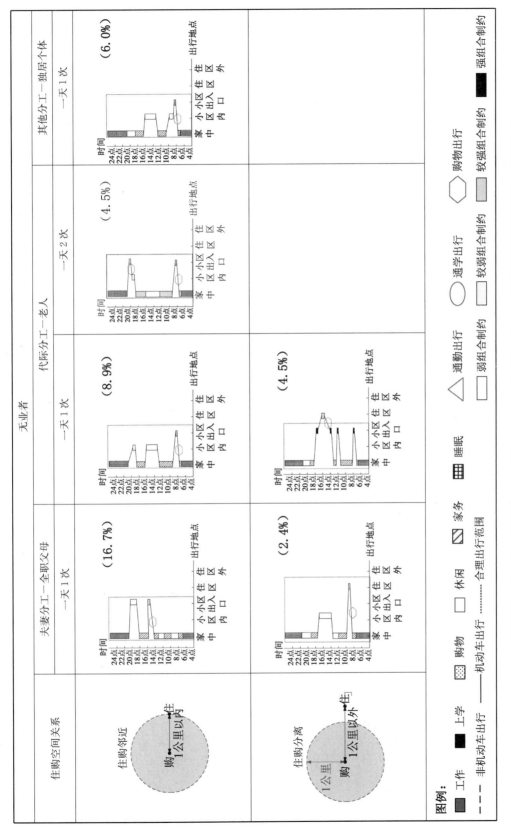

图 6-8　大型保障性住区居民购物出行的 14 种路径——购物 A 组（城市拆迁户、外来租赁户和购买限价商品房居民）

资料来源：课题组关于南京市大型保障性住区居民的抽样调研数据（2020）

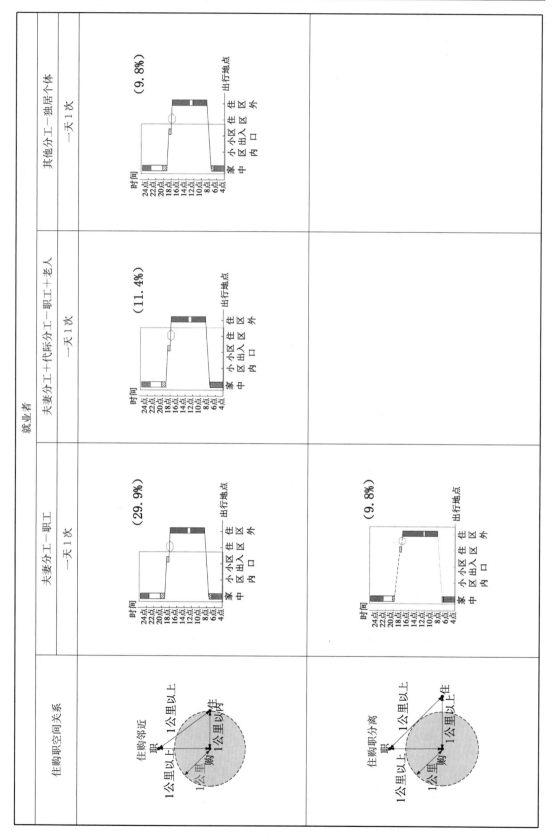

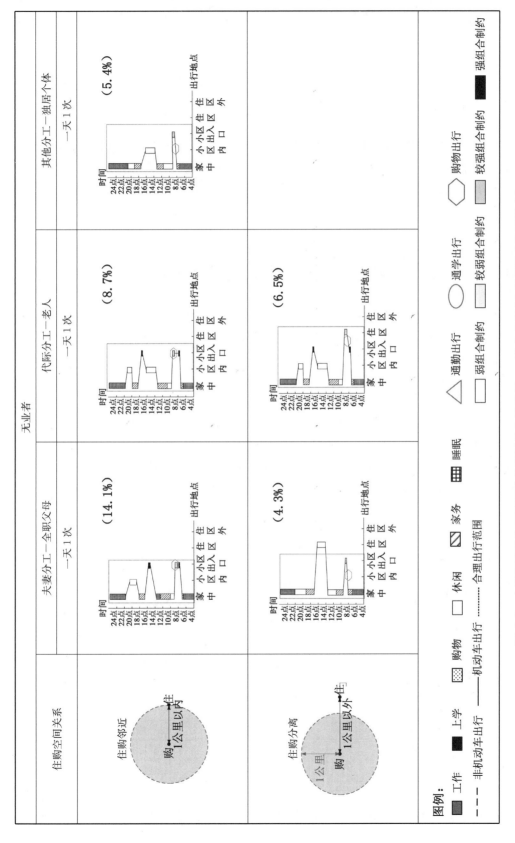

图 6-9 大型保障性住区居民购物出行的 9 种路径——购物 B 组（农村拆迁户和双困户）

资料来源：课题组关于南京市大型保障性住区居民的抽样调研数据（2020）

家庭分工包括夫妻分工、代际分工和其他分工。对于住职购空间联系的分类方法，以购物地为核心，1公里以内的空间范围为邻近，其他范围则为分离，可以划分为：职购住邻近、购住邻近、职购邻近、住职邻近、职购住分离5种。对于住购空间联系，则可划分为：住购邻近、住购分离2种。此外，购物频率可划分为一天1次，一天2次及以上两类。

（2）大型保障性住区居民的购物出行制约分析

a. 能力制约

经济能力制约：购物频率和购物地点受限。一般经济收入水平越高，居民购物频率越高，购物地的等级也会越高而趋向于远距离出行。因此受经济能力制约，大型保障性住区的居民在购物出行中往往会考虑出行成本，而倾向于就近出行和选择低等级购物地点。因此通常选择就近原则。

b. 组合制约

购物出行过程中的组合制约不但体现在出行距离、出行方式和家庭分工模式之间的制约中，还体现在工作时长、购住/空间联系和家庭分工模式之间的相互制约中，共同影响着购物出行的内在逻辑。

组合制约一：购物出行距离、出行方式和家庭分工模式相互制约。购物出行距离会对出行方式的选择产生一定制约（表6-7）。当出行距离≤1公里时，两组群体主要选择步行出行，家庭分工以夫妻分工为最多，代际分工次之；当1公里＜出行距离≤3公里时，购物A组选择步行出行的比例最高，且完全依靠夫妻分工，购物B组选择电动车出行的比例最高，且以夫妻分工为主、代际分工和其他分工为辅；当3公里＜出行距离≤8公里时，两组群体选择电动车出行的比例较高，其中购物A组以夫妻分工为最多，代际分工次之，购物B组则完全依赖代际分工；当8公里＜出行距离≤15公里时，两组群体主要选择私家车出行，且以夫妻分工为主，其中购物A组以夫妻分工为最多，代际分工次之，购物B组则以夫妻分工为主、其他分工为辅；当出行距离＞15公里时，两组群体完全选择私家车出行，且以夫妻分工为主、代际分工为辅。

表 6-7　购物出行距离、家庭分工模式和出行方式的关系

不同群组的出行距离		出行方式	家庭分工模式
(0,1公里]	购物A组	电动车＜步行	其他分工＜代际分工＜夫妻分工
	购物B组	电动车＜步行	其他分工＜代际分工＜夫妻分工
(1公里,3公里]	购物A组	步行	夫妻分工
	购物B组	步行＜电动车	其他分工＝代际分工＜夫妻分工
(3公里,8公里]	购物A组	电动车	其他分工＜代际分工＜夫妻分工
	购物B组	电动车	代际分工
(8公里,15公里]	购物A组	私家车	代际分工＜其他分工＜夫妻分工
	购物B组	私家车	其他分工＜夫妻分工
(15公里,+∞)	购物A组	私家车	代际分工＜夫妻分工
	购物B组	私家车	代际分工＜夫妻分工

资料来源：课题组关于南京市大型保障性住区居民的抽样调研数据（2020）

组合制约二：家庭分工、住购职/住购空间联系（空间）、出行频率（时间）的三元组合，产

生不同制约类型。购物出行通常会受到住购职/住购空间、家庭分工模式和个体工作时长之间不同组合方式的综合影响,按照制约程度不同,可以分为以下三种类型:

第一种:时间、空间、家庭分工对购物出行的制约程度相对较小。其在出行频率上为一天 1 次,在空间上表现为"住购邻近(就业父母)",购物时间完全自由对家庭分工模式制约较小,完全可以依靠夫妻分工来完成购物出行。另一类似的情境是:其在出行频率上为一天 1 次,在空间上表现为"住购邻近(全职父母或老人)",其同样对家庭分工模式的制约较小,可以依靠夫妻分工或是代际分工来完成购物出行。这在两组群体中均有呈现。

第二种:时间、空间和家庭分工三要素中之一会对居民的购物出行产生一定制约。当购物空间类型为"住购邻近"时,购物空间的制约较小,但是出行频率为一天 1 次,购物时间不自由而会对家庭分工模式产生制约,主要依靠代际分工完成;当购物空间类型为"住购分离"时,购物空间的制约较大,但出行频率为一天 1 次,可以完全由全职父母或是老年人来完成,因此对家庭分工模式产生的制约较小。两组群体中均有这种制约类型。

第三种:时间、空间和家庭分工要素中的任两个会对购物出行产生一定制约。当购物空间类型为"住购职分离",且购物时间不自由时,会对家庭分工产生较大制约。两组群体均有这种制约类型。

c. 权威制约

商业服务设施制约:设施密度低,居民购物出行时空可达性低。《城市居住区规划设计规范》提出,居住区内需要配建有一整套较为完善的、能满足该住区居民物质与文化生活所需的公共服务设施①。其中,住区内商业服务设施半径应控制在 1.5 公里以内,规模也宜控制在 2 万平方米内。基于这样的设置标准,一方面可以为住区居民提供方便的一站式购物,并形成便民商圈和节约生活成本;另一方面则可以带动住区周边的商业活力和消费市场,同时加强住区同城市之间的互动。但是位于主城边缘的大型保障性住区,往往是公共服务设施配建密度相对较低,且多样性缺乏,而门类更丰富、等级更高的商业服务设施资源通常都集中分布于主城区,从而导致大型保障性住区居民的购物出行常常会受到时间和空间的强制约。

6.3.4　南京市大型保障性住区居民典型出行路径的分类图解

前文中不但从家庭分工、时间、空间等方面通过构造多情境来图解居民日常出行路径,还揭示了大型保障性住区居民每类出行的多元路径、多种制约类型,以及其在不同群体间的差异。在此基础上,本节通过出行路径的图示化表达来映射实体空间模式,进而揭示大型保障性住区居民日常出行与城市空间结构的关系和相互作用结果(见图 6-10～图 6-12)。本节将选取四个保障性住区中的岱山住区作为典例,对样本居民的通勤出行路径进行图示化表达。

基本图解原则如下:①在通勤(A 组、B 组和 C 组)、通学(A 组、B 组和 C 组)和购物(A 组、B 组)8 组中,按照"某一出行路径样本量/某一组群体总样本量的比例"大于等于

---

① 刘惠惠. 重庆公租房住区商业设施调查研究[D]. 重庆: 重庆大学, 2013.

均分比例①的标准,最终每组选择了 6 个代表性样本。②根据调研样本中不同出行范围的实际大小,分尺度对通勤、通学和购物三类出行路径分别进行刻画。其中,通勤样本中逾 90％居民的出行范围超出社区而指向主城区或城市边缘,因此通勤出行路径需结合城市尺度(以主城区为主)来刻画;通学样本中约 40％居民的出行距离≤1 公里内(属于住区范围),逾 50％居民的通学出行范围扩展到了(1 公里,3 公里]和(3 公里,8 公里](跨住区到街道范围),因此其出行路径需结合街道尺度来刻画;在购物样本中,则有超过 90％的居民购物出行范围集中在住区内,因此其出行路径需结合住区尺度来刻画。

（1）样本居民的通勤出行路径

从图 6-10 中可以看出,通勤 A 组和 C 组的出行较为类似,均为长距离通勤出行而形成的机动车 30 分钟出行圈。其中通勤 A 组的大部分通勤出行指向主城区,且主要分布在老城新街口商业中心、河西新城的奥体中心和河西大街、华为南京研究所、南京南站等地,部分分布在城市边缘的江宁经济开发区;通勤 C 组的一部分通勤出行指向主城区,分布在河西奥体中心和夫子庙,大部分则指向主城边缘,主要分布在南京商港物流公司、汪海港口物流园、梅山冶金公司和华润工业园等地;通勤 B 组的大部分属于中长距离通勤出行,主要分布在住区及其周边的岱山农贸市场、雨乐玻璃加工厂、宏洋雨花混凝土公司等地,形成 15 分钟的电动车出行圈,另一部分则分布在主城区的河西大街、南苑兴达广场和宏运大道,形成了机动车 30 分钟出行圈。

（2）样本居民的通学出行路径

从图 6-11 中可以看出,通学 A 组和通学 B 组的出行较为类似,均有跨住区出行,且主要使用电动车形成了 15 分钟出行圈,两组群体的跨住区出行主要分布在南京市梅山第二小学和雨花台区实验小学。其中,通学 A 组的住区内出行分布在南京市西善花苑小学、南京岱山第一幼儿园和南京岱山实验小学;通学 B 组的住区内出行分布在南京市西善花苑小学、南京岱山第一幼儿园和南京板桥小学附属幼儿园;通学 C 组的大部分出行则是在住区内完成,主要依靠步行而形成了 15 分钟出行圈,且主要分布在南京岱山实验小学和南京岱山实验幼儿园,少部分则使用电动车形成了 5 分钟出行圈,主要分布在南京市西善花苑小学。

（3）样本居民的购物出行路径

从图 6-12 中可以看出,购物 A 组和购物 B 组的出行存在着明显差异。其中,购物 A 组除了小部分跨住区的电动车和机动车出行外,大部分出行都是在住区内完成的,其中一部分依靠步行而形成了 15 分钟出行圈,且分布在岱山新城中心农贸市场和岱山农贸市场,另一部分则使用电动车而形成 5 分钟出行圈,且分布在岱山农贸市场;购物 B 组的出行完全在住区内完成,主要依靠步行而形成了 15 分钟出行圈,且分布在岱山新城中心农贸市场和岱山农贸市场。

---

① 均分比例为某一类群组中被图解的每一种出行路径被均分的比例,在本章中通勤 A 组共有 6 种出行路径,每种出行路径被均分比例约为 16％,通勤 B 组共有 8 种出行路径,每种出行路径被均分比例约为 12％,通勤 C 组共有 7 种出行路径,被均分比例为 14％;通学 A 组共有 11 种出行路径,被均分比例约为 9％,通学 B 组共有 12 种出行路径,被均分比例为 8％,通学 C 组共有 6 种出行路径,被均分比例约为 16％;购物 A 组共有 14 种出行路径,被均分比例约为 7％,购物 B 组共有 9 种出行路径,被均分比例约为 11％。

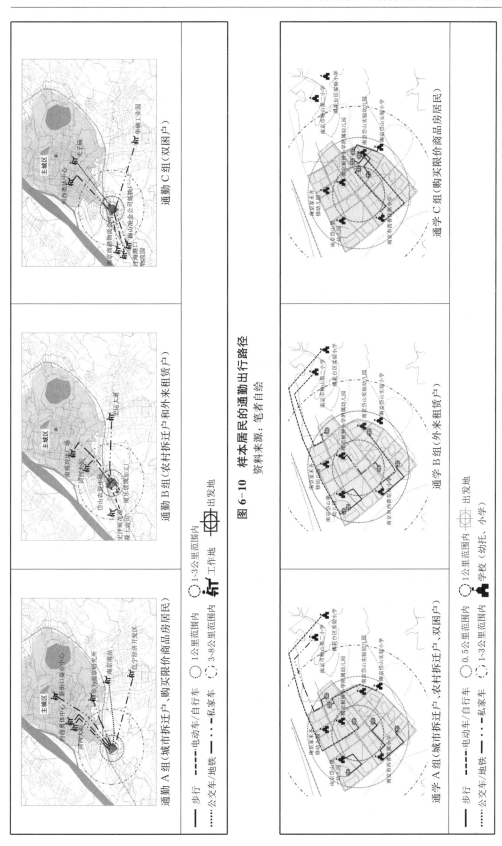

图 6-10 样本居民的通勤出行路径

资料来源：笔者自绘

图 6-11 样本居民的通学出行路径

资料来源：笔者自绘

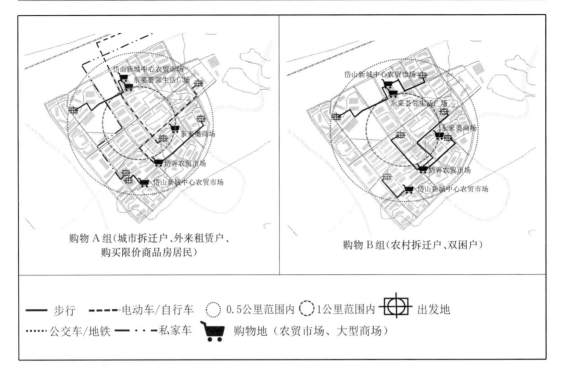

图 6-12　样本居民的购物出行路径

资料来源：笔者自绘

6.4　南京市大型保障性住区居民的日常出行时空响应模式

　　大型保障性住区居民的"家庭分工出行参与率"与日常出行之间存在着明显的交互作用，一方面表现为居民日常出行频率会随着"家庭分工出行参与率"的变化而增加或是减少，居民出行空间类型也会随着"家庭分工出行参与率"的变化而呈简单或是复杂；另一方面，居民日常出行在时间和空间上的不断调整，同样会带来家庭分工供给结构的变化，进而推动"家庭分工出行参与率"的增加或是减少。

6.4.1　居民日常出行时空响应模式的图解原则

　　为分析在"某一家庭分工模式出行参与率"影响下，大型保障性住区居民日常出行是否存在时间和空间响应，有必要将相关量化数据汇集在同一时空坐标系下做比较（见表6-8～表6-17）：一方面通过代表"时间"的 X 轴和代表"某一家庭分工模式下出行参与率"的 Y 轴，来汇总和抽象表达"时间—家庭"的响应状态；另一方面则通过代表"空间"的 X 轴和代表"某一家庭分工模式下出行参与率"的 Y 轴，来表达"空间—家庭"的响应状态。此外，以上述的 X-Y（时间—家庭）或是 X-Y（空间—家庭）轴为基础，再补上代表"不同组群体"（基于上文的分组结果）的 Z 轴，即可生成 3D（三维）图来直观呈现不同组群体的"时间—家庭"

和"空间—家庭"响应模式。其响应和图解原则如下：

① "时间＋家庭"响应模式：X 轴代表居民整日参与出行的频率；Y 轴代表某一家庭分工模式下居民日常出行参与率。"家庭＋时间"响应线是由每段出行频率内某一家庭分工模式下的日常出行参与率（平均值）连接生成，它反映的是总体出行频率、不同出行频率、家庭分工出行参与程度的响应模式。

② "空间＋家庭"响应模式：X 轴代表出行空间类型，而空间类型的划分取决于每类出行主体起点（默认为居住地）和讫点（目的地）的空间关系。其中，总体出行空间（包括三类出行）划分方式同第 5 章活动空间圈层的分类一样，共分为五种空间类型：核心圈（0，1 公里]、基础圈（1 公里，3 公里]、一次扩展圈层（3 公里，8 公里]、二次扩展圈层（8 公里，15 公里]、三次扩展圈层（15 公里，＋∞）。通勤出行空间可分为职住邻近和职住分离两种类型。通学出行空间根据接送主体的职业状态（无业和就业），共涉及住教空间（无业）和住教职空间（就业）两大类，前者又可细分为两类空间类型，而后者也可细分为五类空间类型，这七类空间按照从复杂程度和距离学校远近依次排序为：住教邻近（无业）、住教分离（无业）、职住教邻近、住教邻近（教职分离）、职教邻近（住教分离）、住职邻近（教职和住教分离）、职住教分离，并将排序结果标识在 X 轴上。购物出行空间类型的划分依据同通学空间类似，也可分为七类且排序为：住购邻近（无业）、住购分离（无业）、职住购邻近、住购邻近（购职分离）、职购邻近（住购分离）、住职邻近（购职和住购分离）、职住购分离，并将排序结果标识在 X 轴上。Y 轴代表某一家庭分工模式下居民的出行参与程度，"家庭＋空间"响应线则是由某一类出行空间类型内家庭分工模式下的出行参与率连接而成，它反映的是总体出行空间类型、不同出行空间类型、家庭分工出行参与程度的响应模式。

6.4.2 南京市大型保障性住区居民日常出行的总体时空响应模式

根据上述原则，笔者从夫妻分工、代际分工和其他分工三种类型出发，归纳和提取居民日常出行的总体响应模式，其包括时间响应和空间响应两类。

（1）日常出行的总体时间响应模式

表 6-8 南京市大型保障性住区居民日常出行的总体时间响应模式

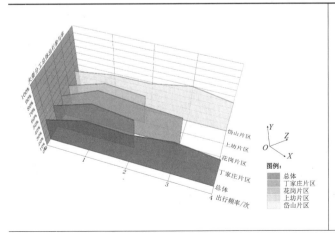

由左图可见，在夫妻分工模式下，其家庭分工参与率随着出行频率的增加而发生平缓变化，一直维持在 40% 左右。

再从不同住区来看，四个大型保障性住区居民的"时间—家庭"响应模式大体类似，均随着出行频率的增加而发生平缓变化。其中，丁家庄片区、花岗片区和上坊片区居民在出行频率为 1 次时，夫妻分工参与率达到最高值，岱山片区居民则在出行频率为 3 次时达到最活跃状态。

(续表)

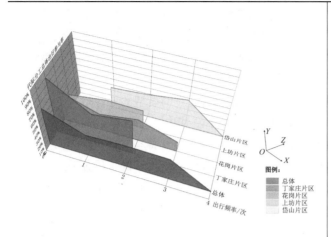

　　由左图可见,在代际分工模式下,其家庭分工参与率随着出行频率的增加而降低,并在出行频率为4次时降到最低值,形成代际分工参与率的低谷。

　　再从不同住区来看,四个大型保障性住区居民的"时间—家庭"响应模式差异较为明显。其中,丁家庄片区和花岗片区居民的家庭分工参与率随着出行频率的增加而降低,前者在出行频率为1次时降到最低值,后者在出行频率为3次时降到最低值;而上坊片区居民的家庭分工参与率随着出行频率的增加而呈"一"字形;岱山片区居民的家庭分工参与率随着出行频率的变化呈"先增后降"之势,并在出行频率为3次时达到最高值。

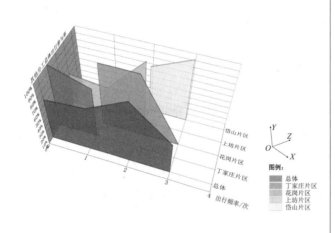

　　由左图可见,在其他分工模式下,其家庭分工出行参与率情况随着出行频率的变化呈"先增后降"之势,并在出行频率为2次时达到最高值,达到其他分工参与率的最活跃状态。

　　再从不同住区来看,四个大型保障性住区居民的"时间—家庭"响应模式差异最为明显。其中,丁家庄片区和花岗片区居民的家庭分工参与率随着出行频率的增加而降低,并分别在1次和3次时降到最低;上坊片区和岱山片区居民的家庭分工参与率则随着出行频率的增加而增加,并分别在出行频率为2次和3次时达到最高值。

资料来源:笔者自绘

（2）日常出行的总体空间响应模式

表6-9　南京市大型保障性住区基于不同家庭分工模式的日常出行的总体空间响应模式

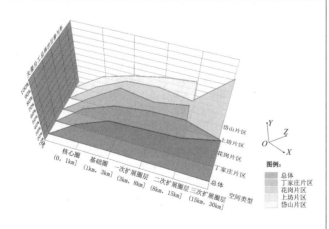

　　由左图可见,在夫妻分工模式下,其家庭分工参与率随着出行距离的增加而增加,并在出行距离为15公里以上时达到最高值。

　　再从不同住区来看,四个大型保障性住区居民的"空间—家庭"响应模式差异不明显。其中,丁家庄片区、花岗片区和岱山片区居民的家庭分工参与率均随着出行距离的增加而发生平缓变化,并在出行距离为8～15公里时达到最高值;而上坊片区居民的家庭分工参与率随着出行频率的增加而增加,并在出行距离为15公里以上时达到最高值。

（续表）

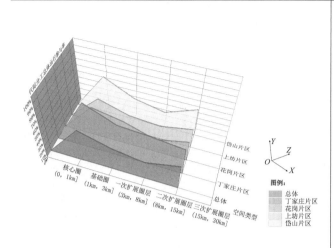

由左图可见,在代际分工模式下,其家庭分工参与率随着出行距离的变化而呈"先增后降"之势,并在出行距离为1公里时达到最高值,达到代际分工参与率的最活跃状态。

再从不同住区来看,四个大型保障性住区居民的"空间—家庭"响应模式大体类似,均在出行距离为1公里以内时,家庭分工参与率达到最大值,其后开始下降。其中丁家庄片区在出行距离为8~15公里时降到最低;而花岗片区、上坊片区和岱山片区则在出行距离为3~8公里时降到最低,其后这三个住区的家庭分工参与率均呈缓慢上升。

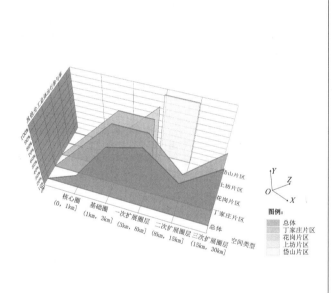

由左图可见,在其他分工模式下,其家庭分工参与率随着出行距离的变化而呈"双波峰"形态,并在出行距离为3~8公里和15公里时达到高值,达到其他分工参与率的最活跃状态。

再从不同住区来看,四个大型保障性住区居民的"空间—家庭"响应模式差异最为明显。其中,丁家庄片区居民的家庭分工参与率随着出行距离的变化而呈现出"先增后降再增"的波动趋势;而花岗片区和上坊片区居民的家庭分工参与率随着出行距离的增加而增加,并分别在出行距离为1~3公里和3~8公里时达到最高值;岱山片区居民的家庭分工参与率则随着出行距离的增加而发生平缓变化(呈"一"字形),并在出行距离为3~8公里和8~15公里区间形成其他分工参与程度的活跃状态。

资料来源:笔者自绘

6.4.3　南京市大型保障性住区基于不同群体类型的日常出行时空响应模式

除了提炼不同住区居民日常出行的总体响应模式外,还需要进一步分析大型保障性住区不同群体类型之间的响应差异。因此,下文将按照城市拆迁户、农村拆迁户、外来租赁户、双困户和购买限价商品房居民五类群体分别讨论其响应模式,同样包括时间响应和空间响应两类。

（1）基于不同群体类型的日常出行时间响应模式

表6-10　南京市大型保障性住区基于不同群体类型的日常出行时间响应模式

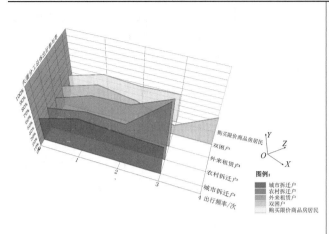

由左图可见,在夫妻分工模式下,不同群体的"时间—家庭"响应模式差异较为明显。

城市拆迁户和购买限价商品房居民的家庭分工参与程度随着出行频率的增加而发生平缓变化;农村拆迁户和外来租赁户的家庭分工参与率随着出行频率的增加而增加,并在出行频率为3次时达到最高值,达到夫妻分工参与率的最活跃状态;双困户的家庭分工参与率则随着出行频率的变化而呈现出"先增后降再增"的波动趋势,并在出行频率为3次时降到最低值,形成夫妻分工参与率的低谷。

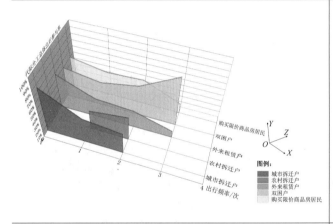

由左图可见,在代际分工模式下,不同群体的"时间—家庭"响应模式存在一定差异。

城市拆迁户、外来租赁户和购买限价商品房居民的家庭分工参与程度随着出行频率的增加而降低,并分别在出行频率为2次、3次和3次时达到最低值,形成代际分工参与率的低谷;而农村拆迁户的家庭分工参与率随着出行频率的变化呈"一"字形;双困户的家庭分工参与程度则随着出行频率的增加而缓慢增加,并在出行频率为3次时达到最高值。

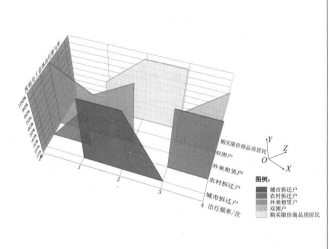

由左图可见,在其他分工模式下,不同群体的"时间—家庭"响应模式差异最为明显。

城市拆迁户的家庭分工参与程度随着出行频率的增加而降低,并在出行频率为3次时达到最低值;农村拆迁户的家庭分工参与率随着出行频率的变化呈"单波峰"形态,并在出行频率为3次和4次时均保持最高值;外来租赁户的家庭分工参与率随着出行频率的变化(0~2次区间)先呈"V"字形,并在出行频率为1次时降到最低值,其后家庭分工参与率随着出行频率的增加(3~4次区间)而增加;购买限价商品房居民的家庭分工参与率则随着出行频率的增加而增加,并在出行频率为2~3次时达到并保持在最高值。

资料来源:笔者自绘

（2）基于不同群体类型的日常出行空间响应模式

表 6-11 南京市大型保障性住区基于不同群体类型的日常出行空间响应模式

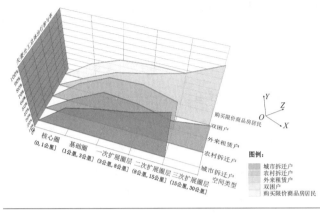

　　由左图可见，在夫妻分工模式下，不同群体的"空间—家庭"响应模式差异并不明显。

　　城市拆迁户和双困户的家庭分工参与率随着出行距离的变化而呈上升趋势，并分别在出行距离为 8~15 公里和 15 公里以上时达到最高值；农村拆迁户和外来租赁户的家庭分工参与率随着出行距离的变化呈"先增后降"之势，并在出行距离为 1~3 公里时达到最高值；购买限价商品房居民的家庭分工参与率则随着出行距离的变化而发生平缓变化。

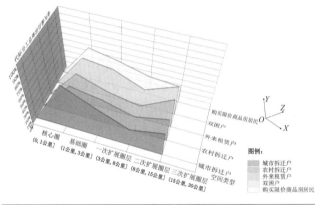

　　由左图可见，在代际分工模式下，不同群体的"空间—家庭"响应模式差异也不明显。

　　城市拆迁户、农村拆迁户和购买限价商品房居民的家庭分工参与率随着出行距离的变化呈"单波峰"形态，并在出行距离为 1 公里以内时达到最高值，达到代际分工参与率的最活跃状态；外来租赁户和双困户的家庭分工参与率随着出行距离的变化而呈"先增后降再增"的波动状态，且均在出行距离为 1 公里以内时，家庭分工参与率达到最高值。

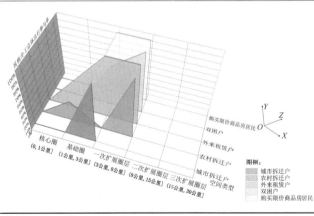

　　由左图可见，在其他分工模式下，不同群体的"空间—家庭"响应模式差异较为明显。

　　城市拆迁户的家庭分工参与率随着出行距离的变化而呈"金字塔"形态，并在出行距离为 1~3 公里时达到最高值；农村拆迁户的家庭分工参与率随着出行距离的变化呈"单波峰"形态，并在出行距离为 3~8 公里时达到最活跃状态；外来租赁户、双困户和购买限价商品房居民的家庭分工参与率则随着出行距离的增加而呈上升趋势，并分别在出行距离为 1~3 公里、3~8 公里和 1~3 公里时达到最高值。

资料来源：笔者自绘

6.4.4 南京市大型保障性住区基于不同出行类型的日常出行时空响应模式

　　除了探析不同住区、不同群体的总体响应模式外，还需要分析大型保障性住区居民不同出行类型之间的响应差异。因此，下文将按照通勤、通学和购物三类出行分别讨论其响应模式,共包括时间响应和空间响应两类。

(1) 通勤出行时空响应模式

表 6-12　南京市大型保障性住区居民通勤出行的时间响应模式

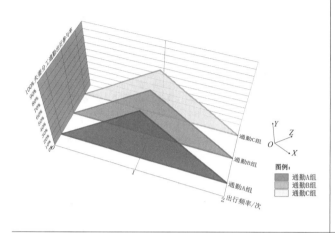

　　由左图可见,在夫妻分工模式下,不同组群体的"时间—家庭"响应模式差异并不明显。

　　三组群体夫妻分工的通勤出行参与率随着出行频率的变化均呈现出"金字塔"形态,当通勤出行频率为1次时,夫妻分工的出行参与率达到最高值,且均呈最活跃状态;当出现其他出行频率(如0次和2次)时,夫妻分工的出行参与率则降到最低,形成参与率的低谷期。

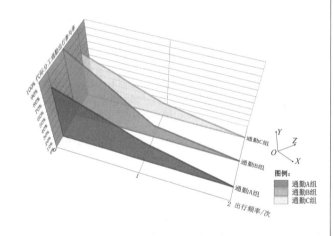

　　由左图可见,在代际分工模式下,不同组群体的"时间—家庭"响应模式差异也不明显。

　　三组群体代际分工的通勤出行参与率随着出行频率的增加而急剧降低。其中,三组群体的通勤出行参与率都是出行频率为0次时达到最活跃状态;且随着出行频率的增加,代际分工的参与率不断降低,这也间接反映出高出行频率时更有可能产生夫妻分工的通勤出行,而代际分工模式下的通勤出行居民相对较少。

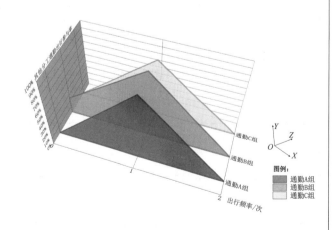

　　由左图可见,在其他分工模式下,不同组群体的"时间—家庭"响应模式差异仍不大。

　　通勤A组和通勤C组的通勤出行参与率随着出行频率的变化均呈现出"金字塔"形态,且均在通勤出行频率为1次时,出行参与率达到最高值和最活跃状态;通勤B组的通勤出行参与率随着出行频率的变化而呈现出"先增后降"之趋势,并在出行频率为1次时达到峰值。

资料来源:笔者自绘

表 6-13 南京市大型保障性住区居民通勤出行的空间响应模式

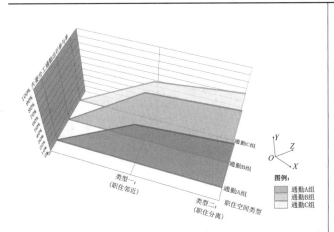

由左图可见,在夫妻分工模式下,不同组群体的"空间—家庭"响应模式差异并不明显。

当通勤出行空间从最初的无扩大到职住分离时,三组群体夫妻分工的通勤出行参与率也在逐渐增加,并在职住分离时达到峰值。这就说明当家庭成员参与市场劳动且面临职住分离时,夫妻双方或一方就需要参与这一市场劳动,来满足家庭的生存和生活需求。

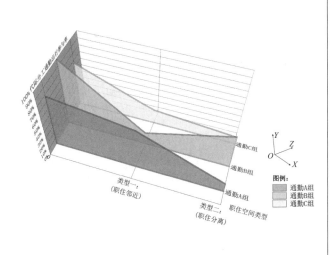

由左图可见,在代际分工模式下,不同组群体的"空间—家庭"响应模式差异较为明显。

当出行空间类型从无扩大到职住分离时,通勤 A 组的通勤出行参与率在逐渐降低,并在职住分离时达到最低值,这说明代际分工模式下家庭成员参与市场劳动时,通常会考虑职住邻近来减少出行过程中的时空影响;

当出行空间类型从无扩大到职住分离时,通勤 B 组的出行参与率呈现出"先降后增"之特征,这说明该群体出行参与率的活跃状态处于空间类型的两端(无和职住分离);

当出行空间类型从无扩大到职住分离时,通勤 C 组的通勤出行参与率急剧降低,并在职住分离时达到最低值,形成参与率的低谷。

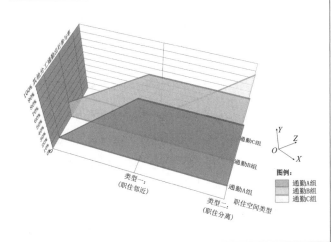

由左图可见,在其他分工模式下,不同组群体的"空间—家庭"响应模式存在一定差异。

当出行空间从无扩大到职住分离时,通勤 A 组和 B 组的通勤出行参与率在逐渐增加,并在职住邻近和职住分离时持续达到最高值,因为独居个体无论面临职住分离还是职住邻近,都必须参与市场劳动;

当出行空间从无扩大到职住分离时,通勤 C 组的通勤出行参与率随之增加,并在职住分离时达到最大值,这说明该群体在参与市场劳动时多会面临职住分离。

资料来源:笔者自绘

（2）通学出行时空响应模式

表6-14 南京市大型保障性住区居民通学出行的时间响应模式

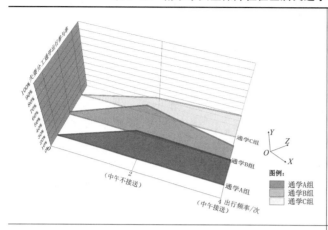

由左图可见，在夫妻分工模式下，不同组群体的"时间—家庭"响应模式差异较为明显。

其中，通学A组和通学C组的出行参与率随着出行频率的增加而增加，并在通学出行频率为2次时达到夫妻分工模式下通学出行参与率的峰值，其后变化趋于平缓；

通学B组的出行参与率随着出行频率的变化而呈"人"字形先升后降，并在出行频率为2次时达到夫妻分工模式下通学出行参与的活跃状态，其后参与率降低并形成一个低谷。

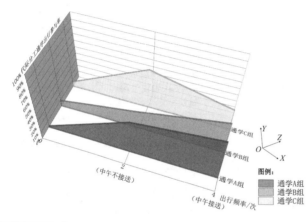

由左图可见，在代际分工模式下，不同组群体的"时间—家庭"响应模式差异最为明显。

通学A组的出行参与率随着出行频率的增加而发生平缓变化，在通学出行频率为4次时达到最高值，形成代际分工模式下通学出行参与率的活跃期；

通学B组的出行参与率随着出行频率的增加而增加，在出行频率为4次时达到代际分工模式下通学出行参与率的最活跃状态；

通学C组的出行参与率随着出行频率的变化而呈"人"字形，当出行频率为2次时，代际分工的通学出行参与率达到最高值，其后开始缓慢下降。

资料来源：笔者自绘

表6-15 南京市大型保障性住区居民通学出行的空间响应模式

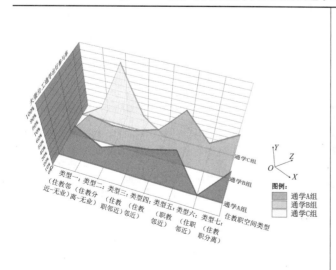

由左图可见，在夫妻分工模式下，不同组群体的"空间—家庭"响应模式差异较为明显。

当出行空间从无扩大到职教邻近时，通学A组的出行参与率变化较为平缓；当其从职教邻近扩大到住职教分离时，通学出行的参与率变化呈"V"字形，并在住职邻近时降到最低值；其后通学出行的参与率又有所增加。

当出行空间从无扩大到住教邻近时，通学B组的出行参与率变化较为平缓；当其从住教邻近扩大到职住教分离时，通学出行的参与率变化呈"双波峰"形态，并在职教邻近和住职教分离时均达到高值，形成出行参与率的最活跃状态。

而通学C组的出行参与率则随着出行空间类型的变化而呈"单波峰"形态，并在住教分离时达到最高值。

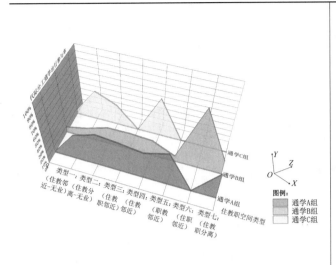

　　由左图可见,在代际分工模式下,不同组群体的"空间—家庭"响应模式差异最为明显。

　　当出行空间从无扩大到职教邻近时,通学A组的出行参与率变化较为平缓;当其从职教邻近扩大到住职教分离时,通学出行参与率的变化呈"V"字形,并在住职邻近时降到最低值。

　　当出行空间从无扩大到职教邻近时,通学B组的出行参与率变化较为平缓;当其从职教邻近扩大到职住教分离时,通学出行的参与率呈"单波峰"形态,并在职教邻近和住职邻近时均达到最高值,形成出行参与率的最活跃状态。

　　通学C组的出行参与率则随着出行空间类型的变化而呈"双波峰"形态,并在住教邻近(无业)和住教邻近(就业)时均达到最高值。

资料来源：笔者自绘

（3）购物出行时空响应模式

表 6-16　南京市大型保障性住区居民购物出行的时间响应模式

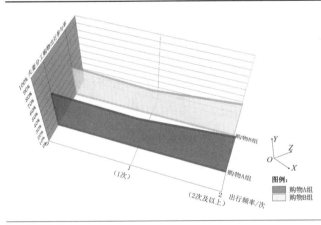

　　由左图可见,在夫妻分工模式下,不同组群体的"时间—家庭"响应模式差异并不明显。

　　两组群体夫妻分工的购物出行参与率随着出行频率的变化较为平缓(呈"一"字形),从"没有参与购物"到"购物出行次数达到2次及以上"时,夫妻分工的出行参与率均维持在50%左右。这说明夫妻双方或一方除了要参与市场劳动外,还需分担完成一部分家庭购物活动。

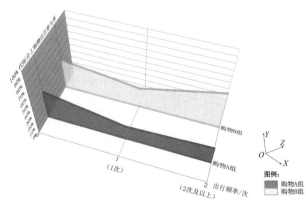

　　由左图可见,在代际分工模式下,不同组群体的"时间—家庭"响应模式差异较为明显。

　　购物A组的购物出行参与率随着出行频率的增加而降低。其中,当购物出行频率为1次时降到最低值,形成代际分工出行参与率的低谷,并一直维持到出行频率为2次及以上时。

　　购物B组的购物出行参与率则随着出行频率的变化而呈"V"字形,其最活跃状态分布在购物频率为0次和2次及以上的两端。

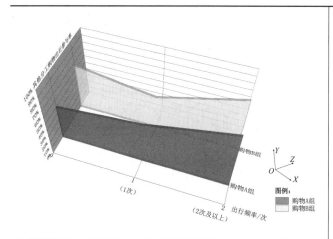

由左图可见，在其他分工模式下，不同组群体的"时间—家庭"响应模式差异较为明显。

其中，购物 A 组的购物出行参与率随着出行频率的增加而升高，并在出行频率为 2 次及以上时达到最高值；

购物 B 组的购物出行参与率随着出行频率的变化而呈"V"字形，其中购物出行频率的两端为出行参与率的最活跃状态，中间则为参与率的低谷。

资料来源：笔者自绘

表 6-17　南京市大型保障性住区居民购物出行的空间响应模式

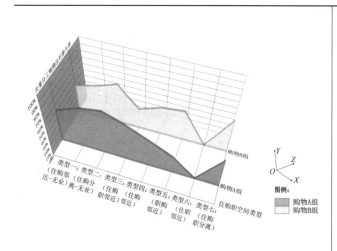

由左图可见，在夫妻分工模式下，不同组群体的"空间—家庭"响应模式差异较为明显。

当出行空间从无扩大到住职邻近时，购物 A 组的出行参与率呈现出"先增后降"之特征，先是在住购邻近时达到最高值，然后一路下滑并在住职邻近处形成低谷；当其从住职邻近扩大到住职购分离时，出行参与率又开始有所增加。

当出行空间从无扩大到职购邻近时，购物 B 组的出行参与率变化呈"单波峰"形态，并在住购邻近（无业）时达到最高值，形成出行参与率的最活跃状态；当其从职购邻近扩大到职住购分离时，购物出行的参与率变化呈"V"字形，并在住职邻近时降到最低值。

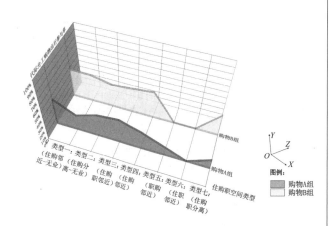

由左图可见，在代际分工模式下，不同组群体的"空间—家庭"响应模式差异并不明显。

当出行空间从无扩大到住购邻近时，购物 A 组和购物 B 组的购物出行参与率变化较为平缓。

当出行空间从住购邻近扩大到住职购分离时，购物 A 组的出行参与率呈现出"先降后增"之特征，并在住职邻近时降到最低值；购物 B 组的出行参与率变化则呈"凹"字形，并在住购邻近和职住购分离两端形成购物出行参与率的活跃状态。

（续表）

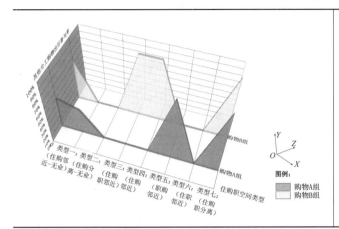

| 图例： |
| 购物A组 |
| 购物B组 |

由左图可见,在其他分工模式下,不同组群体的"空间—家庭"响应模式差异较为明显。

购物 A 组的购物出行参与率随着购物出行空间类型的变化而呈"双波峰"形态,且在职购邻近和住职购分离处,均形成了其他分工模式下购物出行的最活跃状态;

购物 B 组的出行参与率随着出行空间类型的变化而呈"W"形,并在空间类型的两端和中间形成其他分工购物出行参与率的活跃状态。

＊资料来源：笔者自绘

透过上述基于一手数据的样本分析结论和时空响应模式图解,本研究还可以从中更进一步地提炼出大型保障性住区居民在"家庭分工参与率—日常出行"交互作用下的某些共通性规律,为家庭分工视角下日常出行时空诠释模型的构建提供普适性依据。其主要包括：

① 居民日常出行的家庭分工参与率随着出行频率和出行距离的变化,均呈现出"先增后降"之趋势,尤其体现在代际分工和其他分工模式下。

② 基于不同群体的"时间—家庭"总体响应模式在每一类家庭分工模式(夫妻分工、代际分工、其他分工)下均存在明显差异,这种差异在"空间—家庭"总体响应模式上却体现得不太明显。

③ 不同家庭分工模式下,通勤出行参与率随着出行频率的增加而呈"倒 V"字形,峰值均发生在出行频率为 1 次时;通勤出行参与率则随着空间距离的增加而缓慢上升,并在职住分离时达到峰值。

④ 不同家庭分工模式下,通学出行参与率随着出行频率的增加而缓慢增加,峰值大部分发生在接送频率为 2 次时;通学出行参与率则随着空间类型(住—教—职空间关系)的变化而呈"多波峰"形态,峰值主要发生在类型一、类型二、类型四、类型五和类型七。

⑤ 不同家庭分工模式下,购物出行参与率随着出行频率的增加而缓慢增加,峰值发生在出行频率为 2 次时;购物出行参与率则随着空间类型(住—购—职空间关系)的变化而呈"多波峰"形态,峰值主要发生在类型一、类型二、类型三、类型四和类型七。

⑥ 不同家庭分工模式下,三类出行在空间上存在一定关联性,一部分通学和购物出行会围绕居住地展开,另一部分则主要围绕工作地展开,从而产生出行空间的双核集聚效应(近居住地型和近就业地型)。

6.4 本章小结

在本章中,基于大型保障性住区居民的活动日志数据,借助时间地理学的时空路径方法,按照"家庭分工模式—时空联系"的思路,汇总分析了五类群体的三类出行特征,并对五类群体进行归类合并,展开不同组群体多元出行路径的"多情境"分析,并进一步依托时间地理学的制约模型,比较和阐释该类住区居民日常出行的制约模式和多元路径的决选机制,最终归纳和总结了不同组群体多元出行的"时间—家庭"和"空间—家庭"响应模式。

本章主要结论包括:

(1) 大型保障性住区居民的日常出行特征

a. 大型保障性住区居民的通勤出行具有单频次、中长距离、出行方式两极化(机动车和非机动车)、夫妻分工、多人参与等总体特征,并根据五类群体出行特征间的差异进行分组:城市拆迁户和购买限价商品房居民为"通勤 A 组",农村拆迁户和外来租赁户为"通勤 B组",双困户为"通勤 C 组"。

b. 通学出行具有多频次、短距离、慢行交通、代际分工等总体特征,根据五类群体间的出行差异分为 3 组:城市拆迁户、农村拆迁户和双困户为"通学 A 组",外来租赁户为"通学 B 组",购买限价商品房居民为"通学 C 组"。

c. 购物出行则具有单频次、短距离、慢行交通、夫妻分工、混合购物方式、单独出行等总体特征,根据五类群体间的出行差异分为 2 组:城市拆迁户、外来租赁户和购买限价商品房居民为"购物 A 组",农村拆迁户和双困户为"购物 B 组"。

(2) 大型保障性住区居民的日常出行路径和制约

a. 通勤出行路径和制约。通过对不同群组的通勤出行进行多情境分析,梳理出 21 种通勤出行路径。通勤出行过程中的能力制约包括经济能力和文化程度的制约;组合制约一方面体现在固定的出行距离需要合理的家庭分工和可达的出行方式共同来完成,另一方面体现在工作时长、职住空间联系和家庭分工模式之间的相互制约,组合为 3 种制约强度;权威制约则为城市产业政策的制约。

b. 通学出行路径和制约。通过对不同组群体的通学出行进行多情境分析,梳理出 29 种通学出行路径。通学出行过程中的能力制约主要为年龄的制约;组合制约主要体现在三个方面,即接送主体(父母或老人)需要将学龄儿童在规定时间接送到规定地点,固定的通学出行距离需要合理的家庭分工和可达的出行方式完成,接送频率、职教/住教职空间联系和家庭分工模式之间的相互制约,共形成 4 种制约强度;权威制约则为基础教育设施分级均等化布局和学区制政策的制约。

c. 购物出行路径和制约。通过对不同群组的购物出行进行多情境分析,梳理出 23 种购物出行路径。购物出行过程中的能力制约主要为经济能力的制约;组合制约体现在两个方面,即出行距离、出行方式和家庭分工模式之间的制约,以及工作时长、购住/购住职空间联系和家庭分工模式之间的相互制约,共形成 4 种制约强度;权威制约则主要为商业设施配置的制约。

(3) 大型保障性住区居民的日常出行时空响应模式

除了图解大型保障性住区居民日常出行路径、剖析其出行制约机制外,本章还进一步探讨了家庭分工出行参与率同其日常出行之间的相互作用关系,并提炼出不同住区、不同群体和不同组群体日常出行的"时间—家庭"和"空间—家庭"响应模式,具体结论如下:

a. 总体出行时空响应模式。在夫妻分工模式下,家庭分工参与率随着总体出行频率的增加而发生平缓变化,且随着出行距离的增加而增加,而4个大型保障性住区居民的"时间—家庭"和"空间—家庭"响应模式不明显;在代际分工模式下,家庭分工参与率随着出行频率的增加而降低,随着出行距离的变化而呈现出"先增后降"之特征,4个大型保障性住区居民的"时间—家庭"响应模式差异较为明显,而"时间—家庭"响应模式差异不明显;在其他分工模式下,家庭分工出行参与率情况随着出行频率的变化呈现出"先增后降"之趋势,随着出行距离的变化而呈"双波峰"形态,4个大型保障性住区居民的"时间—家庭"和"空间—家庭"响应模式差异均明显。

b. 不同群体日常出行时空响应模式。在夫妻分工和代际分工模式下,五类群体的"时间—家庭"响应模式差异均较为明显,而"空间—家庭"响应模式差异均不明显;在其他分工模式下,五类群体的"时间—家庭"响应模式差异最为明显,"空间—家庭"响应模式差异也较为明显。

c. 通勤出行时空响应模式。在夫妻分工和其他分工模式下,三组群体的"时间—家庭"和"空间—家庭"响应模式差异并不明显;在代际分工模式下,三组群体的"时间—家庭"响应模式差异也不明显,而"空间—家庭"响应模式差异较明显,体现在职住邻近和职住分离上;在其他分工模式下,不同群体的"时间—家庭"响应模式差异最为明显。

d. 通学出行时空响应模式。在夫妻分工和代际分工模式下,三组群体的"时间—家庭"响应模式差异较为明显,主要体现在接送频率为2次时;此外,三组群体的"空间—家庭"响应模式差异也较为明显,前者体现在职教邻近到住教职分离之间,后者则产生于住教邻近到住教职分离之间。

e. 购物出行时空响应模式。在夫妻分工模式下,三组群体的"时间—家庭"响应模式差异不明显,而"空间—家庭"响应模式较为明显,主要体现在从无到职住邻近之间;在代际分工模式下,三组群体的"时间—家庭"响应模式较为明显,主要体现在出行频率为1次和2次及以上之间,而"空间—家庭"响应模式并不明显;在其他分工模式下,三组群体的"时间—家庭"响应模式差异较为明显,主要体现在0次到1次出行频率之间,"空间—家庭"响应模式也较明显,购物A组的出行参与率随着空间类型的变化呈"双高峰"形态,购物B组呈"W"形。

由此可以看出,大型保障性住区居民的日常出行路径具有多样性,并在不同组群体上呈现出多种制约类型和时空响应模式。

总体而言,大型保障性住区居民日常出行路径在时间、空间和家庭分工三要素交互作用下,形成各类出行的多元路径(三组通勤群体从36种通勤情境中筛选出21种路径、三组通学群体从84种情境中筛选出29种路径、两组购物群体从84种情境中筛选出23种路径)。这些出行路径的形成过程会受到能力制约、组合制约和权威制约,其中组合制约最为明显,如通学出行会受到工作时长、住教职/住教空间联系和家庭分工模式的组合制约,并按照制约程度的不同而产生4种制约强度。

7 南京市大型保障性住区居民的日常出行机理

在图解和分析大型保障性住区居民日常出行路径及其响应模式的基础上,进一步剖析居民各类出行(以通勤、通学、购物 3 类出行为代表)选择的影响机理及不同群体间的差异,可以更好地把握该类住区居民的出行需求,甚至是内部不同群体的差异化需求,对于住区"理想生活圈"的构建和居民生活质量的提升而言具有重要意义。基于此,本章尝试厘清以下问题:影响大型保障性住区居民日常出行行为的因素有哪些? 这些因素是否会通过家庭分工模式影响其日常出行选择(包括出行频率、出行距离和出行方式等)? 这些影响关系是否会因不同出行而不同? 是否又会因不同群体而不同? 为了解决上述一系列问题,本章将按照"模型构建—变量选择—模型修正与模型拟合—模型输出与结果解析"的多轮步骤来验证模型的拟合程度,直至生成最终合理的结构方程模型,进而对大型保障性住区的居民出行做出机制解析。

7.1 研究思路与方法

7.1.1 研究思路

尽管国内外学者已经针对居民的日常出行机理展开了大量分析,但现有成果往往聚焦于其中的某一类出行,而未考虑个体每天所需承担的多类出行(包括通勤、通学、购物等),因而也无法全面反映个体真实的出行需求。并且,既有研究对于居民出行的中间机制,尤其是"家庭分工模式"所起到的中介作用通常缺乏应有的关注。此外,部分学者虽然注意到了保障房中的多类群体,但也只是将"个体—家庭属性"(包括群体类型)作为外生变量,并忽略了"建成环境"变量的作用,从而导致人们对每类群体的出行规律及群体间的差异解读不尽全面。为了弥补前人研究的不足,本节基于南京市大型保障性住区居民的活动日志调查数据,将应用结构方程模型和中介效应,来剖析影响大型保障性住区居民日常出行选择的诸多因素(包括个体和家庭属性、建成环境等),揭示"家庭分工模式"所起到的中介作用,并进一步剖析不同群体、不同出行(三类出行的时间和空间)之间的影响机制差异(研究思路如图 7-1 所示)。

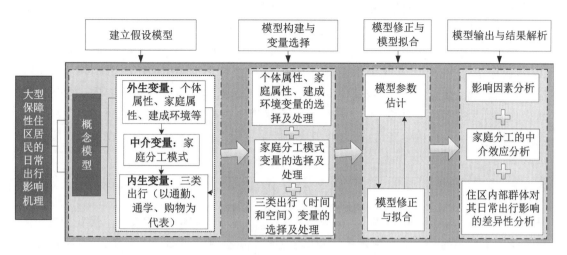

图 7-1　南京市大型保障性住区居民日常出行机理的研究思路

资料来源：笔者自绘

7.1.2　研究方法

诚如前文所述，本章将重点应用结构方程模型，依循"模型构建—变量选择—模型修正与模型拟合—模型输出与结果解析"的技术思路，来解析南京市大型保障性住区居民的日常出行机理（以通勤、通学、购物 3 类出行为代表）。因此，下面先对结构方程模型做一概述。

（1）模型的基本形式

结构方程模型（Structural Equation Modeling，SEM）作为一种分析多因多果模型的统计学建模方法，通常综合了方差分析、回归分析、因子分析、路径分析等多类做法[1][2]，并由两部分组成：其一是测量模型，其二则是结构模型[3][4]。

其中，测量模型反映的是潜变量和用于测量该潜变量的观测变量之间的关系。潜变量是指不能直接观测或测量的变量，需要通过多个测量变量来表征该潜变量。模型的形式为：

$$x = \Lambda_x \xi + \delta \tag{7-1}$$

$$y = \Lambda_y \eta + \varepsilon \tag{7-2}$$

式中，x 为 q 个外生指标所组成的 $q \times 1$ 向量，ξ 代表由 n 个外生潜变量所组成的 $q \times 1$ 向量，Λ_x 是 x 在 η 上的 $q \times n$ 因子负荷矩阵，δ 为 q 个测量误差所组成的 $q \times 1$ 向量；y 是 p 个内

---

① Golob T F. Structural equation modeling for travel behavior research[J]. Transportation Research Part B: Methodological，2003，37(1)：1-25.

② Cao X J，Xu Z Y，Douma F. The interactions between e-shopping and traditional in-store shopping：An application of structural equations model[J]. Transportation，2012，39(5)：957-974.

③ 吴明隆. 结构方程模型：AMOS 的操作与应用[M]. 2 版. 重庆：重庆大学出版社，2010.

④ 王孟成. 潜变量建模与 Mplus 应用—基础篇[M]. 重庆：重庆大学出版社，2014.

生指标所组成的 $p \times 1$ 向量，$\boldsymbol{\eta}$ 代表由 m 个内生潜变量组成的 $p \times 1$ 向量，$\boldsymbol{\Lambda}_y$ 是 y 在 $\boldsymbol{\xi}$ 上的 $p \times m$ 因子负荷矩阵，$\boldsymbol{\varepsilon}$ 则为 p 个测量误差组成的 $p \times 1$ 向量。

而结构模型反映的是外生变量与内生变量之间以及内生变量与内生变量之间的因果关系，也称路径分析模型或是因果模型。其中，外生变量是指在模型中只影响其他变量的潜变量或是观测变量，它不会被其他变量所影响，因此不存在路径指向该变量。内生变量是指除了外生变量以外的变量，它相对于外生变量而言是结果，会受到外生变量的影响。外生变量的路径指向内生变量，而内生变量与内生变量之间也有可能会存在关系。模型的形式为：

$$\boldsymbol{\eta} = \boldsymbol{B}\boldsymbol{\eta} + \boldsymbol{\Gamma}\boldsymbol{\xi} + \boldsymbol{\zeta} \tag{7-3}$$

式中，$\boldsymbol{B}$ 为内生潜变量 $\boldsymbol{\eta}$ 间的 $m \times m$ 系数矩阵，$\boldsymbol{\xi}$ 为 $m \times 1$ 向量，$\boldsymbol{\Gamma}$ 代表外生潜变量对内生潜变量产生影响的 $m \times n$ 系数矩阵。如果模型中只有观测变量而没有潜变量，则结构方程模型可转化为路径分析模型（也可称作因果模型），其公式具体如下：

$$\boldsymbol{y} = \boldsymbol{B}\boldsymbol{y} + \boldsymbol{\Gamma}\boldsymbol{x} + \boldsymbol{\varepsilon} \tag{7-4}$$

式中，$\boldsymbol{y}$ 代表由 M 个内生变量所组成的 $M \times 1$ 向量，$\boldsymbol{x}$ 代表由 N 个外生变量所组成的 $N \times 1$ 向量，$\boldsymbol{B}$ 为内生变量的 $M \times M$ 系数矩阵，$\boldsymbol{\Gamma}$ 为外生变量的 $N \times N$ 系数矩阵，$\boldsymbol{\varepsilon}$ 为 $M \times 1$ 残差向量。在本研究所应用的结构方程模型中，所涉及变量均为可观测变量，因此选择路径分析模型展开进一步的探讨。

（2）模型的评估

模型的参数评估　在结构方程模型中，主要的参数估计方法包括：未加权最小平方（unweighted least squares，ULS）法、一般最小平方（generalized least squares，GLS）法、极大似然估计（maximun likelihood estimation，ML）法、渐进分布自由（asymptotically distribution free，ADF）法、一般加权最小平方（weighted least squares，WLS）法、均值—方差校正的加权最小二乘（mean & variance-adjusted WLS，WLSMV）法等。

其中，ML 法是目前应用最广的 SEM 适配函数估计法，但要满足以下基本条件：样本是多变量正态总体、样本量大（一般 1 000 个以上）且变量均是连续变量。GLS 法的适用条件包括：样本是多变量正态总体、样本量大、变量均是连续变量，且必须是有效界定模型等。WLS 法和 ADF 法适用条件则是需要大量样本。此外，有不少研究还存在以下问题：一些变量不能满足正态性，且变量中包括类别变量，样本量也相对较小，研究者们为此提出了WLSMV 法——一种专门针对类别数据以及类别数据非正态性的稳健估计方法，且在小样本的情况下也能获得稳健的估计结果。在本研究中，总样本量为 552 个，变量中兼有连续变量（如公交站点密度）和类别变量（如性别、职业等），且类别变量呈非正态分布，因此选择WLSMV 法更为稳妥和适用。

模型的拟合评估　作为模型建立并估计后的关键步骤，主要用以评价假设的路径分析模型与样本数据之间是否适配。模型拟合评价的常用指标包括卡方检验 χ^2（df）、加权残差均方根（weighted root mean square residual，WRMR）、相对拟合指数（comparative fit index，CFI）、Tucker-Lewis 指数（TLI）、近似误差均方根（root mean square error of approximation，RMSEA）[①]等。

表 7-1　模型拟合参数范围

评价指标	含义	参数范围
$\chi^2(\text{df})$	卡方值：由最小差异函数转换而来的统计量，卡方值越大，表示模型越不合适	越小越好，$p>0.05$
加权残差均方根（WRMR）	加权残差均方根：适用于样本变量的方差差别大、因变量非正态分布、样本统计量测量尺度不同等情况	<1.0
相对拟合指数（CFI）	比较性适配指标：可反映假设模型与独立模型之间的差异，同时考虑到被检验模型与中央卡方分配的离散型	>0.90
Tucker-Lewis指数（TLI）	非规范适配指标：修正了的 NFI，几乎不受样本量影响，与模型复杂程度有关	>0.90
近似均方根残差（RMSEA）	渐进残差均方和平方根：通常被视为最重要的适配指标，不需要与基准线模型进行比较，不易受样本量影响	<0.05

资料来源：王孟成. 潜变量建模与 Mplus 应用：基础篇[M]. 重庆：重庆大学出版社，2014；

张杰，陈骁. 家庭非通勤出行能耗影响机制：住区视角下的结构方程模型分析[J]. 城市发展研究，2016，23（3）：87-94.

7.2　南京市大型保障性住区居民的日常出行机理建模

7.2.1　理论假设

目前，已有大量研究证实了"个体—家庭属性"对居民的出行选择有显著影响。其中"个体属性"包括年龄[②③]、性别[④⑤]、职业、工作时长[⑥]、受教育水平[⑦]、身体健康状况等，其影

① 王孟成. 潜变量建模与 Mplus 应用：基础篇[M]. 重庆：重庆大学出版社，2014.

② Ding C，Cao X Y，Wang Y P. Synergistic effects of the built environment and commuting programs on commute mode choice[J]. Transportation Research Part A：Policy and Practice，2018，118：104-118.

③ 古杰，周素红，闫小培. 生命历程视角下广州市居民日常出行的时空路径分析[J]. 人文地理，2014，29（3）：56-62.

④ Limtanakool N，Dijst M，Schwanen T. The influence of socioeconomic characteristics，land use and travel time considerations on mode choice for medium and longer-distance trips[J]. Journal of Transport Geography，2006，14（5）：327-341.

⑤ 何嘉明，周素红，谢雪梅. 女性主义地理学视角下的广州女性居民日常出行目的及影响因素[J]. 地理研究，2017，36（6）：1053-1064.

⑥ 塔娜，柴彦威. 基于收入群体差异的北京典型郊区低收入居民的行为空间困境[J]. 地理学报，2017，72（10）：1776-1786.

⑦ Lin D，Allan A，Cui J Q. The Influence of Jobs-Housing Balance and Socio-economic Characteristics on Commuting in a Polycentric City：New Evidence from China[J]. Environment and Urbanization ASIA，2016，7（2）：157-176.

响也主要表现为：年龄与小汽车出行存在显著的正相关性；男性选择小汽车的概率要远高于女性；工作活动时间越长的个体非工作活动（如休闲活动）时间会减少，相应的出行时间与出行距离也会越短[1][2]；受教育程度越高的居民通勤距离越短，相应的出行时间也就越少等等，这在保障房居民身上体现得尤为明显[3]。

而"家庭属性"包括家庭结构、家庭收入[4][5][6][7]、住房类型[8][9][10]、学龄儿童[11]、老年人[12]、家庭小汽车拥有量[13]等，其影响则表现为：收入越高的群体休闲频次越多[14]；自有住房的居民比租房者更有可能选择小汽车出行；拥有儿童的家庭更倾向于使用小汽车；老年人和儿童对家庭成员的出行存在显著影响等等。

同样地，在控制"个体—家庭属性"变量的前提下，不少学者还证实了"建成环境"对于出行行为的影响作用。目前，"6D（density 密度、diversity 混合度、design 设计、destination accessibility 目的地可达性、distance to transit 公交可达性、demand management 需求管理）"理论是比较成熟的建成环境要素分类方式，后经 Ewing 等学者[15]的不断扩充和完善，逐

① Patterson Z, Farber S. Potential path areas and activity spaces in application: A review[J]. Transport Reviews, 2015, 35(6): 679-700.

② Fan Y L, Khattak A J. Urban form, individual spatial footprints, and travel: Examination of space-use behavior[J]. Transportation Research Record: Journal of the Transportation Research Board, 2008, 2082(1): 98-106.

③ 刘志林, 王茂军. 北京市职住空间错位对居民通勤行为的影响分析: 基于就业可达性与通勤时间的讨论[J]. 地理学报, 2011, 66(4): 457-467.

④ Zhao P J. The Impact of the Built Environment on Individual Workers' Commuting Behavior in Beijing[J]. International Journal of Sustainable Transportation, 2013, 7(5): 389-415.

⑤ 丁川. 考虑空间异质性的城市建成环境对交通出行的影响研究[D]. 哈尔滨: 哈尔滨工业大学, 2014.

⑥ Gehrke S R, Wang L M. Operationalizing the neighborhood effects of the built environment on travel behavior[J]. Journal of Transport Geography, 82: 102561.

⑦ Munshi T. Built environment and mode choice relationship for commute travel in the city of Rajkot, India[J]. Transportation Research Part D: Transport and Environment, 2016, 44: 239-253.

⑧ 孙斌栋, 但波. 上海城市建成环境对居民通勤方式选择的影响[J]. 地理学报, 2015, 70(10): 1664-1674.

⑨ Wang D G, Zhou M. The built environment and travel behavior in urban China: A literature review[J]. Transportation Research Part D: Transport and Environment, 2017, 52: 574-585.

⑩ 张延吉, 胡思聪, 陈小辉, 等. 城市建成环境对居民通勤方式的影响: 基于福州市的经验研究[J]. 城市发展研究, 2019, 26(3): 72-78.

⑪ 孙斌栋, 但波. 上海城市建成环境对居民通勤方式选择的影响[J]. 地理学报, 2015, 70(10): 1664-1674.

⑫ 王雨佳, 何保红, 郭淼, 等. 老年人日常家务活动出行模式及影响因素[J]. 交通运输研究, 2018, 4(2): 7-15.

⑬ 张延吉, 胡思聪, 陈小辉, 等. 城市建成环境对居民通勤方式的影响: 基于福州市的经验研究[J]. 城市发展研究, 2019, 26(3): 72-78.

⑭ 齐兰兰, 周素红. 广州不同阶层城市居民日常家外休闲行为时空间特征[J]. 地域研究与开发, 2017, 36(5): 57-63.

⑮ Ewing R, Cervero R. Travel and the built environment[J]. Journal of the American Planning Association, 2010, 76(3): 265-294.

渐涵盖了路网密度[①②③]、土地混合度[④⑤⑥⑦]、目的地可达性[⑧⑨⑩⑪]、公共交通可达性[⑫⑬]、到市中心的距离[⑭⑮]、居住区位[⑯⑰]等指标。其影响主要表现为：就业地的可达性对于通勤出行距离具有明显影响；土地混合度和公共交通可达性（从居住地到地铁站和公交站点的距离或周边公交和地铁站点密度）的提升会减少小汽车的使用频率；居住地到市中心距离的增加会促使通勤时间和距离的延长；居住地周边的公共服务设施则同购物出行和休闲出行频率存在着显著相关性[⑱⑲⑳]等等，面临选址不当、交通不便、服务不全等现实约束的保障房亦然。与此同时，刘吉祥等学者还比较分析了建成环境对职员通勤出行和学生通学出行选择的影响，结果发现：到地铁站的距离同职员和学生的步行出行比例均关联不显著，而人口

① 韦亚平,潘聪林.大城市街区土地利用特征与居民通勤方式研究：以杭州城西为例[J].城市规划,2012,36(3)：76-84.

② 曹新宇.社区建成环境和交通行为研究回顾与展望：以美国为鉴[J].国际城市规划,2015,30(4)：46-52.

③ 张延吉,胡思聪,陈小辉,等.城市建成环境对居民通勤方式的影响：基于福州市的经验研究[J].城市发展研究,2019,26(3)：72-78.

④ Cervero R, Kockelman K. Travel demand and the 3Ds：Density, diversity, and design [J]. Transportation Research Part D：Transport and Environment，1997,2(3)：199-219.

⑤ 塔娜,柴彦威,关美宝.建成环境对北京市郊区居民工作日汽车出行的影响[J].地理学报,2015,70(10)：1675-1685.

⑥ Ton D, Bekhor S, Cats O, et al. The experienced mode choice set and its determinants：Commuting trips in the Netherlands[J]. Transportation Research Part A：Policy and Practice, 2020, 132：744-758.

⑦ Ewing R, Cervero R. Travel and the built environment[J]. Journal of the American Planning Association, 2010,76(3)：265-294.

⑧ Manaugh K, Miranda-Moreno L F, El-Geneidy A M. The effect of neighbourhood characteristics, accessibility, home-work location, and demographics on commuting distances[J]. Transportation, 2010, 37 (4)：627-646.

⑨ Lin T, Wang D G, Zhou M. Residential relocation and changes in travel behavior：What is the role of social context change? [J]. Transportation Research Part A：Policy and Practice, 2018, 111：360-374.

⑩ 朱菁,张怡文,樊帆,等.基于智能手机数据的城市建成环境对居民通勤方式选择的影响：以西安市为例[J].陕西师范大学学报(自然科学版),2021,49(2)：55-66.

⑪ 赵鹏军,李南慧,李圣晓.TOD建成环境特征对居民活动与出行影响：以北京为例[J].城市发展研究,2016,23(6)：45-51.

⑫ 刘吉祥,周江评,肖龙珠,等.建成环境对步行通勤通学的影响：以中国香港为例[J].地理科学进展,2019,38(6)：807-817.

⑬ Ding C, Wang D G, Liu C, et al. Exploring the influence of built environment on travel mode choice considering the mediating effects of car ownership and travel distance[J]. Transportation Research Part A：Policy and Practice, 2017, 100：65-80.

⑭ Ding C, Cao X J, Naess P. Applying gradient boosting decision trees to examine non-linear effects of the built environment on driving distance in Oslo[J]. Transportation Research Part A：Policy & Practice, 2018, 110(APR.)：107-117.

⑮ Acker V, Witlox F. Commuting trips within Tours：How is commuting related to land use? [J]. Transportation, 2011, 38(3)：465-486.

⑯ 何明卫.城市居民的主观通勤时间界点研究[D].大连：大连理工大学,2017.

⑰ 盛禄.不同居住空间下通勤者出行行为选择机理研究：以曲靖为例[D].昆明：昆明理工大学,2017.

⑱ 潘海啸,王晓博,Day J.动迁居民的出行特征及其对社会分异和宜居水平的影响.城市规划学刊,2010(6)：61-67.

⑲ 王晓博.动迁类型对居民出行和社会分化的影响研究[D].上海：同济大学,2009.

⑳ 赵鹏军,李南慧,李圣晓.TOD建成环境特征对居民活动与出行影响：以北京为例[J].城市发展研究,2016,23(6)：45-51.

密度与职员的步行通勤比例呈负相关,却与学生的步行通学比例呈正相关[1]。这一研究也凸显了在"建成环境—交通行为"影响关系研究中人群区分的重要性,但目前仅有侯学英和吴巩胜[2]对保障性住区不同群体(以公租住区、廉租住区、经济适用房住区、工厂家属区为主)通勤方式和通勤距离的影响因素展开了比较分析,发现其内部群体不但在通勤行为上存在着显著差异,其影响因素也明显不同于一般居民。基于此,本研究在纳入"建成环境"变量的同时,还将细分大型保障性住区的居民群体,并对其进行建模分析。

此外,从"家庭"视角来分析居民出行的文献成果也比较丰富:一类是将家庭相关属性(如家庭结构、收入)作为模型的直接解释变量,另一类则是考虑家庭成员在出行上的交互作用关系,而这两类研究均需考虑"家庭分工"这一要素。事实上,在外部环境和内部因素的综合影响下,各个家庭通常会不断调整各成员间的分工关系以最大限度地发挥家庭单元的组织优势,并弥补单一劳动力的弱势与不稳定性[3],进而对家庭日常出行做出更加稳妥和合理的安排,这一点对于人力资源、物质资源和时间资源相对有限的保障房居民家庭来说尤为突出。因此可以说,"家庭分工"其实是为居民出行提供了一个大环境和特定条件,而"个体—家庭属性"和"建成环境"对个体出行选择的影响也有很大一部分是通过家庭内部分工才实现的。为此,本章将考虑把"家庭分工模式"设为模型的中介变量,即在"个体—家庭属性"和"建成环境"对居民出行的综合影响中,设定"家庭分工"发挥了关键的中介作用。

针对上述理论分析,本书提出以下假设:①个体属性、家庭属性和建成环境变量均会对通勤出行、通学出行和购物出行产生不同程度的影响;②家庭分工模式作为中介变量,在受到外生变量影响的同时,还会影响大型保障性住区居民的出行选择。

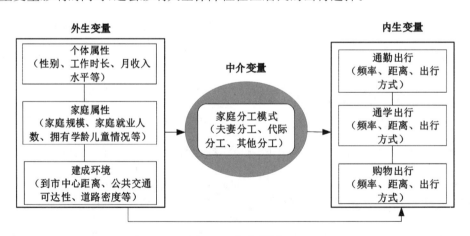

图 7-2 概念模型

资料来源:笔者自绘

---

① 刘吉祥,周江评,肖龙珠,等.建成环境对步行通勤通学的影响:以中国香港为例[J].地理科学进展,2019,38(6):807-817.

② 侯学英,吴巩胜.低收入住区居民通勤行为特征及影响因素:昆明市案例分析[J].城市规划,2019,43(3):104-111.

③ 夏璐.分工与优先次序:家庭视角下的乡村人口城镇化微观解释[J].城市规划,2015(10):66-74.

7.2.2　模型构建与变量选择

（1）模型构建

基于上述假设，本节将面向大型保障性住区居民日常出行构建三类出行机理的结构方程模型，主要用来探讨建成环境、个体属性、家庭属性、家庭分工及其日常出行间的作用关系。

其中在建成环境方面，本节将根据大型保障性住区居民的日常出行特征来选取指标，以更好地反映建成环境对居民出行的影响。居民的日常出行以通勤、通学、购物三类出行为代表，考虑到三类出行多以私人小汽车、公共交通、步行等方式为主，因此首先选取道路密度、公交/地铁站密度等反映可达性和潜在交通环境的指标进行度量。然后，考虑到出行距离和出行时间在一定程度上取决于周边设施的丰富性，还可以选取教育设施（小学、幼儿园）、商业服务设施（餐馆、咖啡厅、超市、市场、购物中心、便利店、银行网点等）等各类公共服务设施的密度、住区到市中心的距离等作为建成环境指标。此外，关于建成环境统计的单元，将采取1 000米半径的缓冲区域作为15分钟内步行可达范围，这不但符合15分钟社区生活圈的建构理念，还能有效表征住区周边的环境特征，也是以往研究中探讨居民日常出行与建成环境关系时常用的地理统计单元[1][2][3]，因此本章将按照1 000米半径的缓冲区来统计住区周边的建成环境指标。

个体属性方面主要考虑了性别、工作时长、月收入水平3个变量；家庭属性方面则纳入了家庭规模、家庭就业人数、家庭是否有学龄儿童和群体类型4个变量；出行信息则包括每类出行（以通勤、通学、购物三类出行为代表）的频率、距离、小汽车和公共交通出行方式4个变量。

因此，以建成环境、个体属性、家庭属性、家庭分工模式及其日常出行等变量为基础，可以根据上述概念模型初步构建假设模型的具体形式（因三类出行的假设模型结构基本一致，这里仅以通勤出行作为示例，见图7-3）。

（2）变量选择

每个结构方程模型共涉及20个变量，包括15个外生变量、1个中介变量和4个内生变量。所有变量共涉及两种类型，即连续变量和分类变量，其中连续变量（如距离、道路密度、家庭人数等）是在变量的取值范围内存在任意可能值的变量；分类变量（如性别、收入等）则是用少数几个数字代表不同类别对象的变量（具体变量处理情况见表7-2）。

---

①　刘晔，肖童，刘于琪，等. 城市建成环境对广州市居民幸福感的影响：基于15 min步行可达范围的分析[J]. 地理科学进展，2020，39(8)：1270-1282.

②　周素红，彭伊侬，柳林，等. 日常活动地建成环境对老年人主观幸福感的影响[J]. 地理研究，2019，38(7)：1625-1639.

③　申悦，傅行行. 社区主客观特征对社区满意度的影响机理：以上海市郊区为例[J]. 地理科学进展，2019，38(5)：686-697.

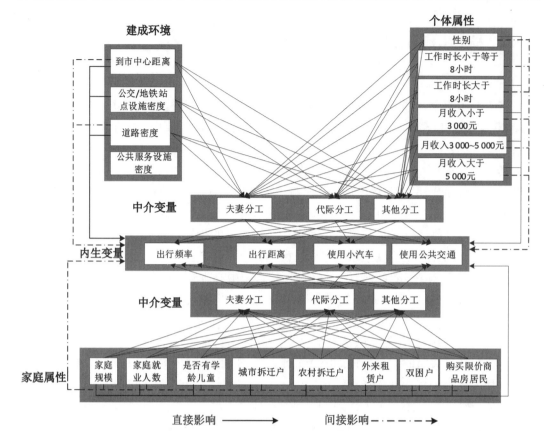

图 7-3 大型保障性住区居民日常出行的假设模型构建(以通勤出行为例)

资料来源:笔者自绘

表 7-2 结构方程模型初筛的外生变量和内生变量表

变量		观测变量	变量类型	变量说明
外生潜变量	建成环境	道路密度	连续变量	道路长度(公里)/面积(平方公里)
		居住地公交/地铁站点密度	连续变量	公交车站、地铁站数(个)/面积(平方公里)
		公共服务设施密度	连续变量	各类公共服务设施网点数(个)/面积(平方公里)
		到市中心距离	连续变量	距离(公里)
	家庭属性	家庭规模	连续变量	家庭人数(人)
		家庭就业人数	连续变量	家庭就业人数(人)
		是否有学龄儿童	分类变量	0=无,1=有
		群体类型 城市拆迁户	分类变量	0=否,1=是
		农村拆迁户	分类变量	0=否,1=是
		外来租赁户	分类变量	0=否,1=是
		双困户	分类变量	0=否,1=是
		购买限价商品房居民	分类变量	0=否,1=是
	个体属性	性别	分类变量	0=女,1=男
		工作时长	分类变量	0=无业,1=小于等于8小时,2=大于8小时
		月收入	分类变量	0=小于3 000元,1=3 000~5 000元,2=大于5 000元

变量		观测变量	变量类型	变量说明
中介变量	家庭分工模式	家庭分工类型	分类变量	0＝其他分工，1＝夫妻分工，2＝代际分工
内生潜变量	通勤出行/通学出行/购物出行	出行频率	连续变量	通勤出行频率表示一整日内从居住地通往工作地的次数（次）；通学出行频率表示一整日内从居住地通往学校的次数（次）；购物出行频率表示一整日内从居住地通往购物地的单向次数（次）
		出行距离	连续变量	通勤出行距离表示居住地到工作地的直线距离（公里）；通学出行距离表示居住地到学校的直线距离（公里）；购物出行距离表示居住地到购物地的直线距离（公里）
		出行方式	公共交通	分类变量	是否使用公交车或地铁，0＝否，1＝是
			小汽车	分类变量	是否使用小汽车，0＝否，1＝是

资料来源：笔者自绘

7.3　南京市大型保障性住区居民的日常出行动因机制解析

7.3.1　模型修正与模型拟合

上节针对通勤、通学和购物三类出行，基于 Mplus7.0 软件平台分别构建了三个结构方程模型，来探究大型保障性住区居民三类出行的影响机理，旨在通过对比模型结果的差异来解释家庭分工、群体类型等变量对三类出行的不同影响机制。整个模型采用均值—方差校正的加权最小二乘法（WLSMV 法）进行测度。在运行结构方程模型时，对于分类变量都是以变量＝0 为参照组，像家庭分工变量即是以"其他分工"作为参照组，也就是说，"夫妻分工"和"代际分工"对出行行为的影响程度均是参照"其他分工"而测定的，因此在最终的模型结果中只会呈现参照之下的夫妻分工和代际分工的影响值（见图 7-4～图 7-9）。

初始运算结果表明，三个模型的拟合效果均很差，因此需要对原模型路径进行增加或是删减处理：不显著的直接影响路径可考虑剔除，或是增加变量间的间接影响路径。该过程是一个不断修正、不断试错、不断拟合的验证过程，最终经过测试和修正而得到拟合程度较好的模型结构。以通勤出行为例，其模型修正的具体过程为：①删减间接路径。删除了道路密度、公交和地铁站点密度、公共服务设施密度、性别、月收入水平、工作时长小于等于8 小时同出行变量之间的间接影响关系。②删减直接路径。删除了到市中心距离和出行频率、出行方式选择之间的直接影响关系，删除了月收入水平同出行频率和出行方式之间的直接影响关系，删除了性别同出行频率之间的直接影响关系，删除了公共服务设施密度、工作时长、学龄儿童同出行之间的直接影响关系，删除了农村拆迁户和双困户同出行之间的直接影响关系。

修正后的通勤出行模型见图7-4和图7-5,其他通学和购物出行模型的修正过程也与此类似,只是增减调整变量的具体方式路径不一样(见图7-6～图7-9),每类出行的模型结果均拆分为直接效应和间接效应,并分别做出清晰的表达。最终三个模型几经调试后的检测结果(见表7-3)表明:三个模型的拟合度指标都达到了理想水平,且模型拟合效果良好。

表7-3　模型拟合结果

评价指标	参数范围	通勤出行模型结果	通学出行模型结果	购物出行模型结果
χ^2(df)	$p > 0.05$	$p > 0.0625$	$p > 0.0880$	$p > 0.0712$
WRMR	<1.0	0.94	0.97	0.93
CFI	>0.90	1.01	0.95	1.23
TLI	>0.90	0.92	0.90	0.95
RMSEA	<0.05	0.043	0.031	0.049

资料来源:笔者根据模型结果整理

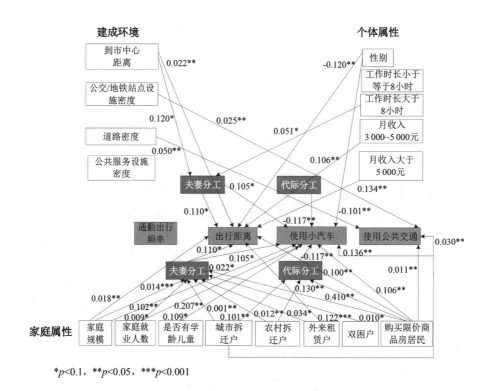

*$p<0.1$,**$p<0.05$,***$p<0.001$

图7-4　大型保障性住区居民通勤出行的最终模型(直接路径)

资料来源:笔者自绘

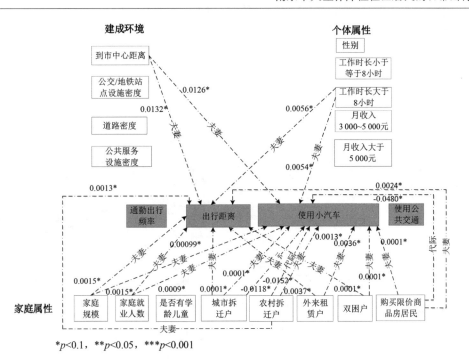

*p<0.1，**p<0.05，***p<0.001

图7-5 大型保障性住区居民通勤出行的最终模型(间接路径)

资料来源：笔者自绘

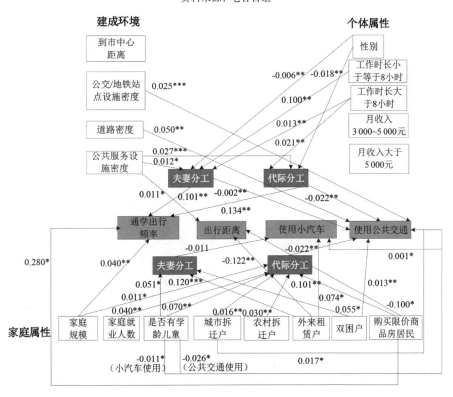

*p<0.1，**p<0.05，***p<0.001

图7-6 大型保障性住区居民通学出行的最终模型(直接路径)

资料来源：笔者自绘

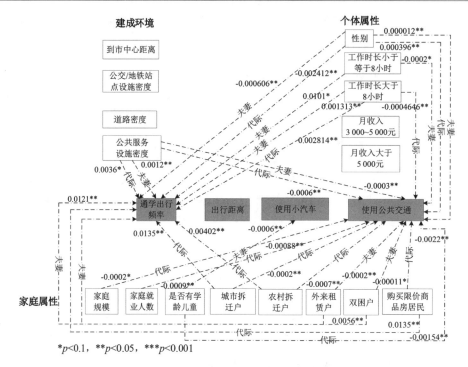

图 7-7　大型保障性住区居民通学出行的最终模型(间接路径)

资料来源：笔者自绘

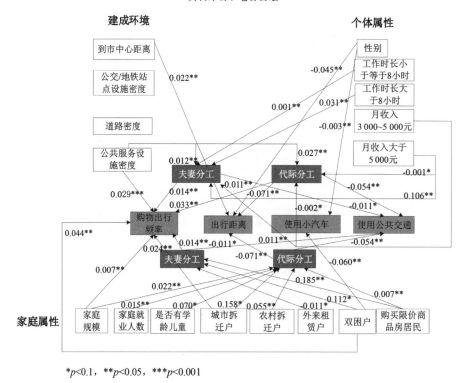

图 7-8　大型保障性住区居民购物出行的最终模型(直接路径)

资料来源：笔者自绘

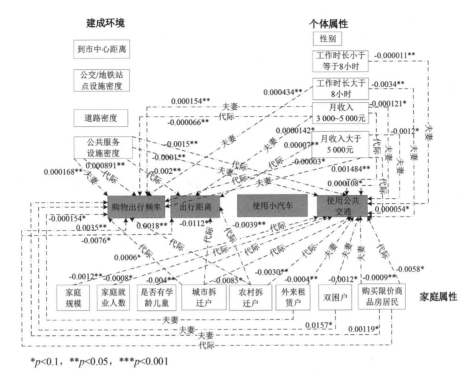

*p<0.1，**p<0.05，***p<0.001

图 7-9　大型保障性住区居民购物出行的最终模型(间接路径)

资料来源：笔者自绘

　　从三个模型结果(图 7-4～图 7-9)可以看出,建成环境、个体属性、家庭属性变量均会对出行行为产生不同程度的直接影响和间接影响,且在三类出行之间也存在着明显差异(模型分析结果详见 7.3.3 节)。

　　在建成环境中,有两个变量(道路密度、公交/地铁站点密度)会对通勤出行产生直接影响,有一个变量(到市中心距离)会分别对通勤出行和购物出行产生间接影响,有一个变量(公交/地铁站点密度)会同时对通学出行和购物出行产生直接影响和间接影响。通勤出行中的间接影响主要是通过夫妻分工而产生,通学出行和购物出行中的间接影响则是通过夫妻分工和代际分工而产生。直接和间接影响中都以通勤出行的影响为最大,通学出行次之,购物出行最小。

　　在个体属性中,有两个变量(性别、月收入水平)会对通勤出行和购物出行产生直接影响,有一个变量(性别)会同时对通学出行产生直接和间接影响,有一个变量(工作时长)会分别对通学出行和购物出行产生间接影响,仅有一个变量(月收入水平)会对购物出行产生直接影响和间接影响。通学出行中的间接影响主要通过夫妻分工和代际分工而产生,通勤出行和购物出行的间接影响则是通过夫妻分工而产生。直接影响中以通勤出行的影响为最大,通学出行次之,购物出行影响最小;间接影响中则是以通学出行的影响为最大,通勤出行次之,购物出行最小。

　　在家庭属性中,有两个变量(家庭规模、家庭就业人数)会同时对通勤出行产生直接影响和间接影响,仅有一个变量(是否有学龄儿童)会对通勤出行产生直接影响,有三个变量

（家庭规模、家庭就业人数、是否有学龄儿童）均会对通学出行和购物出行产生间接影响。通勤出行中的间接影响主要是通过夫妻分工而产生，通学出行和购物出行中的间接影响主要是通过夫妻分工和代际分工而产生。直接影响中以通勤出行的影响为最大，通学出行次之，购物出行影响最小；间接影响中则以购物出行的影响为最大，通学出行次之，通勤出行最小。

此外，在群体类型中，有三类群体（城市拆迁户、外来租赁户和购买限价商品房居民）会对通勤出行产生直接影响和间接影响，五类群体均会对通勤出行产生间接影响，并主要是通过夫妻分工而产生，且直接影响大于间接影响；有四类群体（除了农村拆迁户）会对通学出行产生直接影响，五类群体均会对通学出行产生间接影响，并主要是通过夫妻分工和代际分工而产生，且直接影响均大于间接影响；有两类群体（城市拆迁户、双困户）会对购物出行产生直接影响和间接影响，五类群体均会对购物出行产生间接影响，并主要是通过夫妻分工和代际分工而产生，且直接影响均大于间接影响。

7.3.2 模型输出

结构方程模型分析的主要内容是将变量间的相关系数分解为不同效应（直接效应、间接效应、总效应）。其中，直接效应是指自变量不经过其他中间变量而对因变量产生影响；间接效应是指自变量通过中间变量而对因变量产生影响；总效应则为直接和间接效应之和，且每种效应代表的是各个变量间的影响效果[①]。

在通勤、通学和购物出行模型中，各变量对于出行选择的直接效应、间接效应和总效应分别整理见表7-4、表7-5和表7-6。

表7-4 各变量对通勤出行的直接效应、间接效应和总效应一览表

影响变量		效应	被影响变量					
类别	具体影响变量		夫妻分工	代际分工	出行频率	出行距离	使用小汽车	使用公共交通
建成环境	道路密度	直接效应	—	—	—	—	—	0.050^{**}
		间接效应	—	—	—	—	—	—
		总效应	—	—	—	—	—	0.050^{**}
	公交/地铁站点密度	直接效应	—	—	—	—	—	0.025^{***}
		间接效应	—	—	—	—	—	—
		总效应	—	—	—	—	—	0.025^{***}
	公共服务设施密度	直接效应	—	—	—	—	—	—
		间接效应	—	—	—	—	—	—
		总效应	—	—	—	—	—	—
	到市中心距离	直接效应	0.120^{*}	—	—	0.022^{**}	—	—
		间接效应	—	—	—	0.0132^{*}	0.0126^{*}	—
		总效应	0.120^{*}	—	—	0.0352^{*}	0.0126^{*}	—

---

① 张杰,陈骁.家庭非通勤出行能耗影响机制：住区视角下的结构方程模型分析[J].城市发展研究,2016,23(3):87-94.

（续表）

影响变量		效应	被影响变量					
类别	具体影响变量		夫妻分工	代际分工	出行频率	出行距离	使用小汽车	使用公共交通
家庭属性	家庭规模	直接效应	0.014***	—	—	0.018**	0.102**	—
		间接效应	—	—	—	0.001 5**	0.001 5*	—
		总效应	0.014***	—	—	0.019 5**	0.103 47*	—
	家庭就业人数	直接效应	0.009*				0.207**	
		间接效应	—	—	—	0.000 99*	0.000 9*	—
		总效应	0.009*			0.000 99*	0.207 9*	
	家庭学龄儿童（有）	直接效应					0.109*	
		间接效应						
		总效应					0.109*	
	城市拆迁户（是）	直接效应	0.001**	0.101**			0.136**	0.030**
		间接效应	—	—	—	0.000 1*	−0.011 7*	
		总效应	0.001**	0.101**		0.000 1*	0.019*	0.030**
	农村拆迁户（是）	直接效应	0.012**	0.130**				
		间接效应	—	—	—	0.001 3*	−0.013 9*	
		总效应	0.012**	0.130**		0.001 3*	−0.013 9*	
	外来租赁户（是）	直接效应	0.034*	—	—	0.122 0***	—	
		间接效应	—	—	—	0.003 7*	0.003 6*	
		总效应	0.034*	—	—	0.125 7***	0.003 6*	
	双困户（是）	直接效应	0.010*					
		间接效应	—	—	—	0.000 1*	0.000 01*	
		总效应	0.010*			0.000 1*	0.000 1*	
	购买限价商品房居民（是）	直接效应	0.022*	0.410 0**	—	0.100 0**	0.106**	0.011**
		间接效应	—	—	—	0.002 4*	−0.047 9*	
		总效应	0.022*	0.410 0**	—	0.102 4*	0.058 1*	
个体属性	性别（男）	直接效应	—	—	—	−0.120**	−0.101**	
		间接效应						
		总效应	—	—	—	−0.120**	−0.101**	
	工作时长小于等于8小时（无业为参照组）	直接效应	—	—	—	—	—	—
		间接效应						
		总效应	—	—	—	—	—	—
	工作时长大于8小时（无业为参照组）	直接效应	0.051*	—	—	—	—	—
		间接效应	—	—	—	0.005 6*	0.005 4*	
		总效应	0.051*			0.005 6*	0.005 4*	
	月收入大于5 000元（<3 000元为参照组）	直接效应	—	—	—	0.106**	—	
		间接效应						
		总效应	—	—	—	0.106**	—	

（续表）

影响变量		效应	被影响变量					
类别	具体影响变量		夫妻分工	代际分工	出行频率	出行距离	使用小汽车	使用公共交通
个体属性	月收入3 000~5 000元（<3 000元为参照组）	直接效应	—	—	—	0.134**		
		间接效应	—	—	—	—		
		总效应	—	—	—	0.134**		
家庭分工模式	夫妻分工（其他分工为参照组）	直接效应	—	—	—	0.110*	0.105*	
		间接效应	—	—	—	—		
		总效应	—	—	—	0.110*	0.105*	
	代际分工（其他分工为参照组）	直接效应	—	—	—	—	−0.117**	
		间接效应	—	—	—	—		
		总效应	—	—	—	—	−0.117**	

注：* p<0.1，** p<0.05，*** p<0.001
资料来源：笔者根据模型结果整理

表7-5　各变量对通学出行的直接效应、间接效应和总效应一览表

影响变量		效应	被影响变量					
类别	具体影响变量		夫妻分工	代际分工	出行频率	出行距离	使用小汽车	使用公共交通
建成环境	道路密度	直接效应	—	—	—	—	—	0.050**
		间接效应	—	—	—	—	—	—
		总效应	—	—	—	—	—	0.050**
	公交/地铁站点密度	直接效应	—	—	—	—	—	0.025 0***
		间接效应	—	—	—	—	—	—
		总效应	—	—	—	—	—	0.025 0***
	公共服务设施密度	直接效应	0.012*	0.027**	—	0.011*	—	—
		间接效应	—	—	0.004 8*	—	—	−0.000 9*
		总效应	0.012*	0.027**	0.004 8*	0.011*	—	−0.000 9*
	到市中心距离	直接效应	—	—	—	—	—	—
		间接效应	—	—	—	—	—	—
		总效应	—	—	—	—	—	—
家庭属性	家庭规模	直接效应	—	0.011**	0.040**	—	—	—
		间接效应	—	—	—	—	—	−0.000 2**
		总效应	—	0.011**	0.040**	—	—	−0.000 2**
	家庭就业人数	直接效应	—	0.040**	—	—	—	—
		间接效应	—	—	—	—	—	−0.000 8 8**
		总效应	—	0.040**	—	—	—	−0.000 88**
	家庭学龄儿童（有）	直接效应	0.051*	0.070**	—	—	−0.011*	−0.026*
		间接效应	—	—	—	—	−0.000 6*	−0.001 54**
		总效应	0.051*	0.070**	—	—	−0.011 6*	−0.027 54**

（续表）

影响变量		效应	被影响变量					
类别	具体影响变量		夫妻分工	代际分工	出行频率	出行距离	使用小汽车	使用公共交通
家庭属性	城市拆迁户（是）	直接效应	—	0.016**	—	—	0.001*	0.017*
		间接效应	—	—	0.013 5**	—	—	-0.000 2*
		总效应	—	0.016**	0.013 5**	—	0.001*	0.016 8*
	农村拆迁户（是）	直接效应	—	0.030**	—	—	—	—
		间接效应	—	—	0.004 02**	—	—	-0.000 7*
		总效应	—	0.030**	0.004 02**	—	—	-0.000 7*
	外来租赁户（是）	直接效应	0.120***	—	—	-0.122**	0.074*	—
		间接效应	—	—	0.012 1**	—	—	-0.000 2**
		总效应	0.120***	—	0.012 1**	-0.122**	0.074*	-0.000 2**
	双困户（是）	直接效应	0.055*	—	—	—	—	0.013**
		间接效应	—	—	0.005 6*	—	—	-0.000 11*
		总效应	0.055*	—	—	—	—	0.012 89**
	购买限价商品房居民（是）	直接效应	—	0.101**	0.280*	-0.100*	—	—
		间接效应	—	—	0.013 5**	—	—	-0.002 2**
		总效应	—	—	0.293 5*	—	—	-0.002 2**
个体属性	性别（男）	直接效应	-0.006**	-0.018**	—	—	—	—
		间接效应	—	—	-0.003 018*	0.00 06*	—	-0.000 408**
		总效应	-0.006**	-0.018**	-0.003 018*	0.000 6*	—	-0.000 408**
	工作时长小于等于8小时（无业为参照组）	直接效应	0.100**	—	—	—	—	—
		间接效应	—	—	0.010 1*	—	—	-0.000 2**
		总效应	0.100**	—	0.010 1*	—	—	—
	工作时长大于8小时（无业为参照组）	直接效应	0.013**	0.021*	—	—	—	—
		间接效应	—	—	0.004 127**	—	—	-0.000 464 6**
		总效应	0.013**	0.021*	0.004 127**	—	—	-0.000 464 6**
	月收入3 000~5 000元（<3 000元为参照组）	直接效应	—	—	—	—	—	—
		间接效应	—	—	—	—	—	—
		总效应	—	—	—	—	—	—
	月收入大于5 000元（<3 000元为参照组）	直接效应	—	—	—	—	—	—
		间接效应	—	—	—	—	—	—
		总效应	—	—	—	—	—	—
家庭分工模式	夫妻分工（其他分工为参照组）	直接效应	—	—	0.101**	—	—	-0.002**
		间接效应	—	—	—	—	—	—
		总效应	—	—	0.101**	—	—	-0.002**
	代际分工（其他分工为参照组）	直接效应	—	—	0.134**	—	—	-0.022**
		间接效应	—	—	—	—	—	—
		总效应	—	—	0.134**	—	—	-0.022**

注：* $p < 0.1$，** $p < 0.05$，*** $p < 0.001$
资料来源：笔者根据模型结果整理

表7-6　各变量对购物出行的直接效应、间接效应和总效应一览表

影响变量		效应	被影响变量					
类别	影响变量		夫妻分工	代际分工	出行频率	出行距离	使用小汽车	使用公共交通
建成环境	道路密度	直接效应	—	—	—	—	—	—
		间接效应	—	—	—	—	—	—
		总效应	—	—	—	—	—	—
	公交/地铁站点设施密度	直接效应	—	—	—	—	—	—
		间接效应	—	—	—	—	—	—
		总效应	—	—	—	—	—	—
	公共服务设施密度	直接效应	0.012*	0.027**	0.029***	—	—	—
		间接效应	—	—	0.001 059**	−0.002**	—	−0.001 6**
		总效应	0.012*	0.027**	0.030 059**	−0.002**	—	−0.001 6**
	到市中心距离	直接效应	—	—	—	0.022**	—	—
		间接效应	—	—	—	—	—	—
		总效应	—	—	—	0.022**	—	—
家庭属性	家庭规模	直接效应	—	0.022**	0.007**	—	—	—
		间接效应	—	—	—	—	—	−0.001 2**
		总效应	—	0.022**	0.007**	—	—	−0.0012**
	家庭就业人数	直接效应	—	0.015**	—	—	—	—
		间接效应	—	—	—	—	—	−0.000 8*
		总效应	—	0.015**	—	—	—	−0.000 8*
	家庭学龄儿童(有)	直接效应	—	0.070*	—	—	—	—
		间接效应	—	—	—	—	—	−0.004**
		总效应	—	0.070*	—	—	—	−0.004**
	城市拆迁户(是)	直接效应	—	0.158*	0.024**	—	—	—
		间接效应	—	—	0.005 2*	−0.011 2**	—	−0.008 5*
		总效应	—	0.158*	0.029 2*	−0.011 2**	—	−0.008 5*
	农村拆迁户(是)	直接效应	—	0.055**	—	—	—	—
		间接效应	—	—	0.001 8**	−0.003 9**	—	−0.003 0**
		总效应	—	0.055**	0.001 8**	−0.003 9**	—	−0.003 0**
	外来租赁户(是)	直接效应	−0.011*	—	—	—	—	—
		间接效应	—	—	−0.000 154*	—	—	−0.000 4**
		总效应	−0.011*	—	−0.000 154*	—	—	−0.000 4**
	双困户(是)	直接效应	0.112*	—	0.044**	—	−0.060**	—
		间接效应	—	—	0.015 7*	—	—	−0.001 2*
		总效应	0.112*	—	0.059 7*	—	−0.060**	−0.001 2*
	购买限价商品房居民(是)	直接效应	0.185**	0.007*	—	—	—	—
		间接效应	—	—	0.004 7*	−0.007 6*	—	−0.006 7**
		总效应	0.185**	0.007*	0.004 7*	−0.007 6*	—	−0.006 7**

（续表）

影响变量		效应	被影响变量					
类别	影响变量		夫妻分工	代际分工	出行频率	出行距离	使用小汽车	使用公共交通
个体属性	性别（男）	直接效应	—	—	—	—	—	—
		间接效应	—	—	—	—	—	—
		总效应	—	—	—	—	—	—
	工作时长小于等于8小时（无业为参照组）	直接效应	0.001**	—	—	—	—	—
		间接效应	—	—	—	—	—	−0.000 011**
		总效应	0.001**	—	—	—	—	−0.000 011**
	工作时长大于8小时（无业为参照组）	直接效应	0.031**	—	—	—	—	—
		间接效应	—	—	0.000 434**	—	—	−0.000 34**
		总效应	0.031**	—	0.000 434**	—	—	−0.000 34**
	月收入3 000~5 000元（<3 000元为参照组）	直接效应	0.011**	−0.002*	—	—	—	—
		间接效应	—	—	0.000 088**	0.000 014 2*	—	−0.000 013*
		总效应	0.011**	−0.002*	0.000 088**	0.000 014 2*	—	−0.000 013*
	月收入大于5 000元（<3 000元为参照组）	直接效应	0.106***	−0.001*	—	—	—	—
		间接效应	—	—	0.001 451*	0.000 07**	—	−0.001 166*
		总效应	0.106***	−0.001*	0.001 451*	0.000 07**	—	−0.001 166*
家庭分工模式	夫妻分工（其他分工为参照组）	直接效应	—	—	0.014**	—	—	−0.011*
		间接效应	—	—	—	—	—	—
		总效应	—	—	0.014**	—	—	−0.011*
	代际分工（其他分工为参照组）	直接效应	—	—	0.033*	−0.071**	—	−0.054**
		间接效应	—	—	—	—	—	—
		总效应	—	—	0.033*	−0.071**	—	−0.054**

注：* $p<0.1$，** $p<0.05$，*** $p<0.001$
资料来源：笔者根据模型结果整理

7.3.3 结果解析

（1）大型保障性住区居民日常出行的影响因素（直接效应）

从上述三个模型输出的结果（表7-4～表7-6）中，可以看出模型各变量之间差异化的直接效应如下：

在建成环境变量中（直接效应），"公共服务设施密度"对通学出行和购物出行中的代际分工和夫妻分工均会产生正影响，且代际分工系数相对较大，表明公共服务设施可达性会促进家庭分工（尤其是代际分工）。"公共服务设施密度"会对通学出行和购物出行频率产生正影响，且购物出行系数大于通学出行，这表明周边公共服务设施的可达性越高，出行频率也就越高，购物出行尤为如此。"道路密度"会对通勤公共交通出行产生正向直接影响，这表明提高道路密度有助于公共交通的使用。"公交和地铁站点密度"也会对通勤公共交通使用产生正影响,公共交通可达性越高,公共交通使用频率也就越高,这表明公共交通依旧是值得鼓励的通勤出行方式。"到市中心距离"会对通勤出行距离产生正影响,而对购物出行距离产生负影响,这表明大型保障性住区居民的工作活动也在一定程度上依赖于主城区的就业中心,所以会产生大量的长距离通勤,非工作活动则更多地发生在住区及其周边,从而形成短距离出行。

在家庭属性变量中(直接效应),"家庭规模"对通勤出行中的夫妻分工具有正影响,对通学和购物出行中的代际分工具有显著促进作用,且家庭人数越多家庭分工模式越复杂。"家庭规模"对通勤出行距离和小汽车出行也具有正影响,家庭人数越多的家庭成员出行距离越远,且越倾向于使用小汽车,同时该变量还会对通学出行频率和购物出行频率产生正影响,表明家庭人数越多出行需求也就越大。"家庭就业人数"会对通学出行和购物出行过程中的代际分工产生正影响,就业人数越多对家庭分工的需求也就越强烈,同时该变量还会对通勤出行使用小汽车产生正影响和对购物出行使用公共交通产生负影响,因为就业人数多会促进小汽车使用并减少公共交通使用。"家庭有学龄儿童"会对通学和购物出行过程中的夫妻分工和代际分工产生影响,且代际分工系数相对较大,表明学龄儿童接送不仅需要夫妻分工,更需要老人的协助,同时该变量还会对通学过程中小汽车和公共交通的使用产生负影响,这可能是因为儿童通学以就近为主,以慢行交通工具为主。

在个体属性变量中(直接效应),相比于女性群体,男性的通勤距离较远,且更倾向于使用小汽车。"性别"并不会对通勤过程中的家庭分工产生显著影响,但会同时对通学过程中的夫妻分工和代际分工产生负影响,且女性比男性更倾向于家庭分工。相比于无业者,"工作时长小于等于8小时和大于8小时的群体"均会对通学和购物过程中的夫妻分工和代际分工产生正影响,这表明工作群体的时间主要花费在了工作活动及其出行上,因此更需要依靠多种家庭分工来维持生活秩序。其中"工作时长大于8小时的群体"还会对通勤过程中的夫妻分工产生正影响,并对通学和购物出行频率产生负影响,因为工作时间越长的群体,参加非工作活动和相关出行的可能性也就越少,甚至是取消该类活动和出行。相比于月收入低于3 000元的群体,"月收入在3 000~5 000元和高于5 000元的群体"均会对购物过程中的夫妻分工产生正影响、对代际分工产生负影响,同时对通勤距离产生正影响,且收入大于5 000元的影响系数较大。此外,收入还会对购物出行频率和距离产生负影响(这里的购物主要指购买蔬菜、日常生活用品等),这说明收入较低群体往往会在家庭中分担较多的家庭事务,所以出行频率较高。

在家庭分工模式中(直接效应),相比于其他分工,夫妻分工会对居民通勤距离和小汽车使用产生正影响,而夫妻分工和代际分工均会对通学出行和购物出行频率产生正影响,代际分工的购物出行频率则要高于夫妻分工,且两类分工均会对公共交通使用产生负影响。

总的来说,"建成环境""家庭属性"和"个体属性"均会对三类出行产生不同程度的直接影响,但建成环境的直接影响略低于其他两个方面。其中,提高道路密度、增加公交/地铁站点设施密度有助于提升通勤中公共交通的使用,进而降低通勤中的小汽车出行;而家庭规模、个体工作时长也是影响通学和购物出行的重要因素,一般家庭结构越复杂,这两类出行需求也就越强烈,反倒是工作时长的增加会对两类出行产生严重的约束;此外,三类属性均会对家庭分工模式产生不同的影响,尤其是"个体—家庭属性"对代际分工模式的直接影响最为显著。

(2)家庭分工的中介效应(间接效应)

在三个结构方程模型中,间接效应均是通过"家庭分工"而传导产生的,因此为了分析"个体—家庭属性"和"建成环境"对大型保障性住区居民日常出行的影响途径,下文同样对中介变量(家庭分工模式)传导的间接效应进行了整理(见表7-7~表7-9)。

表7-7 各变量通过"家庭分工"对通勤出行的间接效应和总间接效应一览表

影响变量		中介变量	效应	被影响变量			
类别	具体影响变量			出行频率	出行距离	使用小汽车	使用公共交通
建成环境	道路密度	夫妻分工	间接效应	—	—	—	—
		代际分工	间接效应	—	—	—	—
			总间接效应	—	—	—	—
	公交/地铁站点密度	夫妻分工	间接效应	—	—	—	—
		代际分工	间接效应	—	—	—	—
			总间接效应	—	—	—	—
	公共服务设施密度	夫妻分工	间接效应	—	—	—	—
		代际分工	间接效应	—	—	—	—
			总间接效应	—	—	—	—
	到市中心距离	夫妻分工	间接效应	—	0.013 2*	0.012 6*	—
		代际分工	间接效应	—	—	—	—
			总间接效应	—	0.013 2*	0.012 6*	—
家庭属性	家庭规模	夫妻分工	间接效应	—	0.001 5**	0.001 5*	—
		代际分工	间接效应	—	—	—	—
			总间接效应	—	0.001 5**	0.001 5*	—
	家庭就业人数	夫妻分工	间接效应	—	0.000 99*	0.000 9*	—
		代际分工	间接效应	—	—	—	—
			总间接效应	—	0.000 99*	0.000 9*	—
	家庭学龄儿童(有)	夫妻分工	间接效应	—	—	—	—
		代际分工	间接效应	—	—	—	—
			总间接效应	—	—	—	—
个体属性	性别(男)	夫妻分工	间接效应	—	—	—	—
		代际分工	间接效应	—	—	—	—
			总间接效应	—	—	—	—
	工作时长小于等于8小时(无业为参照组)	夫妻分工	间接效应	—	—	—	—
		代际分工	间接效应	—	—	—	—
			总间接效应	—	—	—	—
	工作时长大于8小时(无业为参照变量)	夫妻分工	间接效应	—	0.005 6*	0.005 4*	—
		代际分工	间接效应	—	—	—	—
			总间接效应	—	0.005 6*	0.005 4*	—

（续表）

类别	具体影响变量	中介变量	效应	出行频率	出行距离	使用小汽车	使用公共交通
个体属性	月收入3 000~5 000元（<3 000元为参照组）	夫妻分工	间接效应	—	—	—	—
		代际分工	间接效应	—	—	—	—
			总间接效应	—	—	—	—
	月收入大于5 000元（<3 000元为参照组）	夫妻分工	间接效应	—	—	—	—
		代际分工	间接效应	—	—	—	—
			总间接效应	—	—	—	—

注：* $p<0.1$，** $p<0.05$，*** $p<0.001$
资料来源：笔者根据模型结果整理

表7-8　各变量通过"家庭分工"对通学出行的间接效应和总间接效应一览表

类别	具体影响变量	中介变量	效应	出行频率	出行距离	使用小汽车	使用公共交通
建成环境	道路密度	夫妻分工	间接效应	—	—	—	—
		代际分工	间接效应	—	—	—	—
			总间接效应	—	—	—	—
	公交/地铁站点密度	夫妻分工	间接效应	—	—	—	—
		代际分工	间接效应	—	—	—	—
			总间接效应	—	—	—	—
	公共服务设施密度	夫妻分工	间接效应	0.001 2**	—	—	−0.000 3**
		代际分工	间接效应	0.003 6*	—	—	−0.000 6**
			总间接效应	0.004 8*	—	—	−0.000 9**
	到市中心距离	夫妻分工	间接效应	—	—	—	—
		代际分工	间接效应	—	—	—	—
			总间接效应	—	—	—	—
家庭属性	家庭规模	夫妻分工	间接效应	—	—	—	—
		代际分工	间接效应	—	—	—	−0.000 2*
			总间接效应	—	—	—	−0.000 2*
	家庭就业人数	夫妻分工	间接效应	—	—	—	—
		代际分工	间接效应	—	—	—	−0.000 88*
			总间接效应	—	—	—	−0.000 88*
	家庭学龄儿童（有）	夫妻分工	间接效应	—	—	−0.000 6**	—
		代际分工	间接效应	—	—	—	−0.001 54*
			总间接效应	—	—	−0.000 6**	−0.001 54*
个体属性	性别（男）	夫妻分工	间接效应	−0.000 606**	—	—	0.000 012**
		代际分工	间接效应	−0.002 412**	—	—	0.000 396**
			总间接效应	−0.003 018**	—	—	0.000 408**

（续表）

影响变量		中介变量	效应	被影响变量			
类别	具体影响变量			出行频率	出行距离	使用小汽车	使用公共交通
个体属性	工作时长小于等于8小时（无业为参照组）	夫妻分工	间接效应	0.010 1*	—	—	−0.000 2**
		代际分工	间接效应	—	—	—	—
			总间接效应	0.010 1*	—	—	−0.000 2**
	工作时长大于8小时（无业为参照组）	夫妻分工	间接效应	0.001 313**	—	—	−0.000 002 6
		代际分工	间接效应	0.002 814**	—	—	−0.000 462*
			总间接效应	0.004 127*	—	—	−0.000 464 6*
	月收入3 000~5 000元（<3 000元为参照组）	夫妻分工	间接效应				
		代际分工	间接效应				
			总间接效应				
	月收入大于5 000元（<3 000元为参照组）	夫妻分工	间接效应	—	—	—	—
		代际分工	间接效应	—	—	—	—
			总间接效应				

注：* p<0.1，** p<0.05，*** p<0.001

资料来源：笔者根据模型结果整理

表7-9　各变量通过"家庭分工"对购物出行的间接效应和总间接效应一览表

影响变量		中介变量	效应	被影响变量			
类别	具体影响变量			出行频率	出行距离	使用小汽车	使用公共交通
建成环境	道路密度	夫妻分工	间接效应	—	—	—	—
		代际分工	间接效应	—	—	—	—
			总间接效应	—	—	—	—
	公交/地铁站点密度	夫妻分工	间接效应				
		代际分工	间接效应				
			总间接效应				
	公共服务设施密度	夫妻分工	间接效应	0.000 168**	—	—	−0.000 1**
		代际分工	间接效应	0.000 891**	−0.002**	—	−0.001 5**
			总间接效应	0.001 059**	−0.001 8**	—	−0.001 6**
	到市中心距离	夫妻分工	间接效应	—	—	—	—
		代际分工	间接效应	—	—	—	—
			总间接效应	—	—	—	—
家庭属性	家庭规模	夫妻分工	间接效应				
		代际分工	间接效应	—	—	—	−0.001 2**
			总间接效应	—	—	—	−0.001 2**
	家庭就业人数	夫妻分工	间接效应				
		代际分工	间接效应	—	—	—	−0.000 8*
			总间接效应	—	—	—	−0.000 8*

（续表）

影响变量		中介变量	效应	被影响变量			
类别	具体影响变量			出行频率	出行距离	使用小汽车	使用公共交通
家庭属性	家庭学龄儿童（有）	夫妻分工	间接效应	—			
		代际分工	间接效应				-0.004^{**}
			总间接效应				-0.004^{**}
个体属性	性别（男）	夫妻分工	间接效应				
		代际分工	间接效应				
			总间接效应				
	工作时长小于等于8小时（无业为参照组）	夫妻分工	间接效应				$-0.000\,011^{**}$
		代际分工	间接效应				
			总间接效应				$-0.000\,011^{**}$
	工作时长大于8小时（无业为参照组）	夫妻分工	间接效应	$0.000\,434^{**}$			$-0.003\,4^{**}$
		代际分工	间接效应				
			总间接效应	$0.000\,434^{**}$			$-0.003\,4^{**}$
	月收入3 000～5 000元（<3 000元为参照组）	夫妻分工	间接效应	$0.000\,154^{**}$			$-0.000\,121^{*}$
		代际分工	间接效应	$-0.000\,066^{**}$	$0.000\,014\,2^{**}$		$0.000\,108^{*}$
			总间接效应	$0.000\,088^{**}$	$0.000\,014\,2^{*}$		$-0.000\,013^{*}$
	月收入大于5 000元（<3 000元为参照组）	夫妻分工	间接效应	$0.001\,484^{**}$			$-0.001\,2$
		代际分工	间接效应	$-0.000\,030^{*}$	$0.000\,07^{**}$		$0.000\,054$
			总间接效应	$0.001\,454^{*}$	$0.000\,07^{**}$		$-0.001\,146^{*}$

注：$* p<0.1$，$** p<0.05$，$*** p<0.001$
资料来源：笔者根据模型结果整理

在建成环境变量中（间接效应），"公共服务设施密度"会通过夫妻分工和代际分工对购物和通学出行频率产生正影响，而对小汽车使用和公共交通使用产生负影响，这说明该变量会通过代际分工和夫妻分工来促进购物和通学出行，而减少机动车（包括私家车和公共交通）的使用。由上可以推论，提升"公共服务设施密度"可以提高出行可达性，并通过促进代际分工来减少机动化出行，虽然出行频率提高了，但仍以慢行交通为主。"到市中心距离"会通过夫妻分工对通勤距离和小汽车使用产生正向间接影响，因为夫妻双方会在通勤出行决策中发挥重要角色，以共同决定是否承受远距离通勤和是否使用小汽车。

在家庭属性变量中（间接效应），"家庭规模"会通过夫妻分工对通勤距离和小汽车使用产生正向间接影响，其原因可能是人数越多的家庭中夫妻双方或是一方会承受远距离通勤，而导致机动化出行概率的增加。"家庭规模"还会通过代际分工对通学和购物出行频率产生正影响，但对机动化出行的影响并不显著，这表明人数越多的家庭在完成非工作活动时会更加依赖老人，而老年人出行通常会选择步行或电动车等慢行方式。"家庭就业人数"会对购物的公共交通使用产生负向间接影响，其中介变量为代际分工、总效应为负，这表明就业人数多的家庭中老年人会较少使用公共交通参与购物出行。"有学龄儿童家庭"会对购物和通学出行频率产生正向间接影响，其总效应为正，中介变量包括夫妻分工和代际分工。因为有学龄儿童的家庭往往倾向于选择代际分工模式,并以高频率出行来分担儿童接送和购物活动。

在个体属性变量中(间接效应),"性别"变量和各类出行之间只存在直接影响,而没有通过中介变量施加间接影响。相比于无业者,"工作时长大于 8 小时的群体"会对购物和通学出行频率产生正向间接影响,其中介变量为代际分工,总效应较小且为负(直接效应为负,间接效应为正)。其原因在于:当夫妻因工作活动占据了大部分时间时,其他非工作活动就会转移到老年人身上。"月收入大于 5 000 元的群体"会通过夫妻分工对购物出行频率和距离产生负向间接影响,但通过代际分工仍会产生正向间接影响,这表明目前城市居民的生活模式正在逐渐从"男主外女主内"转变成"夫妻双方多主外,老年人多协助家内"。

总的来说,在"建成环境"和"个体—家庭属性"对大型保障性住区居民日常出行行为的间接影响中,"家庭分工模式"发挥了不可替代的中介作用:如提高周边公共服务设施的可达性,有助于代际分工模式下的居民减少机动化交通工具的使用;而个体属性中的个体工作时长的增加,又会触发代际分工模式下的居民通学和购物出行;同样,当家庭人数和家庭就业人数越多时,其他非工作出行则会倾向于从夫妻分工转移到代际分工上。

(3) 群体类型对其日常出行影响的差异(群体分异)

前文不但剖析了影响大型保障性住区居民日常出行选择的各类因素,还揭示了家庭分工模式所发挥的中介作用,下面将进一步剖析和比较不同群体之间的出行机理差异,并围绕着群体类型对日常出行的影响结果进行了整理(见图 7-10~图 7-12)。

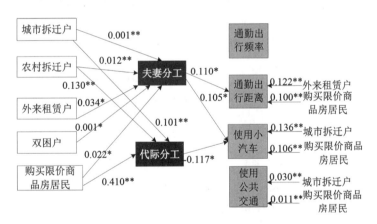

图 7-10　大型保障性住区居民通勤出行的路径分析

资料来源: 笔者根据模型结果整理

群体类型会对大型保障性住区居民的日常出行产生显著的直接效应和间接效应。从直接效应来看,城市拆迁户和购买限价商品房居民会对通勤的小汽车、公共交通产生显著的正影响,但购买限价商品房居民对购物和通学出行的小汽车和公共交通使用影响均不显著;外来租赁户和购买限价商品房居民会对通勤出行距离产生显著的正影响;双困户和城市拆迁户则会对购物出行频率产生正影响,且两类群体均会对通学出行的公共交通使用产生负影响。此外,五类群体均会对通勤出行过程中的夫妻分工产生正影响,而购买限价商品房居民、城市拆迁户和农村拆迁户会对通学和购物出行过程中的代际分工产生正影响,

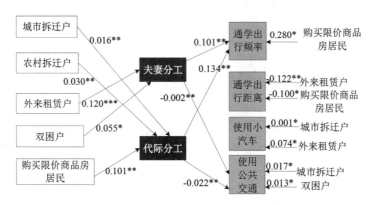

图 7-11　大型保障性住区居民通学出行的路径分析

资料来源：笔者根据模型结果绘制

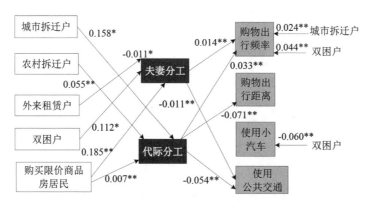

图 7-12　大型保障性住区居民购物出行的路径分析

资料来源：笔者根据模型结果绘制

双困户和外来租赁户则会对通学和购物出行过程中的夫妻分工产生正影响。

从间接效应来看，五类群体均是以夫妻分工模式来完成通勤出行，而城市拆迁户、农村拆迁户和购买限价商品房居民通常以代际分工来完成通学和购物出行，外来租赁户和双困户则主要以夫妻分工模式来参与通学和购物出行。

总体来说，群体类型均会对三类出行产生不同程度的影响，且均以间接影响为主。其中，代际分工所产生的间接影响在购买限价商品房居民、农村拆迁户和城市拆迁户身上体现得较为显著，外来租赁户和双困户则以夫妻分工所产生的间接影响为主。

7.4　本章小结

本章基于南京市大型保障性住区居民日常活动和出行的问卷调研数据，构建了"个体—家庭属性""建成环境""家庭分工"对居民日常出行选择的影响假设模型，并按照"模型构建—变量选择—模型修正与模型拟合—模型输出与结果解析"等步骤来验证模型的拟合程度,并得到最终模型结果,旨在揭示家庭分工模式所起到的中介作用,尤其关注其对不同出行和不同群体的影响差异。主要结论包括:

(1) 大型保障性住区居民日常出行的影响因素(直接效应)

通过分析"建成环境""个体—家庭属性"对"家庭分工模式"和三类出行的直接影响,以及"家庭分工模式"对三类出行的直接影响,有以下发现:

在建成环境变量中,"公共服务设施密度"对通学和购物出行中的代际分工和夫妻分工均会产生正影响,且代际分工系数相对较大。"公共服务设施密度"对通学和购物出行频率产生正影响,且购物出行的系数大于通学出行的。"道路密度"会对通勤公共交通出行产生正向直接影响。"公交/地铁站点密度"也会对通勤公共交通使用产生正影响。"到市中心距离"会对通勤距离产生正影响,而对购物出行距离产生负影响。

在家庭属性变量中,"家庭规模"对通勤出行中的夫妻分工具有正影响,对通学和购物出行中的代际分工具有显著促进作用。"家庭规模"对通勤出行距离和小汽车出行也具有正影响,同时该变量还会对通学出行频率和购物出行频率产生正影响,表明家庭人数越多出行需求也就越大。"家庭就业人数"会对通学和购物出行过程中的代际分工产生正影响,同时该变量还会对通勤小汽车使用产生正影响,并对购物公共交通使用产生负影响。"家庭有学龄儿童"会对通学和购物出行过程中的夫妻分工和代际分工产生影响,且代际分工系数相对较大,同时该变量还会对通学过程中的小汽车和公共交通使用产生负影响。

在个体属性变量中,相比于女性群体,男性的通勤距离较远,且更倾向于使用小汽车。"性别"并不会对通勤过程中的家庭分工产生显著影响,但会对通学过程中的夫妻分工和代际分工产生负影响,且女性比男性更倾向于家庭分工。相比于无业者,"工作时长小于等于8小时和大于8小时的群体"会对通学和购物过程中的夫妻分工和代际分工产生正影响,其中"工作时长大于8小时的群体"还会对通勤过程中的夫妻分工产生正影响,并对通学和购物出行频率产生负影响。相比月收入低于3 000元的群体,"月收入在3 000~5 000元和月收入大于5 000元的群体"对购物过程中的夫妻分工产生正影响、对代际分工产生负影响,同时对通勤距离产生正影响,且月收入大于5 000元群体的影响系数较大。

在家庭分工模式变量中,相比于"其他分工","夫妻分工"会对居民通勤距离和小汽车使用产生正影响,而"夫妻分工"和"代际分工"均会对通学和购物出行频率产生正影响,"代际分工"的购物出行频率则要高于夫妻分工,且两类分工均会对公共交通使用产生负影响。

(2) 家庭分工的中介效应(间接效应)

除了变量间的直接影响外,还包括通过"家庭分工"产生的间接影响,因此进一步分析"个体—家庭属性"和"建成环境"对大型保障性住区居民日常出行的影响路径,有以下发现:

在建成环境变量中,"公共服务设施密度"会通过夫妻分工和代际分工对购物和通学出行频率产生正影响,而对小汽车使用和公共交通使用产生负影响。由此可以推论,提升"公共服务设施密度"可以提高出行可达性,并通过促进代际分工来减少机动化出行,虽然出行频率提高了,但均以慢行交通为主。"到市中心距离"会通过夫妻分工对通勤距离和小汽车使用产生正向间接影响。

在家庭属性变量中,"家庭规模"会通过夫妻分工对通勤距离和小汽车使用产生正向间接影响。"家庭规模"还会通过代际分工对通学和购物出行频率产生正影响,而对机动化出行的影响不显著。"家庭就业人数"会对购物的公共交通使用产生负向间接影响,其中介变量为代际分工,总效应为负。"有学龄儿童家庭"会对购物和通学出行频率产生正向间接影响,其总效应为正,中介变量包括夫妻分工和代际分工。

在个体属性变量中,"性别"变量和各类出行之间只存在直接影响,而没有通过中介变量产生间接影响。相比于无业者,"工作时长大于8小时的群体"会对购物和通学出行频率产生正向间接影响,中介变量为代际分工,总效应较小且为负。"月收入大于5 000元的群体"会通过夫妻分工对购物出行频率和距离产生负向间接影响,但通过代际分工仍会产生正向间接影响。

(3) 群体类型对日常出行的影响(群体分异)

本章不但考察了不同出行选择的各类影响因素,揭示了家庭分工模式所发挥的中介作用,还进一步剖析了不同群体的出行机理差异,发现群体类型会对大型保障性住区居民的日常出行产生显著的直接效应和间接效应。

从直接效应来看,城市拆迁户和购买限价商品房居民会对通勤的小汽车和公共交通使用产生显著的正影响,但购买限价商品房居民对购物和通学出行的小汽车和公共交通使用的影响均不显著。外来租赁户和购买限价商品房居民会对通勤出行距离产生显著的正影响。双困户和城市拆迁户则会对购物出行频率产生正影响,且两类群体均会对通学出行的公共交通使用产生负影响。五类群体均会对通勤出行过程中的夫妻分工产生正影响,而购买限价商品房居民、城市拆迁户和农村拆迁户会对通学和购物出行过程中的代际分工产生正影响,双困户和外来租赁户则会对通学和购物出行过程中的夫妻分工产生正影响。

从间接效应来看,五类群体均是以夫妻分工模式来完成通勤出行,而城市拆迁户、农村拆迁户和购买限价商品房居民通常以代际分工来完成通学和购物出行,外来租赁户和双困户则主要以夫妻分工模式来参与通学和购物出行。

可以看出,本研究通过建构结构方程模型,验证了建成环境、个体属性、家庭属性、家庭分工模式和居民日常出行之间的因果关系。

总体而言,对于保障房居民的日常出行来说,建成环境、家庭属性、个体属性等因素均会带来不同程度的影响。其中,建成环境的影响以直接效应为主(如提高道路密度、优化公交/地铁设施布点等),而家庭和个体属性的作用则以深层的间接影响为主,一般来说家庭规模和构成越复杂,就业人数越多和个体工作时间越长,就越容易触发家庭的代际分工模式,并增加其通学和购物出行的频率,这在购买限价商品房居民、农村拆迁户和城市拆迁户身上体现得尤为显著,相比而言,其他群体则以夫妻分工模式的中介效应更为显著。

8 大型保障性住区居民日常活动和出行的理论诠释

以第2章构建的大型保障房住区居民"家庭分工视角下日常活动和出行行为"理论框架为依托,在对这一群体日常活动的时空特征、时空集聚模式、出行路径和出行机理进行深入剖析的基础上,本章不仅会对最初的理论框架进行二次修正,还将进一步从"时间—空间—家庭"三要素的互动视角切入,对该群体的日常活动和出行行为进行理论层面上的推导、诠释和提炼,进而探寻其"理想生活圈"构建的合理路径。

8.1 理论框架的二次修正

第2章的理论分析按照"活动和出行需求—家庭分工—家庭分工组合及优先次序—活动和出行的时空响应"四个层次和序列对保障房居民日常活动和出行行为的选择过程进行了初步探讨,即构建了"家庭—时间—空间"三要素互动视角下居民日常活动和出行四个层次的理论诠释框架。依此思路和框架,第3~7章通过遴选南京市四大保障性住区作为样本展开实证分析,一方面对前述理论假设和认知框架进行验证,另一方面则是基于大量一手数据更深入、更细致、更丰富地发掘和剖析大型保障性住区居民日常活动时空特征、时空集聚模式、出行路径和出行机理。

经实证分析发现,初始理论框架还有两处需要做进一步修正。

其一是"活动—出行"的分工组合模式(分工层)。在初始诠释框架中,分工层面向大型保障性住区居民设定了三种基本家庭分工类型[夫妻分工、代际分工、其他分工,见图8-2(a)],而实证部分涉及的各类组合分工均是以三种基本分工类型为标准进行拆分、归类和叠加计算,但是原始数据的统计结果却反映出另一面,即纯粹依赖某一类基本分工(夫妻分工、代际分工、其他分工)而展开的家务活动占比分别为45%、14%、9%,剩余的32%家务活动则基本上是通过组合分工(夫妻分工+代际分工)来分担的。因此考虑大型保障性住区居民家庭分工的现实特征,家庭内部分工最好能扩展为四类:夫妻分工、代际分工、夫妻分工+代际分工、其他分工,这样大型保障性住区居民的"活动—出行"分工组合模式也会相应地增加一种(见表8-1中的深色框格)。

其二是"活动—出行"的时间利用结构(响应层)。大型保障性住区居民日常活动和出行选择过程的响应层反映的是受外部建成环境、个体—家庭属性等影响时,时间、空间、家庭分工三要素因持续交互作用,而在"活动—出行"时间和空间维度上呈现出独特的响应模式。值得注意的是,在时间响应上,家庭内部多种分工模式的助力会触发个体分配在非工

表8-1 大型保障性住区居民的"活动—出行"分工组合模式

		家庭分工模式						
		独立参与			联合参与			
		夫妻分工模式下独立参与	代际分工模式下独立参与	其他分工模式下独立参与	夫妻分工模式下联合参与	代际分工模式下联合参与	组合分工模式下联合参与	其他分工模式下联合参与
活动类型	生存型	独立—生存型 Aa	独立—生存型 Aa	独立—生存型 Aa				
	维持型	独立—维持性 C,Dd,F	独立—维持性 C,Dd,F	独立—维持性 C,Dd,F	联合—维持型 Bb,C,Dd,F	联合—维持型 Bb,C,Dd	联合—维持型 C,Dd	
	自由型			独立自由型 Ee				联合—自由型 Ee

注:(1) 颜色深的表示大型保障性住区居民新增加的分工组合模式;

(2) 大写字母表示活动类型(A工作,B上学,C家务,D购物,E休闲,F睡觉),小写字母表示活动对应的出行(a通勤出行,b通学出行,d购物出行,e休闲出行);

(3) 考虑到分工模式本身的代表性和典型性,框图中列出的每类活动或是出行的分工模式样本量占比须大于5%,才会作为单独模式专门标注出来,像"联合参与—夫妻分工—生存型活动/出行"模式就未被列入框图(南京市样本的两类占比分别为0.9%、1.5%)。

资料来源:笔者自绘

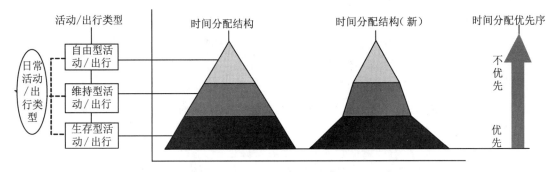

图8-1 大型保障性住区居民日常活动和出行时间结构的调整

资料来源:笔者自绘

作活动上的时间调整。在初始的时间利用结构中,相对理想地采取了等边三角形和三等份的高度划分来表达"生存型活动>维持型活动>自由型活动"的时间分配关系(6:2:1);但是一手数据统计发现,保障性住区居民中生存型活动、维持型活动和自由型活动的时间分配比例实际上接近于5.5:3.1:1.2,因此采取等腰三角形按上述时间利用比例进行改绘(见图8-1)。

通过对原理论框架中分工层、配置层要素的增加,以及对响应层中时间利用结构的调整,最终生成大型保障性住区居民日常活动和出行行为理论诠释的修正框架[见图8-2(b)]。

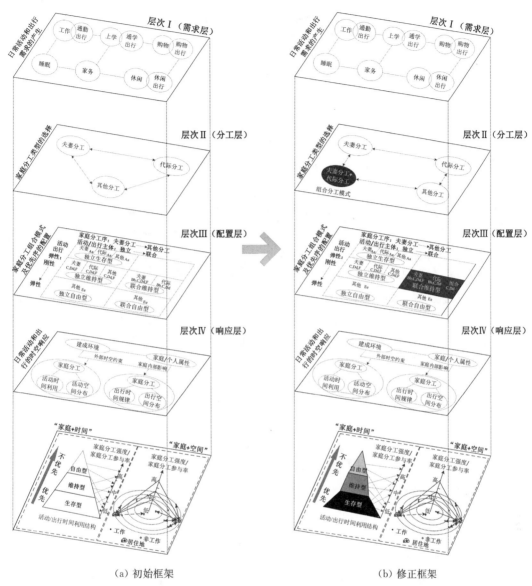

（a）初始框架 （b）修正框架

图 8-2 家庭分工视角下保障房居民日常活动—出行行为的理论诠释框架的二次修正

资料来源：笔者自绘

注：（1）大写字母表示活动类型（A工作，B上学，C家务，D购物，E休闲，F睡眠），小写字母表示活动对应的出行（a通勤出行，b通学出行，d购物出行，e休闲出行）；

（2）修正框架中的灰色底纹表示在初始框架基础上，对理论诠释框架做出二次修正的地方。

8.2 "时间＋空间＋家庭"互动视角下居民日常活动的理论诠释

基于第2章构建的"时间＋空间＋家庭"互动视角的解释框架，再结合大型保障性住区居民活动调研一手数据的验证与细化，可以按"时间—空间—家庭"三要素提炼居民日常活动的时空响应模式（参见5.5节），在此基础上，进一步对其做出理论诠释时会发现：不同家庭分工强度下,大型保障性住区居民日常活动时间和空间的总体特征是有规律可循的,且不同活动在时间上存在交互和重叠关系,在空间上也存在嵌套关系。为解释此现象,笔者拟分别对大型保障性住区居民日常活动的时间和空间响应过程进行抽象和理论演绎。

8.2.1 "时间十家庭"互动视角下居民日常活动的理论诠释

(1)"时间十家庭"互动视角下居民日常活动的理论模型的图解原则

基于"时间十家庭"的互动视角,为大型保障性住区居民日常活动的理论模型制定图解原则如下:

其一,该模型的建构并非以不同的住区样本或是居民群体为标准,而主要是按照居民日常活动的类型来划分。具体而言,根据 Hanson 提出的活动三原则,将活动打包划分为生存型、维持型和自由型三种类型,其中生存型活动包括工作活动,维持型活动主要包括上学接送活动、家务活动、购物活动和睡眠活动,自由型活动则包括休闲活动。

其二,纵轴表示"总体家庭分工强度",用 L 表示,可将总体家庭分工强度(生存型、维持型和自由型三类活动的家庭分工强度之和)划分为低、中、高三个等级,但是不同城市和不同样本的"总体家庭分工强度"在等级区间划分的具体数值上存在一定差异(如南京市大型保障性住区居民的高强度家庭分工的数值范围即为大于 7.6、中强度家庭分工的数值范围为 3.8~7.6、低强度家庭分工的数值范围则为小于 3.8)。

其三,横轴表示"活动时长",用 T 表示($T=24$ 小时),即三类活动(生存型、维持型、自由型)总时长为 24 小时,但是不同城市和不同样本的三类活动时长占比同样会在具体数值上存在一定差异(如南京市大型保障性住区居民的生存型活动时长最大值即为 14 小时,对应的维持型活动时长为 8 小时、自由型活动时长为 2 小时;维持型活动时长的最大值为 22 小时,对应的自由型活动时长为 2 小时、生存型活动时长为 0 小时;自由型活动时长的最大值为 8 小时,对应的维持型活动时长则为 16 小时、生存型活动时长为 0 小时)。

其四,根据上述活动的分类,同步建立"总体家庭分工强度—活动时长"(包括总体家庭分工强度—生存型活动时长、总体家庭分工强度—维持型活动时长、总体家庭分工强度—自由型活动时长)之间的模型关系,旨在同框反映三类活动之间此消彼长的联动关系。

(2)"时间十家庭"互动视角下居民日常活动的时间诠释模型

诚如前文所述,大型保障性住区居民日常活动的时间响应过程,实质上是一个在人力资源、物质资源、时间资源等的多重约束下,致力于实现家庭综合效益最大化的权衡过程,并受到家庭内部不断调整分工强度的主导驱动(构思框架见图 8-3)。

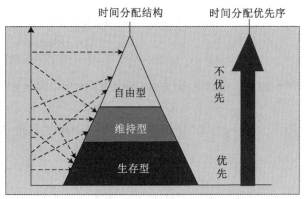

图 8-3 家庭分工视角下大型保障性住区
居民日常活动时间结构的构思框架

资料来源:笔者自绘

表 8-2 基于不同活动类型的日常活动"时间—家庭"响应模式

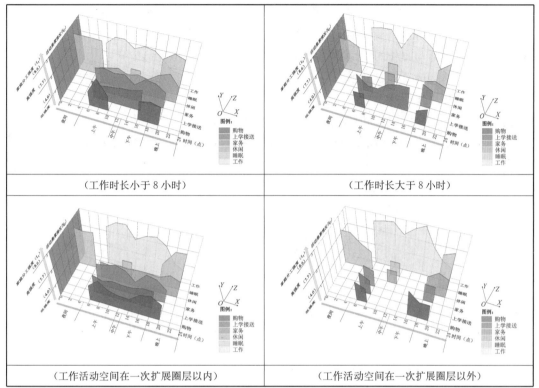

（工作时长小于 8 小时）	（工作时长大于 8 小时）
（工作活动空间在一次扩展圈层以内）	（工作活动空间在一次扩展圈层以外）

资料来源：笔者根据第 5 章研究成果进行整理和汇总

在此基础上，笔者再根据 5.4 节时间响应模式的图解和背后规律的进一步挖掘（见表 8-2），最终整合、推导生成最终的居民日常活动的时间诠释模型（见图 8-4）如下：

生存型活动曲线包括两种情境（其一为无生存型活动，即无业或是退休群体；其二为有生存型活动，即就业群体）：情境一出现在低强度家庭分工（L_2）下、生存型活动时长为 t_0（即时长为零）的地方，以粗圆点来表示；情境二则为图中 t_2—t_3 区间的黑色实曲线部分，t_2 和 t_3 分别代表生存型活动的最低时限和最高时限，该曲线表明随着生存型活动时长的增加，其总体家庭分工强度先是由 L_3（中强度家庭分工强度）急剧上升，达到 L_4（最高家庭分工强度）后趋于平缓；两种情境之间则通过浅黑曲线相连，以模拟二者之间的跳跃关联性，从中也可反映出无业（退休）群体的总体家庭分工强度变化（L_1—L_3）会受到维持型和自由型两类活动的联动影响。

维持型活动作为图中 t_2—t_6 区间的粗虚曲线，整体上呈向右下方倾斜的"W"形，表明该活动随着时长的增加，其总体家庭分工强度会在波动中呈整体衰减之势。其中，t_2 和 t_6 分别代表维持型活动的最低时限和最高时限，而 t_4 和 t_5 作为该曲线的两个拐点，分别出现在中强度家庭分工（L_2）下、维持型活动时长为 t_4 的地方和中强度家庭分工（L_3）下、维持型活动时长为 t_5 的地方，并将整个活动曲线切分为三段（L_1—L_2、L_2—L_3、L_3—L_4）：第一段和第三段曲线均表明随着维持型活动时长的增加，总体家庭分工强度有明显降低；第二段曲线则表明随着维持型活动时长的增加，总体家庭分工强度呈短暂上升趋势。

自由型活动作为图中 t_1—t_2 区间的细虚曲线，整体上呈"倒 7"字形。其中，t_1 和 t_2 分别代表自由型活动的最低时限和最高时限,且 t_2 作为该曲线的拐点出现在中强度家庭分工 (L_2) 下、自由活动时长为 t_2 的地方,并将整个活动曲线切分成两段 $(L_1—L_2、L_2—L_4)$:第一段曲线表明随着自由型活动时长的增加,总体家庭分工强度呈上升趋势;第二段曲线则表明随着自由型活动时长的增加,总体家庭分工强度开始显著降低。

三类活动所涉时间范围的大小总体为:维持型活动＞生存型活动＞自由型活动,其时间响应过程的相互作用关系则主要发生在中强度家庭分工 (L_3) 和高强度家庭分工 (L_4) 之间,这表明随着生存型活动的时长增加,自由型和维持型活动的时长均有所减少,但总体家庭分工强度会增加,且在高强度家庭分工 (L_4) 下自由型活动的活动时长达到最低值 t_1,而生存型活动时长则达到最高值 t_3。

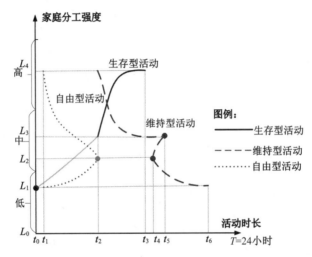

图 8-4　家庭分工视角下大型保障性住区居民日常活动的时间诠释模型

资料来源:笔者自绘

8.2.2 "空间＋家庭"互动视角下居民日常活动的理论诠释

(1)"空间＋家庭"互动视角下居民日常活动的理论模型的图解原则

基于"空间＋家庭"的互动视角,为大型保障性住区居民日常活动空间的理论模型制定图解原则具体如下:

其一,该模型的建构同样是按照居民日常活动的类型来划分,包括生存型活动、维持型活动和自由型活动三类。

其二,纵轴表示"总体家庭分工强度",用 L 表示,其等级划分同上述"时间＋家庭"理论模型保持一致,也可划分为低、中、高三个等级。

其三,横轴表示"活动空间圈层",用 D 表示,这个圈层划分也同实证章节(第 5 章)保持一致,包括核心圈(0＜活动空间≤1 公里)、基础圈(1 公里＜活动空间≤3 公里)、一次扩展圈层(3 公里＜活动空间≤8 公里)、二次扩展圈层(8 公里＜活动空间≤15 公里)、三次扩展圈层(活动空间＞15 公里)共 5 类。

其四,根据上述活动的分类,同步建立"总体家庭分工强度—活动空间"(包括总体家庭分工强度—生存型活动空间、总体家庭分工强度—维持型活动空间、总体家庭分工强度—自由型活动空间)之间的模型关系,旨在同框反映三类活动在空间上的相互作用关系。

（2）"空间＋家庭"：家庭分工视角下居民日常活动空间诠释模型

诚如前文所述,大型保障性住区居民日常活动的空间响应过程,实质上是一个在人力资源、物质资源、空间资源等方面的多重约束下,为实现家庭综合福利最大化的权衡过程,同时还受到个体维系"地方秩序口袋"和家庭内部分工强度调整的联合驱动(构建框架如图8-5)。

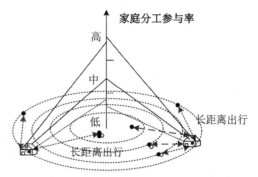

图 8-5　家庭分工视角下大型保障性住区居民日常活动的空间响应构思框架

资料来源：笔者自绘

表 8-3　基于不同活动类型的日常活动"空间—家庭"响应模式

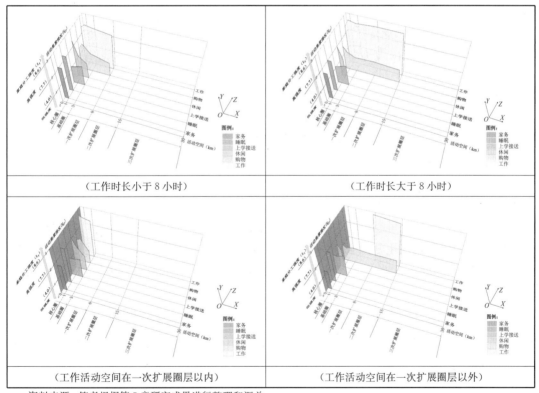

（工作时长小于8小时）	（工作时长大于8小时）
（工作活动空间在一次扩展圈层以内）	（工作活动空间在一次扩展圈层以外）

资料来源：笔者根据第5章研究成果进行整理和汇总

在此基础上,笔者再根据5.5节空间响应模式的图解和背后规律的进一步挖掘(见表8-4),最终整合、推导生成最终的居民日常活动的空间诠释模型(见图8-6)如下：

生存型活动作为图中 D_0—D_8 区间的实曲线,整体上呈"N"字形,表明随着空间圈层的扩展,其总体家庭分工强度会先增加后降低、随后又呈上升趋势。其中 D_0 和 D_8 分别代表生存型活动的最小距离和最大距离,而 D_5 和 D_7 作为该曲线的两个拐点,分别出现在高强度家庭分工(L_5)下、生存型活动距离为 D_5(二次扩展圈层)的地方和中强度家庭分工(L_3)下的生存型活动距离为 D_7(二次扩展圈层)的地方,并将整个活动曲线分为三段(L_1—L_5、L_5—L_3、L_3—L_5):第一段和第三段曲线均表明随着生存型活动距离的增加,总体家庭分工强度稳步增加;第二段曲线则表明随着生存型活动距离的增加,总体家庭分工强度反而出现了短暂陡降现象。

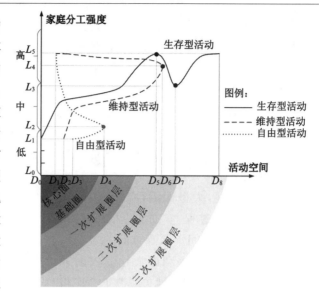

图 8-6 家庭分工视角下大型保障性住区
居民日常活动的空间诠释模型

资料来源:笔者自绘

维持型活动作为图中 D_1—D_6 区间的粗虚曲线,整体上呈"7"字形。其中,D_2 和 D_8 分别代表维持型活动的最小距离和最大距离,而 D_6 作为该曲线拐点出现在高强度家庭分工(L_4)下、维持型活动距离为 D_6(二次扩展圈层)的地方,并将整个活动曲线切分为两段(L_4—L_5、L_1—L_4):第一段曲线表明随着空间圈层的拓展,总体家庭分工强度有缓慢下降之势;第二段曲线则表明随着空间圈层的扩张,总体家庭分工强度呈上升趋势。

自由型活动作为图中 D_1—D_4 区间的细虚曲线,整体上呈"倒 7"字形。其中,D_1 和 D_4 分别代表自由型活动的最小距离和最大距离,且 D_4 作为该曲线拐点出现在低强度家庭分工(L_2)下、自由型活动活动距离为 D_4(一次扩展圈层)的地方,并将整个活动曲线切分为两段(L_2—L_5、L_1—L_2):第一段曲线表明随着空间圈层的拓展,总体家庭分工强度有急剧下降之势;第二段曲线则表明总体家庭分工强度随着空间圈层的扩展而呈缓慢增加之势。

三类活动所涉及空间范围的大小总体为:生存型活动>维持型活动>自由型活动,其空间响应过程的相互作用关系则主要体现在:高强度家庭分工(L_5)下,自由型活动和维持型活动的空间范围均发生在了 D_1(核心圈),而生存型活动的空间范围则突破到了 D_5(二次扩展圈层)和 D_8(三次扩展圈层)上。

8.3 "时间+空间+家庭"互动视角下居民日常出行的理论诠释

基于第 2 章构建的"时间+空间+家庭"互动视角的解释框架,再结合大型保障性住区居民出行调研一手数据的验证与细化,可以按"时间—空间—家庭"三要素提炼居民日常出行的时空响应模式(参见 6.4 节)。在此基础上,进一步对其做出理论诠释时会发现:不同等级的家庭分工参与率下,大型保障性住区居民日常出行的时间和空间特征是有规律可循的,且不同出行在时间上存在一定的互斥关系,在空间上存在重叠关系。为解释此现象,笔者拟分别对大型保障性住区居民日常出行的时间和空间响应过程进行抽象和理论演绎。

8.3.1 "时间+家庭"互动视角下居民日常出行的理论诠释

(1)"时间+家庭"互动视角下居民日常出行的理论模型的图解原则

基于"时间+家庭"的互动视角,为大型保障性住区居民日常出行的理论模型制定图解原则如下:

其一,该模型的建构同样不是以不同的住区样本或是居民群体为标准,而主要是按照居民日常出行的类型(与三类活动相对应,同样包括生存型出行、维持型出行、自由型出行)来划分,其中生存型出行包括通勤出行、维持型出行包括通学出行和购物出行,自由型出行则包括休闲出行。

其二,纵轴表示"家庭分工参与率",用 P 表示,可将家庭分工参与率划分为高、中、低三个等级,但是不同城市和不同样本的"家庭分工参与率"在等级区间划分的具体数值上往往会存在一定差异(如南京市大型保障性住区居民的高等级家庭分工参与率的数值范围即为大于 0.7、中等级家庭分工参与率的数值范围为 0.2~0.7、低等级家庭分工参与率的数值范围则为小于 0.2)。

其三,横轴表示"出行时间",用出行频率表示,根据既有研究成果和一手调研数据,可将其划分为低(出行频率≤1 次/天)、中(1 次/天<出行频率≤3 次/天)、高(出行频率>3 次/天)三档。

其四,根据上述出行的分类,同步建立"家庭分工参与率—出行频率"(包括家庭分工参与率—生存型出行频率、家庭分工参与率—维持型出行频率、家庭分工参与率—自由型出行频率)之间的模型关系,旨在同框反映三类出行之间的联动关系。

(2)"时间+家庭"家庭分工视角下保障房居民日常出行的时间诠释模型

诚如前文所述,大型保障性住区居民日常出行的时间响应过程,实质上是一个在有限的人力、物质、时间等家庭资源约束下,有序安排日常出行来实现家庭综合福利最大化的权衡过程,同时还会受到家庭分工活跃程度和出行频率合理安排的联合驱动(构思框架见图 8-7)。

在此基础上,笔者再根据 6.4 节时间响应模式的图解和背后规律的进一步挖掘(见表 8-4),最终整合、推导生成最终的居民日常出行的时间诠释模型(见图 8-8)如下。

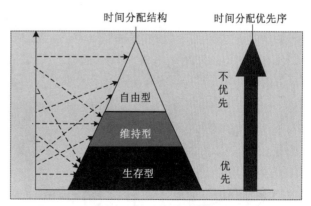

图 8-7 家庭分工视角下大型保障性住区居民日常出行时间结构的构思框架

资料来源:笔者自绘

235

表 8-4　基于不同出行类型的日常出行"时间—家庭"响应模式

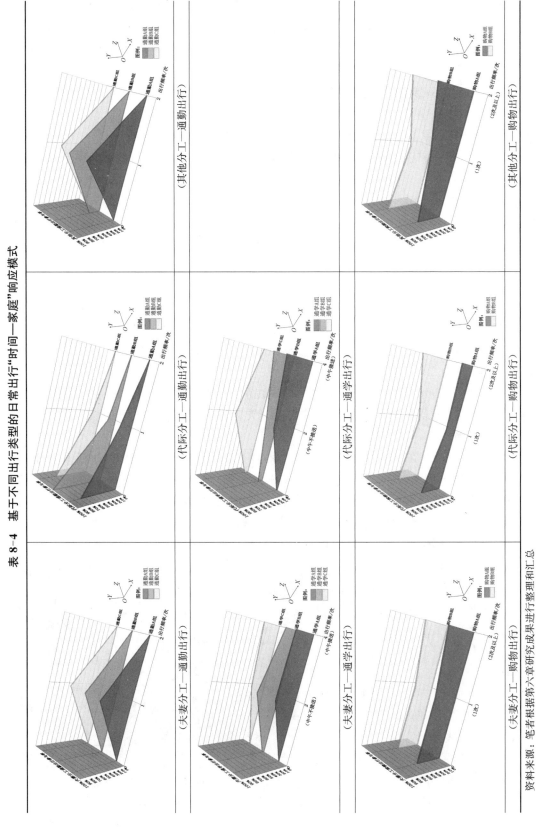

资料来源：笔者根据第六章研究成果进行整理和汇总

生存型出行曲线包括两种情境（其一为无生存型出行，即无业或是退休群体；其二为有生存型出行，即就业群体）：情境一出现在低等级家庭出行参与率（P_0）下、生存型出行频率为 f_0（即出行频率为零）的地方，以粗圆点来表示；情境二则为图中对应于横轴上出行频率 f_1 而垂直延伸的黑色实线部分，f_1 代表生存型出行的最高频率，该直线表明无论家庭分工出行参与率如何变化〔从低谷（P_1）到活跃状态或是从最活跃（P_3）状态到低谷期〕，居民出行

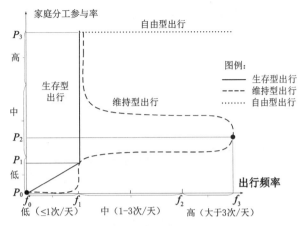

图 8-8 家庭分工视角下大型保障性住区居民日常出行的时间诠释模型
资料来源：笔者自绘

仍保持在低频率 f_1（出行频率≤1 次/天）状态；两种情境之间则通过浅黑色实线相连，以模拟二者之间的跳跃关联性。

维持型出行作为图中 f_0—f_3 区间的粗虚曲线，f_0 和 f_3 分别代表维持型出行的最低频率和最高频率，且 f_3 作为该曲线的拐点出现在中等级家庭分工参与率（P_2）下、维持型出行频率为 f_3（出行频率＞3 次/天）的地方，并将整个出行曲线切分为两段（P_0—P_2、P_2—P_3）：第一段曲线表明随着出行频率的增加，家庭分工参与程度呈平缓上升之势；第二段曲线则表明随着出行频率的增加，家庭分工参与活跃度呈先陡后缓的下降趋势。

自由型出行作为图中 f_1—f_3 区间的细虚曲线，整体上呈"一"字形展开。其中 f_1 和 f_3 分别代表自由型出行的最低频率和最高频率，该直线表明出行频率无论从低等级到高等级还是从高等级到低等级，家庭分工参与程度均持续保持在最活跃（P_3）状态。

三类出行所涉及时间（频率）范围的大小总体为：维持型出行＞自由型出行＞生存型出行，其时间响应过程的相互作用关系则主要发生在高等级分工参与率（P_3）下，一方面表现在生存型和维持型两类出行上，其频率均趋近于 f_1（出行频率≤1 次/天）；另一方面则体现在自由型出行上，其频率从低到高来回波动。

8.3.2 "空间＋家庭"互动视角下居民日常出行的理论诠释

（1）"空间＋家庭"互动视角下居民日常出行的理论模型的图解原则

基于"空间＋家庭"的互动视角，为大型保障性住区居民日常出行的理论模型制定图解原则如下：

其一，该模型的建构同样是按照居民日常出行的类型划分为生存型出行、维持型出行和自由型出行三类。

其二，纵轴表示"家庭分工参与率"，用 P 表示，其等级划分同上述"时间＋家庭"理论模型保持一致，也可划分为高、中、低三个等级。

其三，横轴表示"出行空间模式"，其不但要遵循地方秩序的等级性（就业地/居住地的

地方秩序＞其他的地方秩序),结合既有研究成果和一手调研数据,还可将其空间响应过程分为两种情境:第一种情境以居住地为中心,所有出行范围的讨论均取决于居民同居住地的距离,用 D_h 表示;第二种情境以工作地为中心,所有出行范围讨论都取决居民同工作地距离,用 D_j 表示。

其四,根据上述出行空间的分类,分别建立"家庭分工参与率—出行距离(以居住地为核心)""家庭分工参与率—出行距离(以工作地为核心)"(均包含了家庭分工参与率—生存型出行距离、家庭分工参与率—维持型出行距离、家庭分工参与率—自由型出行距离)之间的模型关系,旨在同框反映各类出行之间的联动关系。

(2)"空间＋家庭"家庭分工视角下居民出行的空间诠释模型

诚如前文所述,大型保障性住区居民日常出行的空间响应过程,实质上是一个在有限的人力、物质、空间等家庭资源约束下,通过提高居民日常出行可达性来实现家庭综合效益最大化的权衡过程,并受到了不同家庭分工参与率、不同出行空间模式的联合驱动(构思框架见图8-9)。

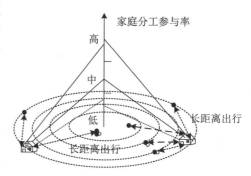

图8-9 家庭分工视角下大型保障性住区居民日常出行的空间响应构思框架
资料来源:笔者自绘

在此基础上,笔者再根据6.4节空间响应模式的图解和背后规律的进一步挖掘(见表8-5),最终整合、推导生成最终的居民日常出行的空间诠释模型(见图8-10和图8-11)如下:

生存型出行作为图8-10中 $D_{h0}-D_{h7}$ 区间的黑色实曲线,整体上呈"S"形。其中 D_{h0} 和 D_{h7} 分别代表生存型出行的最小距离和最大距离(离居住地距离),而 D_{h3} 和 D_{h7} 作为该曲线的两个拐点,分别出现在中等级家庭分工参与率(P_4)下、生存型出行距离为 D_{h3} 的地方和中等级家庭分工参与率(P_3)下、生存型出行距离为 D_{h7} 的地方,并将整个出行曲线切分为三段(P_0-P_3、P_3-P_4、P_4-P_5):第一段和第三段曲线均表明随着出行距离的增加,家庭分工参与率会以不同的速度持续增加;第二段曲线则表明随着出行距离增加,家庭分工参与程度反而有所降低。

维持型出行作为图8-10中 $D_{h1}-D_{h6}$ 区间的粗虚曲线,整体上接近于"S"形。其中, D_{h1} 和 D_{h6} 分别代表维持型出行的最低距离和最高距离,且 D_{h6} 作为该曲线拐点出现在中等级家庭分工参与率(P_2)下、维持型出行距离为 D_{h6} 的地方,并将整个曲线切分为两段(P_1-P_2、P_2-P_5):第一段曲线表明随着出行距离的增加,家庭分工出行参与率呈上升趋势;第二段曲线则表明随着出行距离增加,家庭分工参与率反而有所下降。

自由型出行作为图8-10中 $D_{h1}-D_{h4}$ 区间的细虚曲线,整体上呈"一"字形展开。其中 D_{h1} 和 D_{h4} 分别代表自由型出行的最小距离和最大距离,该直线也表明无论出行距离是增加还是减少,家庭分工参与率均持续保持在最活跃状态。

三类出行所涉及空间范围的大小总体为:生存型出行＞维持型出行＞自由型出行,其空间响应过程的相互作用关系则主要体现在生存型和维持型两类出行上,从低等级家庭分

表 8-5 基于不同出行类型的日常出行"空间—家庭"响应模式

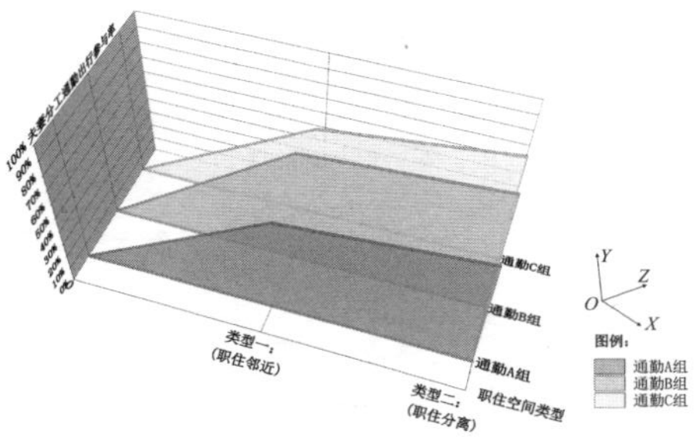

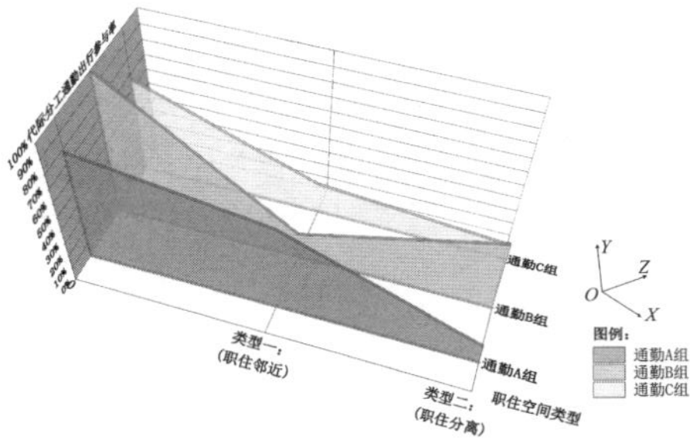

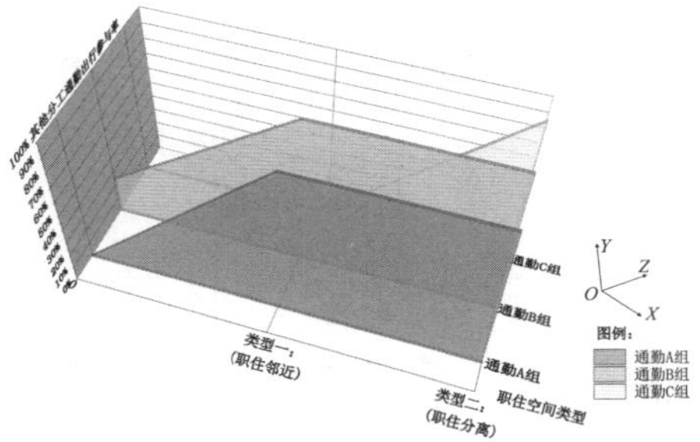

（夫妻分工—通勤出行）

（代际分工—通勤出行）

（其他分工—通勤出行）

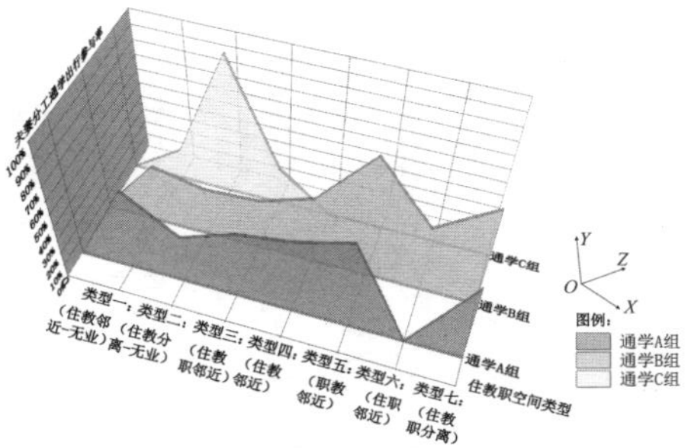

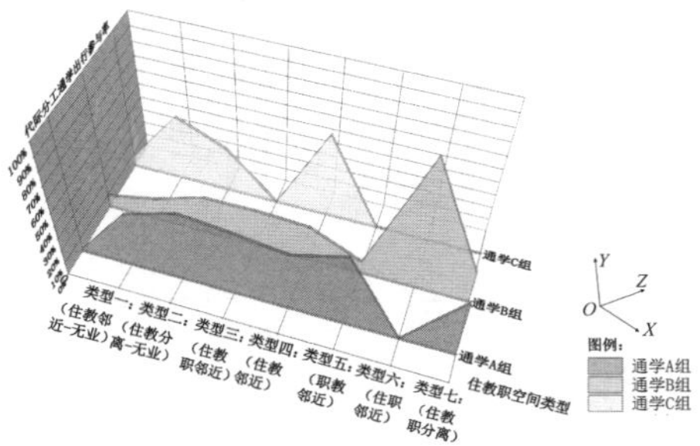

（夫妻分工—通学出行）

（代际分工—通学出行）

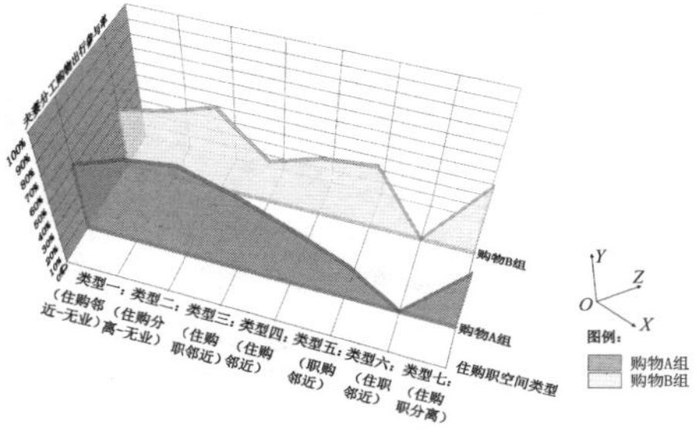

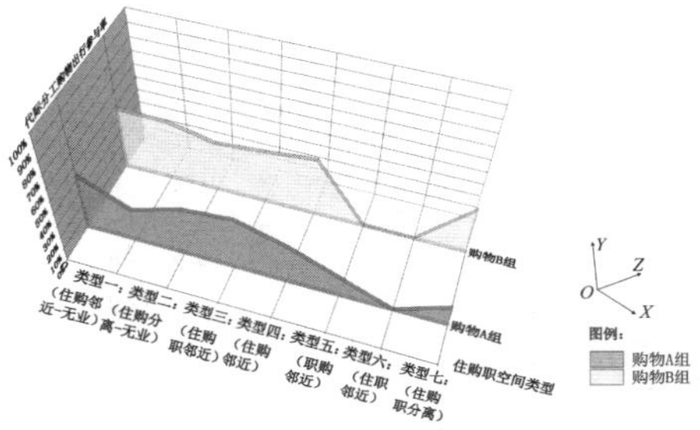

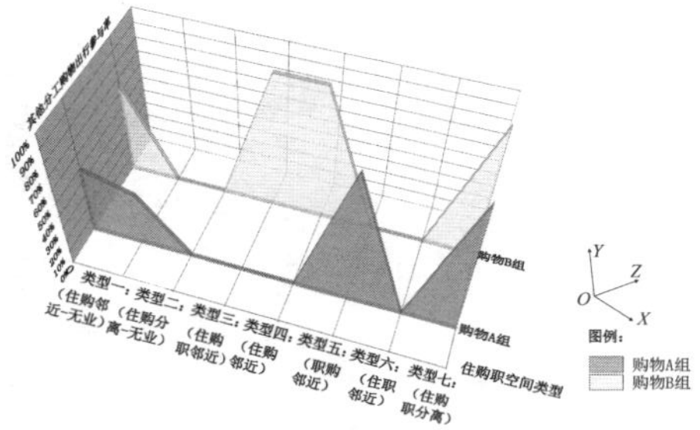

（夫妻分工—购物出行）

（代际分工—购物出行）

（其他分工—购物出行）

资料来源：笔者根据第六章研究成果进行整理和汇总

工参与率 P_1 到高等级家庭分工参与率 P_5，两类出行曲线的变化规律较为类似。这说明在不同等级的家庭分工参与率下，上述两类出行均会在空间上存在一定的交叉或是重叠关系。

生存型出行作为图 8-11 中 D_{j0}—D_{j7} 区间的黑色实曲线，整体上呈"S"形。其中，D_{j0} 和 D_{j7} 分别代表生存型出行的最小距离和最大距离（离工作地距离），而 D_{j3} 和 D_{j7} 作为该曲线的两个拐点，分别出现在中等级家庭分工参与率（P_5）下、生存型出行距离为 D_{j3} 的地方和中等级家庭分工参与率（P_4）下、生存型出行距离为 D_{j7} 的地方，并将整个出行曲线切分为三段（P_0—P_4、P_4—P_5、P_5—P_6）；第一段和第三段曲线均表明随着出行距离的增加，家庭分工参与率均有不同速度的增加；第二段曲线则表明随着出行距离增加，家庭分工参与程度反而有平缓下降之势。

维持型出行作为图 8-11 中 D_{j0}—D_{j7} 区间的粗虚曲线，整体上呈"S"形。其中，D_{j0} 和 D_{j7} 分别代表生存型出行的最小距离和最大距离（离工作地距离），而 D_{j7}、D_{j4} 和

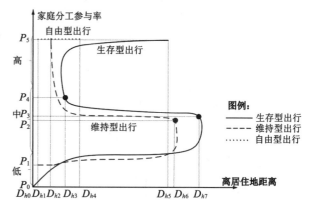

表 8-10　家庭分工视角下大型保障性住区居民日常出行的空间诠释模型——以居住地为中心，离居住地距离（情境一）

资料来源：笔者自绘

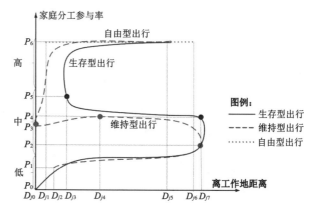

图 8-11　家庭分工视角下大型保障性住区居民日常出行的空间诠释模型——以工作地为中心，离工作地距离（情境二）

资料来源：笔者自绘

D_{j0} 作为该曲线的三个拐点，分别出现在中等级家庭分工参与率（P_2）下、维持型出行距离为 D_{j7} 的地方，中等级家庭分工参与率（P_4）下、维持型出行距离为 D_{j4} 的地方和中等级家庭分工参与率（P_3）下、维持型出行距离为 D_{j0} 的地方，并将整个出行曲线切分为四段（P_1—P_2、P_2—P_4、P_4—P_3、P_3—P_6）；第一段、第三段和第四段曲线均表明随着出行距离的增加，家庭分工参与率在持续增加；第二段曲线则表明随着出行距离的增加，家庭分工参与率反而呈下降趋势。

自由型出行作为图 8-11 中 D_{j1}—D_{j6} 区间的细虚曲线，整体上呈"一"字形展开。其中 D_{j1} 和 D_{j6} 分别代表自由型出行的最低距离和最高距离，该直线也表明无论出行距离是增加或是减少，家庭分工参与率均保持最活跃状态。

三类出行所涉及空间范围的大小总体为：生存型出行＞维持型出行＞自由型出行，其

空间响应过程的相互作用关系一方面体现在生存型和维持型两类出行上,从低等级家庭分工参与率 P_1 到高等级家庭分工参与率 P_5,两类出行曲线的变化规律较为类似(除了 D_{j0}、D_{j3} 和 D_{j4} 三个拐点外),这也说明在不同等级的家庭分工参与率下,上述两类出行均会在空间上存在一定的交叉或是重叠关系;另一方面则主要体现在高家庭分工参与率(P_5)下,三类出行离工作地的距离会保持较大的弹性变动范围,近者可以达到工作地周边的 D_{j1},远者可以达到 D_{j5} 和 D_{j6}。

8.4　"时间+空间+家庭"互动视角下"理想生活圈"的建构

8.4.1　价值判断:为何建构"理想生活圈"

"生活圈"概念最早源于日本的《农村生活环境整备计划》,是指特定群落日常生产、生活的诸多活动在地理平面上的投影[1]。随后,日本又在第三次全国综合开发计划中提出了"地方生活圈"和"定住圈"的概念,其中"定住圈"是以人的活动需求为核心,针对居民各项日常生活需要(通勤、购物、休闲、医疗等活动)而规划整日生活所需的空间规划单元[2][3][4]。受其影响,关于"生活圈"的研究也逐渐在中国兴起,并成为目前城市规划研究领域的一大热点[5],像柴彦威、孙道胜等学者从居民生活视角所提出的"日常生活圈"概念,就是指居民的各种日常活动的场所和范围的集合,如居住、就业、教育和购物等所涉及的空间范围[6][7][8];同样,于一凡也认为社区"生活圈"是日常活动的空间范畴[9]。但是在实践操作中,最先落实生活圈规划的却是上海,它在 2016 年发布了《上海市 15 分钟社区生活圈规划导则》(以下简称为"导则"),其中明确指出了社区"生活圈"的定义:在 15 分钟步行可达范围内,配备生活所需的基本服务功能与公共活动空间,以形成安全、友好、舒适的社会基本生活平台[10],其范围在 3 平方千米左右,常住人口约 5~10 万人,人口密度为 1~3 万人/千米²。

不久后,改版的《城市居住区规划设计标准》(GB 50180—2018)(以下简称为"新版国标")又进一步将"生活圈居住区"定义为:"以居民步行时间可满足其基本物质与生活文化

① 柴彦威,张雪,孙道胜.基于时空间行为的城市生活圈规划研究:以北京市为例[J].城市规划学刊,2015(3):61-69.
② 于一凡.从传统居住区规划到社区生活圈规划[J].城市规划,2019,43(5):17-22.
③ 和泉润,王郁.日本区域开发政策的变迁[J].国外城市规划,2004,19(3):5-13.
④ 藤井正.大都市圏における地域構造研究の展望[J].人文地理,1990,42(6),522-544.
⑤ 肖作鹏,柴彦威,张艳.国内外生活圈规划研究与规划实践进展述评[J].规划师,2014,30(10):94-100.
⑥ 袁家冬,孙振杰,张娜,等基于"日常生活圈"的我国城市地域系统的重建[J].地理科学,2005,25(1):17-22.
⑦ 孙道胜,柴彦威.城市社区生活圈体系及公共服务设施空间优化:以北京市清河街道为例[J].城市发展研究,2017,24(9):7-14.
⑧ 柴彦威,张雪,孙道胜.基于时空间行为的城市生活圈规划研究:以北京市为例[J].城市规划学刊,2015(3):61-69.
⑨ 于一凡.从传统居住区规划到社区生活圈规划[J].城市规划,2019,43(5):17-22.
⑩ 上海市规划和国土资源管理局,上海市规划编审中心,上海市城市规划设计研究院.上海 15 分钟社区生活圈规划研究与实践[M].上海:上海人民出版社,2017.

需求为原则划分的居住区范围",且以居民步行"时距"为依据将其划分为"15分钟生活圈""10分钟生活圈""5分钟生活圈"三个等级①。该标准的产生标志着我国的住区规划开始由"居住区"模式转变为"生活圈"模式,即正式建立"生活圈"层级的居住区结构,同时对"生活圈居住区"的规模和用地组成等方面提出了详细要求,可视作目前最为详细的生活圈建设标准,表8-6展示了三类生活圈层级划定标准。

表8-6 现行居住区规范中关于"生活圈居住区"层级划定的规定

	15分钟生活圈	10分钟生活圈	5分钟生活圈
步行时间/分钟	15	10	5
人口规模/万人	5～10	1.5～2.5	0.5～1.2
住宅套数	17 000～32 000	5 000～8 000	1 500～4 000
配套设施	公共管理与公共服务设施(A类)、商业服务设施(B类)	公共管理与公共服务设施(A类)、商业服务设施(B类)、交通场站设施(S类)	社区服务设施R12、R22,R32

资料来源:中华人民共和国住房和城乡建设部,国家市场监督管理总局.城市居住区规划设计标准:GB 50180—2018[S].北京:中国建筑工业出版社,2018.

总体而言,引入"生活圈"的价值在于规划思想从"以物为中心"到"以人为中心"的转变,具有了从根本上提高居住环境与居住需求相匹配水平的潜力②。参照上述新版国标和导则中对"生活圈"的定义,本书也从大型保障性住区居民日常活动和出行行为的视角出发来定义"生活圈",同时考虑到受限于人力、物质和时间等资源的多重约束,还需要引入"家庭分工"这一调节要素来弹性地限定该类住区居民个体行为的时空秩序和边界,也就是说,个体日常活动和出行的时空响应模式通常源于家庭成员内部的分工决策,从而实现家庭综合福利的最大化。基于此,可将大型保障性住区居民的"生活圈"定义为:以居住地为核心,为满足家庭综合福利最大化而发生的诸多活动及出行的空间范围,包括不同家庭分工模式下的工作、上学接送、家务、购物、休闲等活动和出行所形成的整体空间范围。

可见同新版国标相比,本研究所关注的是大型保障性住区居民整日活动而形成的"整体生活圈",也就是说,考虑到许多居民需要到主城区参与工作活动和通勤出行(调研统计数据为36.3%),同时还有不少居民在主城区参与购物活动(11.1%)和休闲活动(5.8%),因此其生活圈范围不仅包括保障性住区及其周边,还会扩展到主城区承载居民活动和出行的相关场所和设施,这就需要像第5章那样采取"主城区—住区"双重尺度的图解分析方式。然而根据第3~7章的实证研究发现,目前大型保障性住区的"生活圈"建设并不能完全满足其弱势居住群体日常活动和出行的多元需求。

(1)大型保障性住区居民活动和出行的现存问题

① 大型保障性住区居民的日常活动类型相对单调

大型保障性住区居民的日常活动相对单调,空间相对分散,具体问题包括:其一,居民活动时间破碎化,工作活动时间偏长而非工作活动时间有限。这种现象尤其体现在外来租

---

① 中华人民共和国住房和城乡建设部,国家市场监督管理总局.城市居住区规划设计标准:GB 50180—2018[S].北京:中国建筑工业出版社,2018.

② 柴彦威,于一凡,王慧芳,等.学术对话:从居住区规划到社区生活圈规划[J].城市规划,2019,43(5):23-32.

赁户和购买限价商品房居民两类群体上,其工作活动时长占总时间的 50％左右,而购物、家务、休闲等活动的时长占比却明显偏低(均占 10％左右),也就是说居民的活动时间主要是围绕工作活动而展开①②③。其二,居民日常活动空间范围相对有限和固定。其主要围绕着居住地和工作地而展开,形成活动空间的"双核集聚"效应,如购买限价商品房的居民工作活动就主要分布在主城区的新街口和河西等区域,而非工作活动主要集中在住区及其周边。其三,居民非工作活动的家庭分工压力较大。据调研统计,30％大型保障性住区居民中非工作活动(家务和购物活动)的劳动分工强度均达到 2 小时,而超过 40％家务活动的分工强度达到 4.6 小时,超过 20％的购物活动的分工强度达到 2.1 小时。

② 大型保障性住区居民的日常出行可达性相对较差

大型保障性住区居民的出行可达性差主要表现在通勤和通学出行上,且不同群体间存在明显差异,具体问题包括:其一,通勤出行距离偏长,且高于城市平均水平。调研数据显示,南京双困户和购买限价商品房的居民的通勤出行均是以中长距离和长距离为主(两类出行累计占 76％),且平均通勤距离为 9.1 公里,超过了城市居民的平均水平(8.5 公里)④;城市拆迁户、农村拆迁户和外来租赁户的通勤出行则是以中短和中长距离为主,其中中长距离和长距离出行累计占 45％。其他城市的保障房群体也有类似的出行特征⑤⑥。其二,部分居民的通学出行面临住—教失衡现象。调研数据也显示,虽然大部分家庭都能实现"就近上学",但五类群体中均有超过 20％的居民通学出行距离超过 3 公里,这反映出部分家庭对跨学区"优质上学"的追逐和诉求。其三,家庭分工失衡现象普遍。据前文调研统计和实证分析,在同一个家庭中的成员日常出行参与率的平均水平为 37.5％,其中父方的出行参与率通常为整个家庭的最高值(61.3％),而儿童的出行参与率为最低值(25.0％),二者间的差距往往达到了失衡的 2～3 倍。

(2) 建构"理想生活圈"的价值意义

从大型保障性住区居民日常活动和出行所面临的问题来看,该住区的"生活圈"建构目前尚未达到一种理想状态(即"理想生活圈")。什么样的"生活圈"才属于"理想生活圈"呢?住房和城乡建设部印发的《完整居住社区建设指南》新提出了"完整居住社区"的概念,根据其建设标准可知,"完整居住社区"是指一种居民在适宜步行范围内拥有完善的基本公共服务设施、健全的便民商业服务设施、完备的市政配套基础设施、充足的公共活动空间、全覆盖的物业管理和健全的社区管理机制,且居民归属感、认同感较强的居住社区。这在一定程度上也正好体现了"理想生活圈"的基本内涵。

① 张艳,柴彦威.北京城市中低收入者日常活动时空间特征分析[J].地理科学,2011,31(9):1056-1064.

② 孟庆洁,乔观民.闲暇视角的大城市流动人口生活质量研究[J].城市发展研究,2010,17(5):4-7.

③ 周配,朱喜钢,马国强,等.城市低收入群体的出行问题及其解决对策:以南京市为例[J].城市问题,2013(3):68-72.

④ 住房和城乡建设部城市交通基础设施监测与治理实验室,中国城市规划设计研究院,百度地图慧眼.2020 年度全国主要城市通勤监测报告[R].2020.

⑤ 李小广,邱道持,李凤,等.重庆市公共租赁住房社区居民的职住空间匹配[J].地理研究,2013,32(8):1457-1466.

⑥ 侯学英,吴巩胜.低收入住区居民通勤行为特征及影响因素:昆明市案例分析[J].城市规划,2019,43(3):104-111.

因此,借鉴上述"完整居住社区"的概念和标准,同时结合本研究的选题和重点——大型保障性住区居民日常活动和出行行为(尤其是基于家庭分工视角),来界定本研究中"理想生活圈"的主要标准如下:便利的出行(涉及公共交通、机动车等)和生活(公共服务辐射范围);多样的活动和功能(公共服务供给水平);舒适的住区环境和住房环境;均衡的家庭分工强度和家庭分工参与程度。基于此,下节将进一步探讨"理想生活圈"建构的操作路径。

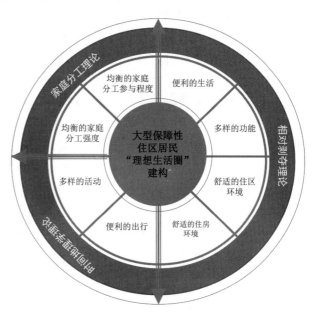

图 8-12　大型保障性住区居民的"理想生活圈"概念

资料来源:笔者自绘

那么,从"时间＋空间＋家庭"三要素互动的视角出发,为何要建构大型保障性住区居民的"理想生活圈"呢? 根据前述的相关理论基础以及大型保障性住区"生活圈"优化的目标愿景,大致阐述如下(见图 8-12):

判断 I:根据第 2 章的"相对剥夺理论"体系可知,保障性住区居民作为城市弱势群体的典型代表,不但囿于自身的低收入水平和低教育程度而面临着物质性和社会性剥夺,还会因为空间性剥夺和制约而面临着职住通勤不便、公共服务不足、空间环境不适等一系列问题,进而对自身的日常活动和出行造成困扰。在此背景下,就不免会触发大型保障性住区居民对于重构紧凑、完整、便捷的生活空间的强烈诉求,而"理想生活圈"建构的价值意义正在于:以居民行为需求为核心,为个体居民提供一个高便利性、高多样性、高舒适性的生活空间单元,最终实现公共资源的均等化供给和精细化配置,住区和住房环境的高品质建设,以有效应对居民差异化需求和提高居民生活质量[1][2][3]。

关于这一判断,国内外不但确立了相关行业标准,还形成了一批可资借鉴的实践样本和做法——在类似于新版国标的行业标准中就提出了"生活圈居住区"的概念,并将三类生活圈作为住区规划和设施配置的核心对象[4],并重点针对保障性的基本公共服务设施与市政设施提出了配置要求,鼓励建设项目结合差异化需求来提高配套设施的适应性[5]。在实践操作方面,韩国就在新城规划实践中将居住区划分为小生活圈、中生活圈和大生活圈,并对不同等级的生活圈提出适宜的人口规模和服务半径[6];济南市同样提出了新规划区和新

① 柴彦威,李春江.城市生活圈规划:从研究到实践[J].城市规划,2019,43(5):9-16.
② 吴秋晴.生活圈构建视角下特大城市社区动态规划探索[J].上海城市规划,2015(4):13-19.
③ 孙道胜,柴彦威.城市社区生活圈体系及公共服务设施空间优化:以北京市清河街道为例[J].城市发展研究,2017,24(9):7-14.
④ 柴彦威,张雪,孙道胜.基于时空间行为的城市生活圈规划研究:以北京市为例[J].城市规划学刊,2015(3):61-69.
⑤ 于一凡.从传统居住区规划到社区生活圈规划[J].城市规划,2019,43(5):17-22.
⑥ 于一凡.从传统居住区规划到社区生活圈规划[J].城市规划,2019,43(5):17-22.

城区 3 种标准生活圈,并划定了 110 个街道级生活圈[①];上海市则在新版《上海市总体规划》中提出了优化社区生活、就业和出行环境,社区公共服务设施 15 分钟步行可达覆盖率达到 99%,全面覆盖 15 分钟社区生活圈的目标[②]。

判断Ⅱ:根据第 2 章"时间地理学理论"可知,居民日常活动和出行的时空安排必须遵循其所在空间运行的优先等级,唯有此才能确保个体行为的安排在时间上合理、在空间上可达。囿于保障性住区居民的自身特征,其日常活动和出行往往会呈现出独特的时空特征和制约模式。基于上述理论认知不难发现,如何通过提高个体时空可达性来满足个体居民的多元时空需求,正是基于时空间行为"生活圈"规划的核心价值和目标所在:居民可以拥有便利性较高的出行方式,并通过不同的家庭劳动分工兼顾和完成多样活动与出行。

关于这一判断,国内外也有不少学者的研究和实践做法提供了启示和支撑。在学者研究方面,柴彦威等基于个体行为的"时空间"特征提出了社区生活圈、基本生活圈、通勤生活圈、扩展生活圈和协同生活圈概念,并在北京实体空间进行了初步应用[③];朱查松等也依据居民出行距离、需求频率和服务半径提出了基本生活圈、一次生活圈、二次生活圈和三次生活圈的建构模式,并对不同生活圈的公共服务设施进行分层次和分等级配套,进而以仙桃城乡总体规划为例进行了实践[④];何浪等则以贵阳市保障性住区居民日常出行范围划定了基础生活圈、基本生活圈和城市生活圈的模式,并探讨了不同生活圈中各个服务设施的便利性[⑤]。在实践案例方面,基于《上海市 15 分钟社区生活圈规划导则》和《社区生活圈规划技术指南》,上海市已经在中心城区、新城和新市镇试点了"15 分钟社区生活圈"[⑥],并取得良好成效。

判断Ⅲ:同样根据第 2 章"家庭劳动供给和家庭分工理论"可知,家庭是个体日常活动和出行行为产生的最直接决策环境,家庭分工会充分配置人力资源、物质资源和时间资源,会使各类活动和相关出行在动态调适之中始终趋向于保持最佳状态和供需均衡,多重资源约束下的保障性住区居民对"家庭分工"这一调节剂的需求更加强烈。按照上述理论认知,保障房居民也只有通过合理的家庭分工模式才能最大限度地保障其日常活动和出行的时空可达性,而这也恰好反映出"理想生活圈"的内涵和价值之一,即:如何激发和实现均衡性较高的家庭分工强度和家庭分工参与程度?家庭成员既要基于比较优势承担各自更为擅长的不同活动和出行,又要各司其职、分工协作,而不是过于依赖家庭局部成员,借以稳定家庭内部秩序。

关于这一判断,国内外同样有不少学者做出了一系列探讨,如 Srinivasan 等[⑦]就指出家庭成员在活动上普遍存在着代替、陪伴和互助关系,尤其体现在家务活动上男女家长之间的互动现象;受其影响,还有不少学者纳入"家庭"这一要素,来分析其对居民日常活动和出

---

①　赵夏晔.济南 15 分钟社区生活圈专项规划形成研究成果[N].齐鲁晚报,2018-06-13.

②　上海市政府.上海城市总体规划(2017—2035)[Z].2018.

③　柴彦威,张雪,孙道胜.基于时空间行为的城市生活圈规划:以北京市为例[J].城市规划学刊,2015(3):61-69.

④　朱查松,王德,马力.基于生活圈的城乡公共服务设施配置研究:以仙桃为例[C]//规划创新:2010 中国城市规划年会论文集.重庆:重庆出版社,2010:2813-2822.

⑤　何浪,刘恬,李渊,等.生活圈理论视角下的贵阳市保障性社区公共服务便利性研究[C]//新常态:传承与变革:2015 中国城市规划年会论文集.北京:中国建筑工业出版社,2015:75-83.

⑥　杨晰峰.城市社区中 15 分钟社区生活圈的规划实施方法和策略研究:以上海长宁区新华路街道为例[J].上海城市规划,2020(3):63-68.

⑦　Srinivasan S, Bhat C R. Modeling household interactions in daily in-home and out-of-home maintenance activity participation[J]. Transportation, 2005, 32(5):523-544.

行行为选择过程的内在影响①②③，但多停留在机理分析的理论和实证层面，而未涉及"生活圈"规划实践这一层面。事实上，"家庭分工"确实在很大程度上决定着个体时空间行为模式，不同家庭分工模式下的行为模式集合而投射汇成居民日常行为空间。因此，补充和纳入"家庭分工"这一要素的"生活圈"规划从某种意义上说，才是真正的基于居民行为需求的"生活圈"规划，也才是实现"理想生活圈"规划的有效途径。

8.4.2 操作路径：如何建构"理想生活圈"

"理想生活圈"的建构对于丰富居民活动类型、提高出行的时空可达性、提升家庭分工效率等方面具有重要的实践意义。因此，本研究以大型保障性住区居民的日常活动和出行为核心，从"家庭—时间—空间"三要素的互动视角出发来剖析"生活圈"的形成机理，并提出"理想生活圈"的建构方法。

根据上述分析，大型保障性住区居民的"理想生活圈"建构需遵循的基本原则如下：

① 关注群体的特殊性。保障房居民作为城市弱势群体的典型代表，通常会面临时空、物质、人力等多方面资源的较强约束，再加上住区内部群体多样性所带来的活动和出行的时空差异性，本研究基于日常活动和出行规律而建构的"生活圈"势必独特又复杂。

② 聚焦于居民的日常活动和出行规律。既有研究多应用标准椭圆、半径圆来表征个体的活动空间，但其作为一类抽象的几何表达，往往无法真实呈现居民活动与出行的全面性与序列性。因此，本研究引入的"生活圈"表达不仅要呈现居民个体整日（24 小时）的不同活动和多类出行特征，还需通过行为轨迹来全面（分时段）描摹个体日常活动和出行的时间序列，以兼顾和反映现实中个体多类活动和出行的全面性与序列性。

③ 立足于"家庭分工"的特定视角。以"家庭分工"作为调节机制，往往会对家庭成员的行为做出更加稳妥和合理的安排，这对于人力资源、物质资源和时间资源相对有限的大型保障性住区居民来说尤为重要。因此，本研究需要立足于不同家庭分工模式来分析该群体的活动和出行特征，并呈现出差异化、"主城区—住区"双重尺度下的生活圈。

根据上述生活圈建构的基本原则，下文将按四个步骤落实"理想生活圈"规划实施的操作路径（见图 8-13）。

步骤 1：生活圈的识别方法。通过提取大型保障性住区居民的日常活动/出行轨迹点数据，采用空间分析中的核密度方法，按活动/出行轨迹点分布强度来识别不同家庭分工模式下的生活圈范围，并叠合生成居民的"整体生活圈"。

步骤 2：生活圈的评估体系。通过总结既有研究中"生活圈"的评估方法，结合"生活圈"建构的三项基本原则，从便利性、多样性、舒适性、均衡性四个层面构建"生活圈"生活环

① Srinivasan S，Bhat C R. Modeling household interactions in daily in-home and out-of-homemaintenance activity participation[J]. Transportation，2005，32(5)：523-544.

② Ho C，Mulley C. Incorporating intra-household interactions into a tour-based model of public transport use in car-negotiating households[J]. Transportation Research Record：Journal of the Transportation Research Board，2013，2343：1-9.

③ Ho C，Mulley C. Intra-household interactions in tour-based mode choice：The role of social，temporal，spatial and resource constraints[J]. Transport Policy，2015,38：52-63.

境的评价指标体系。

　　步骤3：生活圈的评估分析。应用层次分析法，测算和确定各层级指标对总目标的权重，并通过加权叠合从"单因子—总体"两个维度来评估和比较不同家庭分工模式下"生活圈"和不同住区"生活圈"的生活环境。

　　步骤4：生活圈的优化策略。通过梳理和归纳不同家庭分工模式下"生活圈"、不同住区"生活圈"所面临的主要问题及其成因，分别从政策、经济、文化、空间维度提出综合改善策略。

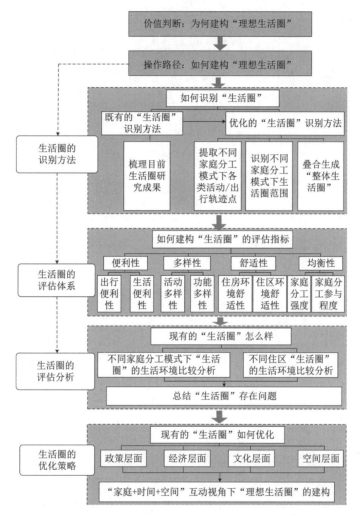

图 8-13　"理想生活圈"建构的技术框架

资料来源：笔者自绘

8.4.3　生活圈的识别方法

（1）既有生活圈的识别方法及指标

　　自"生活圈"理念引入后，国内已针对"生活圈"的空间识别和范围界定展开了大量探

索,目前主要是从行政或物理边界、设施服务半径及可达性、居民行为特征三个视角来切入,具体如下:

其一,行政或物理边界视角[见图8-14(a)]。柴彦威①曾基于中国特色的单位大院形式,提出了以工作单位及其附属居住、生活等设施空间为界定的基础生活圈,以同质单位为主的低级生活圈,以区为基础的高级生活圈;吴秋晴②则指出生活圈首先应该与行政区划相衔接,以保证设施配置的正常实施与管理,继而再考虑社区居民的出行需求特征。

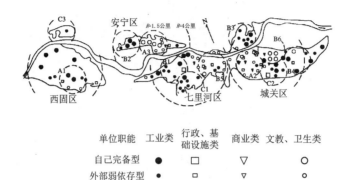

（a）以行政边界划定的"生活圈"

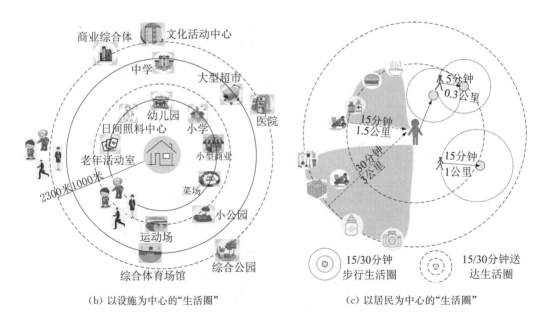

（b）以设施为中心的"生活圈" （c）以居民为中心的"生活圈"

图8-14 "生活圈"的空间划分视角

资料来源：柴彦威.以单位为基油的中国城市内部生活空间结构：兰州市的实证研究[J].地理研究,1996(1)：30-38.

孙道胜,柴彦威,张艳.社区生活圈的界定与测度：以北京清河地区为例[J].城市发展研究,2016,23(9)：1-9.

邹思聪,张姗琪,甄峰.基于居民时空行为的社区日常活动空间测度及活力影响因素研究：以南京市沙洲、南苑街道为例[J].地理科学进展,2021,40(4)：580-596.

① 柴彦威.以单位为基础的中国城市内部生活空间结构：兰州市的实证研究[J].地理研究,1996,15(1)：30-38.
② 吴秋晴.生活圈构建视角下特大城市社区动态规划探索[J].上海城市规划,2015(4)：13-19.

其二,设施服务半径及可达性视角[见图 8-14(b)]。陈青慧等[①]就依据家庭和社区周边设施的配置等级和距离划定了两类生活圈,即核心生活圈和基本生活圈;赵彦云等[②]基于POI 数据,采用覆盖率、达标率、人口发展协调性三项指标,对北京市社区生活圈进行空间测度;柴彦威等[③]则根据设施使用频率将空间划分为三个层次,即基础生活圈(1~3 次/天)、通勤生活圈(1 次/天)和扩展生活圈(1 次/周)。

其三,居民行为特征视角[见图 8-14(c)]。熊蕾[④]即根据不同群体居民步行承受时间阈值将社区生活圈划分为三个等级,即 5 分钟生活圈、10 分钟生活圈、15 分钟生活圈;孙德芳等[⑤]则根据居民为各种生活服务自愿支付的时间成本,提出了不同空间圈层,即初级生活圈、基本生活圈和日常生活圈。此外,随着数字时代的跟进,"线上生活圈"也逐渐成为一种现代生活模式,如南京大学空间规划研究中心和阿里新服务研究中心就基于骑手将货物送到社区居民手中的时间(骑手的链接范围),提出 15 分钟送达生活圈、30 分钟送达生活圈两类"线上生活圈"。这一生活圈同样是强调以居民为中心,来提供个性化和移动化服务,并最终建构"完美生活圈"。

若对上述三类研究成果进行二次梳理,会发现"生活圈"识别方法分别如下(见表 8-7)。

以行政或物理边界来划定生活圈类型,其通常是以行政区划为依据,采用城市空间数据,根据小区、社区、街道等空间来识别各类生活圈的范围大小。其主要受行政范围的刚性约束,具备精确的空间形态和边界尺度,但也会带来各空间单元之间彼此独立(无法反映现实中的重叠嵌套关系)、范围界定扩大化、难以真正反映居民行为需求等问题。

以设施服务半径及其可达性来划定生活圈类型,其通常是以各类设施配置等级及距离为依据,采用城市空间数据和各类设施的服务范围来刻画同心圆或是缓冲区。其主要受设施服务半径的差异化约束,所识别的生活圈既不具备精确的空间形态和边界尺度(仅能用于大致范围的划定),也不能反映居民的真实需求。

以居民行为特征来划分生活圈,其通常是以居民日常活动和出行需求为依据,一部分学者是根据居民的出行时间和出行距离来刻画同心圆,主要受平均出行时间和距离大小的影响,但在实际操作中难以确定居民统一而合适的出行时间距离,而不能真实地反映居民差异化的空间需求[⑥];另一部分学者则是根据居民活动数据,采用了最小凸边形法、标准置信椭圆法、缓冲区、核密度分析法等,这些方法均充分考虑了个体居民的真实行为差异,只是前三类方法同样存在范围界定扩大化、空间参数难以确定的问题,相比而言核密度分析法由于主要受居民整日活动/出行轨迹点分布的约束,反而能生成更为精准的空间形态和尺度界定。

①　陈青慧,徐培玮.城市生活居住环境质量评价方法初探[J].城市规划,1987,11(5):52-58.

②　赵彦云,张波,周芳.基于 POI 的北京市"15 分钟社区生活圈"空间测度研究[J].调研世界,2018(5):17-24.

③　柴彦威,张雪,孙道胜.基于时空间行为的城市生活圈规划研究:以北京市为例[J].城市规划学刊,2015(3):61-69.

④　熊蕾.昆明中心城区 15 分钟社区生活圈现状研究和优化[D].昆明:昆明理工大学,2021.

⑤　孙德芳,沈山,武廷海.生活圈理论视角下的县域公共服务设施配置研究:以江苏省邳州市为例[J].规划师,2012,28(8):68-72.

⑥　孙道胜,柴彦威,张艳.社区生活圈的界定与测度:以北京清河地区为例[J].城市发展研究,2016,23(9):1-9.

表 8-7　既有研究的"生活圈"识别方法

相关学者	指标	生活圈类型	识别依据和具体识别方法	数据类型
吴秋晴	行政区划下的用地边界线	社区生活圈、邻里生活圈	根据行政边界划分：社区用地边界划定	城市空间数据
柴彦威等[1]	活动发生的时间、空间以及功能特征	基础生活圈、通勤生活圈、扩展生活圈、协同生活圈	根据居民行为特征划分：时间距离法	活动日志数据
孙道胜等[2]	功能和可达性	社区生活圈、基础生活圈、通勤生活圈、扩展生活圈	根据居民行为特征划分：Alpha-shape 方法	GPS 数据和活动日志数据
朱查松等	居民出行距离、需求频次和设施服务半径	基本生活圈、一次生活圈、二次生活圈、三次生活圈	根据设施服务半径及其可达性划分：时间距离法	活动日志数据
陈青慧	家和社区周边设施的配置等级和距离	核心生活圈、基本生活圈、城市生活圈	设施服务半径及其可达性：距离法	城市空间数据
黄健中	活动密度	社区生活圈、扩展生活圈、机会生活圈	根据居民行为特征划分：核密度法	GPS 定位和问卷调查数据
熊薇等[3]	出行距离、城市区域行政边界	基本生活圈、城市生活圈	根据居民行为特征划分：出行距离法	活动日志数据、城市空间数据
袁家冬等[4]	各类日常活动距离	基本生活圈、基础生活圈、机会生活圈	根据居民行为特征划分：距离法	活动日志数据
孙德芳等[5]	出行时间成本	初级生活圈、基础生活圈、日常生活圈	根据居民行为特征划分：时间成本法	出行数据
孙道胜等[6]	共享度和集中度	社区生活圈 1、社区生活圈 2、社区生活圈 3	根据居民行为特征划分：聚类分析法	GPS 数据
住房城乡建设部 2018 年发布的新版《城市居住区规划设计标准》[7]	时间距离	15 分钟生活圈居住区、10 分钟生活圈居住区、5 分钟生活圈居住区	根据居民行为特征划分：时间距离法	步行出行数据
赵彦云等[8]	覆盖率、达标率、人口发展协调性	15 分钟生活圈	根据设施服务半径及其可达性划分：空间分析法	POI 数据
申悦等[9]	活动点数据	日常活动空间	根据居民行为特征划分：标准置信椭圆	GPS 数据
Li 等[10]	活动点数据	社区活动空间	根据居民行为特征划分：最小凸多边形法	GPS 数据和活动日志数据

资料来源：笔者根据相关资料整理

① 柴彦威,张雪,孙道胜.基于时空间行为的城市生活圈规划研究：以北京市为例[J].城市规划学刊,2015(3)：61-69.

② 孙道胜,柴彦威,张艳.社区生活圈的界定与测度：以北京清河地区为例[J].城市发展研究,2016,23(9)：1-9.

③ 熊薇,徐逸伦.基于公共设施角度的城市人居环境研究：以南京市为例[J].现代城市研究,2010,25(12)：35-42.

④ 袁家冬,孙振杰,张娜,等.基于"日常生活圈"的我国城市地域系统的重建[J].地理科学,2005,25(1)：17-22.

⑤ 孙德芳,沈山,武廷海.生活圈理论视角下的县域公共服务设施配置研究：以江苏省邳州市为例[J].规划师,2012,28(8)：68-72.

⑥ 孙道胜,柴彦威.城市社区生活圈体系及公共服务设施空间优化：以北京市清河街道为例[J].城市发展研究,2017,24(9)：7-14.

⑦ 中华人民共和国住房和城乡建设部,国家市场监督管理总局.城市居住区规划设计标准：GB 50180—2018[S].北京：中国建筑工业出版社,2018.

⑧ 赵彦云,张波,周芳.基于 POI 的北京市"15 分钟社区生活圈"空间测度研究[J].调研世界,2018(5)：17-24.

⑨ 申悦,柴彦威.基于 GPS 数据的北京市郊区巨型社区居民日常活动空间[J].地理学报,2013,68(4)：506-516.

⑩ Li Y, Raja S, Li X. et al. Neighbourhood for Playing: Using GPS, GIS and Accelerometry to Delineate Areas within which Youth are Physically Active[J]. Urban Studies, 2013, 50(14): 2922-2939.

总而言之,相较于行政边界、设施服务半径两类划定依据和做法,基于居民行为特征的视角更加充分地考虑了居民个体的真实行为及群体差异,也更能反映居民行为特征和城市空间要素的作用关系。基于此,本书将采用核密度分析法来提取大型保障性住区居民的各类活动/出行轨迹点数据,进而识别大型保障性住区现实的"整体生活圈"。

(2) 优化和建立"时间+空间+家庭"互动视角下生活圈的识别方法

根据上述对既有生活圈识别方法的讨论可知,基于居民行为特征视角的识别方法对本研究具有重要的参考价值。在此基础上,结合大型保障性住区居民日常活动和出行的现实特征,本研究还纳入"家庭分工"要素,并相应地在具体识别方法上做出两方面优化。

其一,建立整日活动/出行轨迹点数据库。不但以精准落位于地理空间的数据为基础,还在数据选取的覆盖时段上倾向于整日(24 小时)的连续活动/出行数据,旨在更完整地识别大型保障性住区居民的"整体生活圈"范围。

其二,引入"家庭分工"视角来建构生活圈。以上述活动/出行轨迹点数据的提取为基础,按照不同的家庭分工模式分别进行梳理和测算,以识别不同家庭分工模式下的"生活圈"范围,并对其进行叠加整合。

经过上述对大型保障性住区生活圈的优化思考,具体操作思路如下(见图 8-15):

步骤一,提取日常活动/出行轨迹点数据。基于大型保障性住区居民活动日志数据,提取居民 24 小时内的日常活动/出行轨迹点,并将其按照不同的家庭分工模式进行二次切分和梳理。

步骤二,识别不同家庭分工模式下"生活圈"的空间范围。将所有数据分类导入 ArcMap,采用核密度分析法来测度和识别不同家庭分工模式下的"生活圈"范围:夫妻分工模式下的"生活圈"、代际分工模式下的"生活圈"、其他分工模式下的"生活圈"。

步骤三,叠加整合生成"整体生活圈"。对上述三类家庭分工模式下的"生活圈"进行叠加整合,最终生成大型保障性住区居民的"整体生活圈"范围(图 8-16)。

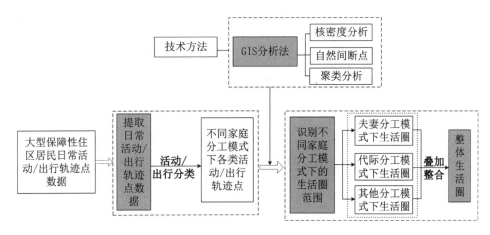

图 8-15 大型保障性住区居民"生活圈"识别的技术路线

资料来源:笔者自绘

8.4.4 生活圈的评估体系

以居民行为特征为依据的"生活圈"评估,目前已成为落实新型城镇化、实现公共资源均等化等精准配置的重要一环。因此,将生活圈内生活环境的评估引入"生活圈"建设,系统认知大型保障性住区"整体生活圈"的现实状况,可为"理想生活圈"建构提供新思路,具有重要意义。

(1)既有生活圈的评估方法

在"生活圈"生活环境的评估方面,现有研究成果主要是从便利性和宜居性两方面展开的(见表 8-8)。

其一,在便利性方面,主要体现在公共设施的分布上,如有学者采用社区"生活圈"内的设施点类型、数量、空间熵等指标来衡量其生活便利性[1][2],也有学者通过分析设施的覆盖率、达标率及服务情况来评估社区"生活圈"的布局合理性[3][4]。在此基础上,还有学者既关注了公共服务设施情况,也考虑了人的日常出行需求,像沈育辉等[5]就在研究中增加了可步行性,并采用设施数量、步行衰减系数、各类设施多样性等指标来测算不同层级"生活圈"的生活便利情况,并对多层级"生活圈"下便利性指标的变化态势进行聚类分析;周弦[6]则采用步行指数来评价公共服务设施的可步行性和合理性,以映射"15 分钟社区生活圈"便利程度。

其二,在宜居性方面,同样反映在公共设施布局上,像王伟等[7]就是从设施基础保障、品质提升、特色引导三个层面出发,来构建"生活圈"生活环境宜居性的指标体系;熊薇等[8]则是通过公共服务设施和公共空间指标,来定量评估"基本生活圈"和"城市生活圈"宜居性的空间分布特征。

表 8-8 既有研究的"生活圈"评估体系与方法

评估对象	评估指标	评估方法
中心城区居民生活圈生活便利度评价研究[9]	设施评价指数、空间熵、设施类别数量	层次分析法

① 庄晓平,陶楠,王江萍.基于 POI 数据的城市 15 分钟社区生活圈便利度评价研究:以武汉三区为例[J].华中建筑,2020,38(6):76-79.

② 韩非,陶德凯.日常生活圈视角下的南京中心城区居民生活便利度评价研究[J].规划师,2020,36(16):5-12.

③ 梁伟研,姜洪庆,彭雄亮.基于多源数据的社区生活圈公共服务设施布局合理性评估研究:以广州市越秀区为例[J].城市建筑,2020,17(5):25-28.

④ 苏莹,华文璟.西安市主城区 15 分钟生活便利度现状评估及研究[C]//面向高质量发展的空间治理:2021 中国城市规划年会论文集.北京:中国建筑工业出版社,2021:933-942.

⑤ 沈育辉,童滋雨.人本尺度下社区生活圈便利性评估方法研究[J].南方建筑,2022(7):72-80.

⑥ 周弦.15 分钟社区生活圈视角的单元规划公共服务设施布局评估:以上海市黄浦区为例[J].城市规划学刊,2020(1):57-64.

⑦ 王伟,吴培培,巩淑敏,等.超大城市快速城市化地区社区生活圈宜居性评估及治理:以北京市四环至六环地区为例[J].城市问题,2021(10):4-14.

⑧ 熊薇,徐逸伦.基于公共设施角度的城市人居环境研究:以南京市为例[J].现代城市研究,2010(12):35-42.

⑨ 韩非,陶德凯.日常生活圈视角下的南京中心城区居民生活便利度评价研究[J].规划师,2020,36(16):5-12.

（续表）

评估对象	评估指标	评估方法
社区生活圈公共医疗服务设施便利性[①]	公立医院、社区卫生服务中心、社区卫生服务站、机关单位医疗设施、民营医院	核密度分析、可达性分析
社区生活圈公共服务设施布局合理性[②]	教育、医疗、养老福利、文化体育、社区服务、便民商业六类	层次分析法
主城区15分钟生活便利度分析[③]	服务设施覆盖率、达标率、发展协调度	可达性分析
社区生活圈便利性评估[④]	设施数量、步行衰减系数、各类设施多样性	层次分析法、K-means 聚类分析
生活圈公共服务设施满意度评价[⑤]	15分钟/10分钟生活圈配套服务设施、5分钟生活圈配套服务设施、居住街坊配套设施	层次分析法
社区生活圈公共体育设施便利分析[⑥]	可达距离、覆盖范围	空间分析法
社区生活圈宜居性评估[⑦]	基础保障、品质提升、特色引导	核密度分析、可达性分析
生活圈宜居性[⑧]	公共服务设施和公共空间	层次分析法
生活圈生活环境评估[⑨]	八大生活活动（工作、学习、娱乐、睡眠、厨厕活动、家务、出行、户外活动）系列	层次分析法

资料来源：笔者根据相关资料整理

从表8-8的评估指标体系来看，现有的"生活圈"生活环境评估主要围绕着"便利性"或是"宜居性"的单一维度而展开；反而是陈青慧等[⑩]认为城市生活环境是以人为主体而展开的各类生活序列的综合，并据此提出了包括工作、学习、娱乐、睡眠、厨厕活动、家务、出行、户外活动8个生活维度在内的"生活圈"生活环境评价体系。同时，考虑到大型保障性住区居民的"生活圈"主要源于不同家庭分工模式下"生活圈"的叠加整合，这不仅反映出居民多元化的生活层次需求，也意味着"生活圈"的生活环境评估同样需要体现多层次和多元性。也就是说，保障房"生活圈"的生活环境不仅需要考虑便利性和宜居性，还需要考虑其他方

①　万曌，陈红. 生活圈视角下的公共医疗服务设施配置及可达性研究：以郑州市中原区为例[J]. 建筑与文化，2022 (5)：75-76.

②　梁伟研，姜洪庆，彭雄亮. 基于多源数据的社区生活圈公共服务设施布局合理性评估研究：以广州市越秀区为例 [J]. 城市建筑，2020，17(5)：25-29.

③　苏莹，华文璟. 西安市主城区15分钟生活便利度现状评估及研究[C]//面向高质量发展的空间治理：2021中国城市规划年会论文集. 北京：中国建筑工业出版社，2021：933-942.

④　沈育辉，童滋雨. 人本尺度下社区生活圈便利性评估方法研究[J]. 南方建筑，2022(7)：72-80.

⑤　黄泓怡，彭恺，邓丽婷. 生活圈理念与满意度评价导向下的老旧社区微更新研究：以武汉知音东苑社区为例[J]. 现代城市研究，2022，37(4)：73-80.

⑥　胡莹，马锡海. 基于社区生活圈的公共体育设施可达性分析：以苏州市姑苏区为例[J]. 苏州科技大学学报（工程技术版），2021，34(3)：65-73.

⑦　王伟，吴培培，巩淑敏，等. 超大城市快速城市化地区社区生活圈宜居性评估及治理：以北京市四环至六环地区为例[J]. 城市问题，2021(10)：4-14.

⑧　熊薇，徐逸伦. 基于公共设施角度的城市人居环境研究：以南京市为例[J]. 现代城市研究，2010(12)：35-42

⑨　陈青慧，徐培玮. 城市生活居住环境质量评价方法初探[J]. 城市规划，1987，11(5)：52-58

⑩　陈青慧，徐培玮. 城市生活居住环境质量评价方法初探[J]. 城市规划，1987，11(5)：52-58.

面,并对既有评估指标体系进行增加或是删减,从而为本研究建立一套更具针对性的"生活圈"评估指标体系。

再从表 8-8 的评估方法来看,现有研究主要采用适合多因子定量分析的层次分析法,考虑到生活环境本身就是一个多层次、多元性的复杂综合系统,且每个层面均涉及多个维度的评价因子,本研究同样倾向于通过层次分析法来构建一个层次递减结构,把"生活圈"的生活环境特征分解为若干有序层次,以反映大型保障性住区居民生活环境的现实状况。

(2)优化和建立生活圈的评估体系

上文对于"生活圈"生活环境评估的现有指标和方法做出了总体评述,下文将在保留既有评估体系部分指标的基础上,结合本研究的重点和特点(如大型保障性住区居民、活动和出行、家庭分工)做出增减和改动。

其一,保留既有研究中的"便利性"维度,增减部分评估指标。

根据以往的"便利性"维度设置,其指标主要包括公共服务设施数量、公共服务设施种类、公共服务设施覆盖率、步行时间/距离等。其中,公共服务设施数量仅反映了设施规模,而覆盖率能反映设施供给数量和服务辐射范围,因此可保留"公共服务设施覆盖率"这一指标来全面反映其生活便利性①;而步行时间/距离指标更能反映步行出行到达公共服务设施的便利程度,但更适用于"15 分钟社区生活圈"的评估,而无法真实地反映生活圈的"多圈层"性,因此将该指标拆分和修改为"机动车出行便利性""公交出行便利性"和"地铁出行便利性"。

其二,删除"宜居性"维度及其对应指标。

同"便利性"维度类似的是,"宜居性"的评估指标也是以公共服务设施的供给评估为主,本研究为了避免其重复而删除了"宜居性"这一维度。与此同时,现有研究在该维度下设置的空间特色类指标由于同本研究主题的关联性不大,也进行了删除。

其三,增加"多样性""舒适性"和"均衡性"维度及其对应指标。

"多样性"维度及其对应指标。基于日常活动和出行的"生活圈"建构原则和标准认为,居民的日常活动和出行往往就是一种以各类公共服务设施为目的的事件和移动现象,因此多样化的活动和多样化的设施(如居民在商业服务设施较为丰富的场所参与购物和休闲活动;学龄儿童在学校完成上学活动)之间往往相辅相生、互为激发。因此,对于前者,考虑到居民整日所需完成的多类活动,可以考虑引入"日常活动类型多样性"这一指标;而对于后者,考虑到丰富的公共服务设施门类和适当的设施规模才能覆盖居民多元的日常活动需求,还可引入"公共服务设施混合度"这一指标。

"舒适性"维度及其对应指标。根据"生活圈"生活环境的多层次和多元性认知,便利性和多样性评估的其实是居民们的基础性和根本性需求(如工作、上学接送、购物、家务、休闲等活动和出行的基本需求)。但随着人们物质文化水平的提高,人们对于生活环境的考量和要求也会不断提升和扩展,不仅关注如住区环境舒适性(包括开放空间环境舒适性和户

---

① 至于选择哪些公共服务设施来分析其覆盖率,主要根据两个原则:其一,根据目前学者划分依据,主要是结合《城市居住区规划设计规范》和社区居民的日常需求,将生活设施分为商业、政务、交通、教育、医疗、健身、养老、文化、市政、休闲娱乐共十项;其二,结合本研究的重点和特点(如大型保障性住区居民、活动和出行)。因此,本研究主要选择商业、教育、文化、医疗、市政、体育六类设施来分析其覆盖率。

外环境的满意度),也会对家庭内部环境方面提出更高的要求,如对住房环境舒适性(住房内部设施舒适性)的需求。因此,建议增加"开放空间环境舒适性""户外环境满意度""住房内部设施舒适性"等指标来反映"生活圈"的户外和户内特征。

"均衡性"维度及其对应指标。根据"家庭分工"视角下的"生活圈"建构原则,居民的日常活动和出行选择往往源于家庭内部分工决策,而"家庭分工"的均衡程度恰好是居民能否在多类活动和出行之间保持最佳状态和供需平衡的动力所在。这种均衡性一方面表现在家庭成员基于比较优势来承担各自更为擅长的不同活动及其出行,体现能者多劳、各擅所长的社会事实;而另一方面则表现为家庭成员的各司其职和分工协作,共同开展家庭日常的各类活动和出行(而非过于依赖部分成员),借以稳定家庭内部秩序。基于此,对于前者,可以选择"家庭分工首位度"来反映家庭分工结构和家庭分工集中程度;对于后者,可以选择"家庭分工非均衡度"来反映家庭成员内部的分工差异和平衡程度,以共同反映大型保障性住区居民的"生活圈"生活环境的均衡性。

因此,围绕着大型保障性住区居民的"生活圈"(以活动和出行来界定,以家庭分工来保障),本研究共设置了便利性、多样性、舒适性、均衡性4个维度,来综合评估大型保障性住区"生活圈"生活环境特征,具体指标体系建构如下(见图8-16):

分目标层包括便利性、多样性、舒适性和均衡性4个维度,这也反映了"生活圈"的多层级特征;准则层是对上述四类特征的分层级细分,由此可拆分和细化为出行便利性、生活便利性、活动多样性、功能多样性、住房环境舒适性、住区环境舒适性、家庭分工强度和家庭分工参与程度8类二级指标;具体指标层则进一步细分为道路密度,居住地最近地铁站的最短步行距离,居住地最近公交站的最短步行距离,公共服务设施覆盖率,(工作、上学接送、家务、购物、休闲等)活动多样性,公共服务设施混合度,根据人均面积、成套率等综合打分的住房内部设施舒适性,绿地率,根据住区环境安全、卫生等综合打分的户外环境满意度,家庭分工首位度,家庭分工非均衡度11个指标因子(见表8-9)。

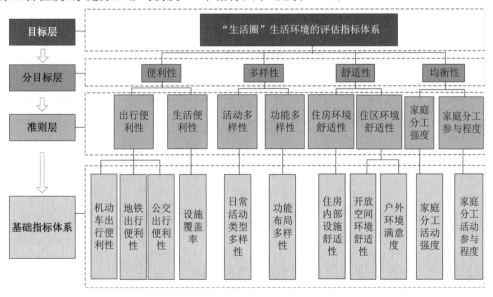

图8-16 "生活圈"生活环境的评估指标体系

资料来源:笔者自绘

表 8-9 "生活圈"生活环境评估的指标设定及其数据来源

分目标层 (一级指标)	准则层 (二级指标)	基础指标体系 (三级指标)	指标因子	数据来源
便利性	出行便利性	机动车出行便利性	道路密度	城市数据派官网和百度地图
		地铁出行便利性	居住地最近地铁站的最短步行距离	城市数据派官网和百度地图
		公交出行便利性	居住地最近公交站的最短步行距离	城市数据派官网和百度地图
	生活便利性	设施覆盖率	公共服务设施覆盖率	百度地图
多样性	活动多样性	日常活动类型多样性	(工作、上学接送、家务、购物、休闲等)活动多样性	根据问卷统计法、实地观察法获取大型保障性住区居民活动日志数据
	功能多样性	功能布局多样性	公共服务设施混合度	百度地图
舒适性	住房环境舒适性	住房内部设施舒适性	根据人均面积、成套率等综合打分	根据访谈法、实地观察法获取大型保障性住区数据
	住区环境舒适性	开放空间环境舒适性	绿地率	百度地图、卫星图
		户外环境满意度	根据住区环境安全、卫生等综合打分	根据访谈法、实地观察法获取大型保障性住区数据
均衡性	家庭分工强度	家庭分工活动强度	家庭分工首位度	根据问卷统计法、实地观察法获取大型保障性住区居民活动日志数据
	家庭分工参与程度	家庭分工活动参与程度	家庭分工非均衡度	根据问卷统计法、实地观察法获取大型保障性住区居民活动日志数据

资料来源：笔者自绘

在上述"4 维度—8 类二级指标—11 个因子"的评估指标体系中,有公共服务设施覆盖率、日常活动类型多样性、公共服务设施混合度、绿地率、家庭分工首位度、家庭分工非均衡度 6 类因子需要进行量化分析,旨在从不同层面和侧重点来评估大型保障性住区"生活圈"生活环境的质量,各因子的计算方法与释义说明见表 8-10。

表 8-10 因子测度方法

因子	计算公式	变量含义	含义与说明
公共服务设施覆盖率	$C_j = \dfrac{a_j}{A}$	a_j 指生活圈内 j 类设施服务区覆盖的面积； A 指生活圈的面积(平方公里)； 整个生活圈的公共服务设施覆盖率通过取各类设施覆盖率的空间范围合集来确定	表征生活圈设施分布的疏密程度,反映的是公共服务设施供给的数量和布点;值越大表征设施服务辐射范围越广,生活圈的生活越便利
日常活动类型多样性	$M = -\sum\limits_{i=1}^{n}(A_i \cdot \ln A_i)$	A_i 指生活圈内第 i 类活动打点数和总点数的比值	表征个体居民参与活动的丰富度,值越大表征居民参与的活动越多元
公共服务设施混合度	$H = \dfrac{-\sum\limits_i P_i \cdot \ln P_i}{\ln I}$	P_i 指生活圈内 i 类设施的占比, I 指区域内所有设施种类数量	反映的是公共服务设施供给的门类和规模, H 取值区间为 $0\sim1$, H 越接近 1,说明生活圈的供给越丰富

（续表）

因子	计算公式	变量含义	含义与说明
绿地率	绿地率＝（生活圈各类绿地总面积÷生活圈总面积）×100%	生活圈各类绿地的总面积与生活圈总面积的比值	表征生活圈内的开放空间规模与绿化程度，指标越高表征该生活圈的环境越舒适，越有利于提升居民生活的满意度
家庭分工首位度	$$R = \dfrac{\dfrac{\sum_{j=1}^{n} L_{ij(\max)}}{n}}{\dfrac{\sum_{j=1}^{n} \sum_{i} L_{ij}}{n}}$$	分子指生活圈内所有抽样家庭中成员"首位分工强度"的平均值；分母指生活圈内所有抽样家庭中成员"总分工强度"的平均值；其中，n 指所有抽样家庭数量（552个），$L_{ij(\max)}$ 指家庭 j 中成员 i 所分担的最大分工强度，L_{ij} 指家庭 j 中成员 i（排除了上述最大分工强度值的成员）所分担的分工强度	表征家庭分工结构和家庭分工的集中程度，值越大表征家庭中某一成员的分工强度越大，生活圈越不均衡
家庭分工非均衡度	$$B = \dfrac{\dfrac{\sum_{j=1}^{n} P_{ij(\min)}}{n}}{\dfrac{\sum_{j=1}^{n} \overline{P_j}}{n}}$$	分子指生活圈内所有抽样家庭中成员分工参与率的最小值的平均值；分母指生活圈内所有抽样家庭中成员分工参与率的平均值；其中，$P_{ij(\min)}$ 为家庭 j 中成员 i 分工活动参与率的最小值，$\overline{P_j}$ 为家庭 j 分工活动参与率的平均值	表征家庭成员内部分工差异和平衡程度，值越大表征成员间的家庭分工差异越大，生活圈越不平衡

资料来源：笔者自绘

然后应用层次分析法，采用分级比较标度方法来确定各指标的评估权重，主要通过专家打分方式来完成，具体过程为：首先，向城市规划专业人士发放因子权重打分表50份，专家根据指标的两两比较相对重要性进行打分；其次根据专家打分结果，建立专家判断矩阵，并计算各个指标权重；最终分别获得分目标层、准则层及基础指标层的各因子权重，并算出各阶指标相对于总目标的权重（见表8-11）。

表8-11 "生活圈"生活环境评估的指标体系及其权重

总目标层	分目标层 名称	分目标层 权重	准则层 名称	准则层 权重	基础指标层 名称	基础指标层 权重	对于分目标层权重	对于总目标层权重
生活环境	便利性	0.33	出行便利性	0.72	机动车出行便利性（道路密度）	0.22	0.158	0.052
					地铁出行便利性（居住地最近地铁站的最短步行距离）	0.33	0.238	0.078
					公交出行便利性（居住地最近公交站的最短步行距离）	0.45	0.324	0.107
			生活便利性	0.28	设施覆盖率（商业、文化、教育、行政、医疗、体育设施覆盖率）	1	0.28	0.092
	多样性	0.27	活动多样性	0.59	日常活动类型多样性（工作、上学接送、家务、购物、休闲等活动多样性）	1	0.59	0.159
			功能多样性	0.41	功能布局多样性（公共服务设施混合度）	1	0.41	0.111

（续表）

总目标层	分目标层		准则层		基础指标层		对于分目标层权重	对于总目标层权重
	名称	权重	名称	权重	名称	权重		
生活环境	舒适性	0.25	住房环境舒适性	0.61	住房内部设施舒适性（根据人均面积、成套率等综合打分）	1	0.61	0.153
			住区环境舒适性	0.39	开放空间环境舒适性（绿地率）	0.62	0.241	0.060
					户外环境满意度（根据住区环境安全、卫生等综合打分）	0.38	0.148	0.037
	均衡性	0.15	家庭分工强度	0.45	家庭分工活动强度（家庭分工首位度）	1	0.45	0.022
			家庭分工参与程度	0.55	家庭分工活动参与程度（家庭分工非均衡度）	1	0.55	0.083

资料来源：课题组关于南京市大型保障性住区居民生活环境的抽样调查数据（2022）

注：表中"生活便利设施"的计算步骤：其一，从公共服务设施中选择商业、文化、教育、行政、医疗和体育六类关联设施参与计算；其二，分别计算六类设施的空间覆盖范围；其三，取六类服务设施覆盖范围的空间合集；其四，根据合集结果，反向推算该生活圈公共服务设施的总体覆盖范围。

8.4.5 生活圈的评估分析

本研究对"生活圈"生活环境的评估不局限于总体优劣程度，更重要的是对生活环境下不同维度、不同层级的指标因子展开细化分析，并从"单因子—总体"两个维度进行对比分析，深入探析大型保障性住区生活环境在便利性、多样性、舒适性、均衡性方面的特征和差异。同时，本研究不但针对不同家庭分工模式下"生活圈"的生活环境水平进行比较，还针对四个大型保障性住区进行横向比较，从而更加深入地了解南京市保障房居民生活环境的优劣情况（见图8-17）。

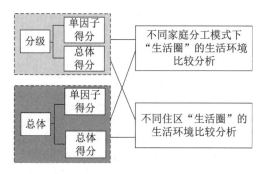

图 8-17 评估分析思路及框架

资料来源：笔者自绘

8.4.6 生活圈的优化策略

根据上述关于南京市大型保障性住区居民"生活圈"的研究,从中梳理和归纳不同家庭分工模式下"生活圈"、不同住区"生活圈"所面临的主要问题及其成因,分别从政策、经济、文化、空间等层面提出综合优化策略(见图8-18)。

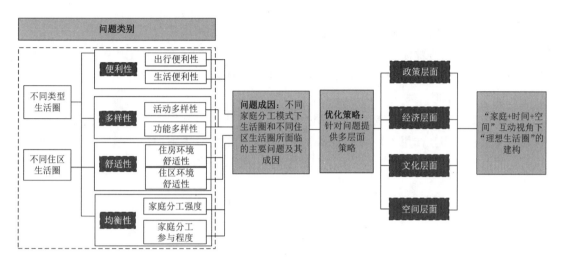

图8-18 大型保障性住区"生活圈"优化策略的建构思路

资料来源:笔者自绘

8.5 本章小结

本章在第2章所构建的大型保障性住区居民日常活动和出行理论框架,以及实证章节对该类住区居民日常活动和出行时空特征进行深入剖析的基础上,一方面对初始理论框架进行二次修正,获取大型保障性住区居民日常活动和出行行为理论诠释的修正框架;另一方面从"时间+空间+家庭"三要素的互动视角切入,对大型保障性住区居民日常活动和出行分别进行理论层面的诠释,并提出"理想生活圈"的建构路径。本章结论包括:

(1)理论框架的二次修改

通过对原理论框架中分工层、配置层要素的增加,以及对响应层中时间利用结构的调整,最终生成大型保障性住区居民日常活动和出行行为理论诠释的修正框架。

(2)"时间+家庭"互动下居民日常活动的理论诠释模型

生存型活动曲线包括两种情境(其一为无生存型活动,即无业或是退休群体;其二为有生存型活动,即就业群体):情境一出现在低强度家庭分工模式下、生存型活动时长为零的地方;情境二中曲线表明随着生存型活动时长的增加,其总体家庭分工强度先是由中强度急剧上升,达到最高强度后趋于平缓。维持型活动曲线,整体上呈右下方倾斜的"W"形,表明该活动随着时长的增加,其总体家庭分工强度会在波动中呈整体衰减之势。自由型活动曲线,整体上呈"倒7"字形。

三类活动所涉时间范围的大小总体为:维持型活动>生存型活动>自由型活动,其时间响应过程的相互作用关系则主要发生在中强度家庭分工和高强度家庭分工之间,表明随着生存型活动的时长增加,自由型和维持型活动的时长均有所减少,但总体家庭分工强度会增加,且在高强度家庭分工下自由型活动的活动时长达到最低值,而生存型活动时长则达到最高值。

(3)"空间+家庭"互动下居民日常活动的理论诠释模型

生存型活动曲线整体上呈"N"字形,表明随着空间圈层的扩展,其总体家庭分工强度会先增加后降低、随后又呈上升趋势。维持型活动曲线整体上呈"7"字形。自由型活动曲线整体上呈"倒7"字形。

三类活动所涉及空间范围的大小总体为:生存型活动>维持型活动>自由型活动,其空间响应过程的相互作用关系则主要体现在:高强度家庭分工下,自由型活动和维持型活动的空间范围均发生在核心圈,而生存型活动的空间范围则突破到二次扩展圈层和三次扩展圈层上。

(4)"时间+家庭"互动下居民日常活动的理论诠释模型

生存型出行曲线包括两种情境(其一为无生存型出行,即无业或是退休群体;其二为有生存型出行,即就业群体):情境一出现在低等级家庭出行参与率下、生存型出行频率为零的地方;情境二则为垂直于横轴的直线,该直线表明无论家庭分工出行参与率如何变化(从低谷到活跃状态或是从最活跃到低谷期),居民出行仍保持在低频率状态。维持型出行曲线共包括两段:第一段曲线表明随着出行频率的增加,家庭分工参与程度呈平缓上升之势;第二段曲线则表明随着出行频率的增加,家庭分工参与活跃度呈先陡后缓的下降趋势。自由型出行曲线整体上呈"一"字形展开。

三类出行所涉及时间(频率)范围的大小总体为:维持型出行>自由型出行>生存型出行,其时间响应过程的相互作用关系则主要发生在高等级分工参与率下,一方面体现在生存型和维持型两类出行上,其频率均趋近于低频率;另一方面则体现在自由型出行上,其频率从低到高来回波动。

(5)"空间+家庭"互动下居民日常活动的理论诠释模型

情境一:生存型出行曲线整体上呈"S"形;维持型出行曲线整体上接近于"S"形;自由型曲线整体上呈"一"字形展开。

三类出行所涉及空间范围的大小总体为:生存型出行>维持型出行>自由型出行,其空间响应过程的相互作用关系则主要体现在生存型和维持型两类出行上,从低等级家庭分工参与率到高等级家庭分工参与率,两类出行曲线的变化规律较为类似。这说明在不同等级的家庭分工参与率下,上述两类出行会在空间上存在一定的交叉或是重叠关系。

情境二:生存型出行曲线整体上呈"S"形;维持型出行曲线整体上呈"S"形;自由型出行曲线整体上呈"一"字形展开。

三类出行所涉及空间范围的大小总体为:生存型出行>维持型出行>自由型出行,其空间响应过程的相互作用关系一方面体现在生存型和维持型两类出行上,从低等级家庭分工参与率到高等级家庭分工参与率,两类出行曲线的变化规律较为类似,这也说明在不同等级的家庭分工参与率下,上述两类出行会在空间上存在一定的交叉或是重叠关系;另一方面则主要体现在高家庭分工参与率下,三类出行离工作地的距离会保持较大的弹性变动范围。

(6)"时间+空间+家庭"互动视角下居民"理想生活圈"建构

① "理想生活圈"的建构价值。参照新版国标定义,提出本研究"生活圈"的定义为以居住地为核心,为满足家庭综合福利最大化而发生的诸多活动及出行的空间范围,包括不同家庭分工模式下的工作、上学接送、家务、购物、休闲等活动和出行所形成的整体空间范围。在此基础上总结了现存"生活圈"面临的问题,继而界定本研究中"理想生活圈"的建构标准,再从"时间+空间+家庭"三要素互动视角阐述了"理想生活圈"的建构理由。

② "理想生活圈"的操作路径。先阐述了大型保障性住区居民"生活圈"建构的基本原则:关注群体特殊性、聚焦于居民的日常活动和出行规律、立足于"家庭分工"的特定视角,再提出了"生活圈"建构的技术框架。

③ "生活圈"的识别方法。通过总结既有"生活圈"的识别方法及指标,对既有识别方法和思路进行优化,建立"时间+空间+家庭分工"互动视角下的"生活圈"具体识别方法。

④ "生活圈"的评估体系。通过总结既有研究的评估方法及其指标,对既有评估体系指标进行部分保留、增加和删减,从便利性、多样性、舒适性和均衡性四个维度建立评估体系。

⑤ "生活圈"的评估分析。从"单因子—总体"两个维度进行对比分析,深入探析生活环境在便利性、多样性、舒适性和均衡性方面的特征和差异。同时,研究不仅仅局限于不同家庭分工模式下"生活圈"的生活环境水平的比较,还将四个大型保障性住区进行横向比较,从而更加深入地了解南京市大型保障性住区"生活圈"生活环境的优劣情况。

⑥ "生活圈"的优化策略。从中梳理和归纳不同家庭分工模式下"生活圈"、不同住区"生活圈"所面临的主要问题及其成因,分别从政策、经济、文化、空间等层面提出综合优化策略。

9 基于日常活动和出行的南京市大型保障性住区改善策略

前文基于四大层次叠合的日常活动和出行选择的理论诠释框架,从"时间＋空间＋家庭"三要素交互视角出发,对大型保障性住区居民日常活动的时空特征、时空集聚模式、出行路径、出行机理方面进行了验证,并对其做出理论上的修正、推导和提炼,进而提出了"理想生活圈"建构的合理路径,涉及"理想生活圈"的价值判断、"理想生活圈"建构的操作路径、"生活圈"的识别方法、"生活圈"的评估体系、"生活圈"的评估分析、"生活圈"的优化策略等步骤。

本章将按照上述操作路径,以南京市四个大型保障性住区为实证案例,分别对其"生活圈"进行识别和评估,然后在总结该类住区"生活圈"所面临问题的基础上,通过"家庭＋时间＋空间"互动视角下"理想生活圈"的建构,从政策、经济、文化、空间等层面提出综合性的优化策略。

9.1 大型保障性住区"生活圈"的识别

9.1.1 大型保障性住区"生活圈"的识别过程

基于第8章提出的"生活圈"识别方法,根据大型保障性住区居民的日常活动/出行轨迹点数据,运用 ArcMap 软件中的多距离空间聚类和核密度分析方法,来测度和识别不同家庭分工模式下(夫妻分工、代际分工、其他分工)的"生活圈"范围;同时,按照"主城区—住区"双重尺度来呈现"生活圈",其基本图解原则如下:

其一,横轴代表空间(划分为"主城区—住区"双重尺度),用以全面表达大型保障性住区居民"生活圈"的整体空间范围:一方面反映的是在主城区尺度上,四个样本住区居民日常活动和出行在整个南京主城区所覆盖的整体生活圈范围;另一方面反映的是在住区尺度上,四个样本住区居民在住区及其周边活动和出行所涉及的生活圈范围。

其二,横轴会同步反映某一样本住区在不同家庭分工模式(夫妻分工、代际分工、其他分工)下识别的生活圈范围,并分别在主城区和住区两个尺度上呈现。

其三,纵轴代表时间[以工作日某一天(24小时)为参照,其中每两个小时作为一个单元时段],反映的是某一样本住区居民在同一尺度下、不同时段的活动/出行空间范围;在此基础上,进一步于纵轴顶端将24小时活动/出行的空间范围进行叠加整合,分别生成某一家庭分工模式下的"整体生活圈"和所有家庭分工模式叠合下的"整体生活圈"。

其四,在纵轴所代表的时间分段中,活动/出行空间范围的测度与图解均统一按所属时间区间的下限落位,比如说6～8点时间段的数据分析结果和"生活圈"识别范围就需要落在6点刻度上(做法同第5章的图解原则类似)。

其五,"生活圈"的空间范围是根据不同家庭分工模式下活动/出行轨迹点的分布强度来确定,并以不同家庭分工模式(夫妻分工、代际分工、其他分工)下活动/出行轨迹点的核密度是否大于10个/平方公里作为每类"生活圈"边界确定的标准[①]。

9.1.2　大型保障性住区"生活圈"的识别结果

（1）基于家庭分工模式下生活圈的识别结果——丁家庄保障房片区

对于丁家庄保障房片区来说,主城区尺度上的"生活圈"主要围绕着居住地和工作地而展开,并呈现出由住区至主城区和主城边缘的指向性集聚特征,具体涉及主城区北部的迈皋桥、老城中心的湖南路、主城边缘的经济开发区等。住区尺度的"生活圈"则完全围绕着居住地而展开,具有一种空间集聚性和连续性,主要涉及住区内部的公共服务设施(燕舞园小区广场、凤和西园小区广场、丁家庄农贸市场、六合平价菜场)、住区出入口附近(燕丹路以南润福大街东西方向、燕新路南北方向)、居住区及其周边(丁家庄第二小学、丁家庄第三小学、水云方商业广场)等区域。

再按照不同的家庭分工模式来比较"生活圈"的识别范围,彼此之间存在的差异不太明显。其中,夫妻分工模式下"生活圈"的空间范围相对较大,尤其体现在主城区尺度上,具体涉及主城区北部和老城区;代际分工模式下"生活圈"的空间范围次之,主要分布和体现在住区尺度上,并集中分布在居住区(住宅内部)、居住区的公共服务设施和住区出入口附近;其他分工模式下"生活圈"的空间范围则最小,这一点在主城区和住区双重尺度上均有所体现(见图9-1)。

（2）基于家庭分工模式下生活圈的识别结果——花岗保障房片区

对于花岗保障房片区来说,主城区尺度上的"生活圈"主要围绕着居住地和工作地而展开,呈多中心集聚分布,具体涉及居住区周边的仙林副城、老城中心的宁海路、主城边缘的经济开发区等。住区尺度的"生活圈"则完全围绕着居住地而展开,呈显著飞地特征,主要涉及住区内部的公共服务设施(花岗幸福城小区广场、芙蓉园小区广场、西花岗好邻里菜市场、百家超市)、住区出入口附近(花岗路南北方向、天麒路东方向)、居住区及其周边(南湾营公园、花港第一小学、幸福城中学)等区域。

---

① 若采用核密度分析方法来识别生活圈,保障性住区居民"生活圈"的空间边界确定取决于以下标准和依据:其一,借鉴王德等学者的技术方法,可以根据居民活动轨迹点核密度的等级分布来划定"生活圈"边界;其二,考虑到本研究需要关注居民的各类活动(包括工作和非工作活动),其所关注的空间范围不仅包括保障性住区及其周边,还会扩展到主城区承载居民活动和出行的相关场所和设施,因此这就涉及"主城区—住区"双重尺度及其多等级的数据分布,其中最低等级的核密度分布区域(因为其可能产生空间扩大化问题,并不能代表大部分居民的日常空间)需要剔除在外;其三,根据南京市大型保障性住区居民活动的一手资料和日志数据分布,来确定其"生活圈"边界划定的核密度门槛值。调研数据表明,四个住区552位居民全天共计活动/出行轨迹点为2 752个,其中夫妻分工下的核密度最低等级为0～15个/千米^2,代际分工下的核密度最低等级为0～10个/千米^2,其他分工模式下的核密度最低等级为0～8个/千米^2,选取三类家庭分工模式下核密度上限值的平均值(10个/千米^2)作为生活圈确界的实际标准。

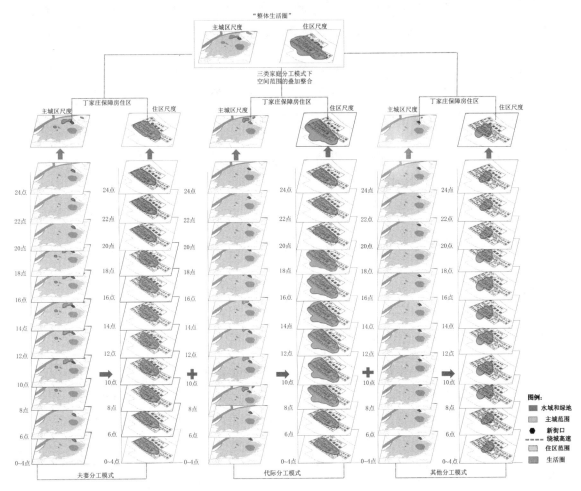

图 9-1　不同家庭分工模式下识别的"生活圈"范围——丁家庄保障房片区

资料来源：笔者自绘

再按照不同的家庭分工模式来比较"生活圈"的识别范围,彼此之间存在的差异较为明显。其中,夫妻分工模式下"生活圈"的空间范围相对较大,尤其体现在主城区尺度上,具体涉及主城边缘和老城区;代际分工模式下"生活圈"的空间范围也不小,主要分布和体现在住区尺度上,具体涉及住宅内部、住区内部的公共服务设施、住区出入口附近和居住区周边;其他分工模式下"生活圈"的空间范围则最小,这一点主要体现在住区尺度上的住区内部及其出入口(见图 9-2)。

(3) 基于家庭分工模式下生活圈的识别结果——上坊保障房片区

对于上坊保障房片区来说,主城区尺度上的"生活圈"主要围绕着居住地和工作地而展开,同样呈多中心集聚分布,具体涉及主城区南部、老城中心的新街口、东山副城等。住区尺度的"生活圈"则主要围绕着居住地而展开,呈团块集聚特征,主要涉及住区内部的公共服务设施(大里聚福城怡景园小区广场、大里聚福城康居园小区广场、购好生活超市、怡景街农贸市场)、住区出入口附近(万福路东西方向、润发路南北方向)、居住区周边(南方时代

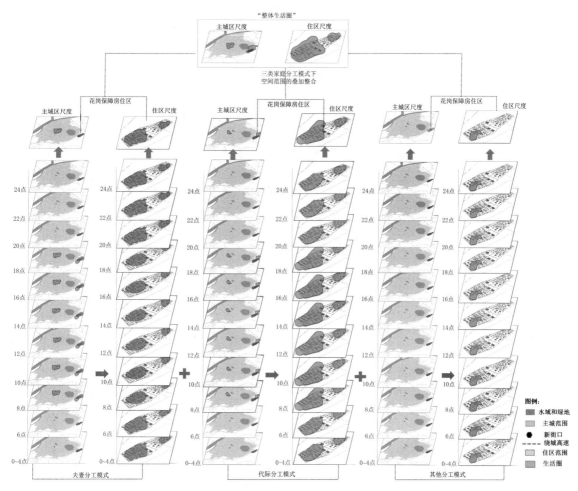

图 9-2　不同家庭分工模式下识别的"生活圈"范围——花岗保障房片区

资料来源：笔者自绘

广场、万福路幼儿园、东山小学)等区域。

再按照不同的家庭分工模式来比较"生活圈"的识别范围,彼此之间存在的差异较为明显。其中,夫妻分工模式下"生活圈"的空间范围相对较大,这同时体现在主城区和住区双重尺度上,主城区尺度上涉及东山副城、主城区南部,住区尺度上涉及住区内部的公共服务设施和住区出入口附近;代际分工模式下"生活圈"的空间范围也不小,主要分布和体现在住区尺度上,涉及住区内部的公共服务设施、住区出入口附近和住区周边商场;其他分工模式下"生活圈"的空间范围则相对较小,这一点在主城区和住区双重尺度上均有所反映(见图 9-3)。

(4) 基于家庭分工模式下生活圈的识别结果——岱山保障房片区

对于岱山保障房片区来说,主城区尺度上的"生活圈"主要围绕着居住地和工作地而展开,并呈现出由住区至主城区和主城边缘的指向性集聚特征,具体涉及主城区的河西、老城中心的新街口、东山副城等。住区尺度上的"生活圈"则完全围绕着居住地而展开,呈飞地

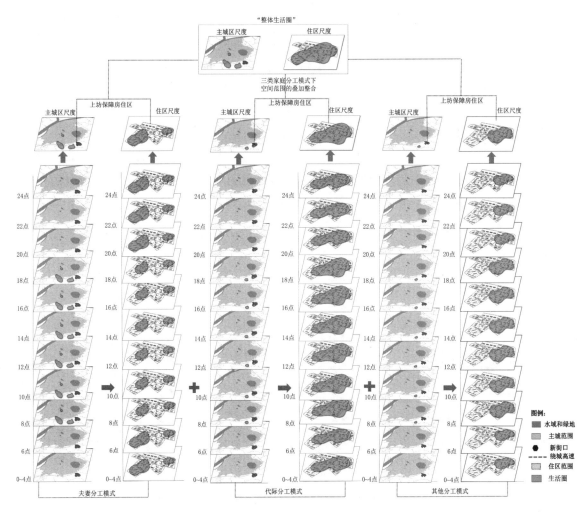

图 9-3　不同家庭分工模式下识别的"生活圈"范围——上坊保障房片区

资料来源：笔者自绘

特征，主要涉及住区内部的公共服务设施（岱山新城中心农贸市场和岱山农贸市场）、住区出入口附近（岱山北路西南角、岱善路南北方向）、居住区及其周边（南京岱山实验幼儿园、南京市西善桥小学、南京岱山第一幼儿园、东来奥商城）等区域。

再按照不同的家庭分工模式来比较"生活圈"的识别范围，彼此之间存在的差异最为明显。其中，夫妻分工模式下"生活圈"的空间范围相对较大，这同时体现在主城区和住区双重尺度上，主城区尺度上涉及河西新城、主城区南部和老城区的新街口，住区尺度上涉及住宅内部、住区出入口附近、住区内部的消费集聚场所等区域；代际分工模式下"生活圈"的空间范围次之，主要分布和体现在住区尺度上，涉及住区内部的公共服务设施、住区出入口附近和住区内部的消费集聚场所；其他分工模式下"生活圈"的空间范围则最小，这一点在主城区和住区双重尺度上均有所体现，且集中分布在住区及其周边区域（见图 9-4）。

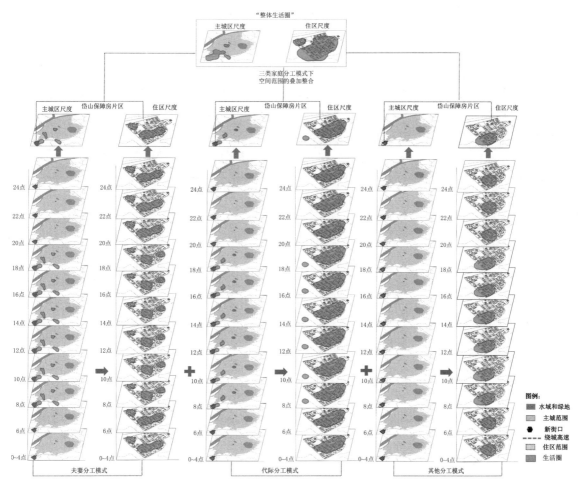

图 9-4 不同家庭分工模式下识别的"生活圈"范围——岱山保障房片区

资料来源：笔者自绘

9.2 大型保障性住区"生活圈"生活环境的评估分析

按照第 8 章建构的生活圈"4 维度—8 类二级指标—11 个因子"评估指标体系,本节将对大型保障性住区"生活圈"的生活环境展开不同维度、不同指标因子的定量评估和细化分析,既包括不同家庭分工模式下"生活圈"的生活环境比较,也包括四个大型保障性住区之间的横向比较,具体结果如下。

9.2.1 大型保障性住区"生活圈"生活环境的单因子评估分析

在大型保障性住区"生活圈"生活环境的指标因子中,共涉及 11 个因子:道路密度,居住地最近地铁站的最短步行距离,居住地最近公交站的最短步行距离,公共服务设施覆盖率,(工作、上学接送、家务、购物、休闲等)活动多样性,公共服务设施混合度,根据人均面积、成套率等综合打分的住房内部设施舒适性,绿地率,根据住区环境安全、卫生等综合打分的户外环境舒适性,家庭分工首位度,家庭分工非均衡度。下文将针对不同家庭分工模式下、不同住区的"生活圈"生活环境进行评估分析(见表9-1)。此外,不同维度下(不同家庭分工模式和不同住区)因子评估结果的差异比较主要是根据其得分的"标准差"来划分等级(分为很明显、较明显、较不明显三个等级)①。

表9-1 各类生活圈内11个单因子评估结果一览表

生活圈类型		道路密度	最近地铁站的最短步行距离	最近公交站的最短步行距离	公共服务设施覆盖率	活动多样性	公共服务设施混合度	根据人均面积、成套率等综合打分	绿地率	根据住区环境安全、卫生等综合打分	家庭分工首位度	家庭分工非均衡度
夫妻分工模式下生活圈	丁家庄保障房片区	5.85/0.43	1 200/0.13	440/0.30	0.67/0.67	1.05/0.00	0.71/0.76	3.41/0.40	0.32/1.00	4.15/0.85	0.94/0.00	0.73/0.36
	花岗保障房片区	6.67/0.63	850/0.00	380/0.16	0.58/0.42	1.15/0.33	0.55/0.21	3.51/0.50	0.29/0.65	3.91/0.48	1.02/0.24	0.79/0.50
	上坊保障房片区	5.55/0.36	1 100/0.09	340/0.07	0.59/0.44	1.26/0.70	0.67/0.62	3.25/0.24	0.29/0.56	4.25/1.00	1.15/0.64	0.67/0.21
	岱山保障房片区	8.21/1.00	1 080/0.08	560/0.57	0.79/1.00	1.32/0.90	0.78/1.00	3.61/0.60	0.30/0.73	4.01/0.64	0.96/0.06	0.73/0.36
	均值	6.57/0.61	1 058/0.08	430/0.27	0.66/0.63	1.20/0.48	0.68/0.65	3.45/0.44	0.30/0.74	4.08/0.74	1.02/0.23	0.73/0.36
	标准差	1.03/0.25	128.14/0.05	83.07/0.19	0.08/0.23	0.10/0.35	0.13/0.29	0.13/0.13	0.01/0.16	0.13/0.20	0.08/0.25	0.04/0.10
代际分工模式下生活圈	丁家庄保障房片区	4.05/0.00	1 500/0.24	450/0.32	0.66/0.64	1.35/1.00	0.60/0.38	3.49/0.48	0.25/0.16	3.71/0.18	1.27/1.00	0.75/0.40
	花岗保障房片区	5.4/0.32	1 800/0.35	550/0.55	0.54/0.31	1.19/0.47	0.51/0.00	4.01/1.00	0.26/0.29	3.81/0.33	0.98/0.12	0.81/0.55
	上坊保障房片区	5.15/0.26	3 500/0.96	750/1.00	0.43/0.00	1.34/0.97	0.54/0.17	3.25/0.24	0.26/0.26	4.05/0.70	1.06/0.36	0.58/0.00

① 三个等级(很明显、较明显、较不明显)的划分依据主要参照"标准差",其公式为 $s = \sqrt{\dfrac{\sum_{i=1}^{n}(x_i - \bar{x})^2}{n-1}}$。对于不同家庭分工模式下的单个因子来说,主要是根据三种家庭分工模式下单因子得分之间的差值同标准差进行比较和判断:若有两组及以上数据相减的差值都大于等于三种分工模式下单因子得分的最大标准差,则认为三种分工模式下单因子的评估结果差异"很明显";若只有一组数据相减的差值大于三种分工模式下单因子得分的最大标准差,则认为三种分工模式下单因子的评估结果差异"较明显";若三组数据相减的差值均没有大于三种分工模式下单因子得分的最大标准差,则认为这三种分工模式下单因子的评估结果差异"较不明显"。对于不同住区的单个因子来说,主要是根据四个住区的单因子得分之间的差值同标准差进行比较和判断:若有三组及以上数据相减的差值都大于四个住区单因子得分的最大标准差,则认为四个住区的单因子的评估结果差异"很明显";若只有两组数据相减的差值都大于四个住区单因子得分的最大标准差,则认为四个住区的单因子的评估结果差异"较明显";若只有一组及以下数据相减的差值大于四个住区单因子得分的最大标准差,则认为四个住区的单因子的评估结果差异"较不明显"。

（续表）

生活圈类型		道路密度	最近地铁站的最短步行距离	最近公交站的最短步行距离	公共服务设施覆盖率	活动多样性	公共服务设施混合度	根据人均面积、成套率等综合打分	绿地率	根据住区环境安全、卫生等综合打分	家庭分工首位度	家庭分工非均衡度
代际分工模式下生活圈	岱山保障房片区	6.21/0.52	3 100/0.82	320/0.02	0.61/0.50	1.33/0.93	0.66/0.59	3.37/0.36	0.28/0.47	4.11/0.79	1.13/0.58	0.67/0.21
	均值	5.20/0.28	2475/0.59	518/0.47	0.56/0.36	1.30/0.84	0.58/0.30	3.53/0.52	0.26/0.29	3.92/0.50	1.11/0.52	0.70/0.27
	标准差	0.77/0.19	843.73/0.31	157.06/0.36	0.09/0.24	0.07/0.22	0.06/0.20	0.29/0.29	0.01/0.11	0.17/0.25	0.11/0.32	0.09/0.21
其他分工模式下生活圈	丁家庄保障房片区	4.45/0.10	2100/0.45	510/0.45	0.45/0.06	1.05/0.00	0.49/0.00	3.16/0.15	0.25/0.15	3.65/0.09	1.00/0.18	1.00/1.00
	花岗保障房片区	6.87/0.68	1800/0.35	450/0.32	0.55/0.33	1.23/0.60	0.53/0.14	3.01/0.00	0.24/0.00	3.84/0.38	1.00/0.18	1.00/1.00
	上坊保障房片区	4.05/0.00	2600/0.64	670/0.82	0.61/0.50	1.15/0.33	0.61/0.41	3.15/0.14	0.25/0.14	3.59/0.00	1.00/0.18	1.00/1.00
	岱山保障房片区	6.21/0.52	2100/0.45	310/0.00	0.60/0.47	1.22/0.57	0.60/0.38	3.09/0.08	0.28/0.52	4.00/0.62	1.00/0.18	1.00/1.00
	均值	5.40/0.32	2150/0.47	485/0.40	0.55/0.34	1.16/0.36	0.56/0.23	3.10/0.09	0.26/0.20	3.77/0.27	1.00/0.18	1.00/1.00
	标准差	1.18/0.28	287.23/0.10	129.13/0.29	0.06/0.18	0.07/0.24	0.05/0.17	0.06/0.06	0.02/0.19	0.16/0.25	0.00/0.18	0.00/0.00
整体生活圈	丁家庄保障房片区	5.12/0.26	2,100/0.45	460/0.34	0.57/0.39	1.18/0.43	0.65/0.55	3.25/0.24	0.27/0.33	3.80/0.32	1.05/0.33	0.85/0.64
	花岗保障房片区	6.79/0.66	1 200/0.13	4 20/0.25	0.61/0.50	1.25/0.67	0.57/0.28	3.26/0.25	0.26/0.29	3.92/0.50	1.00/0.18	0.87/0.69
	上坊保障房片区	5.46/0.34	3 600/1.00	558/0.56	0.64/0.58	1.32/0.90	0.71/0.76	3.41/0.40	0.29/0.57	3.98/0.59	1.07/0.39	0.77/0.45
	岱山保障房片区	6.90/0.69	2 100/0.45	395/0.19	0.62/0.53	1.31/0.87	0.61/0.41	3.55/0.54	0.28/0.42	4.00/0.62	1.05/0.33	0.81/0.55
	均值	6.07/0.48	2 250/0.51	458/0.34	0.61/0.50	1.27/0.72	0.64/0.50	3.37/0.36	0.27/0.40	3.93/0.51	1.04/0.31	0.83/0.58
	标准差	0.79/0.19	861.68/0.31	62.08/0.14	0.03/0.07	0.06/0.19	0.05/0.18	0.12/0.12	0.01/0.11	0.08/0.12	0.03/0.08	0.04/0.09

资料来源：课题组关于南京市大型保障性住区居民生活环境的抽样调查数据（2020）

注：其一，表中的数值表达格式为"非标准化值/标准化值"，其中非标准化值是带有计量单位的直接测算结果，因此需要先对其进行无量纲化处理（标准化处理）而换算为可类比的无单位的纯数据，其取值范围在［－1，1］之间；其二，考虑到生活环境所涉及的多项指标包括正向指标和逆向指标（比如家庭分工首位度和家庭分工非均衡度）两类，因此还需要对逆向指标进行正向化处理[①]。

---

① 正向指标计算公式：$x_{i*} = \dfrac{x_i - x_{max}}{x_{max} - x_{min}}$；逆向指标计算公式：$x_{i*} = \dfrac{x_{max} - x_i}{x_{max} - x_{min}}$。

（1）便利性——道路密度

从不同的家庭分工模式来看,三类家庭分工模式下"生活圈"生活环境的道路密度差异很明显,其中,夫妻分工模式下的道路密度较高,说明其机动车出行的便利性也较高,而其他分工模式下的道路密度相对较低,代际分工模式下的道路密度则最低,说明其机动车出行的便利程度也最差;从不同的样本住区来看,四个大型保障房片区"生活圈"生活环境的道路密度差异也很明显,其中,花岗和岱山保障房片区"生活圈"生活环境的道路密度较高,出行便利性较高,而其他两个(丁家庄和上坊)保障房片区的道路密度相对较低。

（2）便利性——居住地最近地铁站的最短步行距离

从不同的家庭分工模式来看,三类家庭分工模式下"生活圈"生活环境的地铁出行距离差异很明显,其中,夫妻分工模式下的地铁出行距离最短,说明其地铁出行的便利性最高,而代际分工和其他分工模式下的地铁出行距离相对较长,说明其地铁出行的便利性较差;从不同的样本住区来看,四个大型保障房片区"生活圈"生活环境的地铁出行距离差异也很明显,其中,花岗保障房片区"生活圈"生活环境的地铁出行距离最短,而上坊保障房片区的地铁出行距离最长,其他两个(丁家庄、岱山)保障房片区的地铁出行距离则介于其间。

（3）便利性——居住地最近公交站的最短步行距离

从不同的家庭分工模式来看,三类家庭分工模式下"生活圈"生活环境的公交出行距离差异较不明显,其中,夫妻分工模式下的公交出行距离最短,说明其公交出行的便利程度最高,而代际分工和其他分工模式下的公交出行距离相对较长,说明其公交出行的便利性较差;从不同的样本住区来看,四个大型保障房片区"生活圈"生活环境的公交出行距离差异也较不明显,四个保障性片区的公交出行距离均较短(均小于 600 米)。

（4）便利性——公共服务设施覆盖率

从不同的家庭分工模式来看,三类家庭分工模式下"生活圈"生活环境的公共服务设施覆盖率差异很明显,其中,夫妻分工模式下的各类公共服务设施覆盖率较高,说明其生活圈的生活便利性也高,而代际分工和其他分工模式下的公共服务设施覆盖率均较低,说明其生活圈的生活便利性较差;从不同的样本住区来看,四个大型保障房片区"生活圈"生活环境的公共服务设施覆盖率差异较不明显,其中,岱山保障房片区"生活圈"生活环境的公共服务设施覆盖率最高,而其他三个(丁家庄、花岗、上坊)保障房片区的公共服务设施覆盖率相对较低。

（5）多样性——(工作、上学接送、家务、购物、休闲等)活动多样性

从不同的家庭分工模式来看,三类家庭分工模式下"生活圈"生活环境的活动多样性差异很明显,其中,代际分工模式下"生活圈"生活环境的活动多样性最高,说明其居民参与的活动较丰富多元,夫妻分工模式下的活动多样性相对较低,而其他分工模式下的活动多样性则最低,说明其居民的活动参与程度最低;从不同的样本住区来看,四个大型保障房片区"生活圈"生活环境的活动多样性差异较明显,其中,丁家庄和花岗保障房片区的活动多样性相对较低,上坊和岱山保障房片区的活动多样性则相对较高。

（6）多样性——公共服务设施混合度

从不同的家庭分工模式来看,三类家庭分工模式下"生活圈"生活环境的公共服务设施

混合度差异很明显,其中,夫妻分工模式下"生活圈"生活环境的公共服务设施混合度较高,说明其公共服务设施门类广且规模大,而代际分工和其他分工模式下的公共服务设施混合度相对较低,说明其设施类型相对较少且规模相对较小;从不同的样本住区来看,四个大型保障性住区"生活圈"生活环境的公共服务设施混合度差异则较为明显,其中,岱山保障房片区的公共服务设施混合度最高,而丁家庄和上坊保障房片区的公共服务设施混合度相对较低,花岗保障房片区的公共服务设施混合度则最低。

(7)舒适性——(根据人均面积、成套率等综合打分)住房内部设施舒适性

从不同的家庭分工模式来看,三类家庭分工模式下"生活圈"生活环境的住房内部设施舒适性差异很明显,三类分工模式下的住房内部设施舒适性普遍较低,说明保障房的诸多不足之处已导致居民对住房内部设施的满意度普遍不高;从不同的样本住区来看,四个大型保障性住区"生活圈"生活环境的住房内部设施舒适性差异较为明显,其中花岗保障房片区的住房内部设施舒适性相对较高,而其他三个(丁家庄、上坊、岱山)保障房片区的住房内部舒适性均较低。

(8)舒适性——绿地率

从不同的家庭分工模式来看,三类家庭分工模式下"生活圈"生活环境的绿地率差异较为明显,其中,夫妻分工模式下的绿地率较高,说明其开放空间规模与绿化程度较高,这也有利于提高居民生活的舒适性,而代际分工和其他分工模式下的绿地率相对较低;从不同的样本住区来看,四个大型保障性住区"生活圈"生活环境的绿地率差异也较为明显,上坊保障房片区的绿地率最高,其次是岱山保障房片区,而花岗和丁家庄保障房片区的绿地率则相对较低,总体来看,四个住区的绿地率均不低,这在某种程度上也提高了居民的生活满意度。

(9)舒适性——(根据住区环境安全、卫生等综合打分)户外环境满意度

从不同的家庭分工模式来看,三类家庭分工模式下"生活圈"生活环境的户外环境舒适性差异较不明显,其中,夫妻分工和代际分工模式下的户外环境舒适性相对较高,说明其居民对住区环境安全、环境卫生等方面的满意度较高,这也有利于提高居民生活舒适性,而其他分工模式下的户外环境舒适性较低,因此居民对住区户外环境的满意度也较低;从不同的样本住区来看,四个大型保障性住区"生活圈"生活环境的户外环境舒适性差异较为明显,其中岱山保障房片区的户外环境满意度最高,其次是上坊保障房片区,花岗保障房片区居第三,而丁家庄保障房片区的户外环境满意度则最低。

(10)均衡性——家庭分工首位度

从不同的家庭分工模式来看,三类家庭分工模式下"生活圈"生活环境的家庭分工首位度差异较明显,其中,代际分工模式下的家庭分工首位度最高,这说明各成员之间的家庭分工并不均衡,而导致部分成员的家庭分工强度偏大,夫妻分工模式下的家庭分工首位度相对较低,这说明各成员之间的分工强度相对平衡,其他分工模式下的家庭分工首位度则最低,说明其生活圈最为均衡;从不同的样本住区来看,四个大型保障性住区"生活圈"生活环境的家庭分工首位度差异较不明显,其中,上坊保障房片区的家庭分工首位度最高,丁家庄和岱山保障房片区的家庭分工首位度相对较高,而花岗保障房片区的家庭分工首位度则最低,说明其家庭分工结构较为合理,整个生活圈也更为均衡。

（11）均衡性——家庭分工非均衡度

从不同的家庭分工模式来看，三类家庭分工模式下"生活圈"生活环境的家庭分工非均衡度差异很明显，其中，其他分工模式下的家庭分工非均衡度最高，说明其生活圈最为均衡，夫妻分工模式下的家庭分工非均衡度得分较低，这说明成员之间的家庭分工差异较小，而代际分工模式下的家庭分工非均衡度则最低；从不同的样本住区来看，四个大型保障性住区"生活圈"生活环境的家庭分工非均衡度差异较不明显，其中，花岗保障房片区的家庭分工非均衡度最高，说明其生活圈最不平衡，而丁家庄和岱山保障房片区的家庭分工非均衡度相对较低，上坊保障房片区的家庭分工非均衡度则最低。

总体而言，三类家庭分工模式下"生活圈"生活环境的11个单因子水平多存在很明显差异，其中，夫妻分工模式下有2个因子（居住地最近地铁站的最短步行距离、居住地最近公交站的最短步行距离）的得分低于其他两类分工；而代际分工模式下有2个因子（道路密度、家庭分工均衡度）的得分低于其他两类分工；其他分工模式下则有7个因子（公共服务设施覆盖率，活动多样性，公共服务设施混合度，根据人均面积、成套率等综合打分的住房内部设施舒适性，绿地率，根据住区环境安全、卫生等综合打分的户外环境满意度，家庭分工首位度）的得分低于其他两类分工。

与此同时，四个大型保障性住区"生活圈"生活环境的11个单因子水平也同样存在很明显差异，其中，丁家庄保障房片区有5个因子（道路密度，公共服务设施覆盖率，活动多样性，根据人均面积、成套率等综合打分的住房内部设施舒适性，根据住区环境安全、卫生等综合打分的户外环境满意度）的得分均低于其他片区；而花岗保障房片区有5个因子（居住地最近地铁站的最短步行距离、居住地最近公交站的最短步行距离、公共服务设施混合度、绿地率、家庭分工首位度）的得分低于其他片区；上坊保障房片区则只有1个因子（家庭分工非均衡度）的得分均低于其他片区，可以说其"生活圈"的生活环境水平相对较高。

9.2.2　大型保障性住区"生活圈"生活环境的总体评估分析

除了对不同层级的指标因子进行细化分析外，还需通过对各指标因子的加权叠合，从总体层面（一级指标）来分析大型保障性住区居民"生活圈"生活环境的优劣状况，并尝试在不同家庭分工模式、不同住区层面进行对比分析（见图9-5～图9-8）。

（1）夫妻分工模式下"生活圈"生活环境的总体评估结果

从夫妻分工模式来看，"生活圈"生活环境四个维度的总体评估结果为：多样性＞舒适性＞便利性＞均衡性。

再从不同的样本住区来看，四个大型保障房片区"生活圈"生活环境的总体评估结果差异很明显，岱山保障房片区的总体评估水平＞丁家庄和上坊保障房片区的总体评估水平＞花岗保障房片区的总体评估水平。从不同样本住区的四个维度来看，其评估结果差异较不明显。其中，丁家庄和花岗保障房片区的总体评估结果较为类似：舒适性＞便利性＞多样性＞均衡性；而上坊保障房片区的总体评估结果为：多样性＞舒适性＞便利性＞均衡性；岱山保障房片区的总体评估结果则为：多样性＞便利性＞舒适性＞均衡性。

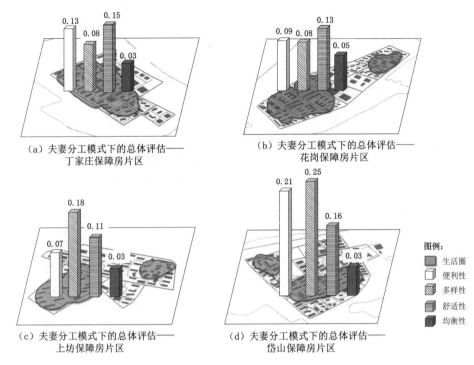

（a）夫妻分工模式下的总体评估——
丁家庄保障房片区

（b）夫妻分工模式下的总体评估——
花岗保障房片区

（c）夫妻分工模式下的总体评估——
上坊保障房片区

（d）夫妻分工模式下的总体评估——
岱山保障房片区

图9-5 夫妻分工模式下"生活圈"生活环境的总体评估结果

资料来源：笔者自绘

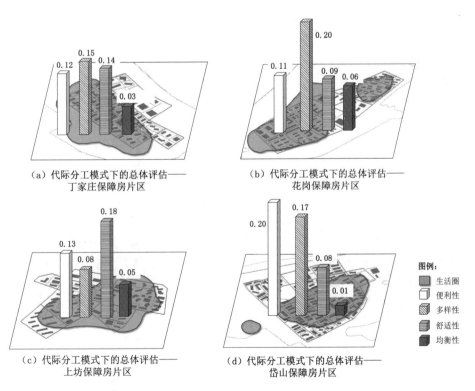

（a）代际分工模式下的总体评估——
丁家庄保障房片区

（b）代际分工模式下的总体评估——
花岗保障房片区

（c）代际分工模式下的总体评估——
上坊保障房片区

（d）代际分工模式下的总体评估——
岱山保障房片区

图9-6 代际分工模式下"生活圈"生活环境的总体评估结果

资料来源：笔者自绘

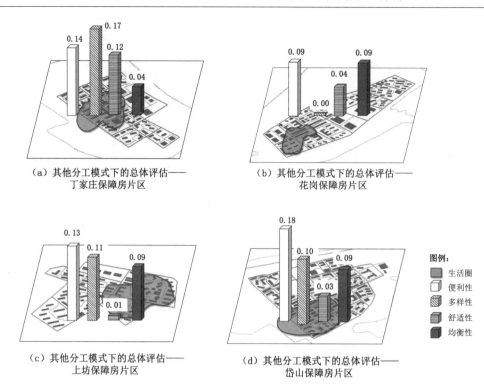

（a）其他分工模式下的总体评估——
丁家庄保障房片区

（b）其他分工模式下的总体评估——
花岗保障房片区

（c）其他分工模式下的总体评估——
上坊保障房片区

（d）其他分工模式下的总体评估——
岱山保障房片区

图 9-7　其他分工模式下"生活圈"生活环境的总体评估结果

资料来源：笔者自绘

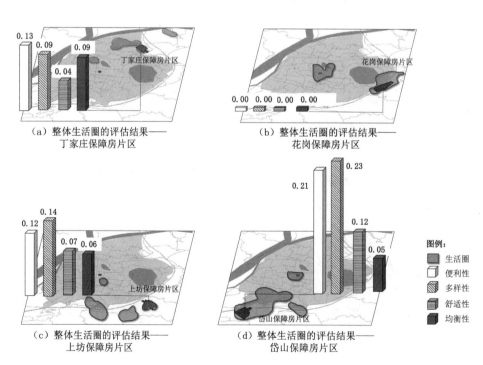

（a）整体生活圈的评估结果——
丁家庄保障房片区

（b）整体生活圈的评估结果——
花岗保障房片区

（c）整体生活圈的评估结果——
上坊保障房片区

（d）整体生活圈的评估结果——
岱山保障房片区

图 9-8　"整体生活圈"生活环境的总体评估结果

资料来源：笔者自绘

（2）代际分工模式下"生活圈"生活环境的总体评估结果

从代际分工模式来看，"生活圈"生活环境四个维度的总体评估结果为：多样性＞便利性＞舒适性＞均衡性。

再从不同的样本住区来看，四个大型保障房片区"生活圈"生活环境的总体评估结果差异很明显，花岗保障房片区的总体评估水平＞丁家庄和岱山保障房片区的总体评估水平＞上坊保障房片区的总体评估水平。从不同样本住区的四个维度来看，其评估结果的差异较不明显。其中，丁家庄的总体评估结果为：多样性＞舒适性＞便利性＞均衡性；而花岗保障房片区的评估结果为：多样性＞便利性＞舒适性＞均衡性；上坊保障房片区的总体评估结果：舒适性＞便利性＞多样性＞均衡性；岱山保障房片区的总体评估结果则为：便利性＞多样性＞舒适性＞均衡性。

（3）其他分工模式下"生活圈"生活环境的总体评估结果

从其他分工模式来看，"生活圈"生活环境四个维度的总体评估结果为：便利性＞多样性＞均衡性＞舒适性。

再从不同样本住区来看，四个大型保障房片区"生活圈"生活环境的总体评估结果差异很明显，丁家庄保障房片区的总体评估水平＞岱山保障房片区的总体评估水平＞上坊保障房片区的总体评估水平＞花岗保障房片区的总体评估水平。从不同样本住区的四个维度来看，其评估结果差异较不明显。其中，丁家庄的总体评估结果为：多样性＞便利性＞舒适性＞均衡性；花岗保障房片区的评估结果为：便利性＝均衡性＞舒适性＞多样性；而上坊保障房片区的总体评估结果为：便利性＞多样性＞均衡性＞舒适性；岱山保障房片区的总体评估结果则为：便利性＞多样性＞均衡性＞舒适性。

（4）"整体生活圈"生活环境的总体评估结果

四个大型保障性住区"整体生活圈"生活环境的总体评估结果存在很明显差异，岱山保障房片区的总体评估水平＞上坊保障房片区的总体评估水平＞丁家庄保障房片区的总体评估水平＞花岗保障房片区的总体评估水平。

再从不同样本住区的四个维度来看，其评估水平的差异较不明显，丁家庄保障房片区的总体评估水平为：便利性＞多样性＝均衡性＞舒适性；而花岗保障房的片区总体评估水平为：便利性＝多样性＝均衡性＝舒适性；上坊和岱山保障房的片区总体评估水平则为：多样性＞便利性＞舒适性＞均衡性。

9.3 大型保障性住区"生活圈"基于日常活动和出行的现存问题

前文不但从"单因子（11 个因子）—总体（4 个维度）"两个层面对大型保障性住区"生活圈"的生活环境现状进行了评估分析，还针对不同家庭分工模式、不同住区的"生活圈"展开了横向比较，从其普遍偏低的整体评分和良莠不齐的水平分析中，本节将按照"生活圈"生活环境的四个维度对其现存问题进行梳理，加之第 4～7 章的实证分析结论，可以共同为大型保障性住区"生活圈"的优化策略探讨提供基础和依据。

9.3.1 问题一：大型保障性住区居民的公共交通出行可达性较低

正如前文所述,大型保障性住区居民的出行可达性主要面临两个关键问题:居民在就业过程中面临着空间错位和供需错位,住区周边的公共交通可达性较低。

具体而言,大型保障性住区集中开发于主城边缘,对于受教育程度较低的保障房居民来说,若非待业和退休状态,往往会流向劳动密集型的服务业和制造业,于是第三产业集聚的主城区核心地段和"退二进三"政策下迁往城市外围的工业用地就成为这一群体的择业首选。其中,前者不免会给边缘化的保障房居民带来就业空间错位和就业可达性偏低的问题,后者则会因产业升级和技术密集型导向而给低教育程度的居民带来就业需求和劳动供给结构之间的错位及其结构性失业风险。

雪上加霜的是,住区周边的公共交通可达性也不甚理想,大部分住区周边的公共交通站点密度较低,居民公交出行距离也相对较远(像丁家庄和花岗两个保障房片区距离最近公交站点的步行出行距离就大于 600 米),部分大型保障性住区周边虽已有地铁一、二号线投入使用,但地铁线与住区的距离也不近,且覆盖范围有限(像四个大型保障性住区的地铁出行距离均大于 1 公里,其中上坊和岱山保障房片区甚至超过了 3 公里)。其中,公交出行便利性差集中体现在了代际分工模式下的各类群体身上,尤其是丁家庄和花岗保障房片区;而地铁出行便利性差则集中体现在了代际分工和其他分工模式下的各类群体身上,这在丁家庄、花岗、上坊和岱山四个大型保障性住区均有所体现。

9.3.2 问题二：大型保障性住区公共服务设施配套和居民日常活动类型相对有限

(1) 大型保障性住区公共服务设施类型和规模有待提高

从住区内公共服务设施的覆盖范围来看,位于主城边缘的大型保障性住区往往公共服务设施覆盖率相对较低,辐射范围也小,比如说社区周边的商业服务设施就存在着门类有限且分布密度低的普遍现象(如丁家庄和上坊保障房片区的商业服务设施覆盖率均小于40%),导致居民的购物活动和休闲活动的时空可达性较差,日常活动也贫乏而单调,若要前往商业服务设施门类更丰富、等级更高的主城区,该群体的购物和休闲出行则会受到时间和空间的强制约,这一点在花岗保障房片区体现得尤为明显。再比如说城市教育资源分布的不均衡(如四个保障房片区的教育设施覆盖率就低于50%),优质教育资源集中的主城区和教育资源相对有限的大型保障性住区意味着许多学龄儿童的上学活动会受到强时间和空间的制约。此外,被外围绕城公路所分割包围的大型保障性住区和其他住区之间往往也难以形成设施共享,从而导致其居民日常活动空间的狭小和生活品质的下降。

(2) 大型保障性住区居民的日常活动类型受到一定约束

大型保障性住区的居民主要包括城市拆迁户、农村拆迁户、外来租赁户、双困户、购买限价商品房居民五大类群体,从事的多是低技术含量和低声望的职业,采取的也多是长时间、长距离的工作模式。据调研数据显示,城市拆迁户和购买限价商品房居民中有超过

40%、农村拆迁户和外来租赁户中有超过 25%、双困户中有超过 35% 的居民工作时长都大于 8 小时,通勤出行距离也都超过了 5 公里,因此受到工作活动和通勤出行的强时空约束,而不得不压缩其非工作活动及其出行。若进一步分析还会发现,大型保障性住区居民的日常活动多样性较低并主要反映在夫妻分工模式下的各类群体身上,且以丁家庄和上坊两个保障房片区最为显著,其居民在夫妻分工模式下由于受到工作活动和通勤出行的强时空约束,日常活动(尤其是非工作活动)的多样性不断被削弱,像上述片区中夫妻分工模式下的工作时长占比均超过了 40%(10 小时左右),而休闲活动的时长仅占 10%(2 小时左右)。

9.3.3 问题三:大型保障性住区的居住条件满意度不高

大规模的保障房建设确实有效解决了城市中低收入家庭的居住问题,但是在取得积极成效的同时,批量化开发和快速化推进也会造成该群体的居住条件同城市一般居民相比处于一定的劣势地位。

具体到南京市的抽样调研也表明,大型保障性住区的居民同样面临着"住有所居,但不宜居"的问题。在住房户型方面,该群体的户型呈现出"以 65~80 平方米的中小套户型为主"的特征,其中城市拆迁户和农村拆迁户均以中小户型为主,外来租赁户和双困户均以小户型为主(居住面积最小),而购买限价商品房的家庭则以中等户型为主(居住面积最大)。在人均面积方面,大型保障性住区居民也呈现出"低人均居住面积占主导"的特征,五类群体的人均居住面积均小于 30 平方米,甚至外来租赁户和双困户还缺乏必要的住房设施配套(如缺少天然气)。若进一步分析还会发现,大型保障性住区居民的低住房内部设施舒适性集中体现在了夫妻分工和其他分工模式下的各类群体身上,尤其是丁家庄和花岗保障房片区。

9.3.4 问题四:大型保障性住区居民的家庭分工均衡性不足

"家庭"是个体行为选择过程中的重要决策环境,以"家庭分工"为主体的调节机制往往会倾向于通过充分配置人力资源、物质资源和时间资源等来稳固家庭内部秩序,即:让家庭内部各类活动和相关出行在动态调适之中始终趋向于保持最佳状态和供需均衡,以实现家庭综合福利的最大化。但在现实中,受限于外部环境和家庭内部资源等多重约束,大型保障性住区居民的家庭分工通常会面临结构不合理、家庭成员间差异较大的非均衡问题。

据前文调研统计和实证分析,同一家庭中成员日常出行参与率的平均水平为 37.5%,其中父方的出行参与率为整个家庭的最高值(61.3%),而老人的出行参与率为最低值(35.0%),二者间的差距达到了失衡的 1.6 倍;与此同时,同一家庭中父方的家务活动强度最小(小于 2 小时),而老年人的家务活动强度最大(大于 5.5 小时),二者之间的差距也达到了失衡的 2~3 倍。这种现象主要集中反映在夫妻分工模式下的家庭中,尤其体现在丁家庄和花岗两个保障房片区。

9.4 大型保障性住区"生活圈"的优化策略

根据大型保障性住区"生活圈"生活环境在便利性、多样性、舒适性、均衡性四方面所存在的问题,进一步挖掘和总结其 6 个方面的成因,并为此交织和推导出包括政策、经济、文化、空间方面在内的"生活圈"综合改善策略(见图 9-9)。

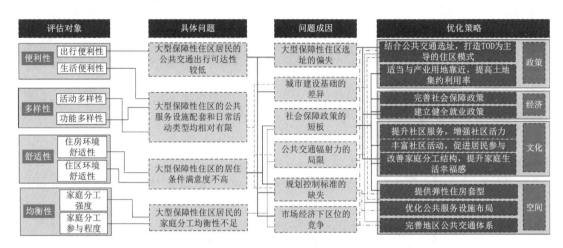

图 9-9 大型保障性住区"生活圈"生活环境目前面临的问题

资料来源:笔者自绘

9.4.1 政策层面:优化大型保障性住区选址,构建差异化的住房保障

关于保障性住区选址的研究成果已相对丰富,尤其对于选址边缘化的大型保障性住区来说,既然区位的选择由于种种原因短期内无法产生根本性改变,那么不妨借鉴中国香港和新加坡的做法和经验,对既有的区位条件加以改善和提升。

(1)结合公共交通选址,打造 TOD 为主导的住区模式

一方面,借鉴中国香港的实践经验,以连接主城的大容量和快线地铁为主轴和依托,通过公共交通(公交、轻轨)将居住社区中心和地铁站点相连,以解决居民最后 1 公里的出行难题(见图 9-10)。在这一选址模式下,居民的出行需求就可以简化为:先乘坐接驳公共交通从居住社区中心到达地铁站点,再从地铁站点前往城市中心,便捷而顺畅。

另一方面,考虑到轨道交通发展对沿线 300~1 000 米内的房地产开发具有明显的辐射拉动效应[1],在此基础上结合居民能忍受的步行出行时间(大约在 15 分钟之内),不妨在地铁沿线距离地铁站点 15 分钟的步行范围之内择址建设高强度高密度的保障性住区。

因此,根据南京市大型保障性住区所面临的公共交通出行距离远的问题,上述两类选

---

[1] 赵晓旭. 基于轨道交通建设的西安市保障性住区空间布局策略研究[D]. 西安:西安建筑科技大学,2016.

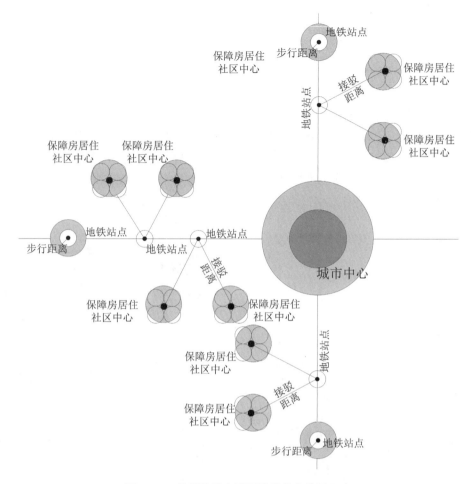

图 9-10 地铁沿线大型保障性住房选址示意

资料来源：笔者根据杨靖,张嵩,汪冬宁.保障性住房的选址策略研究[J].城市规划,2009,33(12)：53-58 改绘

址方案均会有效提升保障房的区位条件,这也就意味着城市地铁线及其站点的规划和保障房的选址开发之间需要建立一类双向耦合的关联,其中居住社区中心和地铁站点的接驳工具还可以考虑采用公交车、轻轨、共享单车等多元方式,来解决最后 1 公里问题。

（2）适当与产业用地靠近,提高土地集约利用率

适当与产生用地靠近,实质上源于"发挥土地功能混合和高效使用"的规划理念：将不同的城市功能聚集在一定的地域空间内,不但可以提高土地利用效率和社区活力,还可以通过提高就业可达性和通勤效率来提升居民的生活便利程度。目前,这一规划理念已经在中国香港和新加坡得以实践,其具体做法如下：

借鉴中国香港的经验[1]——将居住功能与无污染工业、第三产业有效混合,并在工业园区就近划出部分土地进行保障房建设（见图 9-11）,南京市大型保障性住区也可以结合小部

---

[1] 姜秀娟,郑伯红.谈国外及香港地区保障性住房对我国的启示[J].城市发展研究,2011,18(3)：20-22.

分工业用地统筹布局,将无污染工业、第三产业同居住功能适当混合。这一方面可以实现职住平衡,为大型保障性住区部分居民就近提供充足的就业机会,同时也可以促进城市边缘的产业发展,提升周边社区活力;另一方面则可以为居民增加额外收入,即充分利用以产业用地为依托的"房租经济",大型保障性住区居民(主要针对城市拆迁户、农村拆迁户)可以将其闲置的房屋出租给工业园区中企业的职员,在有效改善保障房中低收入群体经济收入状况的同时,也可满足周边大量企业外来人口的住宿问题。

借鉴新加坡的租屋区经验①——按照新镇标准来规划租屋区,新镇内部不但拥有完备的公共服务设施,同时还预留了10%~20%的土地用于工业设施配套来解决居民的就业问题②(见图9-12),南京市大型保障性住区同样可以结合新城区建设和产业布局,于新城(区)周边引进一些无污染的劳动密集型工业,像食品加工厂、电子配件制造厂等,从而促进新城(区)一带(包括保障房在内)的产业发展、产城融合和职住平衡。

图 9-11　中国香港粉岭上新城粉岭区工业和
居住用地的混合布局

资料来源:郭蔚.与城市化共生:可持续的保障性住房规划与设计策略[M].南京:东南大学出版社,2017.

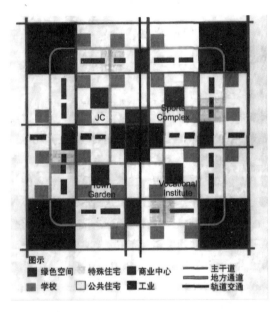

图 9-12　新加坡租屋的"棋盘式"结构模式

资料来源:李琳琳,李江.新加坡组屋区规划结构的演变及对我国的启示[J].国际城市规划,2008,23(2):109-112.

9.4.2　经济层面:完善社会保障,建立健全就业政策

通过创造积极的政策环境和加强顶层设计,可以有针对性地解决大型保障性住区居民的社会保障和就业等重要问题,具体策略如下。

①　郑思齐,张英杰.保障性住房的空间选址:理论基础、国际经验与中国现实[J].现代城市研究,2010,25(9):18-22.

②　杨靖,张嵩,汪冬宁.保障性住房的选址策略研究[J].城市规划,2009,33(12):53-58.

（1）完善社会保障政策

社会保障体系的健全和落实是保障房居民对美好生活向往的重要内容之一,因此建立完备的以养老保险、医疗保险、失业保险、工伤保险、生育保险五大社会保险为核心的社会保障体系,既能保障居民获得基本的生存权与发展权,又能促进社会稳定和健康发展。在此基础上,考虑到南京市大型保障性住区内部居民构成的多样化(聚居了农村拆迁户、城市拆迁户、购买限价商品房居民、外来租赁人员、双困户等),我们可以针对不同的弱势群体,建立差异化的大型保障性住区居民的社会保障标准,具体体现如下(见图9-13)。

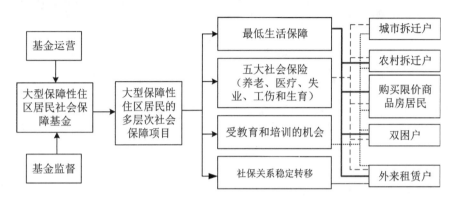

图 9-13　大型保障性住区居民社会保障体系

资料来源:笔者自绘

其一,面向大型保障性住区居民建立必需的社会保障基金。这一基金保障制度的建立通常会涉及基金来源和基本运营两个方面。其中,基金主要来源于政府拨款、基金运营收入以及慈善机构的捐赠等,此外对于拆迁户来说,土地补偿安置费也可作为基金来源之一。对于基金运营而言,也可以借鉴国际经验,像智利对于社会保障基金的投资运营即采取了"限量监管"模式,即:一方面,由政府设立法律体系对公司的进出入市场、投资项目和所占比例进行权威监管,以确保公司的稳健运营;另一方面,政府还确立了最低收益率原则,要求基金的投资收益必须达到一定的水平方可投入运营①。

其二,面向大型保障性住区居民建立多层次的社会保障项目。首先,建立最基本的保障项目,主要包括基本社会保险(养老保险、医疗保险、失业保险、工伤保险、生育保险)和最低生活保障,确保大型保障性住区居民基本的生存权;其次,再进一步完善教育和职业培训项目,以保障居民必要的发展权;最后则需要建立差异化的保障体系,如针对大型保障性住区群体中仍受户籍制度影响的外来租赁户,就需要有的放矢地通过社会保障项目来解决其社保关系转移接续难等特殊问题。在多层次社会保障体系的建设方面,有不少发达国家和我国部分城市都面向弱势群体取得了一系列成果和积累了一定的成熟经验(见表9-2)。

---

① 刘蜜.国外社会保障基金投资运营比较分析及经验借鉴[J].珠江经济,2006(8):91-96.

表 9-2　发达国家和我国部分城市的多层次社会保障体系建设项目

国家/城市	多层次社会保障体系建设项目
德国	以养老保险为例：在原来现收现付模式的养老保险基础上引入基金累计制的企业年金，同时累加商业性养老保险，对低收入参保者实行财政补贴制，让更多的劳动者获得第二层次的企业年金
日本	以养老服务为例：私人资本作为养老机构的主要投资主体，能够得到政府财政支持并实现稳定的和适度的收益目标，老年人则可以从中获得普惠性的养老服务。 以教育福利为例：日本所有幼儿园（包括私立幼儿园和公立幼儿园）享受的是收费平等、服务质量同等的教育福利服务，且私立幼儿园可通过政府的相应补贴实现自己的发展目标
北京	以医疗保险为例：北京 2004 年出台的《北京市外地农民工参加基本医疗保险暂行办法》指出，农民工个人的医疗保险费用完全由用人单位缴纳，农民工既不需要建立个人账户，也不需要计缴费年限，并且可以在缴费当期享受相关待遇
上海	以失业保险为例：非正规群体组织缴纳社会保险的费率可低于正规单位，其中失业保险以 1% 的费率缴纳，也比正规企业低 2%。 以工伤保险为例：非正规群体在工作中造成的人身伤害、财产损失或是自身伤害致残者，可以申请保险理赔，其保险费则由上海市就业基金和个人分别承担 50%

资料来源：笔者根据郑功成. 多层次社会保障体系建设：现状评估与政策思路[J]. 社会保障评论,2019,3(1)：3-29；贾丽萍. 非正规就业群体社会保障问题研究[J]. 人口学刊,2007(1)：41-46；彭宅文,乔利滨. 农民工社会保障的困境与出路：政策分析的视角[J]. 甘肃社会科学,2005(6)：173-177 整理

（2）建立健全就业政策

调查结果表明，大型保障性住区居民多呈现出"以初中及以下学历为主的低教育程度"特征，且五类群体之间也存在明显差异。城市拆迁户的居民学历主要集中在初中及以下、中专或技校或是高中，农村拆迁户以文盲、初中及以下学历为主，双困户和外来租赁户以初中及以下学历为主，购买限价商品房居民的学历则普遍较高，以大专或本科学历为主。这就导致大部分居民受文化水平的制约，只能从事一些低技术含量的劳动密集型服务业，而不得不承受和主城区密集服务业之间的长距离、长耗时通勤。因此，可以从以下三方面入手改善其就业境况：

其一，加强大型保障性住区居民的从业技能培训。通过向该类住区居民（主要针对双困户、农村拆迁户、外来租赁户）提供免费培训的机会或是发放"培训券"，以提高其适应生产自动化、建筑工业化等行业的用工需求，有效推动这类群体的就业率增长和就业模式多元化，进而提高大型保障性住区居民的就业率和收入水平。像美国[①]就要求各个州为低收入群体提供就业指导和培训，让其通过自主就业逐渐获取生活和就业自信；而日本则是通过设立职业安定所对就业困难群体实行一对一培训，直至找到合适的工作，日本同时还通过工作卡制度的推行，让求职者可以将自己的职业爱好、优缺点等内容进行登记，以提升自身的工作意识；同样，欧洲也在 2014—2020 年设立了至少 840 亿欧元的社会基金，其中大部分用于帮助弱势群体再就业，其扶持内容主要包括改善技能培训、提高就业服务效率[②]。

其二，鼓励大型保障性住区居民自主创业和自主择业。这主要是针对拥有个体经营、开办企业经验和意愿的群体。首先，考虑到这类群体对市场信息的把握不尽全面准确，可为其在社区建立就业或是创业信息公告栏，及时发布各个行业动态和市场信息，增强该类群体的劳动力市场敏锐度；其次，为该类群体制定积极的信贷政策，同时在申请个体经营、

---

① 谢佳慧. 保障房对居民消费和就业的影响研究[D]. 大连：东北财经大学,2018.

② 杨胜利. 转型期我国劳动力资源优化配置研究：以上海为例[M]. 北京：人民出版社,2015.

场地等方面提供优惠政策;最后,为该类群体出台创业资金扶持办法,全力落实各类创业扶持政策,提供创业融资新路径,并从该类群体中定期评选"创业标兵"和"微创业典型",开展创业人物的宣传活动,从而激发该类群体的创业热情①。就如美国促进低收入群体就业的具体项目——"社区服务固定拨款项目",该计划每年大约资助 40~45 个项目,最大拨款额度为 70 万美元,并通过向社区发展机构拨款来资助企业孵化基地、购物中心、制造业和农业创新等大小项目,进而为低收入群体创造新的就业岗位与商业机会②。

其三,为大型保障性住区居民提供就业机会。该策略主要是针对这类低受教育水平群体(如农村拆迁户、外来租赁户)增加就业渠道:一方面大力发展制造业,针对该类群体自身素质和受教育水平情况,通过和住区周边的制造企业签订用人协议,将农村拆迁户和外来租赁户纳入其就业市场;另一方面则是大力发展服务业,因为第三产业往往是一个城市创造就业机会的最大"容器",而劳动密集型服务业更是吸纳大型保障性住区居民就业的重要渠道和重要行业之一(见图 9-14)。像伦敦新金融中心金丝雀码头在更新过程中就有意保留了三组低收入住宅小区(形成住区结合产业布局模式),同时为该类住区居民提供就业培训,并同新金融区的低技术企业签订了一系列用人协议,以解决住区低收入居民的就近就业问题;

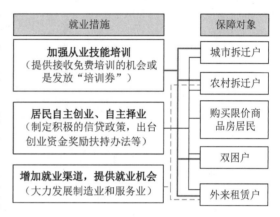

图 9-14　大型保障性住区居民的就业政策

资料来源:笔者自绘

中国香港地区则是将居住功能与无污染工业、第三产业有效混合,不但为公屋居民提供了对口的就业机会,还可满足其职住平衡的生活需求。

9.4.3　文化层面:丰富住区文化建设,构建和谐社区和幸福家庭

家庭是大型保障性住区居民日常活动和出行的起讫环境,社区是其参与社会活动的第一大空间,因此家庭和社区在引导大型保障性住区居民的日常行为方面具有关键性作用,可以由此视角切入和探讨该群体日常活动和出行的实践策略,促进其"理想生活圈"的构建,具体包括:

(1) 提升社区服务,增强社区活力

社区服务是指通过社会组织为社区居民提供福利性和公益性服务,以满足居民的物质文化需求③,具体体现为:

其一,完善社区服务人员的队伍建设,设立以社区居委会为中心的社区服务工作站,引进专业的社区工作人员,还有针对不同群体的多元需求来设置专业服务平台,如针对老年

---

① 刘佳.大城市失地农民的空间安置与社会融合解析:以南京市失地农民安置区为例[D].南京:东南大学,2017.
② 苏江丽.美国促进低收入群体就业的政策与实践[J].理论探索,2010(3):124-127.
③ 刘佳.大城市失地农民的空间安置与社会融合解析:以南京市失地农民安置区为例[D].南京:东南大学,2017.

人、残疾人等的社工服务岗,又如针对外来租赁户、双困户等群体的服务岗。

其二,设置社区对口服务机构和组织,如针对大型保障性住区居民中的老年人、儿童,可以设立社区老年人或儿童活动中心;针对运动需求者,则可以开设居民健身馆。

其三,拓展社区服务的资金来源,一方面通过社会机构(如企业、基金组织)对大型保障性住区居民的帮扶投入而获得资金支持;另一方面则是通过社区服务项目收取和筹集适当费用,如针对社区中不同群体的实际需要对口开设服务项目(像小孩课后服务中心、社区食堂等),并从中获取社区服务所需的部分经费和资金支持(见表9-3)。

表9-3 大型保障性住区文化建设中推荐的社区服务项目

项目类型	社区服务项目	具体工作	适用范围和适用对象
完善社区服务人员的队伍建设	社区服务工作站	形成以社区居委会为中心的社区服务工作站,包括治安调解委员会、卫生计生委员会、福利保障委员会、妇青老年委员会等	丁家庄、花岗、上坊和岱山保障房片区的所有群体
	专业服务平台	为社区居民提供社会福利、就业、合法权益保障、民事调解、流动人口管理等服务	丁家庄、花岗、上坊和岱山保障房片区中的老年人、残疾人、儿童或是外来租赁户、双困户
设置社区对口服务机构和组织	日间活动中心	为老年人或是儿童提供文化、教育、科普活动和精神文明创建等场地	丁家庄、花岗、上坊和岱山保障房片区的老年人或是儿童
	健身房	为居民提供活动场地如游泳馆、健身房等	丁家庄、花岗、上坊和岱山保障房片区中的运动需求者
拓展社区服务的资金来源	小孩课后服务中心	为儿童提供兴趣班、辅导班等服务	丁家庄、花岗、上坊和岱山保障房片区的儿童
	社区食堂	为居民提供早、中、晚三餐服务	丁家庄、花岗、上坊和岱山保障房片区的所有群体
引入公益组织	居家养老定点上门服务	为老年人提供日常照料、送餐、康复等上门服务	丁家庄、花岗、上坊和岱山保障房片区的老年人
	社区医疗保健服务	为居民提供康复、医疗、保健等服务	丁家庄、花岗、上坊和岱山保障房片区的所有群体
	社区环境维护服务	为社区内公共环境的安全、绿化、市政设施维修等提供服务	丁家庄、花岗、上坊和岱山保障房片区

资料来源:笔者自绘

(2)丰富社区活动,促进居民参与

社区活动对于促进大型保障性住区居民参与日常活动和出行有正面影响,尤其可以通过社会文化类活动来增强居民同社区的互动强度,进而增加社区活力,主要包括:

其一,开展社区文化活动。通过开展文化活动增强居民的社区归属感和传递社会主流文化,如开展"健康知识讲座""合唱表演"等活动,同时定期组织舞蹈、话剧等演出,这些活动均是为了树立积极向上的价值观,便于形成和谐的社区文化氛围。需要注意的是,居民只有主动参与各类活动才能实现文化活动的有效价值,因此在活动内容的设置上既要考虑传统文化与现代文化的融合,也要充分顾及大型保障性住区居民能普遍接受的大众文化。像广州市就不但在保障房小区内组织住户观看影片《救火英雄》,引导住户在遇到突发灾情时知道如何自救和救人等,以强化居民的消防安全观念,还不定期地组织游园活动,现场安排了猜灯谜、灯笼 DIY 等喜闻乐见的文化活动,丰富了保障房居民的业余生活和社区文化气氛[①②]。

其二,鼓励居民参与社区自治。通过吸引大型保障性住区居民自愿加入,通过依法自治,引导大型保障性住区居民积极参与社区活动和公共事务,做到"需求由居民提出、活动有居民参与、成效让居民评判"[③]。这不但可以提升居民对社区的认同感以及对社区事务的关心,提高居民的社会参与意识,还可以充分发挥居民的潜能,培育其参与社区管理的能力。比如说著名的"巴基斯坦卡拉奇的低收入社区卫生设施建设"项目,就是在社区自治组织下自力更生地启动铺设下水管、住宅改造、家庭健康与卫生咨询、就业培训和小额贷款等项目与活动,极大地促进了社区发展[④]。再比如说美国大型保障社区建设中的"居住社区协会",这个由房地产开发商发起的"业主协会"作为一家民间自治机构,主要负责大型保障社区中一切事务的管理,不但包括社区物业的公共部分(如街道、停车场、球场、游泳池等),还需负责物业管理条例(包括住户是否可以在室外晾晒衣物、住户粉刷外墙需要的涂料颜色等)的起草和拟定[⑤]。

(3) 改善家庭分工结构,提升家庭生活幸福感

家庭作为大型保障性住区居民日常活动和出行的重要决策主体,往往通过调配内部成员分工来平衡居民的日常活动和出行时空模式,以实现家庭综合福利的最大化。因此,合理的家庭分工结构对于提升家庭生活幸福度而言意义重大,主要措施包括:

其一,确立家庭成员合理的分工模式(各司其职)。通常是由父母双方参与生存型活动(工作活动)来保证家庭最基本的生存需求,由老人帮忙分担维持型活动(家务、购物、上学接送活动)以维系维持家庭生活方方面面的正常运行,且尽量让所有成员都能参与自由型活动来提高整体生活质量。像南京样本住区中"均衡性较高"的家庭,日常活动的平均家庭分工强度统计分别为(儿童暂不参与统计和比较):生存型活动(父方占比为 56.4%、母方占比为 43.6%、老人占比为 0)、维持型活动(父方占比为 13.3%、母方占比为 34.5%、老人占比为 52.2%)、自由型活动(父方占比为 29.4%、母方占比为 29.0%、老人占比为 41.6%),其日常出行的家庭分工率经调研也存在一个相对适宜的分配区间,这算是为类似家庭合理的分工模式提供了一定的参考标准(见表9-4)。

其二,重点针对核心家庭(父母+小孩三人、夫妻二人)适度引入社区服务等外部力量。当家庭劳动分工资源不足时,可以依靠社区提供的服务(如在社区提供的食堂就餐,参与社区提供的儿童课后辅导等)来减少家务活动总量,社区则会在相关经费上提供一定的减免或是补贴,这一策略对于丁家庄和花岗两大保障房片区家庭比较适用,其中丁家庄的核心家庭占比为 57%,低家庭分工均衡性的占比也高达 43%,而花岗的核心家庭占比为 41%,低家庭分工均衡性的占比更是达到 49%。

① 本刊讯.保障房小区举办"贺中秋 迎国庆"游园活动[J].房地产导刊,2014(10):24.
② 本刊讯.消防教育影片走进广氮花园保障房小区[J].房地产导刊,2014(10):25.
③ 陈紫微.不同类型保障房社区居民的社会融合研究:以杭州市为例[D].杭州:浙江大学,2022.
④ 王郁.城市低收入社区参与型改造的理念与实践:发展中国家的经验和启示[J].城市问题,2006(5):56-61.
⑤ 葛斌.上海大型保障房社区治理研究[D].上海:复旦大学,2013.

表 9-4　大型保障性住区中"均衡性较高"家庭的活动分工强度和出行参与率一览表

活动/出行类型	日常活动的家庭分工强度			日常出行的家庭分工参与率		
	父方	母方	老人	父方	母方	老人
生存型活动/出行	9.7 小时 (56.4%)	7.5 小时 (43.6%)	0(0)	58.2%	41.8%	0%
维持型活动/出行	1.5 小时 (13.3%)	3.9 小时 (34.5%)	5.9 小时 (52.2%)	22.0%	25.0%	53.0%
自由型活动/出行	12.8 小时 (29.4%)	12.6 小时 (29.0%)	18.1 小时 (41.6%)	24.0%	30.0%	46.0%
家庭分工结构图解						

资料来源：笔者自绘

9.4.4　空间层面：系统应对不同群体需求，提供差异性的设施空间布局

（1）提供弹性住房套型

大型保障性住区涉及城市拆迁户、农村拆迁户、外来租赁户、双困户、购买限价商品房居民等多类群体，不同群体对于住房有着明显的差异性需求，像农村拆迁户就多会选择适合多代居住的大套住房，外来租赁户则更倾向于经济实惠的小户型；同时，不同家庭分工模式下的群体住房需求彼此间也存在差别，比如说其他分工模式下的独居户就偏好空间灵活又经济实惠的小户型。因此，我们需根据不同群体和不同家庭分工模式的居民社会特征和生活习惯，为大型保障性住区提供多元化的、多层次的住房套型及其设计来满足差异化需求，具体包括：

其一，面积控制与功能合理分配。保障性住宅的面积通常是按照最低标准来控制，但也不能无限制地降低标准，同时也不宜全面超出推荐面积标准，而需以满足居民基本的居住需求为度；同时为确保每个户型都有相对均衡的日照面和采光面宽，建议合理确定套型的设计开间和进深，让每户至少拥有一个至一个半面宽的日照面，以满足每户的通风和采光需求。这两方面可以参照《住宅设计规范》（GB 50096—2011）执行，其对住宅内部空间使用的最低标准、通风采光等卫生要求均做出了明确规定，同时也可根据国际上的相关标准作为比照和参考（见表 9-5）。

其二，户型设计的灵活性。首先要考虑大型保障性住区内部居民构成的多样化，还有不同家庭分工模式的影响，其势必会在生产、生活方式上表现出一定的差异，同时在设计上还需兼顾各类群体家庭结构、经济条件的影响。因此，住房套型的提供不仅要满足当前普适性的居住需求，还需要适应多样化群体的特定使用特征（见表 9-6）。

表9-5　各个国家相关规范确定的住宅内部使用空间的最低面积标准和卫生要求

住宅内部空间类型		最低使用面积标准（平方米）				
		中国	印度	日本	美国	国际住房与规划协会
卧室	双人卧室	9	12.27	—	每人至少24.66～37.20平方米建筑面积，每户必须有起居室、厨房、个人浴室，每两人必须有一间卧室	14
	单人卧室	5	—	每个成年人的建筑面积标准为：最低是5.22平方米，平均为6.22平方米，最佳10.22平方米，小孩减半	8		8
	兼起居的卧室	12	10.49		14		—
起居室		10	—		13		18
厨房		3.5	—		6		6
卫生间		2.5	—		—		4

资料来源：中华人民共和国住房和城乡建设部，中华人民共和国国家质量监督检疫总局. 住宅设计规范：GB 50096—2011[S]. 北京：中国建筑工业出版社，2011.

郭为公. 关于城市住房的居住基本标准[J]. 世界建筑，1994(2)：19-22.

表9-6　大型保障性住区住房多样化的平面布局类型及其特点

类型	使用范围和使用对象	住宅方案特点	平面图
"多代居"户型设计	适用于年轻的夫妇和年迈的老人所组成的"多代居"的大家庭，可应用于农村拆迁户、城市拆迁户、外来租赁户和购买限价商品房家庭中	拥有三室一厅（包括主卧、两个次卧、厨房、客厅、卫生间、阳台），室内空间充足，适合年轻夫妇和老年人居住在一起，且主卧内设置专用卫生间，可满足多代居住的多重生活需要	
"双人居"户型设计	适用于核心家庭（夫妻二人，夫妻和孩子），可应用于农村拆迁户、城市拆迁户、外来租赁户和购买限价商品房家庭中	拥有两室一厅（包括主卧、次卧、厨房、客厅、卫生间、阳台），室内空间相对较小，但分区较为清晰，可满足夫妻二人，夫妻二人和孩子构成的核心家庭居住需求	

（续表）

类型	使用范围和使用对象	住宅方案特点	平面图
"公寓"户型设计	适用于独居个体，可应用于双困户、城市拆迁户、农村拆迁户、外来租赁户、购买限价商品房家庭中	拥有一个一居室套型，包括卧室、卫生间、阳台，以及一个可以多种分割、做多种用途的开敞空间（可以作为厨房、次卧或餐厅），弹性满足居民的基本生活需求	
"出租型"户型设计	有多余面积供出租谋利，可应用于农村拆迁户和城市拆迁户中	由两小套户型组成：其一是住户居住的三房两厅的大套，用于自住；其二是一室一厅小套，配有独立厨卫，可用于对外出租	

资料来源：笔者自绘

（2）优化公共服务设施布局

新版国标中将"生活圈"作为居住区规划和设施配置的核心对象，更加强调以居民行为需求为核心来配置面向不同人群的多样化服务要素，从而实现基本公共服务设施的均等化。但现实中，住区往往在公共服务设施配置方面存在这样或那样的问题，尤其以城市边缘的大型保障性住区最为突出。因此，基于"生活圈"的大型保障性住区的设施配置，应更多地从供应方式和配置标准两个方面展开，具体如下：

其一，根据设施特点和属性采取多元化的供应模式（见图9-15）。首先，可根据设施种类将其划分为必备型（教育、医疗、商业、市政等设施）和提升型（文化、体育等设施）两大类；其次，根据设施是否营利还可将其划分为营利性（商业、经营性文化和体育等设施）和公益性（教育和医疗等设施）两大类；最后，根据这些设施的特点和属性，经交叉组合后可以分类确定其供应模式分别为：必备型设施中的公益性设施需要严格控制各项建设指标，并由政府主导对其进行严格监督和管理；提升型设施中的公益性设施可以采取民间投资建设和政府政策支持相结合的做法；提升型设施中的营利性设施可以采取政府委托之下的市场运营模式，即通过私营资本的参与，来丰富公共服务设施供给类型、提升供给质量和服务效益；必备型设施中的营利性设施则主要由民间

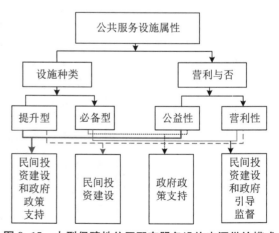

图9-15 大型保障性住区配套服务设施来源供给模式

资料来源：刘佳. 大城市失地农民的空间安置与社会融合解析：以南京市失地农民安置区为例[D]. 南京：东南大学，2018.

投资建设,但同时也需要政府的宏观调控和引导监督,以避免市场机制所造成的设施规模偏小和供应不足问题,它实质上属于一种政府控制下的市场主导模式。

其二,按照居民多元分异需求优化住区设施配置。公共服务设施配置需要以居民实际需求为导向和配套标准修正参数,来构建差异化的配置标准:一方面,以居民需求偏好作为设施供给决策的主要依据,来提升公共服务设施的供给效率;而另一方面,则需要根据片区内主要的住房类型、人口来源、年龄构成、经济收入水平、文化水平等社会属性,有针对性地增减各类设施的配套标准(包括设施配置内容、规模、空间布点等),兼顾设施供给的效率与公平①。就南京市大型保障性住区而言,不同的住房群体便在公共服务设施的需求上存在着明显差异,比如说城市拆迁户和购买限价商品房居民由于受教育水平和收入相对较高,其对于商业设施等级、体育设施和教育资源配备标准的要求就会相对偏高(岱山保障房片区因优质教育资源不足而出现跨区就学现象),而农村拆迁户、双困户和外来租赁户的配套要求则偏低,同时调研还发现五类群体都呈现出对医疗设施等级的高需求……因此,根据四个大型保障性住区居民的实际需求,可以对现状公共服务设施的配置标准做出适当的增减或是优化(见表9-7)。

(3) 完善地区公共交通体系

根据交通规划要求,南京市未来将致力于构筑"轨道主导、双快引导"的城市交通主骨架,其公共交通建设理念为:形成以轨道交通为主导、常规交通为辅助的公共交通系统。根据目前四个大型保障性住区居民日常活动和出行所面临的问题,此理念同样适用于上述大规模住区的公共交通系统建设。为提高其居民的生活品质和出行便利性,可采取的具体策略如下:

其一,增设主城区和大型保障性住区之间的轨道连接线(如地铁、BRT 等),以提升两者之间的交通联系度,满足居民的长距离出行需求。

其二,增加住区周边的公共交通站点,如公交站点可满足居民 5 分钟内步行可达,而地铁站点可满足 10 分钟内步行可达;同时增补公交线路,尤其是大型保障性住区与主城区的公交线路。

其三,提升各个公交站点同自行车和小汽车的衔接性,形成以地面公交为主、共享单车为辅的公共交通网络(见图9-16),使大型保障性住区可以通过多样交通方式的选择和组合,来满足居民的短距离便捷出行需求。

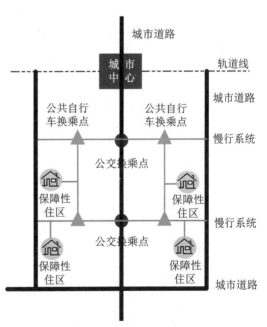

图 9-16　公交、自行车、步行换乘系统

资料来源:笔者根据华芳,王沈玉. 公交导向的新区规划建设:以杭州艮北新区公交社区规划建设实践为例[C]//多元与包容:2012 中国城市规划年会论文集. 昆明:云南科技出版社,2012:1-18 改绘.

---

① 汤林浩. 南京市保障性住区的公共服务设施供给初探:基于城市层面公共服务设施的实证[D]. 南京:东南大学,2016.

表9-7 大型保障性住区的公共服务设施配套优化表

设施类型	教育	商业		文化	医疗	市政	体育
优化措施	提高现状教育设施的配套标准	提高生活类设施的现状配置标准，丰富生活服务设施的门类，尤需增加商场、超市的网点规模和服务功能	在现状设施配套标准的基础上，扩增自助金融服务设施	按现状住区的配套标准配置即可	提高现状配置标准	提高现状配置标准同时合理配建公交站	提高现状体育设施配置标准，并有针对性地扩充娱乐设施的配置类型
项目	小学、幼儿园	菜市场、超市、理发店、洗衣店等	银行、储蓄所、信用社等	活动中心、图书馆、文化活动馆	社区卫生服务中心、社区卫生服务站、保健院、诊所等	公交站及遮阳雨棚等配套设施	运动场、乒乓球台、棋牌室、健身设施等
优化住区示例	岱山、上坊、花岗保障房片区	丁家庄、花岗保障房片区	岱山、上坊、丁家庄、花岗保障房片区	岱山、上坊、丁家庄、花岗保障房片区	岱山、上坊、丁家庄、花岗保障房片区	上坊、丁家庄、花岗保障房片区	上坊、花岗、丁家庄保障房片区

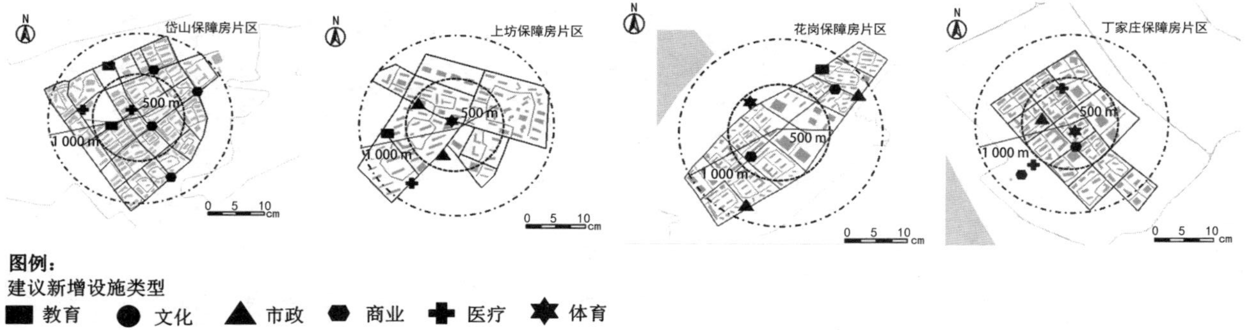

岱山保障房片区　　上坊保障房片区　　花岗保障房片区　　丁家庄保障房片区

图例：
建议新增设施类型
■ 教育　● 文化　▲ 市政　⬡ 商业　✚ 医疗　★ 体育

资料来源：笔者自绘

上文所探讨的政策、经济、文化和空间策略,实质上也是构成"理想生活圈"的重要基础条件,因此通过整合上述各个方面的策略方法并落图,可以尝试来抽象和建构南京市大型保障性住区居民的"理想生活圈"模式(见图9-17)。

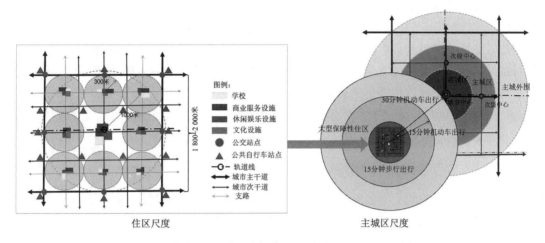

图9-17 南京市大型保障性住区的"理想生活圈"模式("主城区—住区"双重尺度)

资料来源:笔者自绘

这里需要解释的是,考虑到本研究不同的重点和特点(如大型保障性住区、活动和出行、家庭分工),大型保障性住区居民的"理想生活圈"模式建构也应反映出一定的独特性:其一,基于研究对象(大型保障性住区居民)的考量。该群体受限于自身属性和居住区位,其活动空间通常会呈现相对分离的两极化特征:近家型(以居住地为中心,出行距离通常小于8公里)和远家型(以工作地为中心,出行距离通常大于8公里),因此"理想生活圈"的空间范围也应将相对分离的"主城区—住区"以双重尺度加以叠合,才能较为完整地勾勒出保障房居民真实的"生活圈"范围。其二,基于研究主体(日常活动和出行)的考量。该类住区居民的日常活动和出行通常会选择支付成本较低的公共交通甚至步行方式来完成,因此其"理想生活圈"在双重尺度上均需要提供完善且便宜的公共交通体系,即成熟的地铁线、便捷的公交和公共自行车站点等交通换乘设施。其三,基于研究视角(家庭分工视角)的考量。该群体的家庭分工模式通常涉及夫妻分工、代际分工和其他分工三类,不同家庭分工模式下的成员各司其职来分担不同的日常活动和出行,才能共同促成家庭综合效益最大化,因此"生活圈"空间需要在双重尺度的基础上,进一步细化其合理的时空距离,即:住区尺度不仅要考虑15分钟的步行出行距离(1 000米左右,这代表的是青年人可忍受的最大步行时间),还需进一步满足5分钟的步行出行距离(300米左右,这代表的是老年人理想的步行时间),同样主城区尺度不仅要考虑机动车30分钟的出行距离(可忍受的最大出行时间[①])能否到达主城和老城中心,还需考虑15分钟的出行距离(理想的出行时间)能否进入主城。因此,综合考量上述三大独特性,可生成大型保障性住区居民的"理想生活圈"模式,具体如下:

---

① 何明卫. 城市居民的主观通勤时间界点研究[D]. 大连:大连理工大学,2017.

住区尺度上的"理想生活圈"实质上是以居民步行5分钟作为基本圈层和出行单元,以步行15分钟可满足日常基本生活需求为原则组合建构而成,同时实现公共交通、公共服务设施和公共活动空间等公共资源的均等化配置,旨在形成高便利性、丰富多样、高舒适性、高家庭分工均衡性的居民日常生活空间体系。

而主城区尺度上的"理想生活圈"则是以居民机动车出行15分钟进入主城区或是30分钟到达老城区可满足其日常活动和出行需求(主要是满足其工作活动和通勤出行)为原则,进行主城区和住区之间公共资源的共建共享,以形成高便利、丰富多样、高舒适性、高家庭分工均衡性的居民日常生活空间体系。

9.5 本章小结

基于第8章提出的大型保障性住区"理想生活圈"建构的合理路径,本章依循"生活圈的识别—生活圈的评估—生活圈面临问题—生活圈优化策略"的脉络,分析基于日常活动和出行的大型保障性住区改善策略。首先,以南京市四个大型保障性住区为实证案例,对其"生活圈"进行识别;并从"单因子—总体"两个维度对其"生活圈"生活环境进行评估分析,同时还从不同家庭分工模式、不同住区层面对其进行分析比较;最后总结和整理该类住区"生活圈"面临的主要问题及其成因,并在遵循大型保障性住区居民日常活动和出行时空特征、家庭分工模式选择的客观规律基础上,提出切实可行的优化策略和可行建议,并抽象和建构其"理想生活圈"模式。

本章结论包括:

(1)基于家庭分工模式下"生活圈"识别结果

丁家庄保障房片区:主城区尺度上的"生活圈"主要围绕着居住地和工作地而展开,并呈现出由住区至主城区和主城边缘的指向性集聚特征;住区尺度的"生活圈"则完全围绕着居住地而展开,具有一种空间集聚性和连续性。由不同的家庭分工模式来比较"生活圈"的识别范围,彼此之间存在的差异不太明显。

花岗保障房片区:主城区尺度上的"生活圈"主要围绕着居住地和工作地而展开呈多中心集聚分布;住区尺度的"生活圈"则完全围绕着居住地而展开,呈显著飞地特征。由不同的家庭分工模式来比较"生活圈"的识别范围,彼此之间存在的差异较为明显。

上坊保障房片区:主城区尺度上的"生活圈"主要围绕着居住地和工作地而展开,同样呈多中心集聚分布;住区尺度的"生活圈"则主要围绕着居住地而展开,呈团块集聚特征。由不同的家庭分工模式来比较"生活圈"的识别范围,彼此之间存在的差异较为明显。

岱山保障房片区:主城区尺度上的"生活圈"主要围绕着居住地和工作地而展开,并呈现出由住区至主城区和主城边缘的指向性集聚特征;住区尺度上的"生活圈"则完全围绕着居住地而展开,呈飞地特征。由不同的家庭分工模式来比较"生活圈"的识别范围,彼此之间存在的差异最为明显。

(2)大型保障性住区"生活圈"生活环境的单因子评估

三类家庭分工模式下"生活圈"生活环境的11个单因子水平多存在很明显差异。其中,夫妻分工模式下有 2 个因子(居住地最近地铁站的步行距离、居住地最近公交站的步行距离)的得分低于其他两类分工;而代际分工模式下有 2 个因子(道路密度、家庭分工均衡度)的得分低于其他两类分工;其他分工模式下则有 7 个因子(公共服务设施覆盖率,活动多样性,公共服务设施混合度,根据人均面积、成套率等综合打分的住房内部设施舒适性,绿地率,根据住区环境安全、卫生等综合打分的户外环境满意度,家庭分工首位度)的得分低于其他两类分工。

四个大型保障性住区"生活圈"生活环境的 11 个单因子水平也同样存在很明显差异。其中,丁家庄保障房片区有 5 个因子(道路密度,公共服务设施覆盖率,活动多样性,根据人均面积、成套率等综合打分的住房内部设施舒适性,根据住区环境安全、卫生等综合打分的户外环境满意度)的得分均低于其他片区;而花岗保障房片区有 5 个因子(居住地最近地铁站的步行距离、居住地最近公交站的步行距离、公共服务设施混合度、绿地率、家庭分工首位度)的得分低于其他片区;上坊保障房片区则只有 1 个因子(家庭分工非均衡度)的得分均低于其他片区,可以说其"生活圈"的生活环境水平相对较高。

(3) 大型保障性住区"生活圈"生活环境的总体评估

四个大型保障性住区"整体生活圈"生活环境的总体评估结果存在很明显差异。岱山保障房片区的总体评估水平>上坊保障房片区的总体评估水平>丁家庄保障房片区的总体评估水平>花岗保障房片区的总体评估水平。

再从不同样本住区的四个维度来看,其评估水平的差异较不明显。丁家庄保障房片区的总体评估水平为便利性>多样性=均衡性>舒适性;而花岗保障房的片区总体评估水平为便利性=多样性=均衡性=舒适性;上坊和岱山保障房的片区总体评估水平则为多样性>便利性>舒适性>均衡性。

(4) 大型保障性住区"生活圈"基于日常活动和出行的现存问题

根据上述对大型保障性住区"生活圈"生活环境的评估结果,总结和梳理出其在便利性、多样性、舒适性和均衡性存在的问题:其一,大型保障性住区居民的公共交通出行可达性较低;其二,大型保障性住区公共服务设施类型和居民日常活动类型均有限;其三,大型保障性住区的居住条件满意度较低;其四,大型保障性住区居民的家庭分工均衡性较差。

(5) 大型保障性住区"生活圈"的优化策略

其一,优化大型保障性住区选址,构建差异化的住房保障。结合公共交通选址,打造 TOD 为主导的住区模式;适当与产业用地靠近,提高土地集约利用率。

其二,完善社会保障,建立健全就业政策。完善社会保障政策,保障居民基本的生存权与发展权;建立健全就业政策,提升居民就业率和经济水平。

其三,丰富住区文化建设,构建和谐社区和幸福家庭。完善社区服务,提升社区活力;丰富社区活动,促进居民参与;改善家庭分工结构,提升家庭生活幸福感。

其四,系统应对不同群体需求,提供差异性的设施空间布局。提供弹性住房套型;优化公共服务设施布局;完善地区公共交通体系。

上述探讨的政策、经济、文化和空间策略,实质上也是构成"理想生活圈"的重要基础条件,因此通过整合上述各个方面的策略方法并落图,可以尝试来抽象和建构南京市大型保障性住区居民的"理想生活圈"模式。

　　住区尺度上的"理想生活圈"实质上是以居民步行 5 分钟作为基本圈层和出行单元,以步行 15 分钟可满足日常基本生活需求为原则组合建构而成,同时实现公共交通、公共服务设施和公共活动空间等公共资源的均等化配置,旨在形成高便利性、丰富多样、高舒适性、高家庭分工均衡性的居民日常生活空间体系。而主城区尺度上的"理想生活圈"则是以居民机动车出行 15 分钟进入主城区或是 30 分钟到达老城区可满足其日常活动和出行需求(主要是满足其工作活动和通勤出行)为原则,进行主城区和住区之间公共资源的共建共享,以形成高便利、丰富多样、高舒适性、高家庭分工均衡性的居民日常生活空间体系。

10 结论与展望

　　本书对我国大型保障性住区居民日常活动的时空特征和出行机理进行了系统的探讨，并以南京市大型保障性住区为实证区域，对该类住区居民日常活动和出行行为进行研究和验证，并归纳出了主要结论。由于大型保障性住区居民的时空间行为研究是一个涉及多要素且复杂的现实问题，以及受限于相关数据资料、时间精力和文章篇幅等因素，本研究还存在一定的局限性，势必不能做到面面俱到。因此，本章会对大型保障性住区居民的日常活动和出行机理研究的方向提出相关建议，为后续特殊群体的时空间行为研究提供基本思路。

10.1 主要结论

　　本研究以南京市大型保障性住区居民日常活动和出行为主题，研究结论可以分为理论研究的结论和实证研究的结论两方面。

10.1.1 理论研究结论

　　（1）大型保障性住区居民日常活动和出行选择的理论诠释框架

　　本书通过借鉴福利经济学理论、相对剥夺理论、时间地理学理论、家庭劳动供给和家庭分工理论，从中提取"时间—空间—家庭分工"三个核心要素，并通过建立其组合关系，初步构建保障房居民日常活动和出行诠释的理论框架，即从"活动和出行需求（需求层）—家庭分工（分工层）—家庭分工组合及优先次序（配置层）—活动和出行的时空响应（响应层）"四个层次和序列来分析保障房居民日常活动和出行行为选择过程。三个要素在四个层次的叠合过程如下：

　　其一，追求家庭综合福利最大化的基本特征就是个体参与多元化的活动和出行需求，即在保证最基本生存活动和出行需求之上，还会追求和安排维持型、自由型等多种活动和出行行为，即需求层；其二，多元需求催生了以家庭分工为主体的活动和出行选择机制，表现为家庭成员之间通过分工模式的不断调整，实现夫妻分工、代际分工和其他分工之间的协同，即分工层；其三，家庭通过多元分工模式来提高有限资源的配置效率，最终表现为各类日常活动和出行选择的时空次序，即基于家庭劳动可供给内优先满足最强时空约束的生存型活动，然后安排时空约束相对较弱的维持型活动和出行，最后满足影响最弱的自由型活动和出行，即配置层；其四，家庭综合福利最大化的最高体现就是个体行为在家庭分工作用下,最终形成了不同的日常活动和出行的时空响应模式,即响应层。

此外,四个层次之间相互独立而又密切关联,始终遵循着"从最初的行为需求到家庭分工和资源配置,再到最终的行为时空响应"之时序。

(2)大型保障性住区居民日常活动和出行选择的理论诠释模型

基于实证分析结果,对初始理论诠释框架进行二次修正和优化,据此从"时间+家庭"和"空间+家庭"之交互视角,对大型保障性住区居民日常活动和出行作出理论诠释和规律提炼(见表10-1),并在此基础上尝试提出大型保障性住区居民"理想生活圈"建构的合理路径。

表 10-1　大型保障性住区居民日常活动和出行选择的理论诠释模型一览表

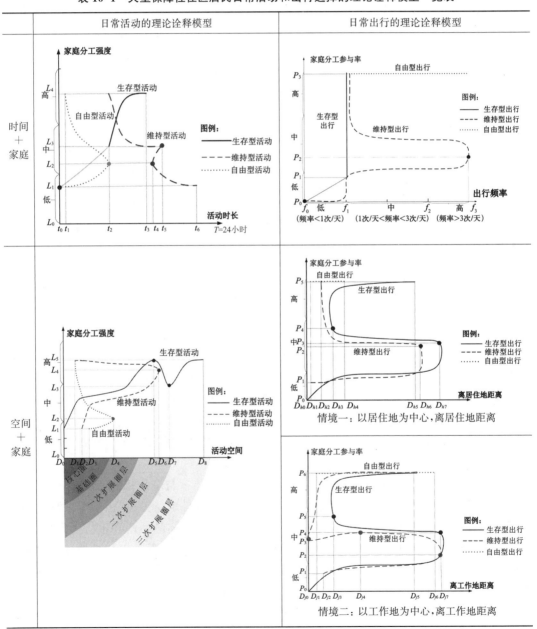

资料来源:笔者根据第8章研究成果整理

"时间＋家庭"互动视角下居民日常活动的理论诠释　生存型活动曲线分两种状态（一种为无生存型活动，即无业或是退休群体；另一种有生存型活动，即就业群体），即生存型活动共由两段曲线组成，第一段曲线反映了未就业群体家庭分工强度变化主要受维持型和自由型两类活动时长的影响，第二段曲线反映了随着活动时长的增加，家庭分工强度呈先急剧上升后变平缓稳定；维持型活动曲线随着活动时长的增加，家庭分工强度呈"W"形；自由型活动曲线随着活动时长的增加呈"7"字形。三类活动曲线的相互作用关系主要发生在中强度家庭分工和高强度家庭分工之间，随着家庭分工强度增加，生存型活动时长增加，自由型和维持型的活动时长减少。

"空间＋家庭"互动视角下居民日常活动的理论诠释　生存型活动曲线会产生于5个空间圈层，随着空间圈层的扩展，家庭分工强度呈"N"字形；维持型活动曲线主要产生于4个圈层，随着空间圈层的扩展家庭分工强度呈"7"字形；自由型活动曲线主要产生于3个圈层，随着空间圈层的扩展家庭分工强度呈"倒7"字形。三类活动的空间响应过程存在一定相互作用关系，主要体现在自由型活动和维持型活动在高强度家庭分工下的活动距离均发生在核心圈，而生存型活动对应发生在二次扩展圈层和三次扩展圈层。

"时间＋家庭"互动视角下居民日常出行的理论诠释　生存型出行曲线主要分两种状态（一种为无生存型出行，即无业或是退休群体；另一种为有生存型出行，即就业群体），即生存型活动曲线共由两段曲线组成，第一段曲线反映了未就业群体出行参与率最低，第二段曲线反映了无论家庭分工出行参与率如何变化（从低谷到活跃状态或是从最活跃到低谷期），居民出行仍保持低频率；维持型出行曲线主要产生于低等级和中等级这两个区间，并存在两段曲线，第一段曲线显示随着出行频率的增加，家庭分工参与率平缓上升，第二段曲线则显示随着出行频率的增加，家庭分工参与率下降，即家庭分工活跃度降低；自由型出行曲线主要产生于中等级和高等级这两个区间，随着出行频率的增加家庭分工参与率呈"一"字形。三类出行的时间响应过程存在一定相互作用关系，如在高等级分工参与率下，三类出行的频率均趋近于每天一次。

"空间＋家庭"互动视角下居民日常出行的理论诠释　生存型出行曲线随着出行距离（离居住地的距离）的变化家庭出行参与率呈"S"形；维持型出行共由两段曲线组成，第一段曲线显示随着出行距离的增加，家庭分工出行参与率呈上升趋势，第二段曲线显示随着出行距离增加家庭分工参与率反而下降；自由型出行曲线随着出行距离的增加家庭分工参与率呈"一"字形。三类出行的空间响应过程中的影响关系主要体现在生存型和维持型两类出行上，从低等级家庭分工参与率到高等级家庭分工参与率这一区间，两类出行曲线较为类似，这反映了无论是低等级、中等级或是高等级家庭分工参与率，两类出行在空间上均存在交叉或是重叠关系。

"时间＋空间＋家庭"互动视角下居民"理想生活圈"的建构　其建构的合理路径具体为：

其一，"理想生活圈"的建构价值。首先参照新版国标定义，提出"生活圈"定义为以居住地为核心，为满足家庭综合福利最大化而发生的诸多活动及出行的空间范围，包括不同家庭分工模式下的工作、上学接送、家务、购物、休闲等活动和出行所形成的整体空间范围。在此基础上总结了现存"生活圈"面临的问题，继而界定本研究中"理想生活圈"的建构标准,再从"时间＋空间＋家庭"三要素互动视角阐述了"理想生活圈"的建构理由。

其二,"理想生活圈"的操作路径。先阐述了大型保障性住区居民"生活圈"建构的基本原则——关注群体特殊性、聚焦于居民的日常活动和出行规律、立足于"家庭分工"的特定视角,再提出"生活圈"建构的技术框架。

其三,"生活圈"的识别方法。通过总结既有"生活圈"的识别方法及其指标,纳入"家庭分工"要素,并相应地在具体识别方法上做出优化,建立"时间＋空间＋家庭分工"互动视角下"生活圈"的具体识别方法。

其四,"生活圈"的评估体系。通过总结既有研究对"生活圈"生活环境的评估方法及其指标,结合研究的重点和特点(如大型保障性住区居民、活动和出行、家庭分工)对其评估指标进行增减和改动,并从便利性、多样性、舒适性和活跃性四个维度来建立评估体系。

其五,"生活圈"的评估分析。从"单因子—总体"两个维度进行对比分析,深入探析生活环境在四个维度上的特征和差异。同时,研究不仅仅局限于不同家庭分工模式下"生活圈"的生活环境水平的比较,还将四个大型保障性住区进行横向比较,从而更加深入地了解南京市大型保障性住区"生活圈"生活环境的优劣情况。

其六,"生活圈"的优化策略。从中梳理和归纳不同家庭分工模式下"生活圈"、不同住区"生活圈"所面临的主要问题及其成因,分别从政策、经济、文化、空间等层面提出综合优化策略。

10.1.2　实证研究结论

本书在上述理论研究的基础上,以南京市四个大型保障性住区为案例,深入探析该类住区居民六类活动的时空特征和时空集聚模式,以及三类出行的时空路径和出行机理,具体结论如下:

(1) 大型保障性住区居民参与日常活动时,家庭内部主要有三类分工模式,不同分工模式会在不同的活动间进行交织或转移,且各类活动间的家庭分工模式和时空特征差异在一定程度上受到居民个体和家庭属性的影响或约束

基于大型保障性住区居民的活动日志数据,借鉴时间地理学的分析模型,从家庭分工视角,不但总结了该群体日常活动的总体时空规律,还从中聚类和提取了 8 类典型案例,展开同家庭分工相耦合的活动时空特征分类解析,并在"居民活动—个体属性"相关性分析基础上,对家庭分工模式下日常活动时空分异的影响因素展开进一步探讨,结果如下。

首先,该群体日常活动的总体时空规律为:大型保障性住区居民的作息时间差异明显;工作活动以家庭内部夫妻分工为主,活动时间和空间距离均为最长;上学接送活动以家庭内部代际分工为主,夫妻分工为辅,上学活动开始时间同工作活动存在冲突,且活动时间较长而空间距离较短;家务活动以夫妻分工为主,代际分工和组合分工为辅,活动时间较短且以居家为主;购物活动以夫妻分工和代际分工为主,且活动时间和空间距离较短;休闲活动以自由选择为主,时间较短和空间距离最短且具有规律性。

在此基础上,遴选介绍"远距离＋夫妻分工的工作活动""近距离＋夫妻分工的工作

活动""远距离＋其他分工的工作活动""近距离＋夫妻分工的家务活动""近距离＋代际分工为主和夫妻分工为辅的家务活动""近距离＋其他分工的休闲活动""近距离＋夫妻分工的上学活动""近距离＋代际分工为主和夫妻分工为辅的上学活动"八种较为典型的大型保障性住区居民日常活动案例,并对其所属家庭分工类型、时空特征进行全面剖析。

最后,从个体属性(年龄、性别、受教育水平)对大型保障性住区居民日常活动的时空特征影响分别进行分异分析。

(2)大型保障性住区居民的日常活动存在一定的时空集聚特征,并在不同群体、不同活动类型上呈现出其独特的时空集聚规律和时空响应模式

借鉴空间自相关模型,基于家庭分工视角构建了时空自相关函数,依循"总体特征—不同群体特征—不同活动特征"之脉络,从"主城区—住区"双重尺度分析大型保障性住区居民日常活动的时空集聚趋势,结果发现:

首先,大型保障性住区居民日常活动时空集聚的总体特征为:在主城区尺度上,高强度家庭分工下的活动空间多呈"多中心状"分布于老城中心、新城区和副城中心等区域,还有一部分呈"零星点状"散布于老城中心和主城区南部,长时间集中于上午和下午;中强度家庭分工下的活动空间多呈"团块状"分布于住区,还有一部分散布于主城区和主城边缘,长时间集中于上午和下午;低强度家庭分工下的活动空间则呈"团块状"分布于住区及周边,短时间集中于上午、下午和晚上。在住区尺度上,高强度家庭分工下的活动空间多呈"零星点状"散布于住区内及其周边的公共服务设施区域,长时间集中于上午和下午;低强度和中强度家庭分工下的活动空间多呈"团块状"分布于住区内公共服务设施和住宅内部区域,长时间集中于下午和夜间。

其次,不同群体类型的日常活动时空集聚特征为:住区内部农村拆迁户、双困户和购买限价商品房居民三类群体的日常活动存在较为明显的时空集聚特征,主要体现在住区尺度上。其中,中强度和高强度家庭分工下的活动空间多呈"零星点状和团块状"分布于住区周边和住区内部的公共服务设施、住宅内部等区域,长时间集中于夜间;低强度家庭分工下的活动空间则多呈"零星点状"散布于住区内部公共服务设施和住宅内部,短时间分散于上午、下午;而城市拆迁户和外来租赁户的时空集聚特征均不明显。不同活动类型的日常活动时空特征为:工作活动和非工作活动间的时空集聚特征同样存在明显差异,这种差异体现在主城区和住区双重尺度上。其中,主城区尺度上的工作活动时空集聚特征最为明显,中强度和高强度家庭分工下的活动空间多呈"多中心状"分布于老城中心、新城区和副城中心等区域,长时间集中在上午和下午;低强度家庭分工下的活动空间呈"零星点状"分布于住区,长时间分散于晚上。住区尺度上的上学接送活动时空集聚特征则较为明显,三类强度家庭分工下的活动空间多呈"团块状"分布于住区配建的学校、幼托等教育设施区域,短时间集中于上午,短时间分散于中午,长时间集中于下午。

最后,提炼出不同住区、不同群体和不同活动的"家庭—时间"和"家庭—空间"响应模式。其中,在不同的家庭分工强度下,其日常活动集聚情况会随时间的变化而呈"双波峰"和"三波谷"形态,其随着空间圈层的向外扩张而增加,四个大型保障性住区差异相对较小;在不同的家庭分工强度下,不同群体间的"家庭—时间"响应模式差异并不明显,而"家庭—

空间"响应模式存在着一定差异,这集中体现在一次拓展圈层到三次扩展圈层之间;在不同的家庭分工强度下,各类活动的"家庭—时间"和"家庭—空间"响应模式差异均较为明显,尤其体现在工作活动和其他非工作活动之间。

（3）大型保障性住区居民的日常出行路径具有多样性,并在不同组群体上呈现出多种制约类型和时空响应模式

借助时间地理学的时空路径方法,按照"家庭分工模式—时空联系"的思路,汇总分析了五类群体的三类出行特征,从中对五类群体进行归类合并,展开不同组群体多元出行路径的"多情境"分析,并进一步比较和阐释该类住区居民日常出行的制约模式和多元路径的决选机制,最终归纳和总结不同组群体多元出行的"家庭—时间"和"家庭—空间"响应模式,结果发现:

首先,大型保障性住区居民的日常出行特征为:通勤出行具有单频次、中长距离、出行方式两极化(机动车和非机动车)、夫妻分工、多人参与等总体特征,根据五类群体出行特征间的差异将其分为3组;通学出行具有多频次、短距离、慢行交通、代际分工等总体特征,共分为3组;购物出行则具有单频次、短距离、慢行交通、夫妻分工、混合购物方式、单独出行等总体特征,共分为2组。

其次,图解和剖析大型保障性住区居民的日常出行路径和制约。通过对不同群组的通勤出行进行多情境分析,梳理出21种通勤出行路径。通勤出行过程中的能力制约包括经济能力和文化程度的制约;组合制约一方面体现在固定的出行距离需要合理的家庭分工和可达的出行方式共同来完成,另一方面体现在工作时长、职住空间联系和家庭分工模式之间的相互制约,组合为3种制约强度;权威制约则为城市产业政策。通过对不同组群体的通学出行进行多情境分析,梳理出29种通学出行路径。通学出行过程中的能力制约主要为年龄的制约;组合制约主要体现在三个方面,即接送主体(父母或老人)需要将学龄儿童在规定时间接送到规定地点,固定的通学出行距离需要合理的家庭分工和可达的出行方式完成,接送频率、职教/住教职空间联系和家庭分工模式之间的相互制约,形成4种制约强度;权威制约则为基础教育设施分级均等化布局和学区制政策的制约。通过对不同群组的购物出行进行多情境分析,梳理出23种购物出行路径。购物出行过程中的能力制约主要为经济能力的制约;组合制约体现在两个方面,即出行距离、出行方式和家庭分工模式之间的制约,工作时长、购住/购住职空间联系和家庭分工模式之间的相互制约,形成4种制约强度;权威制约则主要为商业设施配置的制约。

最后,提炼出不同组群体日常出行的"家庭—时间"和"家庭—空间"响应模式。其中,通勤出行时空响应模式为:在夫妻分工和其他分工模式下,三组群体的"家庭—时间"和"家庭—空间"响应模式差异并不明显;在代际分工模式下,三组群体的"家庭—时间"响应模式差异也不明显,而"家庭—空间"响应模式差异较明显,体现在职住邻近和职住分离上。通学出行时空响应模式为:在夫妻分工和代际分工模式下,三组群体的"家庭—时间"响应模式差异较为明显,主要体现在接送频率为2次时;此外,三组群体的"家庭—时间"响应模式差异也较为明显,前者体现在职教邻近到住教职分离之间,后者则产生于住教邻近到住教职分离之间。购物出行时空响应模式为:在夫妻分工模式下,三组群体的"家庭—时间"响应模式差异不明显,而"家庭—空间"响应模式较为明显,主要体现在从无到职住邻近之间;

在代际分工模式下,三组群体的"家庭—时间"响应模式较为明显,主要体现在出行频率为1次和2次及以上之间,而"家庭—空间"响应模式并不明显;在其他分工模式下,三组群体的"家庭—时间"响应模式差异较为明显,主要体现在0次到1次出行频率之间,"家庭—空间"响应模式也较明显,购物A组的出行参与率随着空间类型的变化呈"双高峰"形态,购物B组呈"W"形。

(4)建成环境、个体属性、家庭属性、家庭分工模式和居民日常出行之间存在交互影响关系

构建了个体—家庭属性、建成环境、家庭分工对居民日常出行选择的影响假设模型,并按照"模型构建—变量选择—模型修正与模型拟合—模型输出与结果解析"等多轮步骤来循环验证模型的拟合程度,并得到最终模型结果,旨在揭示家庭分工模式所起到的中介作用,尤其关注其对不同出行和不同群体的影响差异。结果发现:

首先,分析"建成环境""个体—家庭属性"对"家庭分工模式"和三类出行的直接影响,以及"家庭分工模式"对三类出行的直接影响,其中在建成环境中的直接影响变量包括"公共服务设施密度""公交和地铁站点密度""到市中心距离"。在家庭属性中的直接影响变量包括"家庭规模""家庭就业人数""家庭有学龄儿童";在个体属性中的直接影响变量有"性别""工作时长小于等于8小时和大于8小时的群体""月收入在3 000~5 000元和月收入高于5 000元群体";在家庭分工模式中的直接影响变量有"夫妻分工"和"代际分工"。

其次,除了变量间的直接影响外,还包括通过"家庭分工"产生的间接影响,因此进一步分析"个体—家庭属性"和"建成环境"对大型保障性住区居民日常出行的影响路径。其中,在建成环境中的间接影响变量包括"公共服务设施密度""到市中心距离";在家庭属性中的间接影响变量有"家庭规模""家庭就业人数""家庭有学龄儿童";在个体属性中的间接影响变量有"性别""工作时长大于8小时的群体""月收入高于5 000元群体"。

最后,不但考察了不同出行选择的各类影响因素,揭示了家庭分工模式所发挥的中介作用,还进一步剖析出不同群体的出行机理差异,且群体类型会对大型保障性住区居民的日常出行产生显著的直接效应和间接效应。其中,从直接效应来看,城市拆迁户和购买限价商品房居民会对通勤的小汽车使用、公共交通使用产生显著的正影响;外来租赁户和购买限价商品房居民会对通勤出行距离产生显著的正影响;双困户和城市拆迁户则会对购物出行频率产生正影响,且两类群体均会对通学出行的公共交通使用产生负影响;五类群体均会对通勤出行过程中的夫妻分工产生正影响;而购买限价商品房居民、城市拆迁户和农村拆迁户会对通学和购物出行过程中的代际分工产生正影响;双困户和外来租赁户则会对通学和购物出行过程中的夫妻分工产生正影响。从间接效应来看,五类群体均是以夫妻分工模式来完成通勤出行,而城市拆迁户、农村拆迁户和购买限价商品房居民通常以代际分工来完成通学和购物出行,外来租赁户和双困户则主要以夫妻分工模式来参与通学和购物出行。

(5)不同家庭分工模式下"生活圈"识别结果和评估水平存在明显差异,可从政策、经济、文化、空间四个方面来探讨大型保障性住区"生活圈"优化策略,并抽象和建构"理想生活圈"模式

基于大型保障性住区"理想生活圈"建构的合理路径,对南京市四个大型保障性住区

"生活圈"进行识别;并从"单因子—总体"两个维度对其"生活圈"生活环境进行评估分析,同时还从不同家庭分工模式、不同住区层面对其进行分析比较;然后在总结该类住区"生活圈"所面临问题的基础上,通过"家庭＋时间＋空间"互动视角下"理想生活圈"的建构,从政策、经济、文化、空间等层面提出综合性的优化策略。结果发现:

首先,分析不同家庭分工模式下"生活圈"识别结果:对于丁家庄保障房片区,不同的家庭分工模式下"生活圈"的识别范围彼此之间存在的差异不太明显,花岗和上坊保障房片区的"生活圈"识别范围差异较为明显,而岱山保障房片区的"生活圈"识别范围差异最为明显。在此基础上,分析大型保障性住区"生活圈"生活环境的评估结果:三类家庭分工模式下和四个大型保障性住区"生活圈"生活环境的 11 个单因子水平均存在很明显差异;四个住区"生活圈"生活环境的总体评估结果存在明显差异,而不同住区的四个维度(便利性、多样性、舒适性、均衡性)评估水平差异则较不明显。

其次,总结大型保障性住区"生活圈"基于活动和出行的现存问题:其一,居民在就业过程中面临空间错位和供需错位,且住区周边的公共交通可达性(公交和地铁出行距离)较低,这在丁家庄、花岗、上坊和岱山四个大型保障性住区均有所体现;其二,住区公共服务设施类型和规模有限,居民的日常活动类型受到一定约束,尤其体现在丁家庄和上坊两个保障房片区;其三,住区的居住条件(住房户型和人均面积等)满意度较低,集中体现在夫妻分工和其他分工模式下的各类群体身上,尤其是丁家庄和花岗保障房片区;其四,居民的家庭分工均衡性不足,这种现象主要集中反映在夫妻分工模式下的家庭中,尤其体现在丁家庄和花岗两个保障房片区。

最后,针对大型保障性住区"生活圈"生活环境在便利性、多样性、舒适性、均衡性四个方面存在的问题,进一步挖掘和总结其六个方面的成因,并为此交织和推导出包括政策、经济、文化、空间方面在内的"生活圈"综合改善策略。其中,在政策层面,一方面是结合公共交通选址,打造 TOD 为主导的住区模式;另一方面是适当与产业用地靠近,提高土地集约利用率。在经济层面,一方面通过完善社会保障政策,保障居民基本的生存权与发展权;另一方面则是建立健全就业政策,提升居民经济水平。在文化层面,一方面通过完善社区服务,提升社区活力;另一方面是丰富社区活动,促进居民参与;同时还需改善家庭分工结构,提升家庭生活幸福感。在空间层面,一方面是提供弹性住房套型,应对不同群体需求;另一方面是优化公共服务设施布局,提供差异性的设施空间布局;同时还需完善地区公共交通体系,提高居民日常活动和出行的时空可达性。

同时,上文所探讨的政策、经济、文化和空间策略,也是构成"理想生活圈"的重要基础条件,因此通过整合上述各个方面的策略方法并落图,来尝试抽象和建构南京市大型保障性住区居民的"理想生活圈"模式:住区尺度上的"理想生活圈"实质上是以居民步行 15 分钟可满足其日常活动和出行需求为原则,实现公共服务设施和公共活动空间等公共资源的均等化配置,旨在形成高便利性、丰富多样、高舒适性、高家庭分工均衡性的居民日常生活空间体系;主城区尺度上的"理想生活圈"则是以居民机动车出行 15 分钟到达主城区或是30 分钟到达老城区可满足其日常活动和出行需求(主要是满足其工作活动和通勤出行需求)为原则,进行主城区和住区之间公共资源的共建共享,以形成高便利、丰富多样、高舒适性、高家庭分工均衡性的居民日常生活空间体系。

10.2 研究创新点

(1)"时间—空间—家庭"交互视角下居民的日常活动—出行行为选择的诠释框架构建

本书以福利经济学理论、相对剥夺理论、时间地理学理论、家庭劳动供给和分工理论为基础,从中提取"时间—空间—家庭分工"三个核心要素和建立其组合关系,按照"活动和出行需求—家庭分工—家庭分工组合及优先次序—活动和出行的时间响应"四个层次和序列,初步建构了大型保障性住区居民日常活动和出行诠释的理论框架。基于此思路和框架,不仅通过实证分析对初始理论框架进行二次修正和优化,即增加分工层、配置要素,以及调整响应层的时间利用结构;还在此基础上,进一步从"时间—空间—家庭"三要素的互动视角切入,对大型保障性住区居民日常活动和出行行为进行理论上的推导、诠释和提炼,进而探寻其"理想生活圈"建构的合理路径。

(2)大型保障性住区居民的日常活动时空特征、出行机理及其群体分异规律的挖掘

本书构建了"时间—空间—家庭"交互视角下居民日常活动—出行选择的理论框架,并以南京市四大保障性住区为实证案例,深入探析该住区居民六类活动的时空特征和时空集聚模式,以及三类出行的时空路径和出行机理。在现有研究中"日常活动—出行"通常处于分立状态,研究多关注某一类保障群体。本研究通过比较大型保障性住区不同群体兼顾其多类活动、多类出行及其作用关系,强调"日常活动—出行"耦合及"时—空"共轭的作用,同时纳入"家庭分工"要素,来揭示大型保障性住区居民的日常活动—出行的时空特征和内在机理,从而更加全面、清晰地理解大型保障性住区居民日常活动—出行行为选择过程。

(3)大型保障性住区居民日常活动—出行时空特征和选择机制的测度技术应用

在大型保障性住区居民时空间行为分析中,笔者针对性地建立了大型保障性住区居民的日常活动时空特征和决策机制的测度方法。既有研究较少组合多个测度方法来分析日常活动—出行时空特征及其动因机理,本研究首先借助时间地理学的技术思路,勾勒大型保障性住区居民的日常活动时空特征,并依托 SPSS 统计软件来探讨居民日常活动的时空分异规律;其次借助 GIS 软件,基于家庭分工视角构建了时空自相关函数,探讨居民日常活动时空集聚的总体特征和群体分异规律;然后,运用时间地理学中的时空路径图示方法,多情境图解和剖析居民的各类出行路径及其制约因素;最后运用结构方程模型,来剖析影响居民日常出行选择的诸多因素(包括个体和家庭属性、建成环境等),并揭示"家庭分工模式"所起到的中介作用……通过上述一系列技术对大型保障性住区居民日常活动和出行机理方面进行了测度和验证,间接表明此套技术方法能更科学、更具说服力地解读大型保障性住区群体的日常活动—出行决策过程和规律。

10.3 未来展望

大型保障性住区居民作为城市中的特殊弱势群体之一,其日常活动和出行行为规律研究涉及面较为广泛,不仅与居民自身、家庭等紧密关联,还涉及城市的多个方面。尽管笔者力争构建了一个合理的研究框架体系对其日常活动和出行决策过程和规律进行较为全面的剖析,但由于时间、数据资料和个人能力等方面的限制,本研究在许多方面仍存在诸多不足,有待进一步的细化研究。

(1)需将大型保障性住区居民日常活动—出行与一般居民行为进行对比性探讨

随着城市经济迅猛发展,城市地域不断扩展,城市居民外迁现象也愈发频繁,这种现象不仅发生在保障房居民身上,也会产生在一般居民身上,从而对其日常活动和出行行为产生重要影响,而这种影响及其影响机制在两类群体上是否存在差异,对于这些议题的研究和测度不仅能对大型保障性住区居民日常活动和出行行为选择原因予以阐述,更能对其"理想生活圈"建构予以重要支持。但其中涉及较多数据资料的搜集和相关量化模型的构建,有待进一步研究加以完善。

(2)需进一步以家庭为单元来探讨大型保障性住区居民日常活动—出行选择研究

家庭对个体时空存在重要影响,家庭属性(家庭结构、家庭收入、家庭分工)构成个体时空行为的重要背景,并对家庭每个成员的行为选择产生巨大影响,更为重要的是家庭成员间往往会产生相互影响、互助和替代等关系,从而呈现个体真实的行为模式,这是因为个体行为决策并不是独立的,而是在家庭成员相互交互下产生。本研究仅仅考虑了家庭分工对个体行为的影响,并未进一步剖析其他家庭成员对个体,以及个体本身对其他家庭成员的影响作用(即家庭成员间的交互关系),但家庭成员间的行为模式总会存在差异,个体行为并不能代表其他家庭成员,因此后续需要进一步以家庭为单位来进行大型保障性住区居民日常活动和出行选择研究。

参 考 文 献

外文文献

论文

［1］Ajzen I. The Theory of planned behavior[J]. Organizational Behavior and Human Decision Processes, 1991,50(2)：179-211.

［2］Andreev P, Salomon I, Pliskin N. Review：State of teleactivities[J]. Transportation Research Part C：Emerging Technologies, 2010, 18(1)：3-20.

［3］Anggraini R, Arentze T A, Timmermans H J P. Car allocation decisions in car-deficient households：The case of non-work Tours[J]. Transportmetrica A：Transport Science, 2012, 8(3)：209-224.

［4］Bhat C R, Misra R. Discretionary activity time allocation of individuals between in-home and out-of-home and between weekdays and weekends[J]. Transportation,1999,26(2)：193-229.

［5］Brewster K L, Rindfuss R R. Fertility and Women's Employment in Industrialized Nations[J]. Annual Review of Sociology, 2000, 26：271-296.

［6］Broadway M J. Changing Patterns of Urban Deprivation in Wichita, Kansas 1970 to 1980[J]. Business and Economic Report,1987,17(2)：3-7.

［7］Cao X J, Xu Z Y, Douma F. The interactions between e-shopping and traditional in-store shopping：An application of structural equations model[J]. Transportation, 2012,39(5)：957-974.

［8］Cao X Y, Chai Y W. Gender role-based differences in time allocation[J]. Transportation Research Record：Journal of the Transportation Research Board, 2007, 2014(1)：58-66.

［9］Cervero R, Kockelman K. Travel demand and the 3Ds：Density, diversity, and design [J]. Transportation Research Part D：Transport and Environment, 1997, 2(3)：199-219.

［10］Chai Y W. Space-time behavior research in China：Recent development and future prospect [J]. Annals of the Association of American Geographers, 2013,103(5)：1093-1099.

［11］Chapin F S. Human Activity Patterns in the City：Things People Do in Time and in Space[J]. Population, 1976, 31(2)：507.

［12］Cho-yam L J. Spatial mismatch and the affordability of public transport for the poor in Singapore's new towns[J]. Cities, 2011, 28(3)：230-237.

［13］Cumming S. Lone Mothers Exiting Social Assistance：Gender, Social Exclusion and Social Capital [D]. Ontario：University of Water-loo, 2014：44-52.

［14］Ding C, Cao X Y, Wang Y P. Synergistic effects of the built environment and commuting programs on commute mode choice[J]. Transportation Research Part A：Policy and Practice, 2018, 118：104-118.

［15］Ding C, Wang D G, Liu C, et al. Exploring the influence of built environment on travel mode choice considering the mediating effects of car ownership and travel distance[J]. Transportation Research

Part A: Policy and Practice, 2017, 100: 65-80.

[16] Ewing R, Cervero R. Travel and the built environment[J]. Journal of the American Planning Association, 2010,76(3): 265-294.

[17] Fan Y L, Khattak A J. Does urban form matter in solo and joint activity engagement? [J]. Landscape and Urban Planning, 2009, 92(3/4): 199-209.

[18] Fan Y L, Khattak A J. Urban form, individual spatial footprints, and travel: Examination of space-use behavior[J]. Transportation Research Record: Journal of the Transportation Research Board, 2008, 2082(1): 98-106.

[19] Ferdous N, Pendyala R M, Bhat C R, et al. Modeling the influence of family, social context, and spatial proximity on use of nonmotorized transport mode[J]. Transportation Research Record: Journal of the Transportation Research Board, 2011, 2230(1): 111-120.

[20] Gehrke S R, Wang L M. Operationalizing the neighborhood effects of the built environment on travel behavior[J]. Journal of Transport Geography,2020, 82: 102561.

[21] Getis A, Ord J K. The analysis of spatial association by use of distance statistics[J]. Geographical Analysis, 2010, 24(3): 189-206.

[22] Golob T F. Structural equation modeling for travel behavior research[J]. Transportation Research Part B: Methodological, 2003, 37(1): 1-25.

[23] Greig A, El-Haram M, Horner M. Using deprivation indices in regeneration: Does the response match the diagnosis? [J]. Cities,2010,27(6): 476-482.

[24] Gustat J, Rice J, Parker K M, et al. Effect of changes to the neighborhood built environment on physical activity in a low-income African American neighborhood [J]. Preventing Chronic Disease, 2012, 9: E57.

[25] Habib K N. Household-level commuting mode choices, car allocation and car ownership level choices of two-worker households: The case of the city of Toronto[J]. Transportation, 2014, 41 (3): 651-672.

[26] He Y, Wu X, Sheng L. Social integration of land-lost elderly: A case study in Ma'anshan, China[J]. Geografisk Tidsskrift-Danish Journal of Geography, 2021,121(2): 142-158.

[27] He Y, Wu X. Exploring the relationship between past and present activity and travel behaviours following residential relocation. A case study from Kunming, China[J]. Geografisk Tidsskrift-Danish Journal of Geography, 2020,120(2): 126-141.

[28] Heinrich K M, Lee R E, Suminski R R, et al. Associations between the built environment and physical activity in public housing residents[J]. The International Journal of Behavioral Nutrition and Physical Activity, 2007, 4: 56.

[29] Ho C, Mulley C. Incorporating intra-household interactions into a tour-based model of public transport use in car-negotiating households[J]. Transportation Research Record: Journal of the Transportation Research Board, 2013, 2343(1): 1-9.

[30] Ho C, Mulley C. Intra-household interactions in tour-based mode choice: The role of social, temporal, spatial and resource constraints[J]. Transport Policy, 2015,38: 52-63.

[31] Ho C, Mulley C. Intra-household interactions in transport research: A review[J]. Transport Reviews, 2015, 35(1): 33-55.

[32] Ho C, Mulley C. Tour-based mode choice of joint household travel patterns on weekend and weekday [J]. Transportation, 2013,40(4): 789-811.

［33］Holtermann S. Areas of deprivation in great Britain: An analysis of 1971 census data［J］. Social Trend,1975(6): 33-47.

［34］Hägerstrand T. Diorama, path and project［J］. Tijdschrift Voor Economische En Sociale Geografie, 1982,73(6): 323-339.

［35］Hägerstrand T. What about People in Regional Science? ［J］. Regional Science, 1970, 24(2): 7-21.

［36］Kain J F. Housing segregation, Negro employment, and metropolitan decentralization［J］. The Quarterly Journal of Economics,1968,82(2): 175-197.

［37］Kato H, Matsumoto M. Intra-household interaction in a nuclear family: A utility-maximizing approach［J］. Transportation Research Part B: Methodological, 2009, 43(2): 191-203.

［38］Kenneth J. Social choice and individual values［J］. New York: John Wiley & Sons, 1963,163: 41-45.

［39］Kwan M P. Interactive geovisualization of activity-travel patterns using three-dimensional geographical information systems: A methodological exploration with a large data set［J］. Transportation Research Part C: Emerging Technologies, 2000, 8(1/2/3/4/5/6): 185-203.

［40］Larsen J, Urry J, Axhausen K W. Networks and tourism［J］. Annals of Tourism Research, 2007, 34 (1): 244-262.

［41］Lee Y, Hickman M, Washington S. Household type and structure, time-use pattern, and trip-chaining behavior［J］. Transportation Research Part A: Policy and Practice, 2007, 41 (10): 1004-1020.

［42］Li F, Wang D G. Measuring urban segregation based on individuals' daily activity patterns: A multidimensional approach［J］. Environment and Planning A: Economy and Space, 2017, 49(2): 467-486.

［43］Limtanakool N, Dijst M, Schwanen T. The influence of socioeconomic characteristics, land use and travel time considerations on mode choice for medium and longer-distance trips［J］. Journal of Transport Geography, 2006,14(5): 327-341.

［44］Lin D, Allan A, Cui J Q. The Influence of Jobs-Housing Balance and Socio-economic Characteristics on Commuting in a Polycentric City: New Evidence from China［J］. Environment and Urbanization ASIA, 2016,7(2): 157-176.

［45］Lin T, Wang D G, Zhou M. Residential relocation and changes in travel behavior: What is the role of social context change? ［J］. Transportation Research Part A: Policy and Practice, 2018, 111: 360-374.

［46］Mallet W J. Long-distance travel by low-income households［J］. Transportation Research Circular, Transportation Research Board, Washington, D. C. , 2001: 169-177.

［47］Manaugh K, Miranda-Moreno L F, El-Geneidy A M. The effect of neighbourhood characteristics, accessibility, home-work location, and demographics on commuting distances［J］. Transportation, 2010, 37 (4): 627-646.

［48］Meloni I, Guala L, Loddo A. Time allocation to discretionary in-home, out-of-home activities and to trips［J］. Transportation, 2004, 31(1): 69-96.

［49］Miller H J. Activities in Space and Time［J］. Elsevier Science,2004: 647-660.

［50］Munshi T. Built environment and mode choice relationship for commute travel in the city of Rajkot, India［J］. Transportation Research Part D: Transport and Environment, 2016, 44: 239-253.

［51］Musterd S, Andersson R. Housing mix, social mix, and social opportunities［J］. Urban Affairs

Review, 2005,40(6): 761-790.

[52] Naess P. Urban form and travel behavior: Experience from a Nordic context[J]. The Journal of Transport and Land Use, 2012, 5(2): 21-45.

[53] Pacione M. The geography of multiple deprivation in Scotland[J]. Applied Geography,1995,15(2): 115-133.

[54] Patterson Z, Farber S. Potential path areas and activity spaces in application: A review[J]. Transport Reviews, 2015, 35(6): 679-700.

[55] Patterson Z, Farber S. Potential path areas and activity spaces in application: A review[J]. Transport Reviews, 2015, 35(6): 679-700.

[56] Pitombo C S, Kawamoto E, Sousa A J. An exploratory analysis of relationships between socioeconomic, land use, activity participation variables and travel patterns [J]. Transport Policy, 2011,18(2): 347-357.

[57] Ren F, Kwan M P. The impact of the Internet on human activity-travel patterns: Analysis of gender differences using multi-group structural equation models[J]. Journal of Transport Geography, 2009, 17(6): 440-450.

[58] Ryder N B. The cohort as a concept in the study of social change[J]. American Sociological Review, 1965, 30(6): 843-861.

[59] Sanchez T W, Shen Q, Peng Z R. Transit mobility, jobs access and low-income labour participation in US metropolitan areas[J]. Urban Studies, 2004, 41(7): 1313-1331.

[60] Sanchez T W. The connection between public transit and employment[J]. Journal of the American Planning Association, 1999, 65(3): 284-296.

[61] Scheiner J, Holz-Rau C. Gender structures in car availability in car deficient households[J]. Research in Transportation Economics, 2012, 34(1): 16-26.

[62] Schwanen T, Dieleman F M, Dijst M. The impact of metropolitan structure on commute behavior inthe Netherlands: A multilevel approach[J]. Growth and Change, 2004, 35(3): 304-333.

[63] Scott D M. Embracing activity analysis in transport geography: Merits, challenges and research frontiers[J]. Journal of Transport Geography, 2006, 14(5): 389-392.

[64] Scott J. Social Network Analysis[J]. Sociology, 1988, 22(1): 109-127.

[65] Sharmeen F, Arentze T, Timmermans H. An analysis of the dynamics of activity and travel needs in response to social network evolution and life-cycle events: A structural equation model [J]. Transportation Research Part A: Policy and Practice, 2014, 59: 159-171.

[66] Shaw S L, Yu H B, Bombom L S. A space-time GIS approach to exploring large individual-based spatiotemporal datasets[J]. Transactions in GIS,2008,12(4): 425-441.

[67] Sim D. Urban Deprivation: Not just the inner city[J]. Area,1984, 16(4): 299-306.

[68] Srinivasan S, Bhat C R. A multiple discrete-continuous model for independent- and joint-discretionary-activity participation decisions[J]. Transportation, 2006, 33(5): 497-515.

[69] Srinivasan S, Bhat C R. Modeling household interactions in daily in-home and out-of-home maintenance activity participation[J]. Transportation, 2005, 32(5): 523-544.

[70] Srinivasan S, Rogers P. Travel behavior of low-income residents: Studying two contrasting locations in the city of Chennai, India[J]. Journal of Transport Geography, 2005, 13(3): 265-274.

[71] Ton D, Bekhor S, Cats O, et al. The experienced mode choice set and its determinants: Commuting trips in the Netherlands [J]. Transportation Research Part A: Policy and Practice, 2020, 132:

744-758.

[72] Townsend P. Deprivation[J]. Journal of Social Policy, 1987,16(2): 125-146.

[73] Van Acker V, Witlox F. Commuting trips within Tours: How is commuting related to land use? [J]. Transportation, 2011, 38(3): 465-486.

[74] van der Veer J. Urban segregation and the welfare state. inequality and exclusion in western cities, sako musterd and wim ostendorf (eds.)[J]. Journal of Housing and the Built Environment, 2000, 15 (2): 201-204.

[75] Wang D G, Cao X Y. Impacts of the built environment on activity-travel behavior: Are there differences between public and private housing residents in Hong Kong? [J]. Transportation Research Part A: Policy and Practice, 2017, 103: 25-35.

[76] Wang D G, Li F, Chai Y W. Activity spaces and sociospatial segregation in Beijing[J]. Urban Geography, 2012,33(2): 256-277.

[77] Wang D G, Li F. Daily activity space and exposure: A comparative study of Hong Kong's public and private housing residents' segregation in daily life[J]. Cities, 2016, 59: 148-155.

[78] Wang D G, Li J K. A model of household time allocation taking into consideration of hiring domestic helpers[J]. Transportation Research Part B: Methodological, 2009, 43(2): 204-216.

[79] Wang D G, Lin T. Built environments, social environments, and activity-travel behavior: A case study of Hong Kong[J]. Journal of Transport Geography, 2013, 31: 286-295.

[80] Wang D G, Zhou M. The built environment and travel behavior in urban China: A literature review [J]. Transportation Research Part D: Transport and Environment, 2017, 52: 574-585.

[81] Wang H, Kwan M P, Hu M X. Usage of urban space and sociospatial differentiation of income groups: A case study of Nanjing, China[J]. Tijdschrift Voor Economische En Sociale Geografie, 2020, 111(4): 616-633.

[82] Westman J, Friman M, Olsson L E. What drives them to drive? — Parents' reasons for choosing the car to take their children to school[J]. Frontiers in Psychology, 2017, 8: 1970.

[83] Witten K, Exeter D, Field A. The quality of urban environments: Mapping variation in access to community resources[J]. Urban Studies, 2003,40(1): 161-177.

[84] Woods L, Ferguson N. The influence of urban form on car travel following residential relocation: A current and retrospective study in Scottish urban areas[J]. Journal of Transport and Land Use, 2014, 7(1): 95.

[85] Yang Z S, Hao P, Wu D. Children's education or parents' employment: How do people choose their place of residence in Beijing[J]. Cities, 2019, 93: 197-205.

[86] Yin L, Raja S, Li X, et al. Neighbourhood for Playing: Using GPS, GIS and Accelerometry to Delineate Areas within which Youth are Physically Active[J]. Urban Studies, 2013, 50 (14): 2922-2939.

[87] Yu H B, Shaw S. Exploring potential human activities in physical and virtual spaces: A spatio-temporal GIS approach[J]. International Journal of Geographical Information Science, 2008, 22(4): 409-430.

[88] Zhang J Y, Timmermans H J P, Borgers A. A model of household task allocation and time use[J]. Transportation Research Part B: Methodological, 2005, 39(1): 81-95

[89] Zhao P J. The Impact of the Built Environment on Individual Workers' Commuting Behavior in Beijing [J]. International Journal of Sustainable Transportation, 2013, 7(5): 389-415.

〔90〕 Zhao Y，Chai Y W. Residents' activity-travel behavior variation by communities in Beijing，China〔J〕. Chinese Geographical Science，2013，23(4)：492-505.

〔91〕 Zhou S H，Deng L F，Kwan M P，et al. Social and spatial differentiation of high and low income groups'out-of-home activities in Guangzhou，China〔J〕. Cities，2015，45：81-90.

著作

〔1〕 Barlow J，Duncan S. Success and failure in housing provision：European systems compared〔M〕. Tarrytown，N. Y.，USA：Pergamon Press，1994.

〔2〕 Becker G S. A treatise on the family〔M〕. Cambridge，MA：Harvard University Press，1981.

〔3〕 Chapin F S. Human activity patterns in the city：Things people do in time and in space〔M〕. New York：Wiley，1974.

〔4〕 Cheshire P. Are Mixed Community Policies Evidence Based? A Review of the Research on Neighbourhood Effects〔M〕. Dordrecht：Springer，2012.

〔5〕 Dore M M. Family Systems Theory〔M〕. New York：Springer New York，2008.

〔6〕 Harloe M. The people's home? Social rented housing in Europe and America〔M〕. Hoboken：John Wiley & Sons，2008.

〔7〕 Lenntorp B. A time-geographic study of movement possibilities of individuals〔M〕. Lund：Royal University of Lund，Dept. of Geography，1976.

〔8〕 Murie A. Public housing in Europe and North America〔M〕. Heidelberg：Springer Berlin，2013.

〔9〕 Schwartz A F. Housing Policy in the United States：An Introduction〔M〕. London：Routledge，2010.

中文文献

著作

〔1〕 柴彦威. 中日城市结构比较研究〔M〕. 北京：北京大学出版社，2002.

〔2〕 郭菂. 与城市化共生：可持续的保障性住房规划与设计策略〔M〕. 南京：东南大学出版社，2017.

〔3〕 李健，兰莹. 新加坡社会保障制度〔M〕. 上海：上海人民出版社，2011.

〔4〕 陆化普. 交通规划理论与方法〔M〕. 2版. 北京：清华大学出版社，2006.

〔5〕 上海市规划和国土资源管理局，上海市规划编审中心，上海市城市规划设计研究院. 上海15分钟社区生活圈规划研究与实践〔M〕. 上海：上海人民出版社，2017.

〔6〕 田东海. 住房政策：国际经验借鉴和中国现实选择〔M〕. 北京：清华大学出版社，1998.

〔7〕 王孟成. 潜变量建模与Mplus应用：基础篇〔M〕. 重庆：重庆大学出版社，2014.

〔8〕 吴明隆. 结构方程模型：AMOS的操作与应用〔M〕. 2版. 重庆：重庆大学出版社，2010.

〔9〕 武松，潘发明. SPSS统计分析大全〔M〕. 北京：清华大学出版社，2014.

〔10〕 许学强，周一星，宁越敏. 城市地理学〔M〕. 北京：高等教育出版社，1997.

〔11〕 杨河清. 劳动经济学〔M〕. 北京：中国人民大学出版社，2002.

〔12〕 杨胜利. 转型期我国劳动力资源优化配置研究：以上海为例〔M〕. 北京：人民出版社，2015.

学位论文

〔1〕 陈双阳. 南京江南八区大型保障性住区空间模式研究〔D〕. 南京：东南大学，2012.

〔2〕 陈团生. 通勤者出行行为特征与分析方法研究〔D〕. 北京：北京交通大学，2007：24-27.

［3］陈园.基于活动模式的交通方式划分研究[D].哈尔滨：哈尔滨工业大学,2007.

［4］陈紫微.不同类型保障房社区居民的社会融合研究：以杭州市为例[D].杭州：浙江大学,2022.

［5］褚超孚.城镇住房保障模式及其在浙江省的应用研究[D].杭州：浙江大学,2005.

［6］党云晓.北京市低收入人群的职住分离特征及影响机制研究[D].北京：中国科学院研究生院,2012.

［7］丁川.考虑空间异质性的城市建成环境对交通出行的影响研究[D].哈尔滨：哈尔滨工业大学,2014.

［8］范嫣红.相对剥夺理论与外来人口犯罪[D].上海：复旦大学,2011.

［9］高良鹏.城市核心家庭日常活动时空间特征及决策机理[D].昆明：昆明理工大学,2014.

［10］葛斌.上海大型保障房社区治理研究[D].上海：复旦大学,2013.

［11］郭璨.南京市保障房社区社会融合度研究[D].南京：南京大学,2016.

［12］郭莳.城市化背景下保障性住房规划设计研究[D].南京：东南大学,2008.

［13］郭玉坤.中国城镇住房保障制度研究[D].成都：西南财经大学,2006.

［14］何明卫.城市居民的主观通勤时间界点研究[D].大连：大连理工大学,2017.

［15］景鹏.基于计划行为理论的区域出行方式选择行为研究[D].上海：上海交通大学,2013.

［16］李军.我国保障房建设对商品房市场影响机制研究[D].重庆：重庆大学,2013.

［17］李莉.美国公共住房政策的演变[D].厦门：厦门大学,2008.

［18］李民.基于活动链的居民出行行为分析[D].长春：吉林大学,2004.

［19］李泉葆.南京市老年人口日常活动的时空特征探析：以购物和休闲活动为重点[D].南京：东南大学,2015.

［20］刘惠惠.重庆公租房住区商业设施调查研究[D].重庆：重庆大学,2013.

［21］刘佳.大城市失地农民的空间安置与社会融合解析：以南京市失地农民安置区为例[D].南京：东南大学,2017.

［22］路昀.基于居民满意度调查的广州保障房住区公共空间优化设计策略[D].广州：华南理工大学,2013.

［23］栾鑫.特大城市居民出行方式选择行为特性研究：以南京市为例[D].南京：东南大学,2016.

［24］强欢欢.个体择居与结构变迁：进城务工人员居住空间演化研究：以南京市主城区为例[D].南京：东南大学,2019.

［25］秦伟平.新生代农民工工作嵌入：双重身份的作用机制[D].南京：南京大学,2010.

［26］盛禄.不同居住空间下通勤者出行行为选择机理研究：以曲靖为例[D].昆明：昆明理工大学,2017.

［27］盛楠.合肥城市人口迁居行为研究[D].芜湖：安徽师范大学,2014.

［28］谭咏风.老年人日常活动对成功老龄化的影响[D].上海：华东师范大学,2011.

［29］汤林浩.南京市保障性住区的公共服务设施供给初探：基于城市层面公共服务设施的实证[D].南京：东南大学,2016.

［30］陶芸.日本福利经济思想研究[D].武汉：武汉大学,2017.

［31］王晓博.动迁类型对居民出行和社会分化的影响研究[D].上海：同济大学,2009.

［32］王效容.保障房住区对城市社会空间的影响及评估研究[D].南京：东南大学,2016.

［33］夏璐.家庭视角下乡村人口城镇化的微观解释研究：以武汉市为例[D].南京：南京大学,2016.

［34］鲜于建川.通勤者活动—出行选择行为研究[D].上海：上海交通大学,2009.

［35］谢佳慧.保障房对居民消费和就业的影响研究[D].大连：东北财经大学,2018.

［36］薛杰.南京市老城被动迁居式人口的社会空间变迁：以保障性住区为迁入地的考察[D].南京：东南大学,2019.

［37］叶精明.城市保障性住房供给趋势研究：以南京市为例[D].南京：南京大学,2013.

［38］虞永军.保障房建设规模对商品住房价格影响的研究：以南京市为例[D].南京：东南大学,2016.

[39] 张波.大型保障性住区基本公共服务满意度评价研究[D].南京：东南大学,2016.

[40] 张丹蕾.基于住房轨迹的大型保障房社区发展研究：以南京丁家庄大型保障房社区为例[D].南京：东南大学,2017.

[41] 张弘弢.基于活动方法的个体出行行为分析与出行需求预测模型系统研究[D].南京：南京师范大学,2011.

[42] 张越.城市化背景下的住宅空间分异研究：以南京市为例[D].南京：南京大学,2004.

[43] 郑云峰.中国城镇保障性住房制度研究[D].福州：福建师范大学,2014.

[44] 周钱.基于家庭决策的交通行为和需求预测研究[D].北京：清华大学,2008.

期刊会议论文

[1] Kajsa Ellegård,张雪,张艳,等.基于地方秩序嵌套的人类活动研究[J].人文地理,2016,31(5)：25-31.

[2] 本刊讯.保障房小区举办"贺中秋　迎国庆"游园活动[J].房地产导刊,2014(10)：24.

[3] 本刊讯.消防教育影片走进广氮花园保障房小区[J].房地产导刊,2014(10)：25.

[4] 曹新宇.社区建成环境和交通行为研究回顾与展望：以美国为鉴[J].国际城市规划,2015,30(4)：46-52.

[5] 柴彦威,李春江.城市生活圈规划：从研究到实践[J].城市规划,2019,43(5)：9-16.

[6] 柴彦威,申悦,塔娜.基于时空间行为研究的智慧出行应用[J].城市规划,2014,38(3)：85-91.

[7] 柴彦威,塔娜,张艳.融入生命历程理论、面向长期空间行为的时间地理学再思考[J].人文地理,2013,28(2)：1-6.

[8] 柴彦威,王恩宙.时间地理学的基本概念与表示方法[J].经济地理,1997,17(3)：55-61.

[9] 柴彦威,于一凡,王慧芳,等.学术对话：从居住区规划到社区生活圈规划[J].城市规划,2019,43(5)：23-32.

[10] 柴彦威,张雪,孙道胜.基于时空间行为的城市生活圈规划研究：以北京市为例[J].城市规划学刊,2015(3)：61-69.

[11] 柴彦威.时间地理学的起源、主要概念及其应用[J].地理科学,1998,18(1)：65-72.

[12] 柴彦威.行为地理学研究的方法论问题[J].地域研究与开发,2005,24(2)：1-5.

[13] 柴彦威.以单位为基础的中国城市内部生活空间结构：兰州市的实证研究[J].地理研究,1996,15(1)：30-38.

[14] 陈青慧,徐培玮.城市生活居住环境质量评价方法初探[J].城市规划,1987,11(5)：52-58.

[15] 陈梓烽,柴彦威.通勤时空弹性对居民通勤出发时间决策的影响：以北京上地—清河地区为例[J].城市发展研究,2014,21(12)：65-76.

[16] 谌子益.学区视角下珠海教育设施评估分析及优化策略[C]//面向高质量发展的空间治理：2021中国城市规划年会论文集.北京：中国建筑工业出版社,2021：606-613.

[17] 干迪,王德,朱玮.上海市近郊大型社区居民的通勤特征：以宝山区顾村为例[J].地理研究,2015,34(8)：1481-1491.

[18] 古杰,周素红,闫小培.生命历程视角下广州市居民日常出行的时空路径分析[J].人文地理,2014,29(3)：56-62.

[19] 关美宝,申悦,赵莹,等.时间地理学研究中的GIS方法：人类行为模式的地理计算与地理可视化[J].国际城市规划,2010,25(6)：18-26.

[20] 郭莳,李进,王正.南京市保障性住房空间布局特征及优化策略研究[J].现代城市研究,2011,26(3)：83-88.

［21］韩非,陶德凯.日常生活圈视角下的南京中心城区居民生活便利度评价研究[J].规划师,2020,36(16)：5-12.

［22］韩增林,董梦如,刘天宝,等.社区生活圈基础教育设施空间可达性评价与布局优化研究：以大连市沙河口区为例[J].地理科学,2020,40(11)：1774-1783.

［23］郝新华,周素红,彭伊侬,等.广州市低收入群体户外活动的时空排斥及其影响机制[J].人文地理,2018,33(3)：97-103.

［24］何保红,刘阳,何民.通勤制约度对儿童陪伴出行决策过程的影响[J].交通运输系统工程与信息,2014,14(6)：223-230.

［25］何芳,李晓丽.保障性社区公共服务设施供需特征及满意度因子的实证研究：以上海市宝山区顾村镇"四高小区"为例[J].城市规划学刊,2010(4)：83-90.

［26］何嘉明,周素红,谢雪梅.女性主义地理学视角下的广州女性居民日常出行目的及影响因素[J].地理研究,2017,36(6)：1053-1064.

［27］何浪,刘恬,李渊,等.生活圈理论视角下的贵阳市保障性社区公共服务便利性研究[C]//新常态：传承与变革：2015中国城市规划年会论文集.北京：中国建筑工业出版社,2015：75-83.

［28］何尹杰,吴大放,刘艳艳.城市轨道交通对土地利用的影响研究综述：基于CiteSpace的计量分析[J].地球科学进展,2018,33(12)：1259-1271.

［29］和泉润,王郁.日本区域开发政策的变迁[J].国外城市规划,2004,19(3),5-13.

［30］侯学英,吴巩胜.低收入住区居民通勤行为特征及影响因素：昆明市案例分析[J].城市规划,2019,43(3)：104-111.

［31］胡华,滕靖,高云峰,等.多模式公交信息服务条件下的出行方式选择行为研究[J].中国公路学报,2009,22(2)：87-92.

［32］胡莹,马锡海.基于社区生活圈的公共体育设施可达性分析：以苏州市姑苏区为例[J].苏州科技大学学报(工程技术版),2021,34(3)：65-73.

［33］黄泓怡,彭恺,邓丽婷.生活圈理念与满意度评价导向下的老旧社区微更新研究：以武汉知音东苑社区为例[J].现代城市研究,2022,37(4)：73-80.

［34］黄潇仪,吴晓.基于贫困疏解视角的美国保障性住房政策审视[J].现代城市研究,2012,27(11)：71-79.

［35］姜秀娟,郑伯红.谈国外及香港地区保障性住房对我国的启示[J].城市发展研究,2011,18(3)：20-22.

［36］景鹏,隽志才.计划行为理论框架下城际出行方式选择分析[J].中国科技论文,2013,8(11)：1088-1094.

［37］赖敏,王涛,袁敏."上好学"导向下生活圈教育设施布局优化：以昆明市西山区为例[C]//面向高质量发展的空间治理：2021中国城市规划年会论文集.北京：中国建筑工业出版社,2021：13-22.

［38］兰宗敏,冯健.城中村流动人口日常活动时空结构：基于北京若干典型城中村的调查[J].地理科学,2012,32(4)：409-417.

［39］李丹,杨敏.基于家庭的活动时耗和出行时耗关联性研究[J].武汉理工大学学报(交通科学与工程版),2014,38(3)：589-593.

［40］李玲,王钰,李郇,等.解析安居解困居住区公建设施规划建设和运营：以广州三大安居解困居住区调研为例[J].城市规划,2008,32(5)：51-54.

［41］李梦玄,周义,胡培.保障房社区居民居住—就业空间失配福利损失研究[J].城市发展研究,2013,20(10)：63-68.

［42］李培.经济适用房住户满意度及其影响因素分析：基于北京市1184位住户的调查[J].南方经济,

2010(4)：15-25.

[43] 李强.社会学的"剥夺"理论与我国农民工问题[J].学术界,2004(4)：7-22.

[44] 李霞,邵春福,孙壮志,等.基于结构方程的节假日居民出行和活动关联性建模分析[J].交通运输系统工程与信息,2008,8(6)：91-95.

[45] 李小广,邱道持,李凤,等.重庆市公共租赁住房社区居民的职住空间匹配[J].地理研究,2013,32(8)：1457-1466.

[46] 李志刚,任艳敏,李丽.保障房社区居民的日常生活实践研究：以广州金沙洲社区为例[J].建筑学报,2014(2)：12-16.

[47] 梁伟研,姜洪庆,彭雄亮.基于多源数据的社区生活圈公共服务设施布局合理性评估研究：以广州市越秀区为例[J].城市建筑,2020,17(5)：25-28.

[48] 刘炳恩,隽志才,李艳玲,等.居民出行方式选择非集计模型的建立[J].公路交通科技,2008,25(5)：116-120.

[49] 刘晨宇,罗萌.新加坡组屋的建设发展及启示[J].现代城市研究,2013,28(10)：54-59.

[50] 刘吉祥,周江评,肖龙珠,等.建成环境对步行通勤通学的影响：以中国香港为例[J].地理科学进展,2019,38(6)：807-817.

[51] 刘望保,侯长营.转型期广州市城市居民职住空间与通勤行为研究[J].地理科学,2014,34(3)：272-279.

[52] 刘晔,肖童,刘于琪,等.城市建成环境对广州市居民幸福感的影响：基于15 min步行可达范围的分析[J].地理科学进展,2020,39(8)：1270-1282.

[53] 刘玉亭,何深静,李志刚.南京城市贫困群体的日常活动时空间结构分析[J].中国人口科学,2005(S1)：85-93.

[54] 刘玉亭,何微丹.广州市保障房住区公共服务设施的供需特征及其成因机制[J].现代城市研究,2016,31(6)：2-10.

[55] 刘志林,王茂军.北京市职住空间错位对居民通勤行为的影响分析：基于就业可达性与通勤时间的讨论[J].地理学报,2011,66(4)：457-467.

[56] 吕艳,扈文秀.保障性住房建设方式及选址问题研究[J].西安财经学院学报,2010,23(5)：35-39.

[57] 罗明忠,罗琦,王浩.家庭内部分工视角下农村转移劳动力供给的影响因素[J].社会科学战线,2018(10)：77-84.

[58] 罗明忠,罗琦,王浩.家庭内部分工视角下农村转移劳动力供给的影响因素[J].社会科学战线,2018(10)：77-84.

[59] 马雯蕊,柴彦威.就业郊区化背景下郊区就业者日常活动时空特征研究：以北京上地地区为例[J].地域研究与开发,2017,36(1)：66-71.

[60] 孟庆洁,乔观民.闲暇视角的大城市流动人口生活质量研究[J].城市发展研究,2010,17(5)：4-7.

[61] 潘海啸,王晓博,DAY J.动迁居民的出行特征及其对社会分异和宜居水平的影响[J].城市规划学刊,2010(6)：61-67.

[62] 齐兰兰,周素红.广州不同阶层城市居民日常家外休闲行为时空特征[J].地域研究与开发,2017,36(5)：57-63.

[63] 齐兰兰,周素红.邻里建成环境对居民外出型休闲活动时空差异的影响：以广州市为例[J].地理科学,2018,38(1)：31-40.

[64] 齐心.北京城市内部人口迁居水平研究[J].北京工业大学学报(社会科学版),2012,12(4)：6-12.

[65] 钱瑛瑛.中国住房保障政策研究：经济适用房与廉租住房[J].中国房地产,2003(8)：57-60.

[66] 申悦,柴彦威.基于GPS数据的北京市郊区巨型社区居民日常活动空间[J].地理学报,2013,68(4)：

506-516.

［67］申悦,柴彦威.基于GPS数据的城市居民通勤弹性研究:以北京市郊区巨型社区为例[J].地理学报,
2012,67(6):733-744.

［68］申悦,傅行行.社区主客观特征对社区满意度的影响机理:以上海市郊区为例[J].地理科学进展,
2019,38(5):686-697.

［69］沈育辉,童滋雨.人本尺度下社区生活圈便利性评估方法研究[J].南方建筑,2022(7):72-80.

［70］石浩,孟卫军.基于社会公平的城市保障性住房空间布局策略研究[J].重庆交通大学学报(自然科学
版),2013,32(1):173-176.

［71］宋伟轩.大城市保障性住房空间布局的社会问题与治理途径[J].城市发展研究,2011,18(8):
103-108.

［72］宋小冬,陈晨,周静,等.城市中小学布局规划方法的探讨与改进[J].城市规划,2014,38(8):48-56.

［73］宋月萍.照料责任的家庭内化和代际分担:父母同住对女性劳动参与的影响[J].人口研究,2019,43
(3):78-89.

［74］苏莹,华文璟.西安市主城区15分钟生活便利度现状评估及研究[C]//面向高质量发展的空间治
理:2020中国城市规划年会论文集.北京:中国建筑工业出版社,2021:933-942.

［75］孙斌栋,但波.上海城市建成环境对居民通勤方式选择的影响[J].地理学报,2015,70(10):
1664-1674.

［76］孙道胜,柴彦威,张艳.社区生活圈的界定与测度:以北京清河地区为例[J].城市发展研究,2016,23
(9):1-9.

［77］孙道胜,柴彦威.城市社区生活圈体系及公共服务设施空间优化:以北京市清河街道为例[J].城市
发展研究,2017,24(9):7-14.

［78］孙德芳,沈山,武廷海.生活圈理论视角下的县域公共服务设施配置研究:以江苏省邳州市为例[J].
规划师,2012,28(8):68-72.

［79］塔娜,柴彦威,关美宝.北京郊区居民日常生活方式的行为测度与空间—行为互动[J].地理学报,
2015,70(8):1271-1280.

［80］塔娜,柴彦威.基于收入群体差异的北京典型郊区低收入居民的行为空间困境[J].地理学报,2017,
72(10):1776-1786.

［81］藤井正.大都市圏における地域構造研究の展望[J].人文地理,1990,42(6):522-544.

［82］田莉,王博祎,欧阳伟,等.外来与本地社区公共服务设施供应的比较研究:基于空间剥夺的视角
[J].城市规划,2017,41(3):77-83.

［83］万晶晶,张协奎,刘志杰,等.大城市职住空间演变评估方法研究[J].城市交通,2019,17(1):77-84.

［84］万罂,陈红.生活圈视角下的公共医疗服务设施配置及可达性研究:以郑州市中原区为例[J].建筑
与文化,2022(5):75-76.

［85］汪冬宁,金晓斌,王静,等.保障性住宅用地选址与评价方法研究:以南京都市区为例[J].城市规划,
2012,36(3):85-89.

［86］王承慧.美国可支付住宅实践经验及其对我国经济适用住房开发与设计的启示[J].国外城市规划,
2004,19(6):14-18.

［87］王林,杨棽.重庆市公租房居民职住时空特征研究[J].人文地理,2021,36(5):101-110.

［88］王伟,吴培培,巩淑敏,等.超大城市快速城市化地区社区生活圈宜居性评估及治理:以北京市四环
至六环地区为例[J].城市问题,2021(10):4-14.

［89］王侠,陈晓键,焦健.基于家庭出行的城市小学可达性分析研究:以西安市为例[J].城市规划,2015,
39(12):64-72.

[90] 王侠,陈晓键. 西安城市小学通学出行的时空特征与制约分析[J]. 城市规划,2018,42(11): 142-150.

[91] 王兴中,王立,谢利娟,等. 国外对空间剥夺及其城市社区资源剥夺水平研究的现状与趋势[J]. 人文地理,2008,23(6):7-12.

[92] 王雨佳,何保红,郭淼,等. 老年人日常家务活动出行模式及影响因素[J]. 交通运输研究,2018,4(2): 7-15.

[93] 王郁. 城市低收入社区参与型改造的理念与实践:发展中国家的经验和启示[J]. 城市问题,2006 (5):56-61.

[94] 韦亚平,潘聪林. 大城市街区土地利用特征与居民通勤方式研究:以杭州城西为例[J]. 城市规划, 2012,36(3):76-84.

[95] 吴丹贤,周素红. 基于日常购物行为的广州社区居住—商业空间匹配关系[J]. 地理科学,2017,37 (2):228-235.

[96] 吴秋晴. 生活圈构建视角下特大城市社区动态规划探索[J]. 上海城市规划,2015(4):13-19.

[97] 吴文静,隽志才. 通勤者下班后非工作活动时间选择决策行为[J]. 中国公路学报,2010,23(6): 92-95.

[98] 吴翔华,陈昕雨,袁丰. 南京市住房困难人群职住关系及影响因素分析[J]. 地理科学进展,2019,38 (12):1890-1902.

[99] 武文霞. 宁夏固原市朝阳欣居保障性住房工程设计浅析[J]. 江西建材,2015(2):27.

[100] 夏璐. 分工与优先次序:家庭视角下的乡村人口城镇化微观解释[J]. 城市规划,2015,39(10): 66-74.

[101] 夏永久,朱喜钢. 被动迁居后城市低收入原住民就业变动的成因及影响因素:以南京为例[J]. 人文地理,2015,30(1):78-83.

[102] 鲜于建川,隽志才. 家庭成员活动—出行选择行为的相互影响[J]. 系统管理学报,2012,21(2): 252-257.

[103] 鲜于建川,隽志才. 通勤者非工作活动选择行为研究[J]. 交通运输系统工程与信息,2014,14(2): 220-225.

[104] 熊薇,徐逸伦. 基于公共设施角度的城市人居环境研究:以南京市为例[J]. 现代城市研究,2010,25 (12):35-42.

[105] 许晓霞,柴彦威,颜亚宁. 郊区巨型社区的活动空间:基于北京市的调查[J]. 城市发展研究,2010,17 (11):41-49.

[106] 杨靖,张嵩,汪冬宁. 保障性住房的选址策略研究[J]. 城市规划,2009,33(12):53-58.

[107] 杨林川,崔叙,喻冰洁,等. "末梢时间"对保障房居民公共交通出行的影响[J]. 规划师,2020,36(4): 50-57.

[108] 杨敏,王炜,陈学武,等. 工作者通勤出行活动模式的选择行为[J]. 西南交通大学学报,2009,44(2): 274-279.

[109] 杨晰峰. 城市社区中15分钟社区生活圈的规划实施方法和策略研究:以上海长宁区新华路街道为例[J]. 上海城市规划,2020(3):63-68.

[110] 易成栋,高萌,张纯. 基于项目、家庭和个体视角的经济适用房的就业可达性:以北京市为例[J]. 城市发展研究,2015,22(12):31-37.

[111] 于一凡. 从传统居住区规划到社区生活圈规划[J]. 城市规划,2019,43(5):17-22.

[112] 袁家冬,孙振杰,张娜,等. 基于"日常生活圈"的我国城市地域系统的重建[J]. 地理科学,2005,25 (1):17-22.

[113] 袁媛,吴缚龙,许学强. 转型期中国城市贫困和剥夺的空间模式[J]. 地理学报,2009,64(6):753-763.

[114] 袁媛,吴缚龙. 基于剥夺理论的城市社会空间评价与应用[J]. 城市规划学刊,2010(1):71-77.

[115] 曾屿恬,塔娜. 社区建成环境、社会环境与郊区居民非工作活动参与的关系:以上海市为例[J]. 城市发展研究,2019,26(9):9-16.

[116] 张川川. 子女数量对已婚女性劳动供给和工资的影响[J]. 人口与经济,2011(5):29-35.

[117] 张纯,李晓宁,满燕云. 北京城市保障性住房居民的就医可达性研究:基于GIS网络分析方法[J]. 人文地理,2017,32(2):59-64.

[118] 张杰,陈骁. 家庭非通勤出行能耗影响机制:住区视角下的结构方程模型分析[J]. 城市发展研究,2016,23(3):87-94.

[119] 张萍,李素艳,黄国洋,等. 上海郊区大型社区居民使用公共设施的出行行为及规划对策[J]. 规划师,2013,29(5):91-95.

[120] 张文佳,柴彦威. 基于家庭的城市居民出行需求理论与验证模型[J]. 地理学报,2008,63(12):1246-1256.

[121] 张雪,柴彦威. 西宁城市居民家内外活动时间分配及影响因素:基于结构方程模型的分析[J]. 地域研究与开发,2017,36(5):159-163.

[122] 张延吉,胡思聪,陈小辉,等. 城市建成环境对居民通勤方式的影响:基于福州市的经验研究[J]. 城市发展研究,2019,26(3):72-78.

[123] 张艳,柴彦威. 北京城市中低收入者日常活动时空间特征分析[J]. 地理科学,2011,31(9):1056-1064.

[124] 张艳,刘志林. 市场转型背景下北京市中低收入居民的住房机会与职住分离研究[J]. 地理科学,2018,38(1):11-19.

[125] 张政,毛保华,刘明君,等. 北京老年人出行行为特征分析[J]. 交通运输系统工程与信息,2007,7(6):11-20.

[126] 赵晖,杨开忠,魏海涛. 北京城市职住空间重构及其通勤模式演化研究[J]. 城市规划,2013,37(8):33-39.

[127] 赵明,弗兰克·舍雷尔. 法国社会住宅政策的演变及其启示[J]. 国际城市规划,2008,23(2):62-66.

[128] 赵鹏军,李南慧,李圣晓. TOD建成环境特征对居民活动与出行影响:以北京为例[J]. 城市发展研究,2016,23(6):45-51.

[129] 赵夏晔. 济南15分钟社区生活圈专项规划形成研究成果[N]. 齐鲁晚报,2018-06-13.

[130] 赵彦云,张波,周芳. 基于POI的北京市"15分钟社区生活圈"空间测度研究[J]. 调研世界,2018(5):17-24.

[131] 郑思齐,张英杰. 保障性住房的空间选址:理论基础、国际经验与中国现实[J]. 现代城市研究,2010,25(9):18-22.

[132] 周建高. 日本公营住宅体制初探[J]. 日本研究,2013,(2):14-20.

[133] 周配,朱喜钢,马国强,等. 城市低收入群体的出行问题及其解决对策:以南京市为例[J]. 城市问题,2013(3):68-72.

[134] 周素红,程璐萍,吴志东. 广州市保障性住房社区居民的居住—就业选择与空间匹配性[J]. 地理研究,2010,29(10):1735-1745.

[135] 周素红,邓丽芳. 城市低收入人群日常活动时空集聚现象及因素:广州案例[J]. 城市规划,2017,41(12):17-25.

[136] 周素红,邓丽芳. 基于T-GIS的广州市居民日常活动时空关系[J]. 地理学报,2010,65(12):

1454-1463.

[137] 周素红,刘玉兰.转型期广州城市居民居住与就业地区位选择的空间关系及其变迁[J].地理学报,
2010,65(2):191-201.

[138] 周素红,彭伊侬,柳林,等.日常活动地建成环境对老年人主观幸福感的影响[J].地理研究,2019,38
(7):1625-1639.

[139] 周弦.15分钟社区生活圈视角的单元规划公共服务设施布局评估:以上海市黄浦区为例[J].城市规
划学刊,2020(1):57-64.

[140] 朱查松,王德,马力.基于生活圈的城乡公共服务设施配置研究:以仙桃为例[C]//规划创新:2010
中国城市规划年会论文集.重庆:重庆出版社,2010:2813-2822.

[141] 朱菁,张怡文,樊帆,等.基于智能手机数据的城市建成环境对居民通勤方式选择的影响:以西安市
为例[J].陕西师范大学学报(自然科学版),2021,49(2):55-66.

[142] 庄晓平,陶楠,王江萍.基于POI数据的城市15分钟社区生活圈便利度评价研究:以武汉三区为例
[J].华中建筑,2020,38(6):76-79.

[143] 宗芳,隽志才.基于活动的出行方式选择模型与交通需求管理策略[J].吉林大学学报(工学版),
2007,37(1):48-53.

[144] 邹思聪,张姗琪,甄峰.基于居民时空行为的社区日常活动空间测度及活力影响因素研究:以南京市
沙洲、南苑街道为例[J].地理科学进展,2021,40(4):580-596.

研究报告

[1] 上海市人民政府.上海城市总体规划(2017—2035)[Z].2018.

[2] 习近平.决胜全面建成小康社会夺取新时代中国特色社会主义伟大胜利:在中国共产党第十九次全
国代表大会上的报告[R].北京:人民出版社,2017.

[3] 中华人民共和国住房和城乡建设部,国家市场监督管理总局.城市居住区规划设计标准:GB 50180—
2018[S].北京:中国建筑工业出版社,2018.

[4] 住房和城乡建设部城市交通基础设施监测与治理实验室,中国城市规划设计研究院,百度地图慧眼.
2020年度全国主要城市通勤监测报告[R].2020.

附　录

附录Ⅰ　保障房居民日常活动和出行行为调查问卷

调查地点_____（社区/小区）　调查日期_____

1. 个人基本信息：

   性别：□男　□女；

   年龄：_____；

   户籍：□南京市　□外地；

   文化程度：□未上过学　□初中及以下　□中专或技校　□本科　□研究生及以上

2. 您的每月收入大致为_____元：

   □<1 500 元　　　　□1 500～3 000 元　　　□3 000～5 000 元　　　□5 000～8 000 元

   □8 000～10 000 元　□1 万～1.5 万元　　　□1.5 万元以上

3. 目前和您居住在一起的家庭成员共_____人，其中就业人员_____人；

   您在家里的角色：□男主人　□女主人　□老人　□成年子女　□未成年子女

4. 目前您家庭结构为：□单独居住　□夫妻二人　□与子女同住　□与父母、子女同住

   　　　　　　　　　□与子女、孙辈同住　　　□与孙辈同住　□其他

5. 您家中是否有小孩（小于 15 岁）：□无　□有____个，小孩分别为____岁，小孩受教育情况：□未上学　□幼儿园　□小学　□其他

6. 您家中是否有退休老人：□无　□有____个，老人分别为____岁，身体状况：□健康　□多病

7. 您家的住房类型：□购买经济适用房　□租赁经济适用房　□农村拆迁安置房

   　　　　　　　　□城市拆迁安置房　□购买限价商品房　□其他（请注明）_____

8. 您家拥有小汽车情况：□无　□有_____辆

9. 您家的住房总面积：_____ m²，户型：□一室一厅　□两室一厅　□三室一厅　□两室两厅

   　　　　　　　　　　　　　　　　　□其他

10. 如果您有工作，请继续完成后续通勤出行问题（如果您没有工作，请直接跳到第 11 题）

    （1）您的工作类型：□公务员　□事业及行政单位人员　□工人及公司职员　□待业

    　　　　　　　　　□学生　□离退休人员　□无固定职业　□其他_____

    （2）您的上班地点：□本居住街道内　□栖霞区　□雨花台区　□江宁区　□建邺区　□玄武区

    　　　　　　　　　□鼓楼区　□秦淮区　□六合区　□浦口区　具体地点_____

    （3）您每周工作_____天，每天的工作时长为：□8 h 以内　□8～9 h

    　　　　　　　　　　　　　　　　　　　　　□10～12 h　□大于 12 h

    （4）您每天从家到工作地需要多久：□15 min 以内　□15～30 min　□30 min～1 h　□1 h 以上

(5) 主要交通方式：□步行　□电动车/自行车　□公共交通　□私家车　□出租车　□单位车

11. 如果是有学龄儿童(幼儿园和小学)的家庭，请继续完成后续儿童问题(如果没有儿童，请直接跳到第12题)

(1) 小孩每天从家到学校需要多长时间：□ 15 min 以内　□15～30 min　□30～60 min
□1 h 以上

(2) 小孩上学地点：□本居住街道内　□栖霞区　□雨花台区　□江宁区　□建邺区　□玄武区
□鼓楼区　□秦淮区　□六合区　□浦口区

(3) 小孩主要是谁接送：□小孩父母　□爷爷奶奶/外公外婆　□其他

(4) 接送小孩时间：□早送一晚接　□早送一中午接送一晚接

(5) 接送小孩交通方式：□步行　□电动车/自行车　□公共交通　□私家车
□出租车　□单位车

12. 如果参与购物活动，请继续完成后续购物问题(以下问题专指在实体店购买，如果没有，请直接跳到第13题)

(1) 通常购物方式：□网购为主　□实体店为主　□网购＋实体店

(2) 在实体店主要购买的品种(可多选)：□蔬菜食品　□日常用品　□服装衣饰　□家用电器等

(3) 您购物时一般是否有人陪同：购买蔬菜食品＿＿＿＿＿＿；购买日常用品＿＿＿＿＿＿；购买服装
＿＿＿＿＿＿；购买家电＿＿＿＿＿＿。

　　a. 有　　　　　　　　　　　　b. 没有

(4) 购物地点的选择一般是在：购买蔬菜食品＿＿＿＿＿＿；购买日常用品＿＿＿＿＿＿；购买服装＿＿＿＿＿＿；
购买家电＿＿＿＿＿＿。

　　a. 家附近　　　　　　　　　　b. 工作单位附近

　　c. 上下班的途中　　　　　　　d. 远离家或单位的购物中心

(5) 购物经常去的地点(多选)：购买蔬菜食品＿＿＿＿＿＿；购买日常用品＿＿＿＿＿＿；购买服装＿＿＿＿＿＿；
购买家电＿＿＿＿＿＿。

　　a. 菜市场　　　　　　　　　　b. 街边小店

　　c. 大型超市　　　　　　　　　d. 专卖店

　　e. 批发市场　　　　　　　　　f. 百货商场

(6) 出行要花的时间：购买蔬菜食品＿＿＿＿＿＿；购买日常用品＿＿＿＿＿＿；购买服装＿＿＿＿＿＿；购买家
电＿＿＿＿＿＿。

　　a. 15 min 以内　　　　　　　　b. 15～30 min

　　c. 30 min～1 h　　　　　　　　d. 1～2 h

　　e. 2 h 以上

(7) 一般而言总的购物时长(去除出行时间)：购买蔬菜食品＿＿＿＿＿＿；购买日常用品＿＿＿＿＿＿；购买
服装＿＿＿＿＿＿；购买家电＿＿＿＿＿＿。

　　a. 15 min 以内　　　　　　　　b. 15～30 min

　　c. 30 min～1 h　　　　　　　　d. 1～2 h

　　e. 2 h 以上

(8) 最常用的交通出行方式：购买蔬菜食品＿＿＿＿＿＿；购买日常用品＿＿＿＿＿＿；购买服装＿＿＿＿＿＿；购
买家电＿＿＿＿＿＿。

　　a. 步行　　　　　　　　　　　b. 电动车/自行车

　　c. 公共交通(公交/地铁)　　　　d. 私家车

　　e. 出租车　　　　　　　　　　f. 单位车

13. 家庭成员基本信息

家庭成员	家庭角色 a. 男主人 b. 女主人 c. 老人 d. 成年子女 e. 未成年子女	工作类型 a. 公务员 b. 事业 及行政单位人员 c. 工人及公司职员 d. 待业 e. 学生 f. 离退休人员 g. 无固定职业 h. 其他	主要参与哪些 日常活动 a. 睡眠 b. 家务 c. 用餐 d. 工作 e. 上学 f. 购物 g. 休闲 h. 接送 i. 私事(可多选)	参与活动 时间	参与活动 地点
(1) 受访者(成员 1)	—	—	—		
(2) 家庭成员 2					
(3) 家庭成员 3					
(4) 家庭成员 4					
(5) 家庭成员 5					

14. 请回忆您日常一天的生活轨迹(工作日为主)(请根据不同时刻所从事的活动,在相应的框内填写,并选择具体的活动类型、交通方式对应的字母)

活动 时段	活动类型 a. 睡眠 b. 家务 c. 用餐 d. 工作 e. 上学 f. 购物 g. 休闲 h. 接送 i. 私事(可多选)	活动地点 a. 居住地 b. 居住地附近 c. 工作单位 d. 工作单位附近 e. 上下班的途中 f. 远离家或单位的购物中心	一起活动的同伴 a. 自己 b. 配偶 c. 子女 d. 孙子/女 e. 父母 f. 同事/同学/朋友 g. 其他(可多选)	为了参与此活动有无出行 若有出行,继续填写后面几列 若无出行,请填写下一个活动	出行时间 a. 15 min 以内 b. 15~30 min c. 30 min~1 h d. 1 h 以上	出行方式 a. 步行 b. 自行车/电动车 c. 公交/地铁 d. 出租车 e. 私家车 f. 单位车
4~6 点		选项_____ 具体地点_____		☐有 ☐无		
6~8 点		选项_____ 具体地点_____		☐有 ☐无		
8~10 点		选项_____ 具体地点_____		☐有 ☐无		
10~12 点		选项_____ 具体地点_____		☐有 ☐无		
12~14 点		选项_____ 具体地点_____		☐有 ☐无		
14~16 点		选项_____ 具体地点_____		☐有 ☐无		
16~18 点		选项_____ 具体地点_____		☐有 ☐无		
18~20 点		选项_____ 具体地点_____		☐有 ☐无		
20~22 点		选项_____ 具体地点_____		☐有 ☐无		
22~24 点		选项_____ 具体地点_____		☐有 ☐无		

附录Ⅱ 不同家庭分工强度下大型保障性住区居民日常活动时空集聚情况表

个体编号	纬度	经度	活动开始时间	活动结束时间	活动类型	HGT 系数
1	北纬 32.051 41°	东经 118.760 31°	0:00	7:19	睡眠	1.122 2
1	北纬 32.051 41°	东经 118.760 31°	7:20	7:40	用餐	1.122 2
1	北纬 32.052 51°	东经 118.762 38°	8:30	11:00	工作	1.122 2
1	北纬 32.051 41°	东经 118.760 31°	11:30	23:59	休闲娱乐	0.122 2
2	北纬 32.052 51°	东经 118.762 38°	0:00	8:00	睡眠	1.161 8
2	北纬 32.051 41°	东经 118.760 31°	8:30	18:30	工作	2.430 9
2	北纬 32.051 41°	东经 118.760 31°	19:00	23:59	家务、休闲娱乐	3.194 0
5	北纬 32.051 41°	东经 118.760 31°	0:00	8:00	睡眠、用餐	1.768 3
5	北纬 32.055 82°	东经 118.759 34°	8:30	11:30	工作、其他	0.194 0
5	北纬 32.051 41°	东经 118.760 31°	14:30	17:30	工作、其他	1.430 9
5	北纬 32.052 94°	东经 118.761 97°	18:00	23:59	用餐、休闲娱乐	1.122 2
6	北纬 32.051 41°	东经 118.760 31°	0:00	8:00	睡眠、用餐	0.048 9
6	北纬 32.051 41°	东经 118.760 31°	8:30	17:30	用餐、工作、其他	1.122 2
6	北纬 32.056 35°	东经 118.761 61°	18:00	23:59	家务、用餐、休闲娱乐	0.122 2
7	北纬 32.052 51°	东经 118.762 38°	0:00	8:30	睡眠、用餐、其他	1.768 3
7	北纬 32.051 41°	东经 118.760 31°	9:00	17:50	工作、休闲娱乐	0.004 9
7	北纬 32.052 94°	东经 118.761 97°	18:20	23:59	用餐、休闲娱乐、其他	−2.068 1
9	北纬 32.051 41°	东经 118.760 31°	0:00	8:30	睡眠、用餐、其他	−1.768 3
9	北纬 31.899 74°	东经 118.794 62°	9:00	18:00	购物、休闲娱乐、其他	0.768 3
9	北纬 31.899 16°	东经 118.779 25°	19:30	23:59	用餐、休闲娱乐	1.234 1
10	北纬 31.899 74°	东经 118.794 62°	0:00	8:00	睡眠、用餐	2.573 7
10	北纬 31.899 74°	东经 118.794 62°	8:30	23:59	用餐、工作、休闲娱乐、其他	1.091 9
14	北纬 31.917 67°	东经 118.790 16°	0:00	8:00	睡眠、用餐	−1.595 0
14	北纬 31.894 08°	东经 118.806 22°	8:30	17:30	用餐、工作、其他	1.122 2
14	北纬 31.917 67°	东经 118.790 16°	18:00	23:59	用餐、休闲娱乐	2.602 6
15	北纬 31.917 67°	东经 118.790 16°	0:00	8:00	睡眠、用餐	1.116 9
15	北纬 32.052 56°	东经 118.761 27°	8:30	17:30	用餐、工作、其他	0.577 0

（续表）

个体编号	纬度	经度	活动开始时间	活动结束时间	活动类型	HGT 系数
15	北纬 31.899 16°	东经 118.779 25°	18:00	23:59	家务、用餐、休闲娱乐、其他	−1.577 0
17	北纬 31.917 67°	东经 118.790 16°	0:00	8:30	睡眠、用餐、其他	0.577 0
17	北纬 31.899 16°	东经 118.779 25°	8:50	18:00	工作、休闲娱乐	−5.595 0
17	北纬 31.917 67°	东经 118.790 16°	18:20	23:59	用餐、休闲娱乐	1.713 2
18	北纬 31.899 16°	东经 118.779 25°	0:00	6:30	睡眠、其他	0.602 6
18	北纬 32.052 56°	东经 118.761 27°	7:00	16:00	用餐、工作、其他	1.091 9
18	北纬 31.899 16°	东经 118.779 25°	16:30	23:59	家务、用餐、购物、休闲娱乐	2.553 8
19	北纬 31.899 74°	东经 118.794 62°	0:00	8:00	睡眠、用餐	1.577 0
19	北纬 31.899 16°	东经 118.779 25°	11:30	23:59	工作、购物、其他	0.192 3
20	北纬 31.899 74°	东经 118.794 62°	0:00	9:00	睡眠、用餐	0.000 0
20	北纬 31.899 74°	东经 118.794 62°	9:20	23:59	用餐、休闲娱乐	0.001 6
23	北纬 31.917 67°	东经 118.790 16°	0:00	8:00	睡眠、用餐	0.015 1
23	北纬 31.894 08°	东经 118.806 22°	8:30	17:30	工作	0.001 4
23	北纬 31.899 16°	东经 118.779 25°	17:50	23:59	用餐、休闲娱乐	0.000 0
26	北纬 31.899 74°	东经 118.794 62°	8:30	18:00	工作	0.001 4
26	北纬 31.899 16°	东经 118.779 25°	18:20	23:59	用餐、休闲娱乐	0.015 1
27	北纬 31.894 08°	东经 118.806 22°	8:00	11:10	工作	0.602 6
27	北纬 32.050 67°	东经 118.757 31°	11:30	23:59	家务、用餐、休闲娱乐、其他	−1.489 4
29	北纬 32.052 56°	东经 118.761 27°	0:00	8:00	睡眠、用餐	0.595 0
29	北纬 31.899 74°	东经 118.794 62°	8:30	17:30	工作	3.953 8
29	北纬 31.899 74°	东经 118.794 62°	17:50	23:59	用餐、休闲娱乐、其他	−1.967 1
30	北纬 32.056 35°	东经 118.761 61°	0:00	8:00	睡眠、用餐	0.000 1
30	北纬 32.051 41°	东经 118.760 31°	8:30	17:30	工作、其他	0.049 2
30	北纬 32.051 41°	东经 118.760 31°	18:00	23:59	家务、用餐、休闲娱乐、其他	0.000 0
31	北纬 32.051 41°	东经 118.760 31°	0:00	8:00	睡眠、用餐	0.000 0
31	北纬 32.052 94°	东经 118.761 97°	8:30	15:30	工作、其他	0.000 0
31	北纬 31.918 13°	东经 118.778 55°	18:00	23:59	用餐、休闲娱乐、其他	0.000 0
35	北纬 32.051 41°	东经 118.760 31°	0:00	7:30	睡眠、用餐、工作	0.000 0
35	北纬 31.918 13°	东经 118.778 11°	8:30	17:30	工作或业务	0.000 0
35	北纬 32.056 35°	东经 118.761 61°	18:10	23:59	用餐、休闲娱乐	0.000 0
36	北纬 32.051 41°	东经 118.760 31°	0:00	7:30	睡眠、用餐	0.000 0

个体编号	纬度	经度	活动开始时间	活动结束时间	活动类型	HGT 系数
36	北纬 32.051 41°	东经 118.760 31°	8:00	18:00	工作	0.004 8
36	北纬 32.051 41°	东经 118.760 31°	18:30	23:59	用餐、购物	0.002 9
38	北纬 32.051 41°	东经 118.760 31°	8:30	11:30	工作	0.000 0
38	北纬 32.056 35°	东经 118.761 61°	14:00	18:00	工作	0.000 1
38	北纬 31.894 08°	东经 118.806 22°	18:20	23:59	用餐、休闲娱乐	4.489 4
40	北纬 31.917 67°	东经 118.790 16°	12:00	22:00	工作	5.768 3
40	北纬 31.917 67°	东经 118.790 16°	22:30	23:59	睡眠、其他	2.819 9
43	北纬 31.899 74°	东经 118.794 62°	0:00	7:30	睡眠、用餐	3.177 9
43	北纬 32.052 56°	东经 118.761 27°	8:30	18:00	工作、其他	4.713 2
43	北纬 31.917 67°	东经 118.790 16°	18:30	23:59	家务、用餐、其他	5.091 9
44	北纬 31.898 61°	东经 118.788 45°	0:00	7:00	睡眠、家务	2.367 1
44	北纬 31.917 67°	东经 118.790 16°	8:00	18:00	工作	3.194 0
44	北纬 31.917 67°	东经 118.790 16°	18:30	23:59	用餐、休闲娱乐	5.122 2
46	北纬 31.917 67°	东经 118.790 16°	8:30	11:30	工作	2.367 1
46	北纬 31.899 74°	东经 118.794 62°	11:45	23:59	家务、用餐、休闲娱乐、其他	0.022 2
47	北纬 32.052 56°	东经 118.761 27°	8:00	18:00	工作	1.768 3
47	北纬 31.899 16°	东经 118.779 25°	18:30	23:59	家务、用餐、休闲娱乐	2.068 1
49	北纬 31.917 67°	东经 118.790 16°	8:00	12:00	工作	5.122 2
51	北纬 31.899 74°	东经 118.794 62°	9:00	13:00	工作	2.573 7
54	北纬 32.052 56°	东经 118.761 27°	8:00	16:30	其他	0.489 4
54	北纬 31.894 08°	东经 118.806 22°	16:55	23:59	用餐、休闲娱乐	2.632 6
58	北纬 32.051 41°	东经 118.760 31°	8:30	18:00	工作	2.068 1
58	北纬 32.052 94°	东经 118.761 97°	18:00	23:59	用餐、休闲娱乐	−0.161 8
60	北纬 31.917 71°	东经 118.777 22°	8:30	23:59	工作、其他	2.513 5

后 记

本书是在我博士论文的基础上修订而成的,论著完成之际,不禁感慨万千!回首三十年来的求学之路,深感国家教育对本人的深刻影响,让我从云南大山一步步有机会迈入国家高等学府,学习知识,深明人生哲理。同时,还要对一些老师和机构致以诚挚谢意。

论著是以"家庭决策"全新视角切入南京市大型保障性住区居民的时空间行为,主要从社区层面展开理论与实证、定量与定性相结合的跨学科研究,该研究课题本身的独特性和跨学科交叉理论的复杂性,远远超出我最初的构想。若不是导师的一再鼓励和关心,研究攻关可能半途而废;若不是导师的一再监督,论著成稿之日可能会遥遥无期。论著的每一章都通过师生互动修改两次以上才定稿,每一次修改过程中老师都嘱咐学生坚持、认真、踏实。在这个过程中我深感吴老师对科研工作的精益求精,以及对待学生无私关怀、耐心开导教育的高尚人格与师德,每周团队学术讨论会议让我钦佩吴老师的敬业精神。在这一刻,我想对吴老师说一声:吴老师,做您的学生是我毕生的荣幸和骄傲,谢谢您!

感谢东南大学建筑学院周文竹副教授、胡明星教授和王承慧教授在研究构思方面给予的热心指导和帮助;感谢中国科学院南京地理与湖泊研究所沈道齐教授,与沈老几次关于选题的对话,令我受益匪浅,也让我切身见证了老先生身上学无止境的精神。能得到这些学术泰斗的指点,真是三生有幸。

感谢南京市四个大型保障性住区相关社区在论著采集过程中给予的热心帮助,为课题研究提供了相关基础资料。感谢课题组刘昱杉、全翼菲、常恺妮、刘丛禹、朱自洁、张瑞琪师妹和邵云通师弟冒着寒冬,不辞辛劳地进入社区与居民群体中做社会经济调查,发放并收集调查问卷,为后续论著创作提供了实证数据;感谢为研究提供关键原始资料、帮助填写问卷的大型保障性住区居民。

最后,还必须提及在背后默默支持我的家人们。感谢我的父母和公婆一直给予我读博期间精神与物质上的鼓励与支持。感谢我的爱人盛禄先生,在我读博期间的耐心劝导与悉心陪伴,帮助我解决许多生活与学业上的困难坎坷,尤其是在这五年难忘的时光里,当我深感沮丧时的耐心陪伴。

"家是最小国,国是千万家",本书以"家庭分工"视角切入南京市大型保障性住区居民的生活与工作等活动状态,探究了如何在新型城镇化进程中,回应这一"民之所望、民之所切"话题。在此,以此论著祝愿我们的社会更加和谐安定,祝福我们的祖国更加繁荣富强。

何 彦

2022 年 11 月于四牌楼